W0262767

Thermische Energiesysteme

Peter von Böckh · Matthias Stripf

Thermische Energiesysteme

Berechnung klassischer und regenerativer Komponenten und Anlagen

Peter von Böckh
Karlsruhe
Deutschland

Matthias Stripf
Hochschule Karlsruhe
Karlsruhe
Deutschland

Die Darstellung von manchen Formeln und Strukturelementen war in einigen elektronischen Ausgaben nicht korrekt, dies ist nun korrigiert. Wir bitten damit verbundene Unannehmlichkeiten zu entschuldigen und danken den Lesern für Hinweise.

ISBN 978-3-662-55334-3   ISBN 978-3-662-55335-0 (eBook)
https://doi.org/10.1007/978-3-662-55335-0

Die Deutsche Nationalbibliothek verzeichnet diese Publikation in der Deutschen Nationalbibliografie; detaillierte bibliografische Daten sind im Internet über http://dnb.d-nb.de abrufbar.

Springer Vieweg
© Springer-Verlag GmbH Deutschland 2018

Gedruckt auf säurefreiem und chlorfrei gebleichtem Papier

Springer Vieweg ist ein Imprint der eingetragenen Gesellschaft Springer-Verlag GmbH, DE und ist Teil von Springer Nature
Die Anschrift der Gesellschaft ist: Heidelberger Platz 3, 14197 Berlin, Germany

*Dieses Buch ist der im März 2017 verstorbenen
Frau Brigitte von Böckh gewidmet, die durch
Korrekturlesen und Vorschläge zur sprachlichen
Gestaltung des Buches zu dessen Lesbarkeit
beigetragen hat.*

Vorwort

In diesem Buch werden zunächst ökologische und ökonomische Aspekte und die Zukunftsaussichten der Energieversorgung behandelt. Anschließend folgen die detaillierteren Berechnungen von Kolbenkompressoren, Pumpen, Verbrennungsmotoren, Dampf- und Gasturbinen, GuD-Kraftwerken, Windkraftanlagen und Wärmepumpen.

Die Notwendigkeit des in diesem Buch behandelten Stoffes ergibt sich, weil in den Fächern Thermodynamik, Fluidmechanik und Wärmeübertragung in fast allen Büchern nur die Grundlagen behandelt werden. Hochschulabgänger kennen sehr viele Literaturquellen, Bücher und Theorien, können aber die einfachsten Apparate nicht berechnen und konstruieren. Die Kenntnisse aus den Grundlagenfächern werden hier beispielorientiert auf die Komponenten und System angewendet, so dass der Leser anschließend selbst in der Lage ist, komplexe Anlagen auszulegen.

Kenntnisse in der Thermodynamik, Fluidmechanik und Wärmeübertragung werden hier vorausgesetzt.

Wir haben auf die üblichen Tabellen und Diagramme, die in unserem Buch „Technische Thermodynamik" zu finden sind verzichtet, weil diese im Internet abrufbar sind. Für die Berechnung der Beispiele und der Stoffwerte benötigt man Mathcad 15 oder Prime 3.1. Die Stoffwerte können auch mit dem freien Programm CoolProp in Excel berechnet werden.

Unter www.thermischeenergiesysteme.de sind folgende Zusatzmaterialien abrufbar:

- MathCad 15- und Prime 3.1-Programme: im Buch berechnete Beispiele, Stoffwerte mit CoolProp, ideale Gase und Rauchgase mit und ohne Berücksichtigung der Dissoziation
- Tabellen: Wasser/Wasserdampf, Kältemittel, Luft, ideale Gase, Rauchgase, Brennstoffe
- Diagramme: *Mollier* h,s-Diagramm, $\log p, h$-Diagramm der Kältemittel, h,x-Diagramm

Sommer 2017

Peter von Böckh (bupvb@web.de)
Matthias Stripf (matthias@stripf.com)

Inhaltsverzeichnis

Liste verwendeter Symbole

Symbol	Bezeichnung	Einheit
A	Querschnittfläche	m^2
A_0	Kapital	€, $ …
a	Schallgeschwindigkeit	m/s
b	Barwert einer Investition	€, $ …
c	Geschwindigkeit	m/s
c_a	Auftriebsbeiwert	–
c_M	Momentenbeiwert	–
c_P	Leistungsbeiwert	–
c_p	isobare spezifische Wärmekapazität	J/(kg K)
$\bar{c}_p$	mittlere isobare spezifische Wärmekapazität	J/(kg K)
c_v	isochore spezifische Wärmekapazität	J/(kg K)
$\bar{c}_v$	mittlere isochore spezifische Wärmekapazität	J/(kg K)
c_w	Widerstandsbeiwert	–
d, D	Durchmesser	m
E	Energie	J
e	spezifische Energie	J/kg
F	Kraft	N
g	Erdbeschleunigung	m/s^2
H	Förderhöhe, Höhe einer Fluidsäule	m
h	spezifische Enthalpie	J/kg
h_u	spezifischer Heizwert pro kg Brennstoff	J/kg
J	Dissipationsenergie	J
j	spezifische Dissipationsenergie	J/kg
k_0	Kostenersparnis	€
l	Länge der Schubstange	m
l_{min}	Mindestluftmasse pro kg Brennstoff	–
M	Molmasse	kg/kmol
M_d	Drehmoment	Nm

m	Masse	kg
$\dot{m}$	Massenstrom	kg/s
$NPSH$	Druckhaltehöhe (Net Positive Suction Head)	m
n	Polytropenexponent	–
n	Drehzahl	Hz
n	Anzahl Jahre	–
o_{min}	Mindestsauerstoffmasse pro kg Brennstoff	–
P	Leistung	W
p	Druck	Pa
q	spezifische Wärme, auf die Masse bezogene Wärme	J/kg
Q	Wärme	J
$\dot{Q}$	Wärmestrom	W
R	Gaskonstante	J/(kg K)
R	Rotorradius	m
r	spezifische Verdampfungsenthalpie	J/kg
r	Radius	m
s	spezifische Entropie	J/(kg K)
s	Hub einer Kolbenmaschine	m
T	absolute Temperatur	K
t	Zeit	s
u	spezifische innere Energie	J/kg
u	Umfangsgeschwindigkeit	m/s
V	Volumen	m^3
$\dot{V}$	Volumenstrom	m^3/s
v	spezifisches Volumen	m^3/kg
W	Arbeit	J
w	spezifische Arbeit	J/kg
w	relative Geschwindigkeit (mitbewegter Beobachter)	m/s
x	Weg	m
x	absolute Luftfeuchtigkeit	
x	Massenanteil, Dampfgehalt	–
Y	spezifische Arbeit an der Welle	J/kg
z	geodätische Höhe	m
α	Wärmeübergangszahl	$W/(m^2 K)$
α	Anströmwinkel	°
α_A	Anstellwinkel	°
ε	Kompressionsverhältnis V_1/V_2	–
ε	Gleitzahl	–
η	Wirkungsgrad	–
ϑ	Celsius-Temperatur	°C

κ	Isentropenexponent	–
λ	Luftverhältnis	–
λ	Schubstangenverhältnis	–
λ	Schnelllaufzahl	–
λ_L	Liefergrad	–
λ_A	Erhitzungsgrad	–
λ_D	Füllungsgrad	–
λ_F	Fördergrad	–
π	Druckverhältnis p_2/p_1	–
ρ	Dichte	kg/m^3
φ	Einspritzverhältnis (Dieselprozess)V_4/V_3	–
ω	Winkelgeschwindigkeit	$1/s$
τ	Versperrungsfaktor	–
Ψ	Verhältnis der Stufendrücke	–

Indizes:

A	Arbeitsraum einer Kolbenmaschine
a	angesaugte Masse
ab	Abfuhr, z.B. Q_{ab} abgeführte Wärme
eff	effektiv
f	geförderte Masse
H	Hubraum
i	indizierte oder innere Arbeit, Leistung
i	i-te Komponente
id	ideal
irr	irreversibel
K	Kolben
KK	Kreuzkopf
KP	Kreisprozess
Kst	Kolbenstange
m	Geschwindigkeitskomponente in Meridianrichtung
m	Massenkraft
osz	oszillierende Masse
p	Druckänderungsarbeit
R	Rauchgas, Abgas, Verbrennungsgas
S	Schadraum einer Kolbenmaschine
s	isentrop
T	isotherm
th	thermisch

U	Umgebungszustand
u	Geschwindigkeitskomponente in Umfangsrichtung
V	Volumenänderungsarbeit
v	isochor
W	Wasser
zu	Zufuhr, z.B. Q_{zu} zugeführte Wärme
0	Bezugszustand, Referenzzustand, Normzustand
$1, 2, \ldots$	Zustandspunkt oder Komponente bei Gasgemischen
$12, \ldots$	Verlauf der Prozessgrößen

Thermische Energietechnik 1

Die thermische Energietechnik befasst sich mit den vorhandenen Primärenergien, deren Aufbereitung, Umwandlung und Transport sowie der Wirtschaftlichkeit der Energiebereitstellung. Primärenergien können entweder aufbereitet oder unaufbereitet direkt umgewandelt werden. Bei Rohöl, Heizöl, Erdgas, Kohle und Holz wird die chemische Bindungsenergie durch Verbrennung in Wärme umgewandelt. Sie kann direkt als Heizwärme verwendet oder mittels Maschinen in mechanische oder elektrische Energie transferiert werden. Die kinetische Energie des Windes und die potentielle des Wassers können direkt in mechanische bzw. elektrische Energie umgeformt werden. Für die Aufbereitung und Umwandlung werden technische Einrichtungen benötigt. Mit zunehmend wachsender Zahl der Erdbevölkerung und der Abnahme vieler Primärenergieträger ist heute von großer Bedeutung, die vorhandenen Primärenergien immer besser zu nutzen und die Schadstoffbelastungen, die bei den notwendigen technischen Prozessen vorkommen, so gering wie möglich zu halten.

Nach einer kurzen Einführung in die Aufbereitung und Umwandlung der Primärenergien werden Systeme und Maschinen zur Umwandlung thermischer Energien behandelt.

1.1 Primärenergien und deren Aufbereitung

Primärenergien sind in erneuerbare und nicht erneuerbare Energien aufzuteilen. Letztere sind fossile Energieträger wie Kohle, Erdöl, Erdgas und die Kernenergie. Erneuerbare Energien sind die Sonnenenergie und die durch die Sonnenenergie erzeugte Wasserenergie, Windenergie, geothermische Energie und Bioenergie. Der größte Teil der Energieversorgung wird heute aus nicht erneuerbaren Energieträgern abgedeckt, wobei dort die fossilen Energieträger Kohle, Erdgas und Erdöl wiederum den größten Anteil haben. Mit Erdöl und Erdgas werden zwei Drittel des Primärenergiebedarfs abgedeckt.

© Springer-Verlag GmbH Deutschland 2018
P. von Böckh, M. Stripf, *Thermische Energiesysteme*,
https://doi.org/10.1007/978-3-662-55335-0_1

1.1.1   Kohle

Kohle entstand aus der Versteinerung von Pflanzen. Sie kommt als Steinkohle, Braunkohle und Torf vor. Kohle enthält neben Kohlenstoff noch Wasser, Schwefel, Gase und Ballaststoffe. Mit dem Alter der Kohle nimmt der Gehalt an Wasser und flüchtigen Bestandteilen ab. Steinkohle ist die älteste Kohle. Kohle wird mit wenigen Ausnahmen bergmännisch gewonnen. Sie kann nach der Gewinnung ohne weitere Aufbereitung durch Verbrennung in Wärme umgewandelt oder durch Veredlung für den entsprechenden Verwendungszweck behandelt werden. Diese Veredlung erfolgt durch Mahlen, Brikettierung und Verkoksung. Durch diese Behandlung verflüchtigen sich Gase und Wasser, die Verbrennungstemperatur erhöht sich.

Kohle kann auch vergast und zu Methan oder Benzin hydriert und damit als Ersatz für diese Energieträger verwendet werden. Bei den heutigen Preisen für Erdgas und Erdöl ist die Vergasung bzw. Hydrierung der Kohle jedoch unwirtschaftlich.

Kohle wird hauptsächlich zur Erzeugung elektrischer Energie, zu Heizzwecken und zur Stahlherstellung benötigt.

1.1.2   Erdöl

Erdöl entstand aus Meerestieren. Es kann in unterirdischen Lagern flüssig vorkommen oder es ist in Sand, Kreide bzw. Schiefer gebunden. Erdöl besteht aus Paraffinen, Aromaten und Olefinen. Es enthält auch Schwefel, Natrium, Vanadium und Metallverbindungen. Aus wirtschaftlichen Gründen wird Erdöl heute hauptsächlich aus Erdöllagern, bei denen Erdöl in flüssiger Form vorkommt, durch Fördersonden gewonnen. Gebundene Erdöle müssen durch Extrahieren mittels Lösungsmitteln oder durch Vergasung gewonnen werden.

Nicht verarbeitetes Erdöl wird Rohöl genannt. Bei bestimmten Sorten kann es in Großanlagen direkt zur Wärmeerzeugung verbrannt werden. Meistens wird Rohöl in Raffinerien durch Destillation, Cracken und Reformieren zu Heizöl, Benzin, Kerosin, Teer und anderen chemischen Stoffen verarbeitet.

Erdöl wird hauptsächlich zu Heizzwecken, zum Antrieb von Fahrzeugen und zur Stromerzeugung verwendet und hat den größten Anteil an der Energieversorgung. Dieser Hauptverwendungszweck ist an sich unsinnig, weil Erdöl ein sehr wertvoller Rohstoff ist. Es ist das Ausgangsmaterial für viele chemische Werkstoffe und steht nur begrenzt zur Verfügung. Deshalb ist es dringend notwendig, die Verbrennung von Erdöl durch andere Primärenergien zu ersetzen.

1.1.3   Erdgas

Meist tritt *Erdgas* zusammen mit Erdöl auf. Bei der Entstehung des Erdöls bildeten sich Gase, die zum Teil im Erdöl gelöst oder von diesem getrennt in unterirdischen Lagern vorhanden sind. Erdgas steht fast immer unter hohem Druck und wird durch Sonden gefördert.

Es besteht hauptsächlich aus Methan, Äthan, Propan, Butan, Stickstoff, Kohlendioxyd und Schwefelverbindungen. Wegen der relativ schwierigen Transportierbarkeit wurde es lange Zeit als unerwünschtes Produkt bei der Erdölförderung ungenutzt abgefackelt. Heute wird Erdgas entweder in Pipelines oder als Flüssiggas (LNG liquefied natural gas) transportiert.

Wenn Erdgas nicht im Erdöl gelöst ist, tritt es als sogenanntes „süßes" Trockengas auf. Dieses Erdgas besteht aus Methan mit geringer Beimischung von Äthan und Propan. Das unter Druck stehende, im Erdöl gelöste Erdgas, wird in mehrstufigen Separatoren entspannt und vom Öl getrennt. Das so entstandene Erdgas ist noch „nass" und enthält schwerere Gase wie Propan, Butan und Pentan. Durch Verdichten und Kühlen fallen diese Gase in flüssiger Form aus. Das so getrocknete verbliebene Gas wird als „saures" Trockengas bezeichnet. Seine Zusammensetzung ist dem süßen Trockengas sehr ähnlich, aber es enthält noch saure Gase wie Schwefelwasserstoff und Kohlensäure. Diese werden durch alkalische Lösungen ausgewaschen. Die im Lösungsmittel enthaltenen Säuren können durch Erhitzen ausgetrieben und das Lösungsmittel dem Kreislauf wieder zugeführt werden. Aus dem Schwefelwasserstoff kann reiner Schwefel gewonnen werden. Die in flüssiger Form entstandenen schwereren Gase werden in Tanks, das trockene Erdgas in Pipelines transportiert.

Erdgas wird hauptsächlich zu Heizzwecken und zur Stromerzeugung verwendet. Wie bei Erdöl gilt, dass diese Nutzung nicht sehr ökologisch ist.

1.1.4 Kernenergie

Kernenergie entsteht durch Spaltung (Fission) oder durch Verschmelzung (Fusion) von Atomkernen. Bei der Fission wird durch Spaltung ein Teil der Bindungsenergie des Atomkerns freigesetzt und in Wärme umgewandelt. Bei der Kernfusion werden zwei schwere Wasserstoffkerne zu einem Heliumkern vereinigt. Durch die Kernbindungskräfte entsteht eine Massenreduktion, die in Energie umgesetzt wird. Die Energieausbeute pro Masseneinheit ist bei der Kernspaltung um sechs Zehnerpotenzen größer als bei der Verbrennung, bei der nur die chemische Energie ausgenutzt wird. Eine weitere Verbesserung um fünf Zehnerpotenzen wäre bei der Kernfusion möglich. Heute ist nur die Kernspaltung technisch realisierbar. Bei der Kernspaltung ist zur Aufrechterhaltung des Prozesses eine Mindestbrennstoffmasse - kritische Masse - erforderlich. Die modernen Anlagen verwenden meist angereichertes Uran als Brennstoff. Im natürlichen Uran sind zu 99,3 % das Isotop Uran 238 und zu 0,7 % das Isotop Uran 235 enthalten. Uran 238 ist ein stabiler Atomkern und Uran 235 ein instabiler Kern, der sich spaltet. Die Anzahl der Spaltungen der Uran 235-Kerne ist im natürlichen Uran jedoch so gering, dass keine bemerkenswerte Energie gewonnen werden kann. Bei der Kernspaltung entstehen schnelle Neutronen, die von den schweren Atomkernen abprallen und keine wesentlichen Kernreaktionen ausführen. Mit abgebremsten Neutronen kann die Spaltung der Uran 235-Kerne angeregt werden und es kommt zu einer Kettenreaktion. Die bei der Spaltung eines Atomkerns entstehenden schnellen Neutronen werden in einem Moderator abgebremst und lösen so neue Kernspaltungen aus. Als Moderator wird in Leichtwasserreaktoren Wasser, in Schwerwasserreaktoren schweres Wasser und in einigen wenigen Reaktoren Graphit verwendet. Die bei der Abbremsung schneller Neutronen entstehende Wärme wird genutzt. Bei Leichtwasserreaktoren muss der Anteil der Uran 235-Kerne auf 2 bis 3 % angereichert werden. Bei Schwerwasserreaktoren kann Natururan verwendet werden. Die nicht ganz abgebremsten schnellen Neutronen können aus den Uran 238-Kernen Plutonium erzeugen, das wiederum als Kernbrennstoff dient. Reaktoren, die mit Moderatoren arbeiten, die die Neutronen nicht so stark abbremsen und dabei Plutonium erzeugen, sind Brutreaktoren.

Die Brennelemente können nicht ganz verbraucht werden. Sie werden daher wiederaufbereitet. Dabei werden sie von hoch radioaktiven Stoffen getrennt und die brauchbaren Bestandteile wiederverwendet. Bei der radioaktiven Spaltung entstehen langlebige, hoch radioaktive Produkte. Bis deren Aktivität auf vertretbare Werte abklingt, werden Zeiträume von vielen Generationen benötigt. Diese Produkte müssen entsprechend verarbeitet und sicher aufbewahrt werden. Die Standortwahl von Wiederaufbereitungsanlagen bzw. Deponien und die Sicherung der Transporte ist neben der technisch-wissenschaftlichen Seite heute auch ein politisch-polemisches Problem.

Es werden momentan auch Verfahren untersucht, mit denen die hochradioaktiven Stoffe in kurzlebige oder nicht radioaktive Elemente umgewandelt werden können.

Kernenergie wird hauptsächlich zur Stromerzeugung verwendet. Mit ihr werden weltweit etwa 17 % des Strombedarfs gedeckt. In kleinerem Maße findet sie auch als Antriebsenergie von Kriegsschiffen und U-Booten Verwendung.

1.1.5 Wasserenergie

Aus der potentiellen Energie des Wassers wurde schon seit Jahrhunderten mechanische Energie zum Antrieb von Mühlen, Sägewerken usw. gewonnen. Diese Energie des Wassers entsteht durch Sonneneinstrahlung. Das auf Meeresniveau verdunstete Wasser steigt nach oben und wird in Form von Regen auf dem höher gelegenen Land niedergeschlagen. Wasseransammlungen in höheren Lagen können direkt genutzt werden. Durch den Bau von Stauwerken werden künstliche Wasserreservoire erstellt, deren potentielle Energie nutzbar ist. Beim Bau solcher Stauwerke sind Landschaft, Grundwasserhaushalt und Klima zu beachten. In den Industrieländern sind die nutzbaren Hydroenergien weitgehendst erschlossen, im Gegensatz zu den Entwicklungsländern, in denen noch große Potentiale vorhanden sind. Eine weitere Nutzungsmöglichkeit der Wasserenergie sind Gezeitenkraftwerke. Hier wird das durch die Gezeiten veränderliche Wasserniveau der Weltmeere genutzt.

Wasserenergie wird heute fast ausschließlich zur Erzeugung elektrischer Energie verwendet.

1.1.6 Sonnenenergie

Sonnenenergie wird, abhängig von der geographischen Lage, der Jahreszeit und den Klimaverhältnissen in unterschiedlicher Intensität angeboten. Die meisten Industrieländer haben, bedingt durch geographische Lage und Klima, nur eine relativ geringe Intensität zur Verfügung. Vor allem im Winter, wenn ein großer Bedarf an Energie vorhanden ist, steht Sonnenenergie oft nur mit kleiner Intensität zur Verfügung und die tägliche Schwankung der Intensität erfordert Speichermöglichkeiten. In Karlsruhe, wo wir relativ viele Sonnenscheinstunden pro Jahr haben, wird die mittlere Stromproduktion eines Jahres mit 1100 Volllaststunden angegeben. Langfristig, unter Berücksichtigung der Schaltjahre, hat ein Jahr 365,25 Tage was 8766 Sunden entspricht. Eine Fotovoltaikanlage mit der maximalen Leistung von 10 kW, produziert in einem Jahr 11000 kWh Strom, was nur einem Fördergrad von 0,11 entspricht. Man sollte daher nicht von einer 10 kW sondern nur von einer 1,1 kW-Anlage sprechen.

Im Niedertemperaturbereich lässt sich Sonnenenergie in Kollektoren „einfangen" und zur Warmwasseraufbereitung verwenden. Im Hochtemperaturbereich werden die Sonnenstrahlen in den dem Sonnengang nachgeführten Spiegeln fokussiert und können so sehr hohe Temperaturen erzeugen, bei denen sogar Dampf produziert werden kann. Die Nutzung von Sonnenenergie in größerem Umfang bedingt großen Platzbedarf für die Kollektoren und Speicher.

Die Erstellung von Solaranlagen benötigt einen sehr hohen Energieaufwand. Dies kann in sonnenarmen Gegenden dazu führen, dass die für die Erstellung benötigte Energie während der Lebensdauer der Anlage nicht wieder zurückgewonnen werden kann.

Langfristig gesehen wird die Sonnenenergie unser Hauptenergieträger werden, weil die nicht erneuerbaren Energien nur begrenzt vorhanden sind und das Verbrennen aller fossilen Energien unser Klima total verändern würde. Im Vergleich zu den heutigen Preisen für Primärenergien ist Sonnenenergie teurer. Bezüglich Umwandlung und insbesondere Speicherung sind noch viele Probleme zu lösen.

1.1.7 Geothermische Energie

Bei geothermischer Energie wird die Wärme aus dem Erdinneren genutzt. Dort, wo Heißwasserquellen oder gar Dampfquellen vorhanden sind, können diese direkt zu Heizzwecken oder zur Stromerzeugung genutzt werden. Diese Energiequellen liefern jedoch nicht kontinuierlich Energie und können durch mitgeführte Salze Korrosionsprobleme hervorrufen. Die Geothermie ist eine schier unerschöpfliche Energiequelle, denn 99 % der Erdmasse ist heißer als 1000 °C. Deshalb untersucht man die Möglichkeit, durch Bohrungen in das Erdinnere Wärmetauscher zu bringen, um so geothermische Energie zu gewinnen. Die Bohrungen (einige 1000 m tief) und die notwendige Pumpenergie verursachen sehr hohe Kosten, so dass diese Energiequelle heute noch unwirtschaftlich ist.

Bei etlichen Projekten bei der Nutzung der geothermischen Wärme kam es durch die Veränderungen des Untergrundes zu leichten Erdbeben und Verwerfungen der Erdkruste mit Schäden an Gebäuden. Diese Technologie ist noch nicht ausgereift.

1.1.8 Windenergie

Windenergie wurde schon seit Langem in der Schifffahrt und von Windmühlen genutzt. Wegen Unbeständigkeit und unterschiedlicher Intensität ist die Windenergie auf Speichermöglichkeiten und redundante, windunabhängige Energiequellen angewiesen. Heute werden zunehmend größere Windkraftwerke zur Stromerzeugung eingesetzt. Die mittlere Produktion wird bei Offshore-Windkraftwerken, die die besten Ergebnisse liefern, mit 2000 Volllaststunden angegeben, d. h. nur 23 % der maximalen Leistung. Problematisch ist auch, dass bei starkem Wind sehr hohe Spitzenleistungen auftreten. Diese kann durch Kopplung mehrerer Anlagen ausgeglichen werden. An der Nordsee kommen zuerst die Westwinde an, die dann später die Ostsee erreichen. Bei der Kopplung dieser Anlagen kann die Spitze verflacht werden. Eine gründliche Planung bei der Installation der Anlagen ist unbedingt notwendig. Die Kosten zur Erstellung und Wartung von Windkraftanlagen konnten in den letzten Jahren deutlich gesenkt werden, so dass die bisher notwendige Subventionierung immer weiter reduziert werden kann.

1.1.9 Bioenergie

Abfallprodukte der Landwirtschaft oder die für die Energieerzeugung angebauten Bepflanzungen wie Wälder, Rapsfelder etc. liefern Bioenergien. Ein Großteil der Energie kommt aus der Forstwirtschaft, bei der zur Pflege des Waldes Bäume gefällt und neu gepflanzt werden und das Holz zu Heizzwecken verwendet wird. Abfälle aus der Landwirtschaft sind z. B. Stroh und Biogase aus dem Dung, die auch zu Heizzwecken oder zum Antrieb von Verbrennungsmotoren verwendet werden. Speziell aus Raps kann man Öle gewinnen, die sich zum Betreiben von Dieselmotoren eignen. Für eine weitgehende Deckung des Energiebedarfes wären allerdings immens große Anbauflächen notwendig.

1.2 Energiewirtschaft

Die Energiewirtschaft beschäftigt sich mit den wirtschaftlichen Aspekten der Gewinnung, Aufbereitung, Umformung, Umwelteinflüsse und dem Transport von Energien. Die wirtschaftlichen Betrachtungen beginnen mit der Planung von Anlagen und Evaluierung deren Wirtschaftlichkeit.

1.2.1   Planung der Energieversorgung

Die Planung von Energieversorgungsanlagen wie die Erschließung von Primärenergiequellen, der Transport von Primärenergien, Umwandlung von Energien, Verteilung der Energie zum Endverbraucher beruhen auf Prognosen für die Entwicklung des Energiebedarfs. Diese Prognosen sind äußerst schwierig zu erstellen, denn sie hängen von der Entwicklung der Weltwirtschaft und Politik ab. Die Zeiträume für die Planung (Lebensdauer der Anlagen) sind in der Regel länger als die Änderungen der wirtschaftlichen und politischen Entwicklung.

Bei der Planung von Energieversorgungsanlagen müssen die auftretenden Emissionen, Schadstoffbelastungen und optischen Beeinträchtigungen der Umwelt berücksichtigt und durch technische Maßnahmen minimiert werden. Volks- und betriebswirtschaftliche Gesichtspunkte bestimmen die Nutzung vorhandener Primärenergien bzw. deren Umwandlungsprozesse und bestimmen die Weiterentwicklung neuer Technologien. Dabei ist es äußerst wichtig, darauf zu achten, dass die zur Erstellung und zum Betrieb einer Anlage aufgewendete Energie in einem gesunden Verhältnis zur erwarteten Energieproduktion während der Lebensdauer der Anlage steht. Das Verhältnis der zu erwartenden Energieproduktion zum Energieaufwand bei der Herstellung und dem Betrieb der Anlage wird als *Erntefaktor* bezeichnet. Bei einer wirtschaftlichen Anlage sollte der Erntefaktor größer als 10 sein.

1.2.2   Investitionsaufwand

Bei der Planung von Energieversorgungsanlagen wird vom Betreiber der Anlage erwartet, dass sich das investierte Kapital spätestens während der Lebensdauer der Anlage amortisiert. Auf Grund von Bedarfsprognosen und statistischen Unterlagen wird zunächst der zu erwartende Verbrauch an Energie abgeschätzt. Bei dieser Untersuchung müssen Faktoren wie die Verfügbarkeit der Energieträger, deren mögliche Lagerkapazität, Versorgungsmodalitäten, politische Situation und zulässige Umweltbelastungen mit berücksichtigt werden. Anhand des zu erwartenden Energiebedarfs wird eine Energieversorgungsanlage mit der entsprechenden Kapazität ausgewählt. Für die Erstellung dieser Anlage muss eine bestimmte Geldmenge investiert werden. Weiterhin sind die erwarteten laufenden Kosten der Anlage zu berücksichtigen.

1.2.2.1 Kosten für die Erstellung der Anlage
Die Kosten für die Erstellung einer Anlage werden anhand von Offerten verschiedener Hersteller ermittelt. In der Regel bieten Hersteller Anlagen mit unterschiedlichen Preisen, Zahlungsmodalitäten, Wirkungsgraden, Wartungs- und Betriebskosten an. Nicht immer ist die Anlage mit dem tiefsten Preis die Wirtschaftlichste. Mit der *Barwertmethode* ist

ein Vergleich der Angebote möglich. Damit kann bei einem Projekt die günstigste Lösung bestimmt werden.

Der Barwert b einer Investition ist:

$$b = \frac{q^n - 1}{q^n \cdot (q-1)} \cdot k_0 \tag{1.1}$$

Dabei ist n die Anzahl der Jahre für den zu untersuchenden Zeitraum, k_0 die Kostenersparnis bzw. die Mehreinnahmen, z der Zinsfuß und $q = 1 + z$ der Zinsfaktor.

Die Kostenersparnis kann dabei eine Verringerung der Kosten oder eine Mehreinnahme bzw. Ertrag, die durch den Barwertaufwand erzielt werden, sein. Fallen durch einen besseren Wirkungsgrad z. B. pro Jahr weniger an Kosten k_0 an oder es wird eine um k_0 höhere Rendite erzielt, kann in n Jahren das Kapital b eingespart werden. Mit der Barwertmethode kann auch bestimmt werden, in welcher Zeit das Kapital, das zur Erstellung oder Verbesserung einer Energieversorgung aufgewendet wurde, zurückbezahlt wird.

Außerdem kann die Rückzahlungsdauer einer Kapitalaufwendung (return of investment, ROI) bestimmt werden. Wird für eine Anlage ein Kapital A_0 aufgewendet und die jährlichen reinen Einnahmen (Mehreinnahmen) betragen K_0, ist der Zeitraum für die Rückzahlung ROI bei dem Zinsfuß z:

$$ROI = \frac{-\log\left(1 - \frac{z \cdot A_0}{K_0(1+z/2)}\right)}{\log(1 + z)} \tag{1.2}$$

Das Kapital A_0 kann dabei die Aufwendung für eine Anlage insgesamt oder der Mehraufwand für eine Verbesserung sein.

Bei exakten Berechnungen muss außerdem berücksichtigt werden, dass Kosten und Erlöse am Ende der Nutzungsdauer weniger gewertet werden als solche beim Baubeginn. Auch der Zinsentwicklung und den Unterschieden im Soll- und Habenzins ist Rechnung zu tragen.

Beispiel 1.1: Bewertung des besseren Wirkungsgrades
Für ein Kohlekraftwerk mit 600 MW Leistung werden zwei Angebote abgegeben, die sich durch Wirkungsgrad und Preis unterscheiden. Im Angebot A beträgt der Wirkungsgrad 45,5 % und der Preis 630 Mio. Euro. Das Angebot B offeriert einen Wirkungsgrad von 45 % und den Preis von 600 Mio. Euro. Der Heizwert der Kohle beträgt 32 MJ/kg. Das Kraftwerk arbeitet pro Jahr 8 000 h bei voller Leistung. Der Preis der Kohle wird mit 0,2 Euro/kg und der Zinssatz mit 5 % angenommen. Bestimmen Sie mit der Barwertmethode, welche Offerte günstiger ist, wenn die Lebensdauer der Anlage 30 Jahre beträgt.

Lösung

Annahme

- Der Zinssatz und Kohlepreis bleiben über die 30 Jahre konstant.

Analyse

Die pro Jahr produzierte elektrische Energie der Anlage beträgt:

$$W_{el} = P \cdot 8000 \cdot \mathrm{h/a} \cdot 3600 \cdot \mathrm{s/h} = 17,280 \cdot 10^9 \cdot \mathrm{MJ/a}$$

Der Verbrauch an Kohle ist pro Jahr für beide Angebote unterschiedlich:

$$\text{A: } \dot{m}_{kohle} = \frac{W_{el}}{\eta \cdot h_u} = \frac{17{,}280 \cdot 10^9 \cdot \mathrm{MJ/a}}{0{,}455 \cdot 32 \cdot \mathrm{MJ/kg}} = 1,187 \cdot 10^9 \cdot \frac{\mathrm{kg}}{\mathrm{a}}$$

$$\text{B: } \dot{m}_{kohle} = \frac{W_{el}}{\eta \cdot h_u} = \frac{17{,}280 \cdot 10^9 \cdot \mathrm{MJ/a}}{0{,}45 \cdot 32 \cdot \mathrm{MJ/kg}} = 1,200 \cdot 10^9 \cdot \frac{\mathrm{kg}}{\mathrm{a}}$$

Damit werden pro Jahr bei Angebot A 13 190 t Kohle weniger verbraucht bzw. 2,637 Mio. Euro weniger Kosten verursacht. Nach der Barwertmethode Gl. (1.1) ist die Ersparnis in 30 Betriebsjahren:

$$b = \frac{q^n - 1}{q^n (q - 1)} k_0 = \frac{1{,}05^{30} - 1}{1{,}05^{30} (1{,}05 - 1)} \cdot 2.367.000\,\text{€} = 40.543.715\,\text{€}$$

Angebot A kann damit um 40,54 Mio. Euro reduziert werden und ist daher günstiger.

Diskussion

Dieses Beispiel zeigt, dass bei der Bewertung einer Anlage nicht nur der Preis, sondern auch die Ersparnisse oder zusätzlichen Gewinne einer Lösung zu berücksichtigen sind. Dabei sind der zu erwartete Zinssatz und die Kosten für Energie und Arbeit am schwierigsten zu beurteilen, weil sich diese Größen während der Lebensdauer der Anlage drastisch verändern können.

Beispiel 1.2: Rentabilität eines Mehraufwandes

Bei der Planung einer Pipeline für Rohöl von 200 km Länge stehen Stahlrohre mit 1 m Durchmesser zur Verfügung. Dabei können Rohre mit 1 mm mittlerer Rauigkeitshöhe und glatte Rohre verwendet werden. Diese kosten 18,3 Mio. € mehr als raue. Die Strömungsgeschwindigkeit des Rohöls soll 3 m/s sein. Die Energiekosten für die Pumpen betragen 0,13 €/kWh. Der Wirkungsgrad der Pumpen beträgt 0,87.

Die Anlage ist dauernd in Betrieb. Die Mehrkosten müssen innerhalb von fünf Jahren zurückgezahlt sein. Der Zinssatz beträgt 4 %. Folgende Stoffdaten des Rohöls sind gegeben: Viskosität $2 \cdot 10^{-4}$ m²/s, Dichte 850 kg/m³. Der Druckverlust kann nach folgender Beziehung bestimmt werden:

$$\Delta p = \frac{\lambda \cdot l}{d} \cdot \frac{c^2 \cdot \rho}{2} \quad \lambda = \left[2 \cdot \log \left(\frac{2,51}{Re \cdot \lambda} + 0,269 \cdot \frac{k}{d} \right) \right]$$

Bestimmen Sie, ob sich mit den gegebenen Vorgaben die Mehrinvestition lohnt.

Lösung

Annahmen

- In fünf Jahren verändern sich die Zinsen nicht.
- Die Rohrbögen und Rohrleitungselemente können vernachlässigt werden, weil sie unabhängig von der *Reynolds*zahl sind.

Analyse

Um den Druckverlust in den Rohrleitungen zu bestimmen, muss zunächst die *Reynolds*zahl berechnet werden.

$$Re = \frac{c \cdot d}{v} = \frac{3 \cdot \mathrm{m} \cdot \mathrm{s}^{-1} \cdot 1 \cdot \mathrm{m}}{1 \cdot 10^{-4} \cdot \mathrm{m}^2 \cdot \mathrm{s}^{-1}} = 15\,000$$

Für die Rohrreibungszahlen mit der Rauigkeit $k = 1$ mm und $k = 0$ mm erhält man folgende Werte:

$$\lambda = \left[2 \cdot \log \left(\frac{2,51}{Re \cdot \lambda} + 0,269 \cdot \frac{k}{d} \right) \right] = \left| \begin{array}{lll} 0,0296 & \text{für} & k = 1 \text{ mm} \\ 0,0278 & \text{für} & k = 0 \text{ mm} \end{array} \right.$$

Die Differenz des Druckverlustes zwischen dem rauen und glatten Rohr ist:

$$\Delta p_{1 \text{ mm}} - \Delta p_{0 \text{ mm}} = (\lambda_{1 \text{ mm}} - \lambda_{1 \text{ mm}}) \cdot \frac{l \cdot c^2 \cdot \rho}{d \cdot 2} =$$

$$= (0,0296 - 0,0278) \cdot \frac{200\,000 \cdot \mathrm{m} \cdot 3^2 \cdot \mathrm{m}^2 \cdot \mathrm{s}^{-2} \cdot 850 \cdot \mathrm{kg} \cdot \mathrm{m}^{-3}}{1 \cdot \mathrm{m} \cdot 2} = 1,375 \text{ MPa}$$

Die geringere Leistung der Pumpen mit den glatten Rohren beträgt:

$$\Delta P = \frac{\dot{V} \cdot (\Delta p_{1 \text{ mm}} - \Delta p_{0 \text{ mm}})}{\eta} = \frac{c \cdot \pi \cdot d^2 \cdot (\Delta p_{1 \text{ mm}} - \Delta p_{0 \text{ mm}})}{4 \cdot \eta} = 3,723 \text{ MW}$$

Durch die geringere Leistung erzielt man folgende jährliche Ersparnis:

$$K_0 = \Delta P \cdot k \cdot 365 \cdot 24 \cdot h = 3,723 \cdot \mathrm{MW} \frac{0,2 \cdot €}{\mathrm{kWh}} \cdot 365 \cdot 24 \cdot h = 4.239.500\,€$$

Die Zeit für die Rückzahlung der Mehrinvestition ist nach Gl. (1.2):

$$ROI = \frac{-\log\left(1 - \dfrac{z \cdot A_0}{K_0 \cdot (1 + z/2)}\right)}{\log(1 + z)} = 4,73 \text{ Jahre}$$

Diskussion

Dieses Beispiel zeigt, dass bereits kleine Änderungen in den Betriebscharakteristiken große finanzielle Einflüsse haben können. In den glatten Rohren ist der Druckverlust nur um 6,5 % kleiner als in rauen. Dadurch verringert sich der Energieverbrauch der Pumpen um 3,723 MW, was eine jährliche Ersparnis von 4,24 Mio. € bewirkt. Die Mehrinvestition von 18,3 Mio. macht sich bereits nach 4,7 Jahren bezahlt.

1.2.2.2 Betriebskosten

Die Betriebskosten einer Anlage sind in *leistungs-* und *arbeitsabhängige Kosten* zu unterteilen. Leistungsabhängige Kosten sind Kapitaldienst, Steuern, Versicherungen, Primärenergiekosten und andere Kosten, die von der Leistung oder Größe einer Anlage abhängen. Arbeitsabhängige Kosten sind Kosten für den Betrieb und Unterhalt der Anlage. Beide Kosten sind für die Lebensdauer der Anlage relativ schwer abzuschätzen, weil die Kosten für Primärenergie, Zinsen, Lohn und Steuern sehr kurzfristigen Schwankungen unterworfen sein können.

1.2.2.3 Rentabilität

Für eine zu errichtende Anlage ist die Rentabilität ein wichtiges Bewertungskriterium. Sie hängt davon ab, welche Kosten eine Anlage in einer bestimmten Zeitperiode verursacht und welchen Gewinn sie einbringt. Bei der Rentabilität spielt die *Verfügbarkeit* und die *Zuverlässigkeit* der Anlage eine große Rolle.

Diese beiden Größen werden am Beispiel eines Kraftwerks erläutert. Bei anderen Anlagen können statt der Leistung andere Prozessgrößen eingesetzt werden: z. B. bei Pipelines und Kohleminen der Förderstrom, bei Fernheizungen der Wärmestrom. Bei der Verfügbarkeit wird zwischen der *Arbeitsverfügbarkeit* und *Zeitverfügbarkeit* unterschieden. Die Arbeitsverfügbarkeit η_{VA} einer Anlage wird definiert als das Verhältnis der pro Jahr geleisteten Arbeit W_e zur theoretisch möglichen Arbeit W_N der Anlage bei Dauerbetrieb. Pro Jahr stehen 24 mal 365 Stunden, also 8760 Stunden zur Verfügung. Bei einer

Nennleitung P_N der Anlage ist die theoretisch mögliche Arbeit also 8760 mal P_N. Die Verfügbarkeit der Anlage beträgt damit:

$$\eta_F = W_e/W_N = W_e/(P_N \cdot 8760 \text{ h}) \tag{1.3}$$

Die Zeitverfügbarkeit ist das Verhältnis der geleisteten zu den geplanten Arbeitsstunden pro Jahr. Beide dieser Größen können Werte annehmen, die größer als 1 sind. Wenn eine Anlage eine größere Leistung als die geplante hat, wird sie bei Dauerbetrieb auch mehr leisten als geplant. Bei der Zeitverfügbarkeit werden geplante Revisionen und Stillstandszeiten berücksichtigt. Verringern sich diese, steigt die Zeitverfügbarkeit an.

Dabei ist P_N in kW und W_e in kWh angegeben. Die Anlagen müssen von Zeit zu Zeit Revisionen und Reparaturen unterzogen werden, ungeplante Stillstände und Leistungsverminderungen verringern die tatsächlich geleistete Arbeit. Die Verfügbarkeit einer Anlage ist nicht immer die maßgebende Größe für die Bestimmung der Rentabilität, weil viele Anlagen nicht dafür geplant sind, dass sie immer mit voller Leistung produzieren. Aus diesem Grund werden die zu erwartenden Revisionen und der geplante Teillastbetrieb berücksichtigt. Wenn die für ein Jahr geplante Arbeit einer Anlage W_P ist, dann wird die *Zuverlässigkeit* η_Z einer Anlage als das Verhältnis der tatsächlich geleisteten Arbeit zur geplanten Arbeit definiert.

$$\eta_Z = W_e/W_P \tag{1.4}$$

Bei Anlagen zur Energieumwandlung wie beispielsweise bei thermischen Kraftwerken, sind die spezifischen Kosten k für eine Einheit der erzeugten Energie maßgebend. Diese Kosten sind:

$$k = \frac{c_a - c_b}{W_N} \cdot \eta_V + \varepsilon \cdot p_e + k_a \tag{1.5}$$

Dabei ist c_a die Summe der Kosten für den Kapitaldienst, für die Steuern und Versicherungsprämien pro Jahr, angegeben in Währungseinheiten (WE), c_b die jährlichen, betriebsbedingten leistungsabhängigen Kosten, ε der Wärmeverbrauch, p_e die Kosten der Primärenergie pro geleistete Arbeitseinheit in WE/kJ und k_a die arbeitsabhängigen Bedienungs- und Unterhaltskosten pro erzeugter Energieeinheit. Der Wärmeverbrauch ist der Kehrwert des Wirkungsgrades, den man durch 3600 teilen muss.

Aus Gl. 1.5 ist ersichtlich, dass die Verfügbarkeit der Anlage und der Wirkungsgrad die Kosten pro kWh Energieerzeugung wesentlich beeinflussen. Damit muss eine Anlage, die nur periodisch für kurze Zeiten in Betrieb ist, möglichst tiefe Anlagekosten aufweisen, um günstig zu produzieren.

Ähnliche Betrachtungen sind für andere Anlagen wie z. B. Raffinerien, Pipelines, Fernheizungen usw. anzustellen.

1.3   Zukünftige Energieversorgungslage

Die abnehmenden Ressourcen, die Belastung der Umwelt (insbesondere mit CO_2) und die zunehmende Weltbevölkerung verlangen, dass langfristig der Verbrauch fossiler Primärenergieträger eingeschränkt bzw. auf andere Energieträger verlagert, Energie eingespart, neue Energieträger entdeckt und entwickelt werden.

1.3.1   Energieeinsparung

1.3.1.1 Bauten und Haushalt

In Industrieländern ist das Heizen von Gebäuden der größte Primärenergieverbraucher an fossilen Energieträgern und stellt damit das größte Potential für Einsparungen dar. Hier können durch verbesserte Wärmedämmung, durch Umstellung von Individualheizungen auf Fernheizungen, durch Anpassung der Heizungen auf äußere Klimabedingungen und durch passive Nutzung der Sonnenenergie Einsparungen von über 70 % erzielt werden. Die Umstellung vorhandener elektrischer Heizungen auf Wärmepumpen und Wärme/Kraftkopplungen sind weitere Sparpotentiale. Bei Wärmepumpen verringert sich der Stromverbrauch um bis zu 80 %. Bei der Wärme/Kraftkopplung kann die bei thermischer Stromerzeugung entstehende Abfallwärme zu Heizzwecken verwendet werden. Die Primärenergie würde so wesentlich besser genutzt.

Auch bei Haushaltgeräten kann der Wirkungsgrad verbessert werden. Insbesondere bei Waschmaschinen, Wäschetrocknern und Staubsaugern wurden in den letzten Jahren große Verbesserungen erzielt.

1.3.1.2 Verkehr

Hier sind viele Einsparpotentiale vorhanden. Beispiele sind die Einschränkung des Individualverkehrs zu Gunsten energiegünstigerer und umweltfreundlicherer Massenverkehrsmittel.

Auch die Entwicklung verbrauchsärmerer Antriebe, leichterer Fahrzeuge und Hybrid- und Elektrofahrzeuge mit Bremsenergierückgewinnung können einen hohen Beitrag zur Einsparung von Energie liefern.

1.3.1.3 Industrie

Die industriellen Produktionen können durch verbesserte Antriebe, Produktionsverfahren und durch Rückgewinnung von Abfallenergien wesentlich zur Energieeinsparung beitragen.

Weiterhin sollten Energieverschwendungen vermieden werden, z. B. durch Einschränkung der Einwegverpackungen oder die Mehrfachnutzung langlebiger Produkte.

1.3.1.4 Recycling

Die Rückführung von Altstoffen und verbrauchten Produkten in den Herstellungsprozess oder für neue Produkte ist meist energieintensiv. Das Recycling sollte auf Produkte mit hohem Wertniveau bei geringem Energieaufwand bzw. auf Produkte, die aus Umweltverträglichkeitsgründen wiederverwertet werden müssen, fokussiert sein.

1.3.2   Neue Primärenergieträger

Da die Energieversorgung langfristig durch Einsparungen allein nicht sichergestellt werden kann, müssen neue Primärenergieträger entwickelt und bekannte, bisher nicht genutzte Energieträger verstärkt eingesetzt werden. Insbesondere muss der Verbrauch an Erdöl und Erdgas kurz- bis mittelfristig substituiert werden. Die in den 70-er Jahren vorgesehene Substitution durch Kernenergie wäre eine rasch verwirklichbare Lösung, ist aber heute vielerorts gesellschaftlich aufgrund des verbleibenden Risikos und der ungeklärten Frage der Entsorgung der hochradioaktiven Abfälle nicht akzeptiert.

Die alternativen Primärenergien wie Sonnenenergie und Windenergie sind bei weitem noch nicht genügend zuverlässig und wirtschaftlich. Auch bei kommerziell günstigen Lösungen wäre man mit den aktuellen Technologien nicht in der Lage, die Energieversorgung komplett zu sichern. Sonnenenergie steht zwar in genügender Kapazität zur Verfügung, für die Speicherung der Energie sind jedoch noch keine ausgereiften technischen Lösungen vorhanden. Bei der Windenergie wurden in Deutschland riesige Offshore-Windanlagen gebaut, aber nicht für den Transport des Stromes gesorgt.

Hauptverwendung der Energie aus Biomasse sind die Holzfeuerungen in Haushalten. Außerdem existieren Pilotanlagen zur industriellen Nutzung und Umwandlung zu Biotreibstoffen. Mit Biomasse ist jedoch eine vollständige Deckung unseres Energiebedarfs nicht möglich.

Der Einsatz der Kernfusion wird nach heutiger Beurteilung in den nächsten Dekaden industriell nicht verfügbar sein. Nach optimistischen Schätzungen werden 30 bis 50 Jahre für die Entwicklung veranschlagt, was aber realistisch gesehen stark zu bezweifeln ist.

Welche Energieträger künftig für die Energieversorgung genutzt werden können, hängt sehr stark von der Entwicklung entsprechender Technologien ab. Die Politik beeinflusst wesentlich, welche Technologien gefördert werden. Ferner kann durch Steuerung der Preise für Primärenergieträger deren Nutzung reguliert werden. Heute wird dies nicht durch die einzelnen Staaten, sondern durch die Weltwirtschaft und politische Einstellung der Gesellschaft bestimmt.

Langfristig betrachtet muss die Solarenergie als künftiger Primärenergieträger zum Zuge kommen. Sie wird in den nächsten Jahrmillionen zur Verfügung stehen. Ihre Nutzung muss aber, wenn sie wirtschaftlich sein soll, in Großtechnologien umgesetzt werden. Eine viel diskutierte Möglichkeit ist die Wasserstofferzeugung mit Solarenergie. Wasserstoff wäre ein idealer Speicher, Brennstoffzellen, Verbrennungsanlagen und -motoren könnten damit sehr sauber arbeiten. Obwohl bereits vielversprechende Pilotanlagen in Betrieb sind, ist noch ein großer Entwicklungsaufwand notwendig, um die Technologie in großem Maßstab anzuwenden. Bezüglich der Standorte der Anlagen und sicheren Transportwege sind große politische Hürden zu überwinden.

1.4   Umwandlung der Primärenergien

In der Technik wird Energie meist in Form von Wärme oder mechanischer Arbeit benötigt. Die Wärmeenergie wird zum größten Teil durch Verbrennung, also durch Nutzung der chemischen Energie des Brennstoffes erzeugt. Die Anlagen zur Wärmeerzeugung können lokale Verbrennungseinrichtungen oder Fernwärmeversorgungen sein. Die Umwandlung von Wind- und Wasserenergie in mechanische Energie ist direkt möglich. Mit Ausnahme des Verbrennungsmotors und der Gasturbinentriebwerke werden Primärenergien meist zunächst in Wärme umgewandelt. Ein Wärmeträger transportiert die Wärme zu den entsprechenden Maschinen, die sie in elektrische Energie umwandeln. Deren Transport ist dann sehr einfach, die Regelbarkeit der elektrischen Verbraucher sehr gut.

1.4.1   Stromerzeugung

Elektrischer Strom wird entweder indirekt aus der Umwandlung thermischer Energie der Primärenergien oder durch direkte Umwandlung von Wasser- und Windenergie bzw. in kleinem Maßstab durch Photovoltaikanlagen erzeugt. Etwa 90 % der Stromerzeugung erfolgt durch Umwandlung von Wärmeenergie in mechanische und dann in elektrische Energie. Primärenergieträger sind Kohle, Erdöl, Erdgas, Kernenergie und Sonnenenergie. Die Umwandlung der thermischen Energie erfolgt dabei durch Dampfturbinen, Gasturbinen und Verbrennungsmotoren. Durch den Verbund vieler Stromerzeugungsanlagen in einem gemeinsamen Netz ist es möglich, mit der Regelung bzw. Ab- und Zuschaltung einzelner Anlagen die Stromproduktion dem ständig wechselnden Bedarf genau anzupassen.

1.4.1.1 Konventionelle Dampfkraftwerke

Konventionelle Dampfkraftwerke werden mit den fossilen Energieträgern Kohle, Erdöl und Erdgas betrieben. Ein Dampfkraftwerk besteht aus der Brennstofftransportanlage, dem Lager des flüssigen oder festen Brennstoffes, der Aufbereitungsanlage für den Brennstoff, Dampfkessel, Abgasreinigungsanlage, Ballaststoffverbringung, Turbogenerator, Kondensationsanlage, Speisewasservorwärmung, -entgasung und -aufbereitung, Transformatoranlage und der Regel- und Überwachungsanlage.

Im Dampfkessel wird der aufbereitete Brennstoff zusammen mit Luft verbrannt. Die dabei entstehende Wärme gelangt an das vorgewärmte Speisewasser. Dieses wird im Kessel verdampft und überhitzt. Das heiße Brenngas kühlt sich dabei ab und wird vielfach noch zur Vorwärmung der Verbrennungsluft verwendet, bevor es zur Abgasreinigungsanlage strömt. Dort werden aus dem Brenngas die schädlichen Bestandteile wie Schwefeldioxid, Stickoxide und Kohlenmonoxid eliminiert. In der Turbine wird die Energie des heißen Hochdruckdampfes in mechanische Energie umgewandelt und damit dann der Generator angetrieben. Aus der Turbine gelangt der entspannte Dampf in den mit Wasser oder mit Luft gekühlten Kondensator, wo er kondensiert. Das Kühlwasser wird entweder der Umgebung (Fluss, See, Meer) direkt entnommen oder durch Kühltürme zurückgekühlt.

Zur Verbesserung des Wirkungsgrades wird das Kondensat aus dem Kondensator, bevor es dem Kessel wieder zugeführt wird, vorgewärmt. Die Vorwärmung erfolgt mit Dampf, der aus den Turbinen entnommen wird (Anzapfungen). Da prozessbedingt Dampfverluste entstehen, muss ständig etwas Speisewasser nachgefördert werden. Um die Anlage nicht durch Korrosion zu gefährden, wird das Speisewasser entgast und entsalzt.

In Abb. 1.1 ist das Schaltbild einer 500 MW kohlegefeuerten Anlage dargestellt. Die zermahlene Kohle wird im Kessel mit Luft verbrannt. Im Dampferzeugerteil des Kessels wird das Speisewasser erwärmt und verdampft. Anschließend erfolgt im Überhitzerteil des Kessels die Überhitzung des Dampfes. Dieser Frischdampf mit dem Druck von 160 bar und einer Temperatur von 540 °C strömt zur Hochdruckturbine. Dort entspannt sich der Dampf auf 43 bar und gelangt wieder in den Kessel zu dessen Zwischenüberhitzerteil. Im Zwischenüberhitzer wird der Dampf wieder auf 540 °C erhitzt und der Mitteldruckturbine zugeführt, wo er auf 4 bar entspannt wird und weiter zu den zwei Niederdruckturbinen strömt. In den Niederdruckturbinen entspannt sich der Dampf auf dem Weg zum Kondensator auf 50 mbar. Das Kondensat wird mit der Hauptkondensatpumpe in die Niederdruckvorwärmer gepumpt, in denen es mit Anzapfdampf aufgeheizt wird. Vom letzten Niederdruckvorwärmer gelangt das Wasser in den Mischvorwärmer/Entgaser und in den Speisewassertank. Im Mischvorwärmer/Entgaser wird das Wasser mit Anzapfdampf in direktem Kontakt erwärmt und dabei entgast. Aus dem Speisewasserbehälter fördert die Speisewasserpumpe das Wasser über die Hochdruckvorwärmer zum Kessel. Nach dem letzten Hochdruckvorwärmer hat das Speisewasser eine Temperatur von 250 °C. Durch die Zwischenüberhitzung und die Vorwärmung steigt der Wirkungsgrad dieser Anlage von 0,33 auf ca. 0,42.

Modernste Kraftwerke arbeiten mit Frischdampfdrücken von bis zu 300 bar, Temperaturen von 580 bis 620 °C und erreichen Wirkungsgrade von etwa 0,46. Die Leistungen konventioneller Dampfturbinenkraftwerke liegen zwischen einigen Hundert Kilowatt bis zu Leistungen von 1 300 Megawatt. Kraftwerke kleiner Leistung verwenden in der Regel

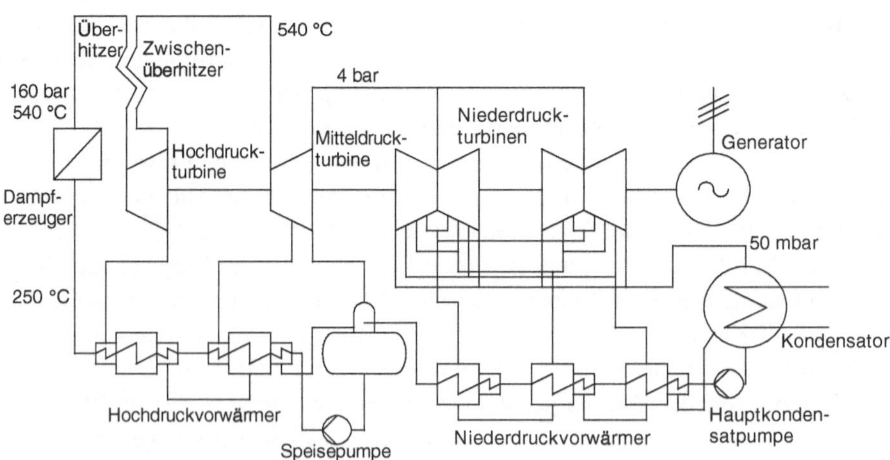

Abb. 1.1 Schaltbild eines konventionellen Kraftwerks

Abfallstoffe wie Müll und landwirtschaftliche Abfälle. Bei Kraftwerken großer Leistungen wird hauptsächlich Kohle als Brennstoff verwendet. Es existieren einige Anlagen, die mit Öl oder Erdgas betrieben werden.

1.4.1.2 Nukleare Dampfkraftwerke

Nuklearanlagen unterscheiden sich von konventionellen Anlagen dadurch, dass die Wärmeerzeugung durch Kernspaltung erfolgt. Abgesehen von einigen wenigen Anlagen wird in den Reaktoren Wasser als Moderator eingesetzt. Die Dampferzeugung erfolgt entweder direkt im Reaktor (Siedewasserreaktor) oder in einem Dampferzeuger, der durch im Reaktor erhitztes Wasser (Druckwasserreaktor) beheizt wird. Durch die Physik des Reaktors ist höchstens eine geringfügige Überhitzung des Frischdampfes möglich, die meisten Anlagen arbeiten jedoch mit Sattdampf.

Im Siedewasserreaktor wird das Speisewasser den Brennelementen direkt zugeführt und dort verdampft. Damit keine vollständige Verdampfung auftritt und es nicht zu einer Aufkonzentration von Salzen kommt, wird ein Teil des Wassers rezirkuliert. Dies kann durch natürliche Konvektion (Naturumlauf) oder durch Pumpen erfolgen. Der Frischdampf wird im Reaktor durch Wasserabscheider getrocknet, er ist radioaktiv, allerdings mit einer sehr kurzen Halbwertszeit.

Bei Druckwasserreaktoren wird Wasser mit 160 bar Druck und ca. 290 °C dem Reaktor zugeführt und dort auf 330 °C erwärmt. Im Dampferzeuger wird das Wasser wieder auf 290 °C abgekühlt. Durch diese Wärmeabgabe erfolgt eine Erwärmung und Verdampfung des Speisewassers. Die Dampferzeugung verläuft ähnlich wie im Siedewasserreaktor. Der Frischdampf ist nicht radioaktiv.

Frischdampf hat in beiden Reaktortypen einen Druck von etwa 70 bar. Im Vergleich zu fossil befeuerten Anlagen sind Druck und Temperatur des Frischdampfes tiefer. Aus diesem Grund werden nur eine Hochdruckturbine und mehrere Niederdruckturbinen benötigt.

Abb. 1.2 zeigt das Schaltbild einer Nuklearanlage. Da der Dampf am Eintritt der Hochdruckturbine gesättigt ist, erfolgt die Expansion in das Nassdampfgebiet. Um die

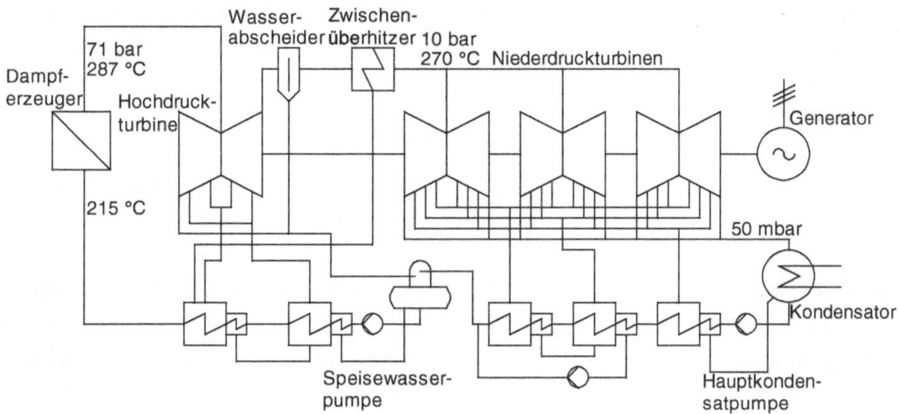

Abb. 1.2 Schaltbild eines nuklearen Dampfkraftwerks mit einstufiger Zwischenüberhitzung

Niederdruckturbine vor Erosionskorrosion zu schützen, wird der Nassdampf in Wasserabscheidern getrocknet und in Zwischenüberhitzern überhitzt. Die Überhitzung erfolgt mit kondensierendem Frischdampf. Es gibt Anlagen, bei denen die Zwischenüberhitzung zweistufig, zuerst mit Anzapfdampf und dann mit Frischdampf durchgeführt wird. Da für die Zwischenüberhitzung Prozessdampf verwendet wird, bringt sie keine Wirkungsgradverbesserung, sondern dient lediglich zur Senkung der Dampfnässe in der Niederdruckturbine und damit zum Schutz vor Erosionskorrosion. Die Kondensation und die Vorwärmung erfolgen wie in konventionellen Kraftwerken. Wegen des tieferen Dampfdruckes und der tieferen Temperatur ist der Wirkungsgrad der Nuklearanlagen kleiner als der der konventionellen Dampfkraftwerke. Die höchsten Wirkungsgrade der Nuklearanlagen liegen bei 0,35.

1.4.1.3 Gasturbinenanlagen

Die meist verwendeten Gasturbinenanlagen arbeiten in einem offenen Prozess, in dem Umgebungsluft im Verdichter komprimiert, in einer Brennkammer erhitzt, in der Turbine entspannt und das Abgas dann der Umgebung zugeführt wird. Eine Gasturbinenanlage besteht aus der Brennstoffversorgungsanlage, die entweder eine Gaspipeline oder ein Öllager ist, aus der Turbogruppe und dem Abgaskamin. Die meisten Gasturbinenanlagen werden mit Erdgas versorgt. Dieses muss auf einen dem Verdichterdruck entsprechenden Druck gebracht werden. Verdichter, Turbine und Generator sitzen auf einer Welle. Bei modernen stationären Gasturbinen wird die Luft auf etwa 20 bar verdichtet. Nach der Brennkammer hat das Abgas eine Temperatur von 1200 °C bis 1300 °C. Durch die Entspannung auf Atmosphärendruck kühlt sich das Abgas am Austritt auf Temperaturen von 450 °C bis 600 °C ab. Gasturbinenkraftwerke erreichen Wirkungsgrade von 0,35. Die von ABB (dann Alstom Power und heute GE Power) entwickelten Gasturbinen verdichten Luft auf etwa 30 bar. In der ersten Turbinenstufe wird das Abgas auf ca. 20 bar entspannt und in einer zweiten Brennkammer nochmals erhitzt. Mit dieser Lösung können Wirkungsgrade von 0,38 erreicht werden.

Zusammen mit dem Hochtemperaturkernreaktor gab es auch eine Gasturbinenanlage mit einem geschlossenen Kreislauf. Das Arbeitsmedium der Gasturbine war Helium. Im Kernreaktor wurde das verdichtete Helium erhitzt und in der Turbine entspannt. Die Wärme des entspannten Heliums wurde vor der erneuten Verdichtung in einem Wärmetauscher an die Umgebung abgeführt.

Es gibt auch einige wenige Speichergasturbinenanlagen, bei denen in Zeiten geringen Strombedarfs ein Teil der verdichteten Luft in unterirdischen Kavernen gespeichert wird. Die bei der Verdichtung erhitzte Luft muss aus geologischen Gründen vor der Speicherung etwas abgekühlt werden. Die Gasturbine arbeitet so, dass die gesamte Arbeit der Turbine zur Verdichtung verwendet wird. Bei Spitzenstrombedarf wird der Verdichter Teil der Anlage abgeschaltet und die Turbine bezieht die verdichtete Luft aus dem Speicher.

In einigen Versuchsanlagen mit Druckwirbelschichtfeuerung (pressurized fluid bed combustion, PFBC) wurde versucht, Gasturbinen mit Kohle zu beheizen.

1.4.1.4 GuD-Anlagen (Kombianlagen)

Der Nachteil der Gasturbine ist, dass die Abgase mit einer hohen Temperatur an die Umgebung abgegeben werden. Große Mengen an Wärmeenergie gehen so verloren. In GuD-Anlagen – Gasturbine kombiniert mit einer Dampfturbine – wird die Energie des Abgases genutzt. In einem Abhitzekessel wird das Abgas der Gasturbine zur Dampferzeugung verwendet. Mit dem erzeugten Dampf wird eine Dampfturbine betrieben. Abb. 1.3 zeigt eine GuD-Anlage.

Durch die Nutzung der Wärmeenergie des Abgases kann in den GuD-Anlagen ein Wirkungsgrad von über 0,6 erreicht werden.

1.4.1.5 Dieselanlagen

In Gebieten geringen Strombedarfes (z. B. kleine Insel) und in Entwicklungsländern werden Dieselmotoren (s. auch Verbrennungsmotoren) zur Stromerzeugung verwendet. Bei kleineren Anlagen ist der Dieselmotor, da er keine Kondensationsanlage benötigt, billiger als eine Turbinenanlage. Die Wartung der Motoren benötigt nicht so hochqualifiziertes Personal wie bei der Turbine. Große Dieselmotoren erreichen Wirkungsgrade von 0,5.

1.4.1.6 Wasserkraftwerke

Wasserkraftwerke bestehen aus der Wasserversorgung, der Wasserturbine und dem Generator. Wasser mit potentieller Energie ist oft direkt in der Natur vorhanden. Der natürliche Ablauf des Wassers wird vollständig oder teilweise unterbrochen und einer Wasserturbine zugeführt. Die anfallenden Wassermengen sind vom Klima abhängig. Damit dem Bedarf entsprechend Strom erzeugt werden kann, legt man Wasserreservoirs an, indem Flüsse und Seen aufgestaut werden. Bei Flüssen wird diese Aufstauung auch zur Regulierung und Schiffbarmachung genutzt. Je nach vorhandenem Gefälle werden unterschiedliche

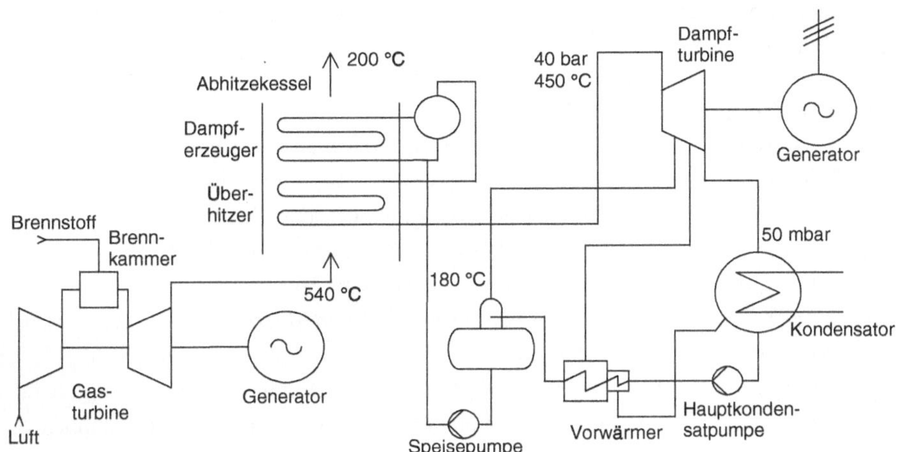

Abb. 1.3 Schaltbild einer GuD-Anlage

Turbinen eingesetzt. Bei großen Höhenunterschieden (Speicherseen in den Bergen) verwendet man *Pelton*turbinen. Bei kleineren Gefällen kommen *Francis-* und *Kaplan*turbinen zur Anwendung. Im Gegensatz zu Dampf- oder Gasturbinen können Wasserturbinen sehr schnell angefahren werden. Sie sind daher vorzugsweise zum Decken des Spitzenstrombedarfs geeignet. Wasserkraftwerke können auch als Speicherkraftwerke verwendet werden. In Zeiten geringen Strombedarfs wird das Wasser in einen Speichersee gepumpt, und bei Spitzenbedarf wird mit dem Wasser die Wasserturbine betrieben. Wasserkraftwerke haben sehr hohe Wirkungsgrade von über 0,9.

1.4.1.7 Windkraftwerke

Bei Windkraftwerken wird durch den Wind ein Rotor angetrieben und mit dem daran angeschlossenen Generator Strom erzeugt. Da der Wind mit unterschiedlichen Geschwindigkeiten bläst, muss das Windkraftwerk entsprechend geregelt werden. Dies kann bei konstanter Drehzahl durch Verstellen der Rotorblätter oder bei unterschiedlicher Drehzahl durch Frequenzrichter erfolgen. Die unterschiedlichen Windstärken stellen große Anforderungen an Konstruktion und Regelung.

1.4.2 Wärmeerzeugung

Bei der Verbrennung von Brennstoffen kann Wärme direkt erzeugt werden. Meist wird die benötigte Wärme direkt an dem Ort erzeugt, wo sie gebraucht wird (Dampfkessel, Stahlöfen, Haushaltheizungen etc.). Bei der Wärmeerzeugung entstehen Verluste. Diese Verluste sind die vom Kessel an die Umgebung abgegebene, nicht genutzte Wärme, unvollständig verbrannte Brennstoffe und die durch die Abgase an die Umgebung abgegebene Wärme. Ein großer Teil der aus Primärenergien erzeugten Wärme wird in den Haushalten für Raumheizungen benötigt. Heute wird der überwiegende Teil der Wärme in individuellen Heizungen erzeugt. Individuelle Haushaltheizungen haben gegenüber Großanlagen schlechtere Wirkungsgrade und die Schadstoffanteile in den Abgasen sind wesentlich höher.

1.4.2.1 Fernheizungen

Bei Fernheizungen wird die Wärme entweder in einem Heizkraftwerk erzeugt oder aus Abfallwärme (industrielle Produktion, Dampfkraftwerke, geothermische Wärme) gewonnen. Die Wärme wird als heißes Wasser zu den einzelnen Verbrauchern geführt und kommt von dort abgekühlt zurück. Die Verteilung erfolgt in isolierten Rohrleitungen. Die Investitionskosten für die Verteilung sind allerdings sehr hoch.

Das heiße Wasser kommt mit Temperaturen zwischen 100 °C und 120 °C zu den Verbrauchern und fließt mit 60 °C bis 90 °C zurück. Die Wärmeabgabe an die Verbraucher erfolgt über Wärmetauscher. Die relativ hohen Temperaturen werden benötigt, weil die meisten Haushalte nicht über eine Niedertemperaturheizung („Fußbodenheizung") verfügen. Bei der Verwendung von Niedertemperaturheizungen ließe sich die Temperatur um 20 K bis 30 K senken, was natürlich die Wärmeverluste beim Transport verringerte.

1.4.2.2 Wärme/Kraftkopplung

Bei der zur Deckung des Elektrizitätsbedarfs notwendigen thermischen Stromerzeugung kann dem Prozess Wärme entnommen werden. Diese wird entweder direkt dem Verbraucher (meist für Industrieproduktion) oder via Fernheizung zum Verbraucher transportiert. Bei der Stromerzeugung mit Verbrennungsmotoren kann die Wärme, die zur Kühlung des Motors notwendig ist zusammen mit der aus dem Abgas direkt verwendet werden (Blockheizkraftwerk). Bei Dampfkraftwerken ist die Temperatur am Ende des Prozesses zu klein, um die anfallende Wärme für Heizzwecke zu verwenden. Aus dem Prozess kann Dampf entnommen und damit Prozess- oder Heizwärme erzeugt werden. Diese Dampfentnahme verringert die Stromproduktion. Diese Minderung ist aber wesentlich kleiner als die Wärmeerzeugung. In Dänemark z. B. werden praktisch allen Dampfkraftwerken Dampf für Fernheizungen entnommen. Abb. 1.4 zeigt das Schaltbild eines solchen Kraftwerkes (Skaerbaerk Vaerket, Dänemark).

Im Winter, wenn viel Wärme für die Fernheizung benötigt wird, kann die Anlage 441 MW Heizleistung abgeben und 325 MW elektrische Leistung liefern. Der dem Verdampfer und den Überhitzern zugeführte Wärmestrom beträgt 773 MW. Damit werden 99,1 % der Wärme genutzt. Im Heizerbetrieb ist der elektrische Wirkungsgrad der Anlage 0,42. Im Sommer, wenn die Heizer abgeschaltet sind, steigt die elektrische Leistung auf 414 MW und der elektrische Wirkungsgrad der Anlage auf 0,535 an. Die hier dargestellte Anlage ist eine mit dem höchsten Gesamtnutzungsgrad, der bisher weltweit erzielt wurde.

1.4.3 Thermisch erzeugte mechanische Energie

Zum Antrieb von Maschinen und Verkehrsmitteln benötigt man mechanische Energie. Die Erzeugung erfolgt häufig durch Elektromotoren, die keine thermischen Maschinen sind und daher hier auch nicht behandelt werden. Die meistverwendeten thermischen Antriebe sind Verbrennungsmotoren und Flugzeugtriebwerke.

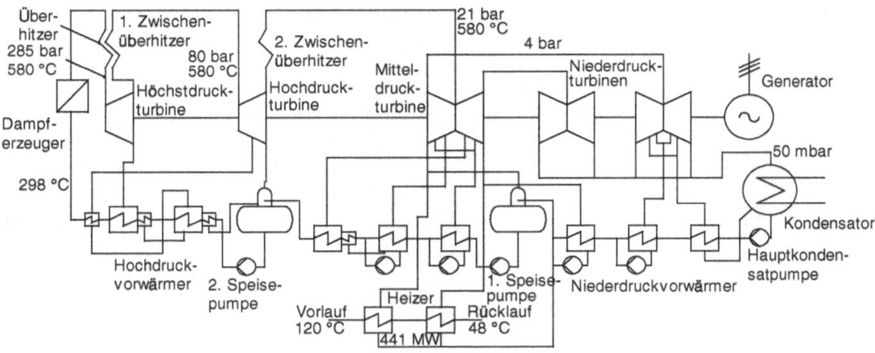

Abb. 1.4 Schaltbild eines Kraftwerks mit Wärme/Kraftkopplung

1.4.3.1 Verbrennungsmotoren

Als Antriebsmaschine des fast gesamten Straßenverkehrs, der Seefahrt und zum Teil auch des Schienenverkehrs werden heute noch immer Verbrennungsmotoren eingesetzt. Bei diesen Maschinen handelt es sich fast ausschließlich um Hubkolbenmaschinen. Je nach Art des Ladungswechsels sind diese Maschinen entweder Zwei- oder Viertaktmotoren. Nach Art der Zündung werden sie in Otto- und Dieselmotoren unterteilt. Prinzipiell wird im Arbeitsraum des Motors Luft (bei Dieselmotoren) oder Luft/Kraftstoffgemisch bei der Aufwärtsbewegung des Kolbens verdichtet. Nach der Verdichtung erfolgt die Zündung. Bei Ottomotoren erfolgt sie durch einen Funken, bei Dieselmotoren ist sie selbstständig. Durch die bei der Verbrennung entstehende Wärme wird der Druck des Gases erhöht und damit der Kolben nach unten getrieben. Bei Viertaktmotoren wird durch gesteuerte Aus- und Einlassorgane das Abgas durch den Kolben hinausgeschoben und dann wieder eine frische Ladung angesogen. Bei Zweitaktmotoren erfolgt der Gaswechsel an der unteren Position des Kolbens durch Aus- und Einlassschlitze. Die frische Ladung muss dabei vorverdichtet sein.

Als Kraftstoff wird in Ottomotoren meist Benzin und bei Dieselmotoren Dieselöl verwendet. Es gibt auch einige Motoren, die mit Brenngasen, Methanol oder mit anderen organischen Stoffen betrieben werden. Große Dieselmotoren erreichen einen Wirkungsgrad von ca. 0,5 und Ottomotoren von 0,3.

Bei den schnellen Strömungsvorgängen in Verbrennungsmotoren kann keine vollständige Verbrennung erzielt werden, so dass im Abgas Kohlenmonoxid und unverbrannte Kohlenwasserstoffe vorhanden sind. Außerdem entstehen bei der Verbrennung Stickoxide. Um die Umwelt durch diese Giftstoffe nicht zu belasten, müssen Maßnahmen zur Schadstoffreduktion vorgenommen werden. Bei den heutigen Motoren wird dies durch Katalysatoren erreicht.

1.4.3.2 Gasturbinentriebwerke

Größere Flugzeuge werden heute durch Mantelstrom- (Gasturbine mit ummanteltem Fan) oder durch Turboproptriebwerke (Gasturbine mit Propeller) angetrieben. Bei Strahltriebwerken dient die Gasturbine zur Erhöhung der kinetischen Energie der angesaugten Luft. Hier wird zwischen den Haupt- und Mantelstromtriebwerken unterschieden. Bei Hauptstromtriebwerken verlässt das Abgas das Triebwerk mit einer viel höheren kinetischen Energie als die der angesaugten Luft. Bei Mantelstromtriebwerken wird ein Teil der angesaugten Luft nur leicht verdichtet und beschleunigt. Die restliche Luft wird weiterverdichtet und über die Brennkammer der Turbine zugeführt. Das Abgas verlässt die Turbine mit einer höheren kinetischen Energie. Der Vorteil ist, dass die Endgeschwindigkeiten der insgesamt angesaugten Luft geringer, der Massenstrom aber größer ist. Damit wird der Antriebswirkungsgrad dieses Triebwerkes deutlich erhöht.

Literatur

Lehrbücher zu Thermischen Energiesystemen, die nicht in den Texten erwähnt werden.

1. Zahoransky R (2015) Energietechnik, 7. Aufl., Springer-Vieweg, Wiesbaden.
2. von Böckh P, Stripf M (2015) Grundlagen der technischen Thermodynamik, 2. Aufl. Springer Vieweg, Wiesbaden.
3. von Böckh P, Saumweber Chr (2013), Fluidmechanik, 3. Aufl, Springer Vieweg, Wiesbaden.
4. von Böckh P, Wetzel Th (2015) Wärmeübertragung, 6. Aufl. Springer Vieweg, Wiesbaden.
5. Moran MJ, Shapiro HN (1993) Fundamentals of engineering thermodynamics. John Wiley & Sons, Inc, Hoboken, NJ, USA.
6. Baehr HD (1996) Thermodynamik, 9. Aufl. Springer-Verlag, Berlin
7. Baehr HD, Diedrichsen Chr (1988) BWK Bd. 40 (1988), Nr. 1/2, pp. 30–33
8. VDI Wärmeatlas (2002) 9. Springer-Verlag, Berlin, Heidelberg
9. Wagner W, Kruse A (1998) Zustandsgrößen von Wasser und Wasserdampf, IAPWS-IF97. Springer-Verlag, Berlin
10. Software zur Industrie-Formulation IAPWS-IF97 von Prof. Dr.-Ing. W. Wagner, Ruhr-Universität Bochum, Lehrstuhl für Thermodynamik, D-44780 Bochum

Hubkolbenmaschinen 2

Hubkolbenmaschinen bestehen aus einem Kolben, der sich in einem Zylinder hin und her bewegt. Durch selbsttätige oder gesteuerte Ventile wird erreicht, das ein Arbeitsmedium angesaugt und hinausgestoßen wird. Das Medium erfährt dabei eine oder mehrere Zustandsänderungen. Die ersten Hubkolbenmaschinen waren Wasserpumpen. Die viel später erfundene Dampfmaschine war ebenfalls eine Hubkolbenmaschine. Heute sind Kompressoren und Verbrennungsmotoren die am meisten verwendeten Hubkolbenmaschinen. In der Technik werden Maschinen, bei denen ein Arbeitsmedium in einen Raum hineinbefördert, dort eingeschlossen und nach einigen Zustandsänderungen hinausgestoßen wird, als *Verdrängermaschinen* bezeichnet. Streng genommen ist die Hubkolbenmaschine ein Sonderfall der Verdrängermaschine.

Hier werden einige der wichtigsten Verdrängermaschinen beschrieben, aber nur die Hubkolbenmaschinen ausführlich behandelt.

2.1 Verdrängermaschinen

Charakteristisches Kennzeichen aller Verdrängermaschinen ist, dass sie einen periodisch veränderlichen Arbeitsraum haben, der mit einem Fluid gefüllt wird. Der Druck des Fluids im Arbeitsraum steigt bei Verdichtung und fällt bei Expansion in periodischer Folge. Dazwischen findet das Ein- und Ausschieben des Fluids, der Ladungswechsel, statt. Eine Verdrängermaschine besteht aus einem Gehäuse oder Zylinder und einem Verdränger. Letzterer verändert das Volumen des Arbeitsraums. Er kann eine hin- und hergehende, eine oszillierende oder rotierende Bewegung ausführen. Im klassischen Sinne gehören nur die Verdrängermaschinen, in denen Gase als Arbeitsmedium verwendet werden, zu den thermischen Verdrängermaschinen. Ist das Arbeitsmedium eine Flüssigkeit, spricht man von Kolbenpumpen. Da in der Thermodynamik die Druckänderung als

© Springer-Verlag GmbH Deutschland 2018
P. von Böckh, M. Stripf, *Thermische Energiesysteme*,
https://doi.org/10.1007/978-3-662-55335-0_2

eine thermische Zustandsänderung angesehen wird, gehören im weitesten Sinne auch die Kolbenpumpen zu den thermischen Verdrängermaschinen. Hier werden lediglich diejenigen Verdrängermaschinen, in denen Gase strömen, ausführlich behandelt.

2.1.1 Arten von Verdrängermaschinen

Verdrängermaschinen werden je nachdem, ob bei der Zustandsänderung das Arbeitsmedium Arbeit leistet oder an ihm Arbeit geleistet wird, in *Arbeits-* oder *Kraftmaschinen* unterteilt. Arbeitsmaschinen sind Kompressoren, Verdichter und Pumpen. Kraftmaschinen sind Dampfmaschinen, Verbrennungs-, Luft- und *Stirling*-Motoren.

Eine weitere Unterscheidung erfolgt nach der Bauform der Maschine, die die Bewegungsart des Verdrängers bestimmt. Es wird zwischen *hin und her beweglichen*, *rotierenden* und *schwingenden* Verdrängern differenziert. Maschinen mit hin und her bewegten Verdrängern werden als Hubkolbenmaschinen bezeichnet. Sie finden bei Hubkolbenverbrennungsmotoren, Hubkolbenkompressoren und Hubkolbenpumpen Anwendung. Bei Maschinen mit rotierenden Verdrängern wird weiter unterschieden nach der Strömung des Fluids, das entweder am Umfang der Maschine oder *axial* strömt. Eine weitere Klassierung erfolgt nach der Rotation, die entweder *zentrisch* oder *exzentrisch* erfolgen kann. Maschinen mit rotierendem Verdränger sind *Wankel*-Motoren, Schraubenverdichter, Rotationsverdichter und Roots-Gebläse. Maschinen mit schwingendem Verdränger sind Wing-Kompressoren.

Bild. 2.1 zeigt zwei verschiedene Hubkolbenmaschinen, einen Kompressor und einen 4-Takt-Verbrennungsmotor. Sie zeichnen sich dadurch aus, dass im Zylinder ein Kolben als Verdränger hin und her bewegt wird. Die Bewegung des Kolbens wird durch den Kurbeltrieb, der aus Schubstange und Kurbelwelle besteht, bestimmt. Abb. 2.1a ist der Kompressor, dessen selbsttätige Ventile sich durch eine Druckdifferenz öffnen. Abb. 2.1b zeigt den 4-Takt-Verbrennungsmotor. Er benötigt dem Arbeitszyklus angepasste, von außen gesteuerte Ein- und Auslassventile. Prinzipiell könnte der gezeigte 4-Takt-Motor auch

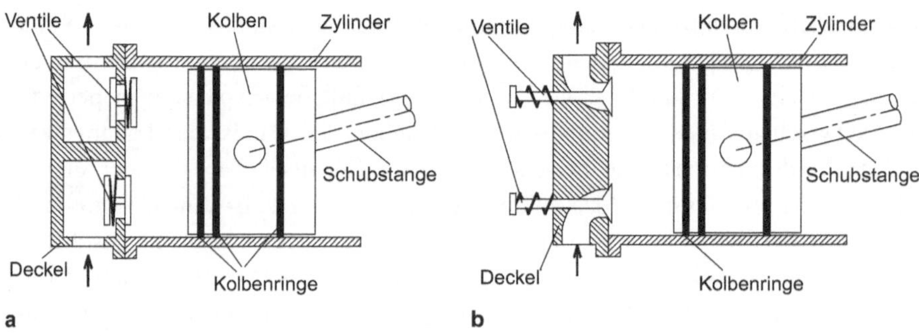

Abb. 2.1 Hubkolbenmaschinen (**a**) Kompressor (**b**) 4-Takt-Verbrennungsmotor

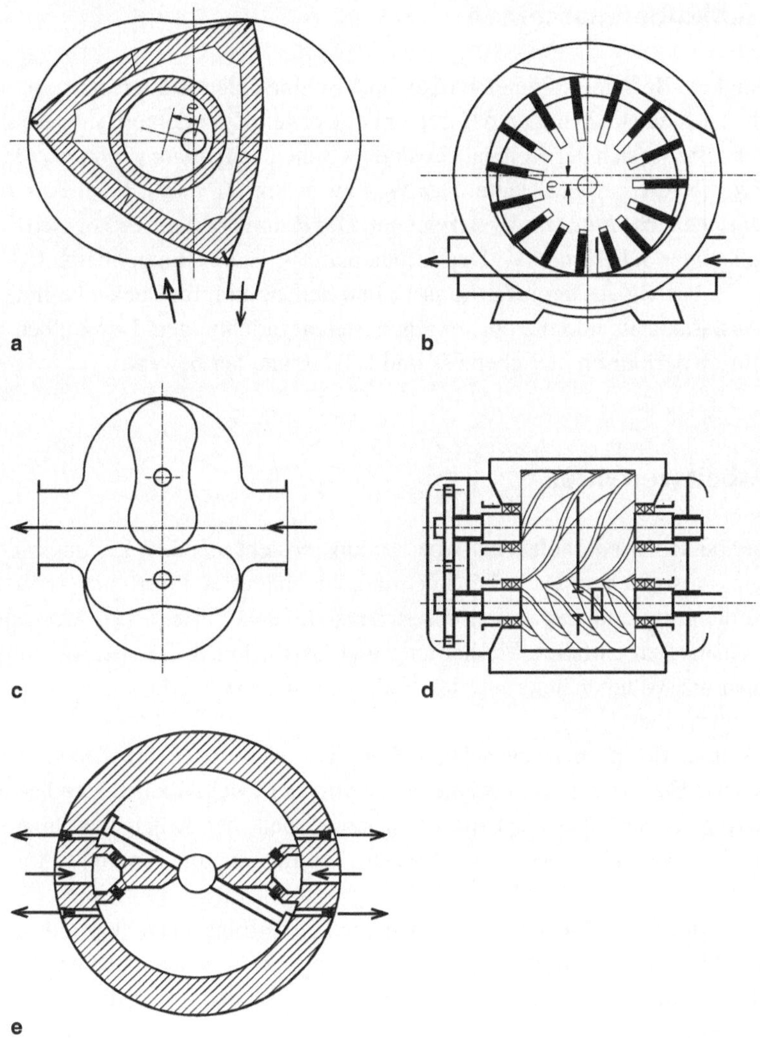

Abb. 2.2 Kolbenmaschine mit rotierenden und schwingenden Verdrängern (**a**) Wankel-Motor (**b**) Flügelzellenverdichter (**c**) Roots-Gebläse (**d**) Schraubenverdichter (**e**) Wing-Kompressor

als Kolbendampfmaschine oder Luftmotor arbeiten. Der 2-Takt-Verbrennungsmotor ist ebenfalls eine Hubkolbenmaschine, die aber keine Ein- und Auslassventile benötigt.

Abb. 2.2 zeigt Maschinen mit rotierenden und schwingenden Verdrängern. Die Form des Gehäuses und der Verdränger bestimmen das periodisch verändernde Volumen des Arbeitsraums. Beim schwingenden Verdränger wird wie bei der Hubkolbenmaschine die Bewegung des Verdichters über einen Kurbeltrieb bestimmt.

Hubkolbenmaschinen werden sowohl als Arbeits- als auch Kraftmaschinen verwendet. Maschinen mit rotierenden oder schwingenden Verdrängern werden mit Ausnahme des *Wankel*-Motors fast ausschließlich als Arbeitsmaschine eingesetzt.

2.2 Hubkolbenmaschinen

Abb. 2.3 zeigt als Beispiel für eine Hubkolbenmaschine einen Kompressor. Sie besteht im Wesentlichen aus einem Zylinder, der mit einem Deckel (Zylinderkopf) abgeschlossen ist. Im Zylinder befindet sich der Kolben, der sich zwischen dem *oberen Totpunkt* OT und dem *unteren Totpunkt* UT bewegen kann. Der Weg zwischen OT und UT wird als *Hub s*, der Raum dazwischen als *Hubraum V_h* bezeichnet. Der Raum oberhalb des oberen Totpunktes heißt *Totraum* oder *Schadraum V_s*. Der Arbeitsraum V_a ist der Raum oberhalb des unteren Totpunktes. Er besteht aus dem *Hubraum V_h* und Schadraum. Im Deckel befinden sich die Ein- und Auslasskanäle und die notwendigen Steuereinrichtungen. Der Kolben wird über den Kurbeltrieb periodisch zwischen OT und UT hin und her bewegt.

2.2.1 Arbeitsverfahren

Ein sich periodisch wiederholender Arbeitszyklus besteht aus dem Ladungswechsel, der das Ein- und Ausschieben des Arbeitsmediums beinhaltet und aus dem Arbeitsvorgang, der aus Verdichtung und Expansion des Arbeitsmediums besteht. Bei ideal inkompressiblen Arbeitsmedien entfallen Verdichtung und Expansion. Bei realen inkompressiblen Fluiden kann die Volumenänderung des Fluids meist ohne Einfluss auf die Genauigkeit vernachlässigt werden.

Die Bewegung des Kolbens zwischen OT und UT oder umgekehrt wird als ein Arbeitstakt bezeichnet. Ein Arbeitszyklus kann aus einem oder zwei Arbeitstakten bestehen.

Bei Kraftmaschinen überwiegt die Expansionsarbeit, bei Arbeitsmaschinen die Verdichtungsarbeit. Bei inkompressiblen Medien kommt nur die Ein- und Ausschiebearbeit vor.

Das Ein- und Ausschieben der Arbeitsmedien erfolgt entweder auf Grund von Druckunterschieden durch selbsttätige Ventile, durch entsprechend angebrachte Ein- und Auslassschlitze oder durch von außen gesteuerte Ventile oder Schieber.

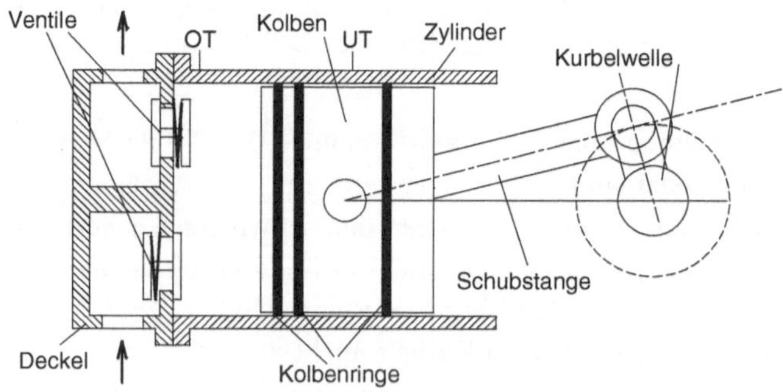

Abb. 2.3 Hubkolbenmaschine (Kompressor)

Hubkolbenmaschinen können einfach oder doppelt wirkend arbeiten. Einfach wirkende Maschinen haben oberhalb der Kolbenoberkante einen Arbeitsraum. Bei doppelt wirkenden Maschinen befindet sich auf der Unterseite des Kolbens ein zweiter Arbeitsraum, wobei die Schubstange dann entsprechend abgedichtet ist.

Je nach Arbeitsaufwand für Verdichtung, Expansion, Ein- und Ausschiebevorgang wird vom Arbeitsmedium während eines Arbeitszyklus insgesamt Arbeit geleistet oder Arbeit aufgenommen. Bei Arbeitsmaschinen wird von außen durch einen Antrieb über den Kurbeltrieb der Maschine Arbeit zugeführt. Diese Arbeit ist nicht konstant: Bei der Verdichtung und beim Ausstoßen des Arbeitsmediums wird am Medium Arbeit geleistet. Bei der Expansion und beim Ansaugen gibt das Medium Arbeit ab. Kraftmaschinen leisten bei der Expansion und beim Ansaugen mehr Arbeit als bei der Verdichtung und bei beim Ausschieben. Die für Verdichtung und Ausstoßen notwendige Arbeit wird von Schwungmassen oder von anderen Kolben, die auf den gleichen Kurbeltrieb wirken, geleistet. Insgesamt geben Kraftmaschinen über den Kurbeltrieb Arbeit ab, Arbeitsmaschinen nehmen Arbeit auf.

Der Druck, den das Medium vor dem Eintritt in die Maschine hat, ist der Eintrittsdruck p_1. Nach Verlassen der Maschine hat das Medium den Austrittsdruck p_2. Diese beiden Drücke werden als Stufendrücke bezeichnet, weil die Verdichtung oder Expansion des Mediums in vielen Fälle in mehreren Stufen erfolgt. Wegen Druckverlusten ist der Druck p_1' im Arbeitsraum nach dem Ansaugen kleiner als der Eintrittsdruck; beim Ausschieben ist der Druck p_2' im Arbeitsraum größer als der Austrittsdruck.

2.3 Anwendung der Hubkolbenmaschinen

2.3.1 Dampfmaschinen

Abb. 2.4 zeigt eine Dampfmaschine und deren p-V-Diagramm. An Punkt 1 befindet sich der Kolben am OT. Dampf hoher Temperatur und hohen Druckes strömt über den Einlass in den Zylinder hinein. Bei der Bewegung des Kolbens vom OT zum UT ist das

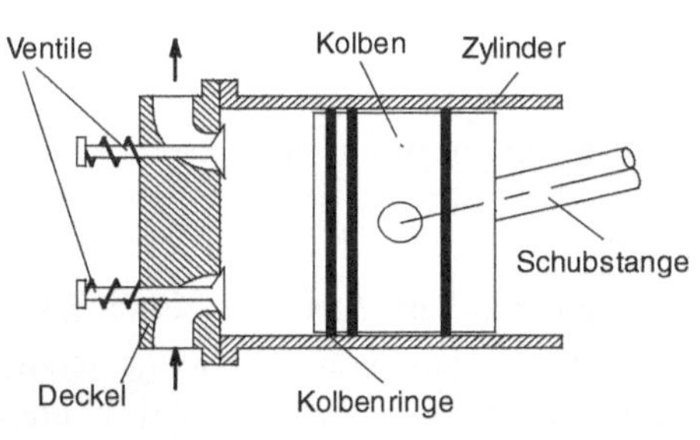

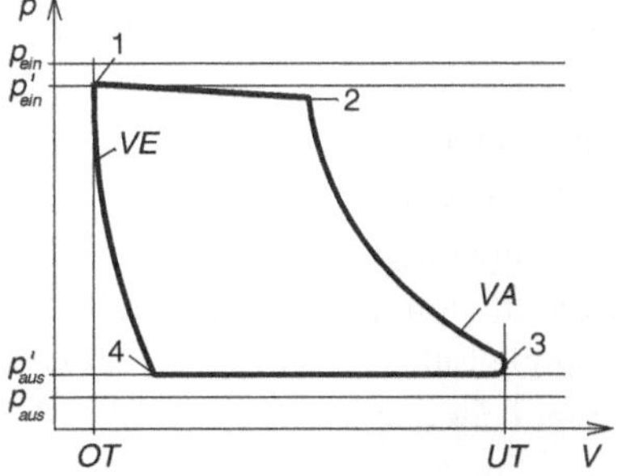

Abb. 2.4 Arbeitsweise der Dampfmaschine

Einlassventil bis Punkt 2 offen und Dampf hohen Druckes strömt weiter ein. Durch den ansteigenden Druckverlust in den Einlassorganen fällt dabei der Druck leicht ab. An Punkt 2 schließt das Einlassventil. Der Dampf expandiert, bis der Kolben den UT erreicht (3).

Der Druck des Dampfes ist hier noch höher als der Umgebungsdruck. Mit dem Öffnen des Auslassventils entspannt sich der Dampf und strömt in die Umgebung. Der Restdampf wird beim Bewegen des Kolbens zum OT bis zum Schließen des Auslassventils hinausgeschoben (4). Der noch verbleibende Dampf wird bis zum OT komprimiert (1). Natürlich wäre es ideal, die gesamte Restdampfmasse bis zum OT aus dem Arbeitsraum zu schieben. Da aber die Ein- und Auslassventile zum Öffnen und Schließen eine gewisse Zeit benötigen, muss für die Ventilsteuerung ein Optimum gefunden werden. Damit genügend Dampf in den Zylinder strömt, wird sogar das Einlassventil vor dem OT geöffnet (VE = Voreinlass) und das Auslassventil vor dem UT (VA = Vorauslass). Dies geschieht, um beim Erreichen des OT und UT volle Ein- und Auslassquerschnitte zur Verfügung zu haben. Der Schließpunkt des Einlassventils muss so optimiert werden, dass mit kleinstmöglicher Dampfmasse größte Leistung bzw. größter Wirkungsgrad erzielt werden. Üblicherweise baut man Dampfmaschinen in doppelt wirkender Ausführung. Kolbendampfmaschinen zeichnen sich durch gute Anpassung bei Laständerungen und extreme Überlastbarkeit aus. Durch geregelte Öffnungszeit der Einlassventile kann Dampf praktisch bis zum Erreichen des unteren Totpunktes einströmen. Dadurch wird die Fläche im p-V-Diagramm vergrößert, d.h., die Maschine leistet mehr Arbeit. Der Dampf ist aber nicht entspannt und daher strömt Dampf hoher Energie durch die Auslassventile in die Umgebung. Im Auslegungsbetrieb arbeitet die Dampfmaschine so, dass der Dampf bei der Expansion von 2 nach 3 möglichst gut entspannt und so ein möglichst guter Wirkungsgrad erreicht wird. Werden aber kurzzeitig große Drehmomente (z.B. beim Anfahren) benötigt, kann dies durch längere Öffnungszeit der Einlassventile erreicht werden.

Die Wirkungsgrade der Hubkolbendampfmaschinen sind relativ schlecht, da der Dampf die Maschine mit hoher Temperatur verlässt. Ein weiterer Nachteil ist der große Dampfkessel. Heute werden nur noch wenige Dampfmaschinen gebaut und verwendet. Sie wurden durch Turbinen und Verbrennungsmotoren mit wesentlich besseren Wirkungsgraden ersetzt.

2.3.2 Verbrennungsmotoren

Abb. 2.5 zeigt einen 4-, Abb. 2.6 einen 2-Takt-Verbrennungsmotor mit entsprechenden p-V-Diagrammen. Für einen Arbeitszyklus benötigt der 4-Takt-Motor vier Arbeitstakte, d.h. zwei Umdrehungen des Kurbeltriebs.

Im Verbrennungsmotor erfolgt die Energiezufuhr durch Verbrennen des Kraftstoffs. Die angesaugte Luft vermischt sich entweder mit der notwendigen Kraftstoffmenge bereits im Vergaser oder der Kraftstoff wird in den Ansaugluftstrom eingespritzt. Bei 4-Taktmotoren wird die Luft beim Bewegen des Kolbens vom OT (7) zum UT (1) bei geöffnetem Einlassventil angesogen. Dann schließt das Einlassventil. Bei geschlossenen Ventilen erfolgt die

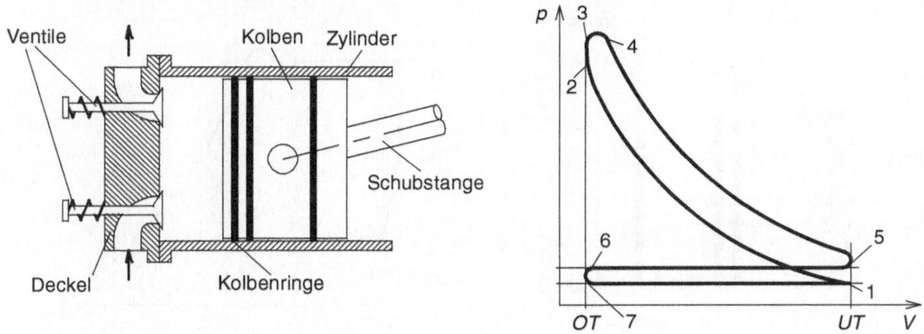

Abb. 2.5 Arbeitsweise des 4-Takt-Verbrennungsmotors

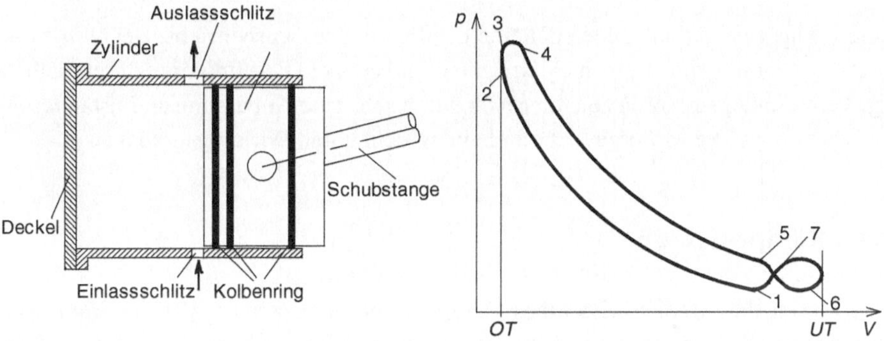

Abb. 2.6 Arbeitsweise des 2-Taktverbrennungsmootors

Verdichtung zum OT (2). Hier wird das Luft-Kraftstoff-Gemisch gezündet. Dann findet
eine sehr schnelle Verbrennung statt, die als isochore Verbrennung dargestellt ist (2 nach
3). Um dem zeitlichen Verlauf der Verbrennung Rechnung zu tragen, folgt dann von 3 nach
4 eine isobare Verbrennung. Das heiße Brenngas expandiert jetzt zum UT (5). Dort hat es
immer noch einen wesentlich höheren Druck als der der Umgebung. Das Brenngas entspannt sich beim Öffnen des Auslassventils am UT fast auf Umgebungsdruck. Dann wird
beim Bewegen des Kolbens zum OT die verbleibende Brenngasmenge in die Umgebung
hinausgeschoben (7). Aus ähnlichen Gründen wie bei der Dampfmaschine erfolgt das Öffnen und Schließen der Ventile nicht am OT und UT. Der Einfluss der Ventilöffnungszeiten
auf den Prozess wird in den folgenden Kapiteln näher behandelt.

Der 2-Taktmotor hat beim unteren Totpunkt Aus- und Einlassschlitze. Hier entspannt
sich das Brenngas bei der Öffnung des Auslassschlitzes nach der Expansion (5 nach 6)
und entweicht in die Umgebung. Beim noch offenen Auslassschlitz öffnet sich bei Abwärtsbewegung des Kolbens der Einlassschlitz, durch den verdichtete Luft einströmt und
so die Restbrenngase austreibt (6 nach 7). Dabei wird der Arbeitsraum mit einer frischen
Ladung gefüllt. Dann erfolgt die Verdichtung zum OT (2). Ansonsten verlaufen Verbrennung und Expansion wie bei einem 4-Taktmotor. Die 2-Taktmaschine benötigt für einen

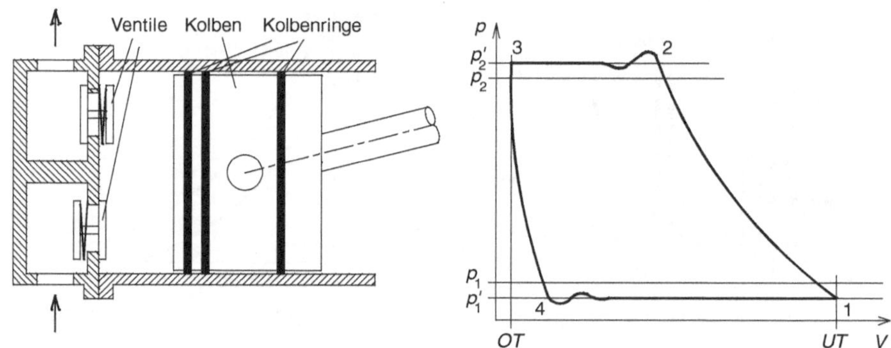

Abb. 2.7 Arbeitsweise des Kompressors

Arbeitszyklus zwei Arbeitstakte oder eine Umdrehung des Kurbeltriebs. Bei *Otto*-Motoren erfolgt die Zündung durch einen elektrischen Funken, bei Dieselmotoren durch Selbstzündung. Verbrennungsmotoren zeichnen sich durch sehr gute Anpassung an Laständerungen, hohe Leistung pro kg Motorgewicht und einen recht guten Wirkungsgrad aus.

2.3.3 Kompressoren

Abb. 2.7 zeigt die Arbeitsweise eines Kompressors und dessen p-V-Diagramm. Bei der Bewegung des Kolbens vom OT (3) nach unten entspannt sich zunächst das im Totraum vorhandene Gas auf den Druck p_1' (4). Sinkt der Druck im Zylinder auf tiefere Werte als die vor dem Einlassventil, öffnet dieses und auf dem Weg zum UT wird die frische Ladung angesaugt (1). Bei Aufwärtsbewegung des Kolbens erfolgt die Verdichtung des Gases bis zum Druck p_2' (2). Infolge der Druckdifferenz öffnet hier das Auslassventil selbsttätig und das komprimierte Gas wird bis zum OT (3) aus dem Kompressor hinausgeschoben.

Bei der Verdichtung erfolgt eine Erwärmung des Gases. Wegen der Eigenschaften verwendeter Materialien, Schmierstoffe und des zu verdichtenden Gases muss die maximal erlaubte Temperatur bei der Verdichtung begrenzt werden. Aus diesem Grund baut man Kompressoren oft mehrstufig und versieht sie mit Kühlungen.

2.3.4 Pumpen

Abb. 2.8 zeigt eine Pumpe und deren p-V-Diagramm. Die Arbeitsweise wird durch die Inkompressibilität des Arbeitsmediums bestimmt. Eine Pumpe arbeitet ähnlich wie ein Kompressor, Verdichtung und Expansion entfallen jedoch. Beim Bewegen des Kolbens vom OT (3) zum UT wird der Druck spontan abgebaut (4), das Einlassventil öffnet selbsttätig und die Flüssigkeit wird bis zum UT (1) angesaugt. Bei der Bewegung des Kolbens vom UT zum OT wird sofort der Druck aufgebaut und das Auslassventil öffnet sich (2). Bis

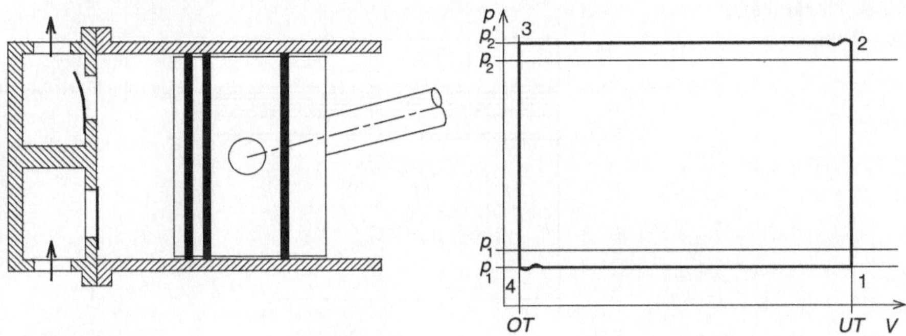

Abb. 2.8 Arbeitsweise der Hubkolbenpumpe

zum OT (3) wird die Flüssigkeit dann hinausgeschoben. Der Totraum ist bedeutungslos. Mit Hubkolbenpumpen können sehr hohe Drücke erreicht werden, die Strömung ist aber pulsierend.

2.4 Bauarten von Maschinen

Die Konstruktion und Anordnung der Zylinder, Kolben, Triebwerke und Gestelle bestimmen die Bauart einer Kolbenmaschine.

2.4.1 Bauart der Kolben

2.4.1.1 Tauchkolbenbauart

Der Kolben ist mit der Schubstange über den Kolbenbolzen, diese wiederum direkt mit der Kurbelwelle verbunden. Das Triebwerk mit Tauchkolben hat im Vergleich zu anderen Kolbenbauarten den einfachsten Aufbau, die kleinsten Abmessungen und das geringste Gewicht. Der Kolben ist innen hohl und hat entsprechend der Krafteinwirkungen Verstärkungen. Abb. 2.9 zeigt einen Hubkolben der Tauchkolbenbauart. Diese Bauart ist für die größten Drehzahlen geeignet. Sie werden bis zu 600 mm Durchmesser gefertigt. Da die Schubstange nicht parallel zur Bewegungsrichtung läuft, treten Normalkräfte auf die Kolbenlaufflächen auf, die desto größer sind, je größer der Kolbendurchmesser ist. Schon bei einem Kolbendurchmesser von 300 mm werden Reibung und Verschleiß der Laufflächen und Kolbenwände beträchtlich.

2.4.1.2 Kreuzkopfbauart

Um die Laufflächen zu entlasten, verbindet man bei Kreuzkopfbauartmaschinen den Zylinder mit einer Kolbenstange, die parallel zur Kolbenbewegung verläuft, mit der Schubstange (s. Abb. 2.10).

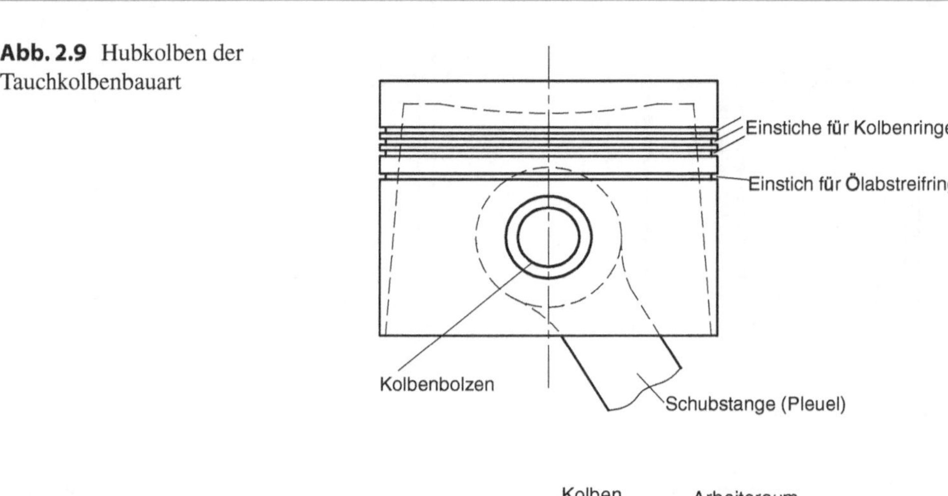

Abb. 2.9 Hubkolben der Tauchkolbenbauart

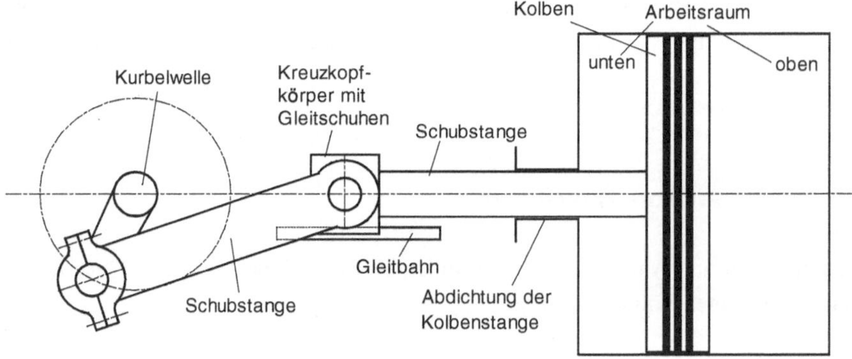

Abb. 2.10 Hubkolben der Kreuzkopfbauart

Die Verbindung erfolgt über einen Kreuzkopf, der durch eine Gleitbahn und Gleitschuhe geführt ist. Die Normalkräfte werden jetzt von der Gleitbahn aufgenommen. Der Kreuzkopf besteht aus Körper und Gleitschuhen. Am Körper befinden sich die Befestigung der Kolbenstange und das Lager der Schubstange. Die durch Normalkräfte verursachte Reibung an der Gleitbahn kann so groß sein, dass deren Kühlung erforderlich wird. Die oszillierenden Massen der Maschinen der Kreuzkopfbauart sind groß und können deshalb nur für kleinere Drehzahlen verwendet werden. Bei großen Verbrennungsmotoren werden sie für Drehzahlen <1000 min^{-1} eingesetzt. Kreuzkopfbauartmaschinen können auch doppelt wirkend arbeiten. Sie werden in der Regel bei großen Verbrennungsmotoren und wegen der Doppelwirksamkeit bei Kompressoren eingesetzt. Weitere Einsatzgebiete sind niedertourige Pumpen und Dampfmaschinen.

2.4.1.3 Schwebekolbenbauart

Die Schwebekolbenmaschinen haben auf der Kurbelseite einen Kreuzkopf. Zur weiteren Führung ist auf der Deckelseite eine weitere Kolbenstange angebracht, die im Deckel geführt wird. Die Kolben dieser Maschinen sind sehr exakt geführt, wodurch die Reibungskräfte an den Kolbenringen stark vermindert werden und kommen deshalb vorwiegend bei stark verschmutzten Fluiden zum Einsatz.

2.4.2 Anordnung der Zylinder

Je nachdem, wie die Zylinder angeordnet werden, kann eine weitere Unterscheidung der Maschinen erfolgen. Die Konstruktion der Triebwerke bestimmt die Anordnung der Zylinder.

2.4.2.1 Reihenmaschinen

Hier sind die Zylinder in einer Reihe auf einer Seite der Kurbelwelle in einer Ebene angeordnet. Sie können dabei in einem beliebigen Winkel zur Kurbelwelle angeordnet werden. Die Länge des Motors bestimmt den Durchmesser des Zylinders. Diese Anordnung kommt am häufigsten vor. Die Zahl der Zylinder kann recht groß werden. Es wurden Maschinen mit bis zu 18 Zylindern gebaut.

2.4.2.2 V-Maschinen

Bei V-Maschinen werden jeweils zwei Kolben von einem Kurbelzapfen angetrieben. Die Zylinder sind paarweise in zwei Ebenen an zwei Seiten der Kurbelwelle angeordnet. Der Winkel kann beliebig gewählt werden. Bei der Konstruktion ist nur darauf zu achten, dass es nicht zur Kollision der Zylinder kommt. Üblicherweise werden Winkel, die größer als 45° sind, verwendet. Der Winkel der Ebenen bestimmt die Bauart der V-Maschine. Bei einer Anordnung von 120° spricht man von einer V-120-Maschine, bei 180° von einer Boxermaschine, bei 90° von einer L-Maschine. Die Schubstangen jeweils zwei gegenüberliegender Zylinder sind mit einem Kurbelzapfen verbunden. V-Maschinen haben ungefähr die halbe Länge der Reihenmaschinen gleicher Zylinderzahl. Maschinen mit größter Zylinderzahl hatten neun Kurbelzapfen, also 18 Zylinder.

2.4.2.3 Fächermaschinen

Hier werden von einem Kurbelzapfen mehrere Kolben angetrieben, deren Zylinder über 180° verteilt angeordnet sind. Es können eine oder mehrere Reihen dieser Zylinder hintereinander vorkommen. Im Vergleich zur Reihenmaschine verkürzt sich die Länge proportional zur Anzahl der Zylinder pro Reihe.

2.4.2.4 Sternmaschinen

Die Zylinder sind hier sternförmig über 360° angeordnet. Auf dem Kurbelzapfen sitzt ein Hauptpleuel, von dem die Nebenpleuel gelenkt werden. Die Kurbelwelle besitzt nur eine Kröpfung. Diese Maschinen zeichnen sich durch geringe Abmessungen bzw. geringes

Gewicht aus und wurden deshalb hauptsächlich als Flugzeugmotoren verwendet. Mehrere Sternmaschinen können in einer Reihe hintereinander geschaltet werden.

2.4.2.5 Sonderanordnungen

Man konstruierte auch Maschinen, bei denen die oben erwähnten Zylinderanordnungen miteinander kombiniert wurden. Bei Kompressoren wird z. B. oft eine V-Anordnung mit zwei Zylindern als erste Stufe in einer Reihenanordnung mit einem Zylinder als zweite Stufe verwendet.

Alle Maschinen, mit Ausnahme der Sternmaschinen, können doppelt wirkende Zylinder haben.

2.4.3   Bauart der Gestelle

Gestelle, auch Gehäuse oder Kurbelkasten genannt, sind mit dem Fundament starr oder elastisch verbunden. Sie nehmen die Kurbelwelle, Zylinder und Hilfseinrichtungen der Maschine auf. Außerdem müssen sie auch die Kräfte, die auf Kurbelwelle und Zylinder wirken, aufnehmen. Die Bauart des Gestells wird durch die Konstruktion des Triebwerks, die Anordnung und Anzahl der Zylinder bestimmt.

2.4.3.1 Tunnelgehäuse

Diese Bauart verwendet man vorwiegend bei Maschinen mit zwei Kurbelwellenlagern. Die Lager sind in Schildern an der Gehäusestirnwand befestigt. Dabei kann ein Lager auch direkt in der Gehäusestirnwand befestigt sein. Die Öffnung des Schildes muss so groß sein, dass die Kurbelwelle ein- und ausbaubar ist. Bei mehr als zwei Kurbelwellenlagern müssen Gehäuse und Kurbelwelle aufgeteilt werden. Da das Tunnelgehäuse aus einem Stück gefertigt ist, zeichnet es sich durch hohe Festigkeit aus.

2.4.3.2 Offenes Gestell

Unten ist das Gestell durch eine abnehmbare Kurbelwanne aus Blech, die keine Kräfte aufnimmt, abgeschlossen. Nach deren Entfernung kann die Kurbelwelle nach unten ausgebaut werden. Zur Aufnahme der Kräfte sind die Seitenwände tief nach unten gezogen und verrippt.

2.4.3.3 Gestell mit Grundplatte

Zum Einbau der Kurbelwelle wird das Gehäuse in ein Gestell und in eine Grundplatte, die die Lager aufnimmt, aufgeteilt. Die Kräfte werden sowohl von der Grundplatte als auch vom Gestell aufgenommen. Diese Bauart findet bei großen Maschinen mit Zylinderdurchmessern, die größer als 200 mm sind, Verwendung. Im Gestell sind die Gleitbahnen für den Kreuzkopf befestigt.

2.5　Berechnungsgrundlagen

Hier werden die Berechnungsgrundlagen, die allgemein für Hubkolbenmotoren gelten, zusammengefasst.

2.5.1　Mechanische Daten

2.5.1.1 Hub
Der *Hub s* ist der Weg des Kolbens zwischen OT und UT.

2.5.1.2 Hubvolumen
Das Hubvolumen V_h ist das Volumen, das sich zwischen OT und UT befindet. Der Kolben legt auf diesem Weg den Hub *s* zurück.

Bei einfach wirkenden Maschinen ist das Hubvolumen:

$$V_h = \pi \cdot D^2 \cdot s/4 \tag{2.1}$$

Dabei ist D der Durchmesser des Kolbens.

Bei doppeltwirkenden Maschinen ist die wirksame Fläche des Kolbens um die Fläche der Schubstange verringert. Ist der Durchmesser der Schubstange d, ergibt sich für den Arbeitsraum:

$$V_h = \pi \cdot (2 \cdot D^2 - d^2) \cdot s/4 \tag{2.2}$$

Für eine Maschine mit z Zylindern ist der Gesamthubraum:

$$V_H = z \cdot V_h \tag{2.3}$$

2.5.1.3 Totraum
Der Totraum V_s ist der Raum oberhalb des Kolbens am OT, der noch im Zylinder frei bleibt. Bei Verbrennungsmotoren wird der Totraum als Brennraum, bei Kompressoren auch als Schadraum bezeichnet.

2.5.1.4 Arbeitsraum
Der Arbeitsraum V_A ist der Raum, der vom Strömungsmedium eingenommen werden kann, wenn sich der Kolben am UT befindet. Er ist somit die Summe aus Hub- und Totraum:

$$V_A = V_h + V_s \tag{2.4}$$

2.5.1.5 Kompressionsverhältnis

Das *Kompressionsverhältnis* ε gibt die maximal mögliche Volumenänderung bei einer Bewegung des Kolbens vom UT zum OT an. Somit ist das Kompressionsverhältnis das Verhältnis des Arbeitsraums V_A zum Totraum V_s:

$$\varepsilon = \frac{V_h + V_s}{V_s} = \frac{V_A}{V_s} \tag{2.5}$$

2.5.1.6 Schubstangenverhältnis

Das *Schubstangenverhältnis* λ ist der Quotient der Schubstangenlänge l und des Kurbellagerabstandes r, was dem halben Hub s entspricht.

$$\lambda = r/l = s/(2 \cdot l) \tag{2.6}$$

Da der Abstand der Kurbellager vom Hub bestimmt ist, hängt das Schubstangenverhältnis von der Länge der Schubstange ab. Sie wird so kurz wie möglich gewählt, wobei zu beachten ist, dass die Schubstange mit dem Kolben oder Zylinder nicht in Berührung kommen darf.

2.5.1.7 Drehzahl und Winkelgeschwindigkeit

Die *Drehzahl n* gibt die Anzahl der Kurbeldrehungen bzw. der Doppelhübe pro Zeiteinheit an. In der Technik wird sie mit Umdrehungen/Minute angegeben. Bei Berechnungen ist aber stets darauf zu achten, dass die Einheit Umdrehungen/Sekunde angewendet wird. Die *Umlaufzeit* t_0 ist der Kehrwert der Drehzahl: $t_0 = 1/n$. Der *Dreh-* oder *Kurbelwinkel* φ wird vom OT aus gezählt. Bei einer Umdrehung wird der Winkel 2π durchlaufen. Bei konstanter Drehzahl beträgt die Winkelgeschwindigkeit:

$$\omega = \frac{d\varphi}{dt} = 2 \cdot \pi \cdot n \tag{2.7}$$

Außerdem muss noch der Arbeitszyklus berücksichtigt werden. Die Anzahl *Arbeitstakte* pro Zeiteinheit (Arbeitsfrequenz) n_a ist bei 2-Takt- und 4-Taktmotoren unterschiedlich.

$$n_a = \begin{cases} n & \text{bei 2-Takt} \\ n/2 & \text{bei 4-Takt} \end{cases} \tag{2.8}$$

Bei doppelt wirkenden Maschinen muss die Arbeitsfrequenz nicht zusätzlich berücksichtigt werden, da der Hubraum entsprechend angegeben wird.

2.5.1.8 Mittlere Kolbengeschwindigkeit

Die *mittlere Kolbengeschwindigkeit* c_m ist die Geschwindigkeit, die der Kolben während einer Kurbelumdrehung (Umlaufzeit), also bei zwei Hüben, hat.

$$c_m = 2 \cdot s \cdot n \tag{2.9}$$

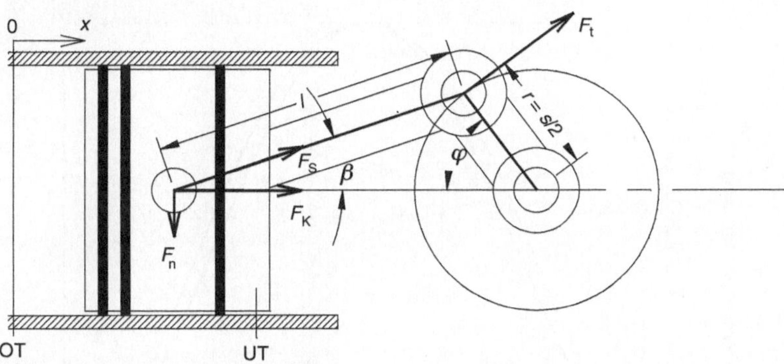

Abb. 2.11 Bestimmung des Kolbenweges

2.5.1.9 Kolbengeschwindigkeit

Die wirkliche *Kolbengeschwindigkeit* c wird durch Drehung der Kurbel und das Schubstangenverhältnis λ bestimmt. In Abb 2.11 sind die geometrischen Verhältnisse der Kolbenstange und Kurbelwelle dargestellt.

Der Kolbenweg hat seinen Nullpunkt am oberen Totpunkt. Dort ist der Kurbelwinkel φ gleich null. Der Kolbenweg ist eine Funktion des Kurbelwinkels φ, der Kolbenstangenlänge l und des Kurbelwellenradius r.

$$x = r + l - l \cdot \cos \beta - r \cdot \cos \varphi = 1 \cdot (\lambda + 1 - \cos \beta - \lambda \cdot \cos \varphi) \tag{2.10}$$

Der Winkel β kann als eine Funktion des Kurbelwinkels φ angegeben werden.

$$\sin \beta = (r/l) \cdot \sin \varphi = \lambda \cdot \sin \varphi \text{ mit } \beta = \arcsin (\lambda \cdot \sin \varphi) \tag{2.11}$$

Damit erhält man für den Kolbenweg:

$$x = l \cdot \{\lambda + 1 - \cos [\arcsin (\lambda \cdot \sin \varphi)] - \lambda \cdot \cos \varphi\} \tag{2.12}$$

Gl. (2.12) kann durch folgende Reihe ersetzt werden:

$$x = r \cdot \left(1 - \cos \varphi + \frac{\lambda}{2} \sin^2 \varphi + \frac{\lambda^3}{8} \sin^4 \varphi + \frac{\lambda^5}{16} \sin^6 \varphi + \cdots \right) \approx$$
$$\approx r \cdot \left(1 - \cos \varphi + \frac{\lambda}{2} \sin^2 \varphi \right) \approx r \cdot (1 - \cos \varphi) \tag{2.13}$$

Abb. 2.12 zeigt den spezifischen Kolbenweg als eine Funktion des Kurbelwinkels, berechnet mit Gl. (2.12) und mit der Näherungsgleichung:

$$x/l = 1 - \cos \varphi.$$

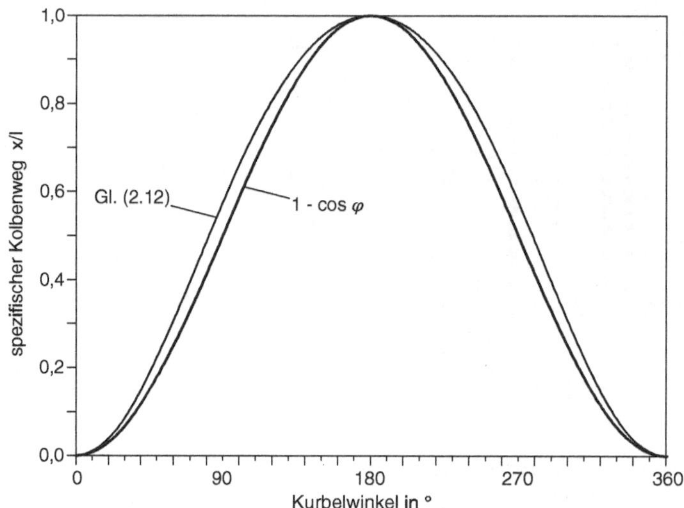

Abb. 2.12 Kolbenweg

Die Kolbengeschwindigkeit erhält man, indem der Kurbelwinkel φ durch die Größe $\omega \cdot t$ ersetzt und Gl. (2.13) nach der Zeit abgeleitet wird:

$$c = r \cdot \omega \cdot \left[\sin\varphi + \left(\frac{\lambda}{2} + \frac{\lambda^3}{8} + \frac{\lambda^5}{256}\right) \cdot \sin 2\varphi - \left(\frac{\lambda^3}{16} + \frac{3 \cdot \lambda^5}{64}\right) \cdot \sin 4\varphi \ldots\right] =$$

$$\approx r \cdot \omega \cdot \left(\sin\varphi + \frac{\lambda}{2} \cdot \sin 2\varphi\right) \approx r \cdot \omega \cdot \sin\varphi \tag{2.14}$$

2.5.1.10 Stoßkräfte (Gaskräfte)

Stoßkräfte nennt man die Kräfte, die vom Gas auf den Kolben ausgeübt werden. Bei einfach wirkenden Maschinen wirkt auf der Deckelseite der Gasdruck p_D und auf der Kurbelseite der Umgebungsdruck p_U.

$$F_p = \pi \cdot D^2 \cdot (p_D - p_U)/4 \tag{2.15}$$

Bei doppelt wirkenden Maschinen wirkt auf beiden Seiten des Kolbens ein Gasdruck auf den Kolben. p_K ist der Druck, der auf der Kurbelseite wirkt, bei der noch die Flächenverminderung durch die Schubstange berücksichtigt werden muss.

$$F_p = \pi \cdot \left[D^2 \cdot p_D - \left(D^2 - d^2\right) \cdot p_K\right]/4 \tag{2.16}$$

2.5.1.11 Massenkräfte

Bei der Auf- und Abwärtsbewegung des Kolbens müssen Kolben, Kolbenstange, Kreuzkopf, Gleitschuhe und ein Teil der Schubstange in axiale Richtung beschleunigt werden. Die Massen des Kolbens m_K, des Kreuzkopfes mit den Gleitschuhen m_{KK}, der

Kolbenstange m_{KSt} und der Massenanteil der Schubstange m_{oSt}, der in axiale Richtung beschleunigt wird, werden als oszillierende Massen m_{osz} bezeichnet. Die Schubstange führt sowohl rotierende als auch oszillierende Bewegungen aus. Der oszillierende Massenanteil wird im Wesentlichen von der Länge und dem Abstand des Schwerpunktes der Schubstange von der Kurbelzapfenmitte bestimmt. Zur genauen Berechnung muss die Konstruktion der Schubstange bekannt sein. Für die üblichen Schubstangenkonstruktionen kann für überschlägige Berechnungen ein Drittel der Schubstangenmasse als oszillierende Masse eingesetzt werden: $m_{oSt} = m_{st}/3$. Die Beschleunigung der oszillierenden Massen wird aus der zeitlichen Ableitung der Kolbengeschwindigkeit bestimmt.

$$m_{osz} = m_K + m_{Kst} + m_{KK} + m_{oSt} \tag{2.17}$$

Die Massenkräfte errechnen sich damit zu:

$$F_m = m_{osz} \cdot \frac{\mathrm{d}c}{\mathrm{d}t} \tag{2.18}$$

Für die Zeitliche Änderung der Geschwindigkeit erhält man aus Gl. (2.14):

$$\frac{\mathrm{d}c}{\mathrm{d}t} = r \cdot \omega^2 \cdot \left[\cos\varphi + \left(\lambda + \frac{\lambda^3}{4} + \frac{\lambda^5}{128} \right) \cdot \cos 2\varphi - \left(\frac{\lambda^3}{4} + \frac{\lambda^5}{16} \right) \cdot \cos 4\varphi \ldots \right] \tag{2.19}$$

Die Massenkräfte versuchen die Kolbenmaschine zu verschieben und sie um den Gesamtschwerpunkt zu verdrehen. Dadurch wirken entsprechende oszillierende Kräfte auf die Maschinenaufhängung bzw. Fundamente. Man versucht, die Massenkräfte durch oszillierende Gegengewichte, die an der Kurbelwelle angebracht sind, auszugleichen. Die Kräfte zweiter Ordnung (zweiter Term der Reihe) werden damit nicht ausgeglichen. Um diese Kräfte auszugleichen, müssen Wellen, die mit entsprechenden Gegengewichten bestückt sind und mit doppelter Drehzahl rotieren, installiert werden.

2.5.1.12 Drehmoment

Das *Drehmoment M_d*, das auf die Kurbel wirkt, wird von der Komponente F_t der Kolbenkraft F_K, die tangential auf die Kurbel wirkt, bestimmt. Die Axialkraft setzt sich aus der Gas- und Massenkraft zusammen.

$$M_d = F_t \cdot r = F_t \cdot s/2 \tag{2.20}$$

Die Tangentialkraft berechnet sich zu:

$$F_t = F_K \cdot \frac{\sin(\varphi + \beta)}{\cos\beta} = \left(F_p + F_m \right) \cdot \frac{\sin(\varphi + \beta)}{\cos\beta} \tag{2.21}$$

Damit ist das Drehmoment:

$$M_d = F_a \cdot \frac{\sin(\varphi + \beta)}{\cos\beta} \cdot \frac{s}{2} \tag{2.22}$$

Das resultierende Drehmoment, das auf die Kupplung der Maschine wirkt, ist das Integral des momentanen Drehmoments nach Gl. (2.20) über eine Kurbelumdrehung bzw. über einen Arbeitszyklus. Die Druckkraft F_p ist von der Drehzahl unabhängig und wird nur vom Prozessverlauf beeinflusst. Die Massenkräfte F_m hängen von der Drehzahl ab und steigen mit ihr quadratisch an. Sie begrenzen die maximal mögliche Drehzahl.

2.5.2 Thermische Daten

2.5.2.1 Volumenänderungsarbeit

Die Volumenänderungsarbeit W_{v12} ist die bei der Verdichtung oder Expansion vom Gas an den Kolben geleistete Arbeit. Sie wird folgendermaßen bestimmt:

$$W_{V12} = - \int_{V_1}^{V_2} p \cdot \mathrm{d}V \tag{2.23}$$

Bei der Expansion wird negative, bei der Verdichtung positive Arbeit geleistet, d. h., bei der Expansion gibt die Maschine Arbeit ab, bei der Verdichtung nimmt sie welche auf. Wie groß die Volumenänderungsarbeit ist, hängt von der Zustandsänderung des Gases ab. Verläuft diese ideal, kann eine isentrope Zustandsänderung angenommen werden. Bei wirklichen Maschinen erfolgt die Zustandsänderung polytrop.

2.5.2.2 Ladungswechselarbeit

Zum Ansaugen der neuen Ladung und zum Ausstoßen der alten Ladung muss vom Kolben Arbeit geleistet werden. Diese Arbeit wird als Ladungswechselarbeit W_L bezeichnet. Sie setzt sich aus der Einschiebearbeit W_E und aus der Ausschiebearbeit W_A zusammen.

$$W_L = W_E + W_A = p_1 \cdot (V_1 - V_4) - p_2 \cdot (V_2 - V_3) \tag{2.24}$$

Bei der Dampfmaschine ist $p_1 > p_2$ und damit die Ladungswechselarbeit positiv. Bei einem Kompressor ist $p_2 > p_1$ und damit die Ladungswechselarbeit negativ. Bei Verbrennungsmotoren sind beide Drücke fast gleich und damit ist die Ladungswechselarbeit relativ klein.

2.5.2.3 Druckänderungsarbeit

Die Druckänderungsarbeit ist die Summe der Ladungswechsel- und Volumenänderungsarbeit.

$$W_{p12} = W_{V12} + p_2 \cdot V_2 - p_1 \cdot V_1 = \int_{V_1}^{V_2} V \cdot \mathrm{d}p \tag{2.25}$$

Wie bei der Volumenänderungsarbeit hängt die Größe der Druckänderungsarbeit von der Zustandsänderung des Gases ab.

2.5.2.4 Indikatordiagramm

Das Indikatordiagramm ist ein p-V-Diagramm des Arbeitsprozesses. Bei langsam laufenden Maschinen kann die Druckdifferenz zwischen Arbeitsraum und Umgebung in Abhängigkeit vom Kolbenweg mit einem Federindikator aufgenommen werden. Bei schnell laufenden Maschinen wird das Indikatordiagramm mit elektronischen Druck- und Drehwinkelfühlern über entsprechende Datenerfassungsgeräte registriert.

2.5.2.5 Indizierte Arbeit

Die indizierte Arbeit ist die vom Gas geleistete oder abgegebene Arbeit während eines Arbeitszyklus und wird aus dem Indikatordiagramm bestimmt. Da das Diagramm eine geschlossene Fläche darstellt, ist sie die Volumenänderungsarbeit bzw. die Druckänderungsarbeit. Das Diagramm berücksichtigt den Wärmetransfer und die durch Strömung verursachte Reibung während des Ladungswechsels.

Je nach Verlauf des Prozesses kann bei der Verdichtung oder Expansion auch Wärme zu- bzw. abgeführt werden. Dies kann aus dem polytropen Verlauf des p-V-Diagramms berechnet werden.

2.5.2.6 Indizierter mittlerer Druck

Der indizierte mittlere Druck ist gleich dem Quotient aus indizierter Arbeit und Hubraum.

$$p_i = W_i / V_H \tag{2.26}$$

2.5.2.7 Effektive Arbeit (Kupplungsarbeit)

Die effektive Arbeit ist die Arbeit, die an der Kupplung einer Maschine abgegeben oder aufgenommen wird. Sie ist die Summe der indizierten Arbeit und der nach außen abgeführten Dissipation:

$$W_{\mathit{eff}} = W_i + J_a = W_i / \eta_m \tag{2.27}$$

Die nach außen abgeführte Dissipation kann man nur indirekt aus der Messung der indizierten und effektiven Arbeit bestimmen. Die äußere Dissipation kann durch den mechanischen Wirkungsgrad η_m berücksichtigt werden.

2.5.2.8 Innere Dissipation

Die innere Dissipation hat die gleiche Auswirkung wie Wärme, die dem Medium zugeführt wird. Sie entsteht durch Reibung und verbleibt im System.

2.5.2.9 Äußere Dissipation

An den Lagern der Maschine und an den Laufflächen entsteht Reibungsarbeit, die durch das Schmier- oder Kühlmittel abgeführt wird. Die äußere Dissipation gelangt nicht in das System, d. h., sie wird nach außen abgeführt.

2.5.3 Wirkungsgrade

2.5.3.1 Kraftmaschinen

Bei Kraftmaschinen, denen man thermische Energie zuführt, wird das Verhältnis der idealen Arbeit zur zugeführten Wärme als *thermischer Wirkungsgrad* η_{th} bezeichnet:

$$\eta_{th} = |W_{id}|/Q_{zu} \tag{2.28}$$

Der *innere* oder *isentrope Wirkungsgrad* einer Maschine ist das Verhältnis der indizierten Arbeit zur isentropen Druckänderungsarbeit. Dabei wird die durch innere Reibung und Wärmeverlust verlorene technische Arbeit berücksichtigt:

$$\eta_i = \frac{W_i}{W_{id}} \tag{2.29}$$

Der *mechanische Wirkungsgrad* einer Maschine ist das Verhältnis der effektiven Arbeit zur indizierten Arbeit. Durch den mechanischen Wirkungsgrad werden die durch äußere Reibungsarbeit bedingten Arbeitsverluste berücksichtigt.

$$\eta_m = \frac{W_e}{W_i} = \frac{W_i + J_a}{W_i} \tag{2.30}$$

Der *Gesamtwirkungsgrad* η_{ges} oder auch *effektiver Wirkungsgrad* η_{eff} einer Maschine ist das Produkt des thermischen, inneren und mechanischen Wirkungsgrades:

$$\eta_{ges} = \eta_{eff} = \eta_{th} \cdot \eta_i \cdot \eta_m = |W_e|/Q_{zu} \tag{2.31}$$

2.5.3.2 Verdichter

Bei Verdichtern wird nur der innere und der mechanische Wirkungsgrad angegeben. Der innere und der effektive Wirkungsgrad η_{is} und η_{ie} sind auf die reibungsfreie isotherme Verdichtung bezogen.

$$\eta_{is} = \frac{W_{is}}{W_i} = \frac{p_1 \cdot V_1 \cdot \ln(p_1/p_2)}{W_i} \tag{2.32}$$

$$\eta_{ie} = \frac{W_{is}}{W_e} = \frac{p_1 \cdot V_1 \cdot \ln(p_1/p_2)}{W_e} \tag{2.33}$$

2.5.3.3 Kältemaschinen und Wärmepumpen

Bei Kältemaschinen und Wärmepumpen interessiert die Wärmeausbeute im Vergleich zur zugeführten Arbeit. Für den Prozess wird ein *Leistungsgrad*, auch *Leistungsziffer*, Arbeitszahl oder COP (coefficient of performance) genannt, angegeben.

Bei Kältemaschinen interessiert, wie viel Wärme dem Prozess zugeführt, also wie viel Wärme dem Kühlgut entzogen wird und welche Arbeit dafür notwendig ist. Die Arbeitszahl der Kältemaschine ist der Quotient aus zugeführter Wärme und aufgewendeter effektiver Arbeit.

$$\varepsilon_K = \frac{Q_{zu}}{W_{eff}} \tag{2.34}$$

Bei der Wärmepumpe ist die abgeführte Wärme, also die Wärme, die dem zu heizenden Objekt zugeführt wird, von Interesse und welche effektive Arbeit dafür notwendig ist. Die Arbeitszahl der Wärmepumpe ist der Quotient aus abgeführter Wärme und aufgewendeter effektiver Arbeit.

$$\varepsilon_W = \left| \frac{Q_{ab}}{W_{eff}} \right| \tag{2.35}$$

Betrachtet man bei diesen Prozessen nur den Verdichter, so gelten dort die gleichen Beziehungen wie in Absatz 2.5.3.2 angegeben.

Beispiel 2.1: Berechnung der Kräfte in einem Kompressor
Ein Kompressor mit 100 mm Kolbendurchmesser und 100 mm Hub hat eine Drehzahl von 2900 min^{-1}. Im Kompressor wird Luft vom Umgebungsdruck 1 bar auf 4,0 bar verdichtet. Der Prozess wird als adiabat und reibungsfrei, also isentrop, angenommen. Der Schadraum beträgt 5 % des Hubraums. Die Luft darf als perfektes Gas mit einem konstanten Isentropenexponenten von $\kappa = 1,4$ angenommen werden. Die Masse des Kolbens beträgt 2,2 kg und die oszillierende Masse der Schubstange 0,3 kg.

Bestimmen Sie Gas-, Massen- und Totalkraft, die auf den Kolbenbolzen wirken.

Lösung
Annahmen

- Luft ist ein perfektes Gas.
- Der Prozess erfolgt isentrop.

Analyse
Zunächst wird das p-V-Diagramm des Prozesses bestimmt. Das Hubvolumen des Kompressors kann mit Gl. (2.1) berechnet werden:

$$V_H = \frac{\pi}{4} \cdot D^2 \cdot s = \frac{\pi}{4} \cdot 0,01 \cdot \text{m}^2 \cdot 0,1 \cdot \text{m} = 0,7854 \cdot 10^{-3}\text{m}^3$$

Für den Schad- bzw. Arbeitsraum erhalten wir mit Gl. (2.4):

$$V_S = 0,05 \cdot V_H = 0,0393 \cdot 10^{-3}\text{m}^3 \quad V_A = V_H + V_S = 0,8247 \cdot 10^{-3}\text{m}^3$$

Der Prozess verläuft isentrop. Der Druck kann als eine Funktion des Volumens bestimmt werden.

$$p = p_1 \cdot (V_1/V)^{\kappa}$$

Das Volumen wird als eine Funktion des Kurbelwinkels mit Gl. (2.13) berechnet:

$$V = V_H + V_s - \pi \cdot r^3 \cdot \left(1 - \cos\varphi + \frac{\lambda}{2}\sin^2\varphi\right)$$

Nachstehend sind die mit *Excel* berechneten Werte mit $\lambda = 0{,}3$ tabellarisch dargestellt.

φ	Volumen	Druck	φ	Volumen	Druck
°	dm^3	bar	°	dm^3	bar
0,00	0,8247	1,00	180,00	0,0393	4,00
10,00	0,8169	1,01	190,00	0,0435	3,47
20,00	0,7941	1,05	200,00	0,0561	2,43
30,00	0,7573	1,13	210,00	0,0772	1,55
40,00	0,7085	1,24	219,67	0,1057	1,00
50,00	0,6498	1,40	220,00	0,1068	1,00
60,00	0,5841	1,62	230,00	0,1450	1,00
70,00	0,5143	1,94	240,00	0,1914	1,00
80,00	0,4430	2,39	250,00	0,2456	1,00
90,00	0,3731	3,04	260,00	0,3066	1,00
100,00	0,3066	3,99	270,00	0,3731	1,00
100,05	0,3063	4,00	280,00	0,4430	1,00
110,00	0,2456	4,00	290,00	0,5143	1,00
120,00	0,1914	4,00	300,00	0,5841	1,00
130,00	0,1450	4,00	310,00	0,6498	1,00
140,00	0,1068	4,00	320,00	0,7085	1,00
150,00	0,0772	4,00	330,00	0,7573	1,00
160,00	0,0561	4,00	340,00	0,7941	1,00
170,00	0,0435	4,00	350,00	0,8169	1,00
180,00	0,0393	4,00	360,00	0,8247	1,00

Die Druck- und Massenkräfte werden in Abhängigkeit vom Kurbelwinkel mit den Gl. (2.15) und (2.18) berechnet.

$$F_p = \pi \cdot D^2 \left[p(\varphi) - p_u\right] / 4$$

$$F_m \approx (m_K + m_{oSt}) \cdot r \cdot \omega^2 \cdot (\cos\varphi + \lambda \cdot \cos 2\varphi)$$

Die berechneten Kräfte folgen tabellarisch.

φ	F_p	F_m	$F_p + F_m$	φ	F_p	F_m	$F_p + F_m$
°	kN	kN	kN	°	kN	kN	kN
0	0,000	4,196	4,196	180	2,356	$-2,260$	0,096
10	0,010	4,089	4,099	190	1,941	$-2,269$	$-0,328$
20	0,043	3,775	3,818	200	1,123	$-2,291$	$-1,168$
30	0,099	3,280	3,379	210	0,435	$-2,311$	$-1,876$
40	0,186	2,641	2,827	220	0,000	$-2,305$	$-2,305$
50	0,311	1,907	2,218	230	0,000	$-2,243$	$-2,243$
60	0,487	1,130	1,617	240	0,000	$-2,098$	$-2,098$
70	0,736	0,362	1,098	250	0,000	$-1,846$	$-1,846$
80	1,089	$-0,349$	0,740	260	0,000	$-1,470$	$-1,470$
90	1,599	$-0,968$	0,631	270	0,000	$-0,968$	$-0,968$
100	2,352	$-1,470$	0,882	280	0,000	$-0,349$	$-0,349$
110	2,356	$-1,846$	0,510	290	0,000	0,362	0,362
120	2,356	$-2,098$	0,258	300	0,000	1,130	1,130
130	2,356	$-2,243$	0,113	310	0,000	1,907	1,907
140	2,356	$-2,305$	0,051	320	0,000	2,641	2,641
150	2,356	$-2,311$	0,045	330	0,000	3,280	3,280
160	2,356	$-2,291$	0,065	340	0,000	3,775	3,775
170	2,356	$-2,269$	0,087	350	0,000	4,089	4,089
180	2,356	$-2,260$	0,096	360	0,000	4,196	4,196

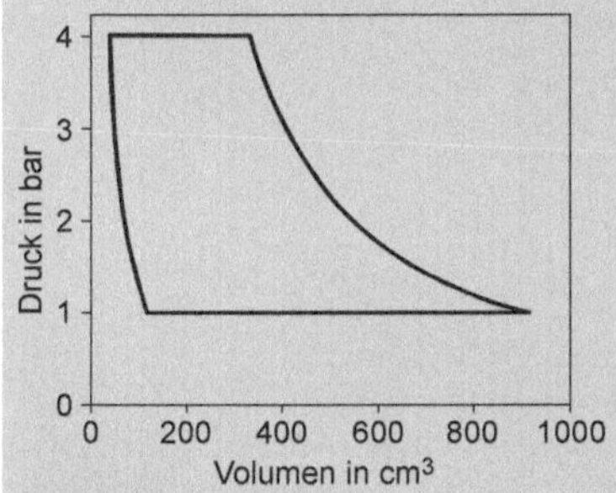

p-V-Diagramm des Prozesses

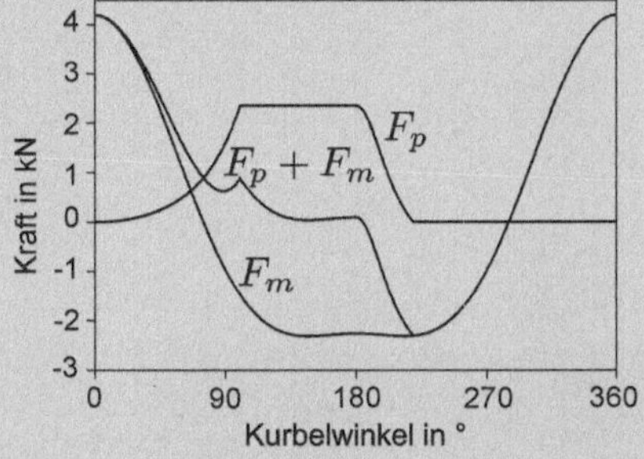

Druck-, Massen- und Gesamtkraft, die auf den Kolben wirken

In nachstehenden Diagrammen sind das berechnete $p - V$-Diagramm und die Kräfte dargestellt (es ist zu beachten, dass hier bei Kurbelwinkel 0° der UT ist).

Diskussion

Die Berechnungen zeigen die Abhängigkeit der Kräfte vom Kurbelwinkel. Die Druckkraft ist stets größer als null. Die Massenkräfte können positiv oder negativ sein. Beim Beschleunigen vom UT muss von der Gaskraft die Massenkraft subtrahiert werden, beim OT wirkt die Beschleunigung gegen die Gaskraft.

Hubkolbenkompressoren

3

Hubkolbenkompressoren sind Arbeitsmaschinen, in denen gasförmige Medien von einem Raum tieferen Druckes in einen Raum höheren Druckes gefördert werden. Der Druck des Mediums wird im Kompressor durch Verringern des Arbeitsraums in einer oder in mehreren Stufen erhöht. Hubkolbenkompressoren unterscheidet man nach Aufbau und Verwendung.

3.1 Aufbau und Verwendung

3.1.1 Aufbau

Energieübertragung erfolgt über hin- und hergehende Kolben. Die Antriebsmaschine ist direkt oder über eine Riemenscheibe bzw. über ein Getriebe mit der Welle des Kolbenkompressors verbunden. Diese Kompressoren haben Tauch-, Scheiben-, oder Stufenkolben. Zum Antrieb werden Kurbeltriebe mit oder ohne Kreuzkopf verwendet. Bei Motor-Kompressoren wirken auf einer Kurbelwelle Zylinder, die als Verbrennungsmotoren arbeiten und so andere Zylinder, die als Kompressor arbeiten, antreiben. Die Kompressoren haben in der Regel selbsttätige Ventile. Die Anordnung der Zylinder kann, wie in Kap. 2 beschrieben, erfolgen.

3.1.2 Verwendung

Kolbenkompressoren dienen zur Förderung folgender Medien: Luft, Kraftgase (Stadt-, Kokerei-, Erd- und Gichtgas), industrielle Gase (Sauerstoff, Stickstoff, Wasserstoff, Acetylen usw.), Kältemittel (Ammoniak, Frigene, Propan usw.), Gasgemische für die chemische Industrie und Wasserdampf.

© Springer-Verlag GmbH Deutschland 2018
P. von Böckh, M. Stripf, *Thermische Energiesysteme*,
https://doi.org/10.1007/978-3-662-55335-0_3

Nach Druckbereichen sind folgende Einteilungen und Verwendungen üblich:

- Vakuumpumpen bis zu 0,13 mbar (Evakuierung von Räumen)
- Kompressoren bis 50 bar (Pressluft, Kältekompressoren)
- Hochdruckkompressoren bis 500 bar (Luftverflüssigung, Druckgasflaschen)
- Höchstdruckkompressoren über 500 bar (Synthesegase, Kunststoffherstellung)

3.2 Thermische Daten

Im Folgenden werden zunächst einstufige Kompressoren behandelt. Die thermischen Daten gelten aber für jede Stufe der Verdichtung.

3.2.1 Stufendrücke

Die Stufendrücke p_1 und p_2 sind die Drücke, die vor und nach der Verdichtung im Saug- bzw. Förderbehälter auftreten. Bei Luftkompressoren, die Luft aus der Atmosphäre ansaugen, tritt anstelle des Saugbehälters die Atmosphäre. Der Förderbehälter kann auch ein Nachkühler sein. Das Verhältnis der Stufendrücke wird mit Ψ bezeichnet.

$$\Psi = p_2/p_1 \tag{3.1}$$

In den Leitungen und Ventilen des Kompressors treten Druckverluste auf. Damit wird der Ansaugdruck p_1' im Zylinder (Zylinderdruck) kleiner als der Druck p_1 im Saugbehälter. Der Ausstoßdruck p_2' muss größer als der Druck p_2 im Förderbehälter sein. Der Benutzer des Kompressors will einen Apparat haben, der bei dem Ansaugduck p_1 den Förderdruck p_2 erreicht. Für die Berechnung der thermodynamischen Daten des Kompressors sind die Zylinderdrücke p_1' und p_2' zu verwenden (siehe Abb. 3.1). Das Zylinderdruckverhältnis wird mit Ψ' bezeichnet.

$$\Psi' = p_2'/p_1' \tag{3.2}$$

Mit steigendem Stufendruckverhältnis erhöht sich die Beanspruchung der Maschine und Erwärmung des Gases. Das Stufendruckverhältnis sollte bei kontinuierlich arbeitenden Maschinen den Wert 8 bis 10 nicht überschreiten.

3.2.2 Massen

Zur Berechnung von Kompressoren verwendet man Massen bzw. Volumina anstelle der Massen- bzw. Volumenströme. Die Massen sind die Stoffmassen, die in einem Arbeitszyklus dem Kompressor zu- oder von ihm abgeführt werden. Zwischen drei verschiedenen Massen wird unterschieden und zwar der theoretischen, angesaugten und geförderten

Masse. Die *theoretische Masse* m_{th} ist die Masse des Gases, die bei der Dichte ρ_a des Gases im Ansaugzustand das Hubvolumen V_H ausfüllen, d. h. vom Kompressor angesaugt werden könnte:

$$m_{th} = \rho_a \cdot V_H \tag{3.3}$$

Die *angesaugte Masse* m_a ist die Masse des Gases, die vom Kompressor tatsächlich angesaugt wird. Die Dichte des Gases ist hier die gleiche wie bei der theoretischen Masse, aber das Ansaugvolumen V_a wird durch die Rückexpansion und Erwärmung des Gases an den Zylinderwänden gegenüber dem Hubvolumen verkleinert.

$$m_a = \rho_a \cdot V_a \tag{3.4}$$

Die angesaugte Masse ist kleiner als die theoretische Masse. Die *geförderte Masse* m_f ist die Masse, die vom Kompressor wirklich in den Druckbehälter gefördert wird. Durch Leckagen treten Förderverluste auf, sodass die geförderte Masse kleiner als die angesaugte Masse ist. Das Fördervolumen V_f verringert sich auf Grund der Leckagen.

$$m_f = \rho_f \cdot V_f \tag{3.5}$$

3.2.3 Volumina

Anstelle der Massen werden oft die Volumina angegeben. Zur eindeutigen Bestimmung der Masse müssen die ihnen zugeordneten Temperaturen und Drücke angegeben sein. Üblicherweise erfolgt die Angabe der Volumina beim physikalischen Normzustand $p_0 = 1{,}01325$ bar, $\vartheta_0 = 0\,°C$ nach DIN 1343 oder dem technischen Normzustand $p_0 = 0{,}981$ bar, $\vartheta = 20\,°C$ nach DIN 1945. Ist z. B. statt der Fördermasse das Fördervolumen angegeben, wird dieses in nm^3 (Normkubikmeter) nach DIN 1343 oder 1945 angegeben. Zwischen Hersteller und Abnehmer kann jedoch auch ein anderer Zustand vereinbart werden.

3.2.4 Schadraum

Abb. 3.1 zeigt das Indikatordiagramm eines Hubkolbenkompressors, in das die für die Berechnungen maßgeblichen Volumina eingezeichnet sind.

Bei Kompressoren wird der Totraum als der Schadraum V_S bezeichnet. Er ist der Raum über dem oberen Totpunkt, d. h. Arbeitsraum minus Hubraum. Seine Größe hängt von der Konstruktion der Maschine und Bauart der Ventile ab. Die im Schadraum verbleibende Gasmasse vermindert nach der Rückexpansion das Ansaugvolumen und erfordert für die erneute Verdichtung mehr Arbeit, als sie bei der Expansion abgibt. Aus diesem Grund wird der Schadraum bei Kompressoren möglichst klein gehalten. Sein Volumen beträgt je nach Konstruktion 3 bis 15 % des Hubvolumens. Der Schadraum wird als prozentualer Anteil des Hubraums V_h angegeben.

Abb. 3.1 Indikatordiagramm des Kompressors zur Veranschaulichung der Volumina

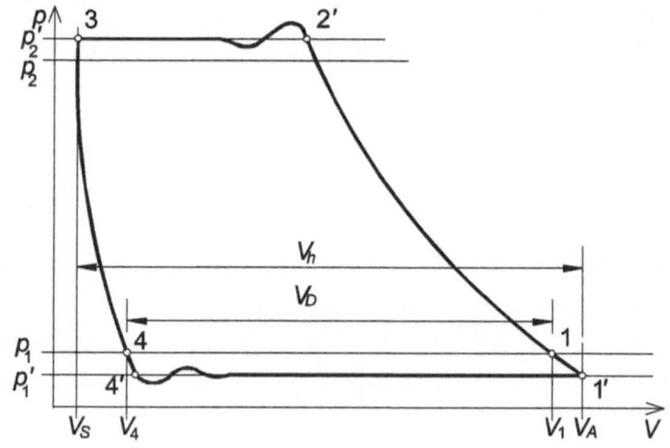

Das Verhältnis des Arbeitsraums zum Schadraum bezeichnet man als Kompressionsverhältnis ε. Das Verhältnis des Hubraums zum Arbeitsraum ist $1 - 1/\varepsilon$. Der Arbeitsraum berechnet sich als:

$$V_A = \frac{V_H}{1 - 1/\varepsilon} \tag{3.6}$$

Der Schadraum verhält sich damit zum Hubraum:

$$V_S = \frac{V_a}{\varepsilon} = \frac{V_H}{\varepsilon - 1} \tag{3.7}$$

3.2.5 Restmasse

Die Masse, die nach Ausstoßen des verdichteten Gases im Schadraum verbleibt, nennt man *Restmasse* m_r. Der Zustand des Gases entspricht dem Zustandspunkt 3 in dem in Abb. 3.1 gezeigten Indikatordiagramm. Damit ist die Restmasse:

$$m_r = \rho_3 \cdot V_S \tag{3.8}$$

Bei idealen Gasen gilt:

$$m_r = \frac{V_S \cdot p_2'}{R \cdot T_3} = \frac{V_H \cdot p_2'}{(\varepsilon - 1) \cdot R \cdot T_3} \tag{3.9}$$

3.2.6 Liefergrad

Der *Liefergrad* λ_L ist das Verhältnis der geförderten Masse zur theoretischen Masse. Er zeigt an, welcher Anteil der theoretisch möglichen Masse wirklich gefördert wird.

$$\lambda_L = \frac{m_f}{m_{th}} = \frac{V_f}{V_H} = \frac{\dot{V}_f}{V_H \cdot n} \tag{3.10}$$

Der Liefergrad hängt vom Druckverhältnis, Wärmeaustausch im Zylinder, vom Schadraum, von den Leckage- und Drosselverlusten ab. Um die einzelnen Einflüsse genauer beurteilen zu können, wird der Liefergrad in *Füllungs-* λ_F, *Aufheizungs* λ_A- und *Durchsatzgrad* λ_D aufgeteilt. Zum besseren Verständnis der verschiedenen Volumina und zur Erklärung der Einflüsse zeigt Abb. 3.1 das Indikatordiagramm mit den entsprechenden Volumina und Drücken eines Hubkolbenkompressors. Das Produkt dieser drei Größen ergibt den Liefergrad.

$$\lambda_L = \lambda_F \cdot \lambda_D \cdot \lambda_A \tag{3.11}$$

3.2.6.1 Füllungsgrad

Der Füllungsgrad λ_F ist das Verhältnis des indizierten Saugvolumens V_D zum Hubvolumen des Zylinders.

$$\lambda_F = \frac{V_D}{V_H} \tag{3.12}$$

Das *indizierte Saugvolumen* wird im Indikatordiagramm auf der Linie des Saugdruckes p_1 zwischen der Rückexpansionslinie und Verdichtungslinie gemessen. Die Volumenverkleinerung $V_A - V_1$ auf der Verdichtungslinie ist eine Folge der Einsaugdruckverluste und relativ gering. Die Volumenverkleinerung $V_4 - V_s$ auf der Expansionslinie hängt vom Schadraum und Druckverhältnis ab und ist wesentlich größer. Die Polytropenexponenten für die Verdichtung n_V und Expansion n_E können aus dem Indikatordiagramm ermittelt werden. Damit lassen sich die Volumenverkleinerungen für ideale Gase berechnen.

$$V_1 = V_A \cdot \left(\frac{p_1'}{p_1}\right)^{1/n_V} = \frac{\varepsilon \cdot V_H}{\varepsilon - 1} \cdot \left(\frac{p_1'}{p_1}\right)^{1/n_V} \tag{3.13}$$

$$V_4 = V_3 \cdot \left(\frac{p_2'}{p_1}\right)^{1/n_E} = \frac{V_H}{\varepsilon - 1} \cdot \left(\frac{p_2'}{p_1}\right)^{1/n_E} \tag{3.14}$$

Damit ergibt sich für den Füllgrad:

$$\lambda_F = \frac{V_D}{V_H} = \frac{V_1 - V_4}{V_H} = \frac{\varepsilon}{\varepsilon - 1} \cdot \left(\frac{p_1'}{p_1}\right)^{1/n_V} - \frac{1}{\varepsilon - 1} \cdot \left(\frac{p_2'}{p_1}\right)^{1/n_E} \tag{3.15}$$

Der Füllgrad wird desto größer, je größer das Kompressionsverhältnis, je kleiner der Ansaugdruckverlust und je kleiner das Stufendruckverhältnis ist.

Der Ansaugdruckverlust ist meist sehr klein und kann vernachlässigt werden, sodass die Rückexpansion der Restmasse den Füllgrad wesentlich bestimmt. Bei der Strömung zum Kompressor können aber dynamische Effekte auftreten, die den Füllgrad wesentlich beeinflussen. Die kinetische Energie der strömenden Gassäule kann einen Überdruck am Ansaugstutzen des Kompressors verursachen und so zu einer Nachladung führen, was sogar in einem Füllgrad von über 1 resultieren kann.

3.2.6.2 Fördergrad

Der Fördergrad ist das Verhältnis des geförderten zum angesaugten Volumen.

$$\lambda_A = \frac{V_a}{V_D} \qquad (3.16)$$

Er zeigt den Einfluss der Undichtigkeiten an Ventilen, Stopfbuchsen und Kolbenringen an. In der Regel sind diese Verluste kleiner als die Genauigkeit der Messeinrichtungen zur Bestimmung des Ansaug- und Förderstromes. Für die Auslegung wird er gleich 1 gesetzt. Bei älteren Maschinen kann er aber wegen der Abnutzung der Bauteile kleiner werden.

3.2.6.3 Aufheizungsgrad

Der Aufheizungsgrad ist das Verhältnis des Ansaugvolumens zum indizierten Saugvolumen.

$$\lambda_A = \frac{V_a}{V_D} \qquad (3.17)$$

Er dient zur Beurteilung der Volumenverluste infolge der Aufwärmung des Gases beim Ansaugen. Die Temperatur des Gases erhöht sich beim Ansaugen von der Ansaugtemperatur T_a auf eine Temperatur T_1. Die Aufwärmung erfolgt wegen der wärmeren Zuströmkanäle, Ventile und Zylinderwände. Damit wird das spezifische Volumen des Gases kleiner als bei der Ansaugtemperatur. Für ideale Gase gilt:

$$\lambda_A = \frac{T_a}{T_1} \qquad (3.18)$$

Mit steigendem Stufendruckverhältnis erhöht sich die Temperatur und damit die Erwärmung der Zylinderwände und des Gases, wodurch der Aufheizungsgrad kleiner wird. Ist das Restgas wärmer als das angesaugte Gas, erhöht sich die Gastemperatur und sorgt für zusätzliche Verringerung des Aufheizungsgrades.

Es ist äußerst schwierig, die Temperatur T_1 zu bestimmen. Wegen der relativ schnellen Zustandsänderungen und schlechten Zugänglichkeit kann sie in der Praxis nicht direkt gemessen werden. Aus dem Indikatordiagramm können das indizierte Saugvolumen und durch Messen des Saug- und Förderstromes der Förder- und Liefergrad bestimmt werden. Daraus können indirekt der Aufheizungsgrad und die Temperatur T_1 berechnet werden.

3.2.7 Energiebilanz im Arbeitsraum

Die Zustandsänderungen im Zylinder werden von der zu- und abgeführten Arbeit bzw. Wärme bestimmt. Die Prozessgrößen Wärme und technische Arbeit können aus dem p-V- und T-s-Diagramm ermittelt werden. Das Indikatordiagramm (p-V-Diagramm) wird

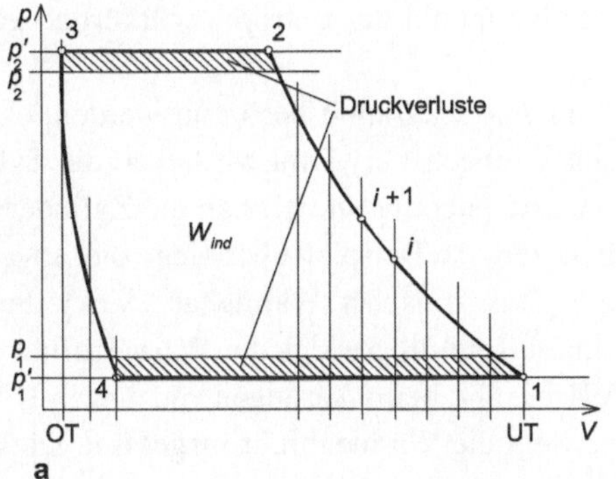

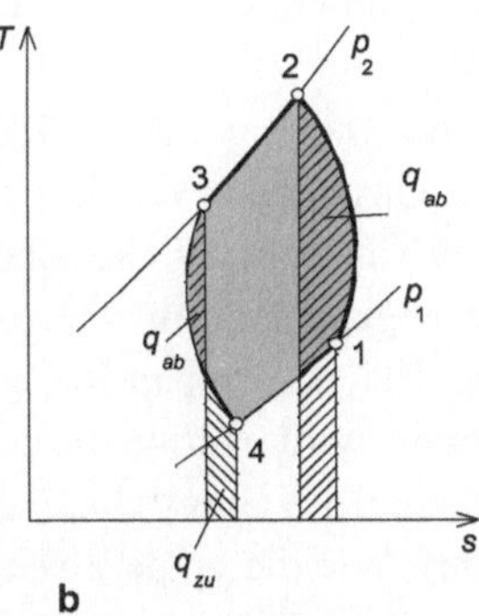

Abb. 3.2 (a) Kompressor p-V-Diagramm (b) Kompressor T-s-Diagramm

direkt gemessen. Abb. 3.2a zeigt ein idealisiertes p-V-Diagramm. Aus ihm erfolgt die Berechnung des T-s-Diagrammes (Abb. 3.2b).

Die im p-V-Diagramm eingeschlossene Fläche ist die Druck- bzw. Volumenänderungs-arbeit des Prozesses. Sie beinhaltet auch die durch die Reibung verursachte Mehrarbeit und wird als *indizierte Arbeit* W_{ind} bezeichnet. Aus dem p-V-Diagramm kann ein T-s-Diagramm konstruiert werden. Dazu müssen allerdings die Temperaturen T_1 und T_2 bekannt sein. Die direkte Messung beider Größen ist nicht möglich. Die Temperatur T_1 kann aus dem Liefergrad und Indikatordiagramm indirekt bestimmt werden. Die Tempe-ratur T_3 des hinausgeschobenen Gases ist bei Beginn des Ausschiebens noch wesentlich heißer als die der Wände und kühlt sich beim Ausschieben ab. Da hier eine Massenverän-derung im Zylinder stattfindet, kann die Temperatur nicht nach der idealen Gasgleichung bestimmt werden. Am Ende des Ausschiebens ist das Gas kälter als zu Beginn. Für eine Energiebilanz ist aber die mittlere Temperatur des Gases maßgebend. Daher wird nähe-rungsweise für die Temperatur T_3 die am Druckstutzen gemessene mittlere Temperatur verwendet. Steht ein T–s-Diagramm mit entsprechenden Isochoren und Isobaren zur Ver-fügung, kann die Verdichtung und Expansion direkt aus dem p–V-Diagramm übertragen werden. Allerdings sind diese Kurven relativ steil und die Genauigkeit wird entsprechend schlecht. Temperaturen und Entropien können berechnet werden, was am Beispiel der Kompressionskurve von 1 nach 2 gezeigt wird. Die Berechnung der Expansionskurve erfolgt mit dem gleichen Verfahren. Man teilt die Kurve entsprechend der geforderten Auflösung in Abschnitte ein. Die Temperaturen T_i an den einzelnen Punkten berechnen sich mit der Zustandsgleichung idealer Gase.

$$T_i = T_1 \cdot \frac{p_i \cdot V_i}{p_1 \cdot V_1} \tag{3.19}$$

Mit Änderung der Temperaturen, Drücke und Volumina können die Entropieänderungen bestimmt werden:

$$s_{i+1} - s_i = \bar{c}_p \cdot \ln\left(\frac{T_{i+1}}{T_i}\right) - R \cdot \ln\left(\frac{p_{i+1}}{p_i}\right) = \bar{c}_v \cdot \ln\left(\frac{T_{i+1}}{T_i}\right) + R \cdot \ln\left(\frac{V_{i+1}}{V_i}\right) \tag{3.20}$$

Zur Erstellung des T-s-Diagramms kann der Nullpunkt der Entropie willkürlich gewählt werden.

Die zu- und abgeführte Wärme können im T-s-Diagramm bestimmt werden, es zeigt, dass das Gas bei der Verdichtung von 1 nach 2 zunächst erwärmt wird, weil die Zylinderwände wärmer als das Gas sind. Steigt die Gastemperatur an, wird an die Zylinderwände Wärme abgegeben. An dem in Abb. 3.2b gezeigten Beispiel überwiegt die abgeführte Wärme. Bei der Expansion gibt das heiße Gas zunächst Wärme ab. Sinkt die Gastemperatur, wird Wärme aufgenommen. Im Beispiel überwiegt die Wärmezufuhr. Beim Ausschieben des Gases von 2 nach 3 wird Wärme ab-, beim Ansaugen von 4 nach 1 Wärme zugeführt. Wie die graue Fläche zeigt, überwiegt die Wärmeabfuhr insgesamt. Diese Fläche zeigt aber nur die spezifische Wärme; man muss berücksichtigen, dass sich beim Ein- und Ausschieben des Gases die Massen ändern.

3.2.8 Leistungen und Wirkungsgrade

3.2.8.1 Leistungen

Als Vergleichsleistung wird die Leistung eines idealen Kompressors genommen. Die ideale Verdichtung erfolgt nicht wie bei anderen Strömungsmaschinen isentrop, sondern isotherm. Der ideale Kompressor hat einen Schadraum mit null Volumen, verdichtet isotherm ohne innere und äußere Reibungsarbeit. Für die Verdichtung wird angenommen, dass sie vom Druck p_1 und der Temperatur T_a auf den Druck p_2 und die Temperatur T_a erfolgt. Damit ist die Leistung des idealen Kompressors:

$$p_{is} = n \cdot p_1 \cdot V_H \cdot \ln \frac{p_2}{p_1} \tag{3.21}$$

Die indizierte Leistung des realen Kompressors lässt sich aus dem Indikatordiagramm direkt bestimmen. Sind die Polytropenexponenten bei der Verdichtung und bei der Rückexpansion bekannt, kann die indizierte Leistung des Kompressors wie folgt berechnet werden:

$$P_i = \frac{n_V}{n_V - 1} \cdot p_1' \cdot V_1 \cdot \left[\left(\frac{p_2'}{p_1'} \right)^{\frac{n_V-1}{n_V}} - 1 \right] + \frac{n_E}{n_E - 1} \cdot p_2' \cdot V_3 \cdot \left[\left(\frac{p_1'}{p_2'} \right)^{\frac{n_E-1}{n_E}} - 1 \right] \tag{3.22}$$

Zur Bestimmung der effektiven Leistung muss der mechanische Wirkungsgrad oder die von der Antriebsmaschine abgegebene Leistung bekannt sein.

3.2.8.2 Wirkungsgrade

Der Wirkungsgrad, bei Kompressoren auch Gütegrad genannt, ist auf die Leistung des idealen Kompressors bezogen. Der *indizierte Wirkungsgrad* η_i ist das Verhältnis der idealen zur indizierten Leistung:

$$\eta_i = \frac{P_{is}}{P_i} \qquad (3.23)$$

Der *effektive Wirkungsgrad* η_e ist das Verhältnis der idealen zur effektiven Leistung:

$$\eta_e = \frac{P_{is}}{P_e} \qquad (3.24)$$

3.2.9 Auswertung des Indikatordiagramms

Indikatordiagramme werden mit Indikatoren aufgenommen. Früher hatte man lediglich mechanische, die nur bis zu Drehzahlen von ca. 1200 min^{-1} zu verwenden waren. Diese mechanischen Indikatoren haben eine Walze, die über einen Seilzug mit der Kurbelwelle verbunden sind und sich synchron mit der Kolbenbewegung drehen, d. h., die Bewegung ist proportional zum Volumen. Mit einem Federmanometer und Stift wird der Druckverlauf auf ein in die Walze eingespanntes Papier aufgezeichnet. Abb. 3.3 zeigt das vom Indikator aufgenommene Diagramm eines Kompressors. Es hat keine Achsen und keinen Nullpunkt, d. h., es ist ein p-V-Diagramm, in dem keine Skalierung vorhanden ist. Die Fläche kann z. B. direkt mit einem Planimeter je nach Größe des Diagramms in mm^2 oder cm^2 bestimmt werden. Um die Arbeit zu berechnen, muss zunächst festgelegt werden, welche Wegänderung einer Volumen- bzw. Druckänderung entspricht.

Die Länge l_V im Diagramm entspricht dem Hubvolumen und damit kann der Volumenmaßstab gebildet werden.

$$\bar{m}_V = V_H / l_V \qquad (3.25)$$

Der Druckmaßstab ist aus dem Diagramm nicht ablesbar. Die Hersteller der Indikatoren geben sogenannte Federmaßstäbe φ an, die die Wegänderung des Druckes in mm/bar definieren. Der Druckmaßstab ist damit:

$$\bar{m}_p = 1 / \varphi \qquad (3.26)$$

Abb. 3.3 Indikatordiagramm eines Kompressors

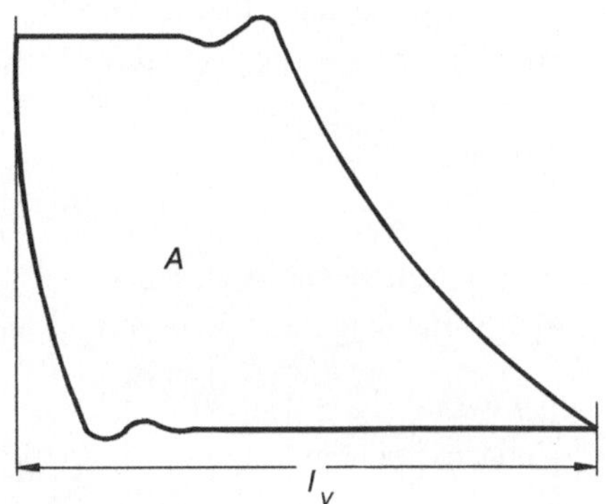

Mit diesen Maßstäben kann die Arbeit aus der Fläche A bestimmt werden.

$$W_i = A \cdot \bar{m}_V \cdot \bar{m}_p \tag{3.27}$$

Neuere elektronische Indikatoren erfassen den Kurbelwinkel und messen pro $1°$ oder $0{,}1°$ einen Druck. Mit dem Kurbelwinkel wird das Volumen bestimmt und so Wertepaare mit dem Volumen und Druck angegeben. Gibt man den Schadraum an, werden schon skalierte p-V-Diagramme angezeigt. Mit den Wertepaaren kann in entsprechenden Programmen die Fläche per Integration bestimmt werden.

3.2.10 Energiebilanz des Prozesses

Bei der Energiebilanz eines Kompressors können die kinetische und potentielle Energie vernachlässigt werden. Die Bilanzgleichung lautet damit:

$$\dot{Q} + P_i = \dot{m} \cdot (h_2 - h_1) \tag{3.28}$$

Beispiel 3.1: Berechnung eines Kleinkompressors
Folgende Daten eines Kompressors sind bekannt: Hubraum 0,7 dm^3, Schadraum 6 % des Hubraums und Druckverlust am Ein- und Austritt 5 % des Absolutdruckes. Die Temperatur bei Beginn der Verdichtung ist 30 K höher als die Außentemperatur. Der Polytropenexponent der Verdichtung ist 1,32 und der der Expansion 1,46. Der Kompressor soll Luft von 0,98 bar Druck und 15 °C Temperatur verdichten. Die Lufttemperatur am Austritt beträgt 120 °C. Die Drehzahl des Kompressors ist 1950 min^{-1} und der mechanische Wirkungsgrad 0,82. Folgendes ist zu berechnen:

a) maximal möglicher Druck am Austritt
b) Fördermassenstrom für 2, 4, 8 und 16 bar Austrittsdruck
c) Antriebsleistung für die verschiedenen Austrittsdrücke
d) indizierter Wirkungsgrad für die verschiedenen Austrittsdrücke.

Lösung

Annahmen
- Die Luft ist ein ideales Gas.
- Verdichtung und Expansion erfolgen mit polytropen Zustandsänderungen.

Analyse
Zunächst werden Volumina des Arbeits- und Schadraums bestimmt.

$$V_S = 0,06 \cdot V_H = 0,06 \cdot 0,7 \cdot 1\text{m}^3 = 0,042 \cdot 10^{-3} \text{ m}^3$$
$$V_A = V_H + V_S = (0,7 + 0,042) \cdot 10^{-3}\text{m}^3 = 0,742 \cdot 10^{-3} \text{ m}^3$$

Das Kompressionsverhältnis ist:

$$\varepsilon = V_A/V_S = 17,\bar{6}$$

Vor und nach der Verdichtung sind die Drücke im Kompressor:

$$p_1' = 0,95 \cdot p_1 = 0,95 \cdot 0,98 \text{ bar} = 0,931 \text{ bar}$$
$$p_2' = p_2/0,95 = (2,105;\ 4,211;\ 8,421;\ 16,842) \text{ bar}$$

a) Den maximal erreichbaren Druck erhält man, wenn die polytrope Verdichtung bis zum oberen Totpunkt erfolgt.

$$p_{2,max} = 0,95 \cdot p_1' \cdot \varepsilon^{n_V} = 0,95^2 \cdot p_1 \cdot \varepsilon^{n_V} = 0,95^2 \cdot 17,6^{1,32} \cdot 0,98 \text{ bar} = 41,228 \text{ bar}$$

Hier ist zu beachten, dass bei diesem Druck nichts mehr gefördert wird, weil die Verdichtung bis zum Schadraum hin erfolgt und kein Ausschieben des Gases stattfindet.

b) Um den Fördermassenstrom zu bestimmen, muss zunächst der Liefergrad berechnet werden. Wir beginnen mit dem Füllgrad:

$$\lambda_F = \frac{\varepsilon}{\varepsilon - 1} \cdot \left(\frac{p_1'}{p_1}\right)^{1/n_V} - \frac{1}{\varepsilon - 1} \cdot \left(\frac{p_2'}{p_1}\right)^{1/n_E} =$$
$$= \frac{17,\bar{6}}{17,\bar{6} - 1} \cdot \left(\frac{1}{0,95}\right)^{1/n_V} - \frac{1}{17,\bar{6} - 1} \cdot \left(\frac{p_2}{0,95 \cdot p_1}\right)^{1/n_E} =$$
$$= 1,0196 - 0,00621 \cdot (p_2/p_1)^{0,6849} =$$
$$= 0,918;\ 0,857\quad 0,7581;\ 0,599$$

Der Erhitzungsgrad ist für alle Gegendrücke gleich:

$$\lambda_A = T_a/T_1 = 288,15 \text{ K}/318,15 \text{ K} = 0,906$$

Der Fördergrad für die verschiedenen Drücke ist:

$$\lambda_L = \lambda_F \cdot \lambda_A = 0,832;\ 0,776;\ 0,686;\ 0,542$$

Für den Massenstrom erhalten wir:

$$\dot{m}_f = n \cdot \rho_a \cdot \lambda_L \cdot V_H = \lambda_L \cdot \frac{n \cdot p_1 \cdot V_H}{R \cdot T_a} = \lambda_L \cdot \frac{32,5 \cdot 0,98 \cdot 10^5 \cdot \text{N} \cdot 0,7 \cdot 10^{-3} \cdot \text{m}^3 \cdot \text{kg} \cdot \text{K}}{\text{s} \cdot \text{m}^2 \cdot 287 \cdot \text{J} \cdot 288,15 \cdot \text{K}} =$$

$$= (0{,}0244; \ 0{,}0209; \ 0{,}0185; \ 0{,}0146)\frac{\text{kg}}{\text{s}}$$

c) Die indizierte Leistung wird mit Gl. (3.22) bestimmt.

$$P_i = n \cdot \left\{ \frac{n_V}{n_V - 1} \cdot p_1' \cdot V_1 \cdot \left[\left(\frac{p_2'}{p_1'}\right)^{\frac{n_V-1}{n_V}} - 1 \right] + \frac{n_E}{n_E - 1} \cdot P_2' \cdot V_3 \cdot \left[\left(\frac{p_1'}{p_2'}\right)^{\frac{n_E-1}{n_E}} - 1 \right] \right\} =$$

$$32{,}5 \cdot \text{Hz} \cdot \left\{ \begin{array}{l} \frac{1,32}{0,32} \cdot 0,931 \cdot 10^5 \cdot 0,742 \cdot 10^{-3} \left[\left(\frac{p_2'}{0,931}\right)^{\frac{0,32}{1,32}} - 1 \right] + \\[2ex] + \frac{1,46}{0,46} \cdot p_2' \cdot 4,2 \cdot 10^{-5} \cdot \left[\left(\frac{0,931}{p_2'}\right)^{\frac{0,46}{1,46}} - 1 \right] \end{array} \right\} \cdot \text{J} =$$

$$= \left(1{,}819; \quad 3{,}401; \quad 4{,}708; \quad 5{,}058 \right) \ \text{kW}$$

Die effektive Leistung erhält man durch Division mit dem mechanischen Wirkungsgrad.

$$P_{eff} = P_i / \eta_m = (2{,}22; \ 4{,}15; \ 5{,}74; \ 6{,}17)\,\text{kW}$$

d) Der indizierte Wirkungsgrad ist der Quotient aus der indizierten und idealen isothermen Leistung nach Gl. (3.19).

$$P_{is} = n \cdot p_1 \cdot V_H \cdot \ln(p_2/p_2) = 32{,}5 \cdot \text{Hz} \cdot 0{,}98 \cdot 10^5 \cdot \text{Pa} \cdot 0{,}007 \cdot \text{m}^3 \cdot \ln(p_2/0{,}98 \ \text{bar}) =$$

$$= (1{,}59; \ 3{,}14; \ 4{,}68; \ 6{,}23)\,\text{kW}$$

$$\eta_i = P_i / P_{is} = 0{,}87; \ 0{,}92; \ 0{,}99; \ 1{,}23$$

Diskussion

Dieses Beispiel zeigt, dass mit zunehmendem Druckverhältnis der Liefergrad und damit der Förderstrom des Kompressors sinkt. Der indizierte Wirkungsgrad wird bei 16 bar Gegendruck größer als 1, was unsinnig ist. Bereits bei Gegendrücken oberhalb von 12 bar werden zu große indizierte Wirkungsgrade berechnet. Realistisch würde man keinen Kompressor für so hohe Druckverhältnisse bauen, weil er für den Hubraum einen viel zu kleinen Massenstrom lieferte. Eine kleinere Maschine mit einem kleineren Schadraum könnte bereits den Massenstrom liefern.

3.3 Mehrstufige Kompressoren

Sehr hohe Stufendruckverhältnisse können nicht realisiert werden, da dabei sehr hohe Temperaturen entstehen und diese von den verwendeten Werkstoffen oder vom Fördermedium nicht zugelassen sind. Deshalb erfolgt bei hohen Druckverhältnissen die Verdichtung in mehreren Stufen. Es hat sich als wirtschaftlich erwiesen, Stufendruckverhältnisse von etwa 4 zu wählen. Bei Kompressoren, die nur kurze Zeiten arbeiten oder bei kleinen Kompressoren kann ein höheres Stufendruckverhältnis gewählt werden, wobei jedoch der Wert von 8 nicht überschritten werden sollte. Eine Ausnahme stellen die Kompressoren von Kälteanlagen und Wärmepumpen dar. Mit diesen Kompressoren können Stufendruckverhältnisse von 20 erreicht werden. Die Schadräume sind hier sehr klein, das Kältemittel ist kalt und kühlt den Kompressor. Außerdem sind die Isentropenexponenten der Kältemittel klein, sodass die Temperatur nach der Verdichtung meist unter 130 °C bleibt.

Nach jeder Stufe wird das Fördermedium auf etwa Eintrittstemperatur zurückgekühlt. Die Ansaugtemperatur der einzelnen Stufen bei der Rückkühlung hängt von der Temperatur und Art des Kühlmediums ab. Für die Rückkühlung sind wirtschaftliche Aspekte zu beachten. Zu berücksichtigen sind die Kosten für die Kühleinrichtungen und das Kühlmedium (Wasserkosten oder Gebläseleistung bei der Luftkühlung). In der Regel sollte die Temperatur bei Luftkühlung nicht über 25 K und bei Wasserkühlung nicht über 15 K der Eintrittstemperatur der ersten Stufe liegen. Für die Berechnung einzelner Stufen gelten die in den vorhergehenden Kapiteln beschriebenen Verfahren.

3.3.1 Wahl der Stufendrücke

Die Anzahl der Stufen wird mit k angeben. Der Druck am Eintritt der k-ten Stufe ist p_k und am Austritt p_{k+1}. Das Gesamtdruckverhältnis ist das Produkt aus den Stufendruckverhältnissen der einzelnen Stufen.

$$\Psi_{ges} = \Psi_1 \cdot \Psi_2 \cdot \ldots \cdot \Psi_i \cdot \ldots \cdot \Psi_k = \frac{p_2}{p_1} \cdot \frac{p_3}{p_2} \cdot \ldots \cdot \frac{p_{i+1}}{p_i} \cdot \ldots \cdot \frac{p_{k+1}}{p_k} = \frac{p_{k+1}}{p_1} \tag{3.29}$$

Durch Rückkühlung wird die Arbeit für die Kompression verringert und damit auch die erforderliche Antriebsleistung. Am Beispiel eines zweistufigen Kompressors wird (Abb. 3.4) gezeigt, wie die größte Arbeitsersparnis erzielt werden kann.

Wie aus dem Bild ersichtlich ist, wird nach der Verdichtung in der ersten Stufe auf p_m die Gastemperatur auf Anfangstemperatur zurückgekühlt. Zur Vereinfachung wird angenommen, dass der Kompressor keinen Schadraum besitzt und beim Ansaugen und Ausstoßen keine Druckverluste entstehen.

Bei isentroper Verdichtung ohne Rückkühlung gelangt man zum Punkt 2_s, bei isothermer Verdichtung zum Punkt 2_T. Wenn beim Druck p_m auf Anfangstemperatur

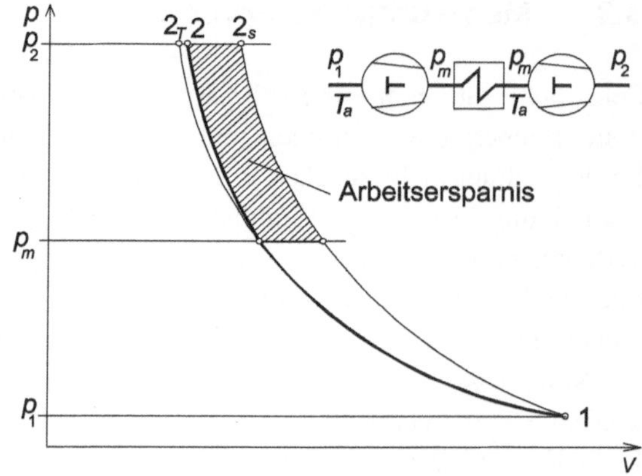

Abb. 3.4 Zur Ermittlung des günstigsten Druckes p_m bei der Rückkühlung auf Anfangstemperatur

zurückgekühlt wird, gelangt man zu einem Punkt, der bei isothermer Verdichtung entsteht. Die schraffierte Fläche stellt die Arbeitsersparnis dar. Bei zweistufiger Verdichtung mit Rückkühlung auf Anfangstemperatur beträgt die Arbeit:

$$W_{12} = m \cdot c_p \cdot T_1 \cdot \left[\left(\frac{p_m}{p_1} \right)^{\frac{\kappa-1}{\kappa}} + \left(\frac{p_2}{p_m} \right)^{\frac{\kappa-1}{\kappa}} - 2 \right] \tag{3.30}$$

Die minimale Arbeit erhält man, wenn der Ausdruck in den eckigen Klammern nach p_m abgeleitet und zu null gesetzt wird. Die Berechnung ist einfacher, wenn $p_m^{(\kappa-1)/\kappa}$ als Variable z gewählt und nach z abgeleitet wird.

$$\frac{dW_{12}}{dz} = m \cdot c_p \cdot T_1 \cdot \left[\left(\frac{1}{p_1} \right)^{\frac{\kappa-1}{\kappa}} \cdot z + \frac{p_2^{\frac{\kappa-1}{\kappa}}}{z} - 2 \right] =$$
$$= m \cdot c_p \cdot T_1 \cdot \left[\left(\frac{1}{p_1} \right)^{\frac{\kappa-1}{\kappa}} - \frac{p_2^{\frac{\kappa-1}{\kappa}}}{z^2} \right] = 0 \tag{3.31}$$

Nach p_m aufgelöst, ergibt:

$$p_m = \sqrt{p_2 \cdot p_1} \qquad \left(\frac{p_m}{p_1} \right) = \left(\frac{p_2}{p_m} \right) \tag{3.32}$$

Die größte Arbeitsersparnis erhält man, wenn das Druckverhältnis in beiden Stufen gleich groß gewählt wird. Die Berechnung kann auch für mehrstufige Kompressoren durchgeführt werden. Für die größte Arbeitsersparnis müssen dann die Stufendruckverhältnisse gleich groß sein.

$$\Psi_k = \Psi_{ges}^{1/k} = \left(\frac{p_{k+1}}{p_1}\right)^{1/k} \tag{3.33}$$

Ähnliche Berechnungen können natürlich auch unter Berücksichtigung der Polytropenexponenten und Druckverluste durchgeführt werden. Dazu sind Computerprogramme zu
erstellen. Bei der Auslegung ist darauf zu achten, dass die Liefergrade und Hubräume der
einzelnen Stufen den Druckverhältnissen angepasst sind.

Beispiel 3.2: Auslegung eines zweistufigen Großkompressors
Ein zweistufiger, doppelt wirkender, wassergekühlter Kompressor verdichtet Luft in
der ersten Stufe von 1,0 bar auf 4 bar und in der zweiten Stufe auf 16 bar. Die Luft hat
am Eintritt eine Temperatur von 15 °C und nach der ersten und zweiten Stufe jeweils
140 °C. Nach jeder Stufe wird sie auf 15 °C zurückgekühlt. Der Polytropenexponent
der Verdichtung ist 1,32 und der der Expansion 1,45. Der Totraum der ersten Stufe
beträgt 5 % und jener der zweiten Stufe 8 % des Hubraums. Der Druckverlust beim
Ladungswechsel am Ein- und Austritt des Kompressors entspricht 5 % des Absolutdruckes. Beim Ansaugen wird die Luft auf 50 °C erwärmt. Der Kolbendurchmesser
der ersten Stufe ist etwa gleich groß wie der Hub, die Kolbenstange hat einen Durchmesser von 40 mm. Der mechanische Wirkungsgrad des Kompressors beträgt 0,8.
Die Luft darf als perfektes Gas mit konstanten Stoffwerten angenommen werden.
Der Durchsatzgrad beider Stufen ist 1. Mit folgenden konstanten Stoffwerten ist zu
rechnen:

$$R = 287 \text{ J/(kg K)}, c_p = 1\,050 \text{ J/(kg K)}, \kappa = 1,3761$$

a) Zeichen Sie den Prozess schematisch in das T–s-Diagramm ein.
b) Bestimmen Sie die Kolbendurchmesser für einen Massenstrom von 0,1 kg/s bei
   einer Drehzahl von 600 min^{-1}.
c) Wie groß sind die effektive Leistung und der abgeführte Wärmestrom?
d) Der Wärmeübertrager der 2. Stufe hat eine Fläche von 3,6 m^2, das Kühlwasser
   wird von 10 °C auf 20 °C erwärmt. Bestimmen Sie die Wärmedurchgangszahl.
e) Wie groß ist der Massenstrom, wenn der Druck nach der zweiten Stufe auf 6 bar
   sinkt?

Lösung

Annahmen
- Die Luft ist ein ideales Gas.
- Die Verdichtung und Expansion erfolgen mit polytropen Zustandsänderungen.
- Die Luft ist ein perfektes Gas.

Analyse
a)

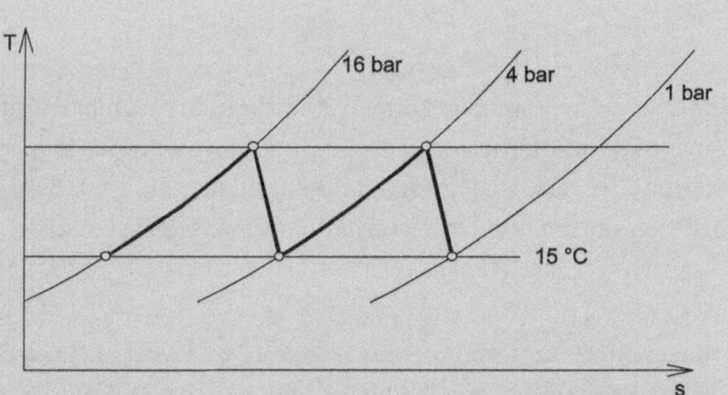

b) Um die Hubräume zu bestimmen, müssen zunächst die Liefergrade der beiden Stufen ermittelt werden. Der Erhitzungsgrad ist für beide Stufen gleich.

$$\lambda_A = T_a/T_1 = 288,15/323,15 = 0,892$$

Für weitere Berechnungen gibt der römische Index jeweils die Stufe an. Das Verdichtungsverhältnis kann mit den gegebenen Anteilen der Schadräume berechnet werden.

$$\varepsilon_I = \left(V_{H,I} + V_{s,I}\right)/V_{S,I} = 1,05/0,05 = 21 \qquad \varepsilon_{II} = 1,08/0,08 = 13,5$$

In den Zylindern errechnen sich die Drücke zu:

$$p'_{I1} = p_{I1} \cdot 0,95 = 0,95 \text{ bar} \qquad p'_{I2} = p_{I2}/0,95 = 4,21 \text{ bar}$$
$$p'_{III1} = p_{III1} \cdot 0,95 = 3,8 \text{ bar} \qquad p'_{II2} = p_{II2}/0,95 = 16,84 \text{ bar}$$

Der Füllgrad wird mit Gl. (3.15) bestimmt.

$$\lambda_{FI} = \frac{\varepsilon_I}{\varepsilon_I - 1} \left(\frac{p'_{I1}}{p_{I1}}\right)^{1/n_V} - \frac{1}{\varepsilon_I - 1} \cdot \left(\frac{p'_{I2}}{p_{I1}}\right)^{1/n_E} = \frac{21}{20} \cdot \left(\frac{0,95}{1}\right)^{1/1,32}$$

$$- \frac{1}{20} \cdot \left(\frac{4,21}{1}\right)^{1/1,45} = 0{,}875$$

$$\lambda_{FII} = \frac{\varepsilon_{II}}{\varepsilon_{II} - 1} \cdot \left(\frac{p'_{III1}}{p_{III1}}\right)^{1/n_V} - \frac{1}{\varepsilon_I - 1} \cdot \left(\frac{p'_{II2}}{p_{III1}}\right)^{1/n_E} =$$

$$= \frac{13,5}{12,5} \cdot \left(\frac{3,8}{4}\right)^{1/1,32} - \frac{1}{12,5} \cdot \left(\frac{16,84}{4}\right)^{1/1,45} = 0{,}823$$

Damit sind die Liefergrade beider Stufen:

$$\lambda_{LI} = \lambda_A \cdot \lambda_{FI} = 0,780 \qquad \lambda_{LII} = \lambda_A \cdot \lambda_{FII} = 0,734$$

Mit den Liefergraden können die Hubvolumen der Stufen berechnet werden.

$$V_{HI} = \frac{\dot{m}}{\lambda_{LI} \cdot \rho_{aI} \cdot n} = \frac{\dot{m} \cdot R \cdot T_a}{\lambda_{LI} \cdot p_{11} \cdot n} = \frac{0,1 \cdot \text{kg}/\text{s} \cdot 287 \cdot \text{J}/(\text{kg} \cdot \text{K})}{0,78 \cdot 10^5 \cdot \text{Pa} \cdot 10 \cdot \text{s}^{-1}} = 10{,}597$$

$$V_{HII} = \frac{\dot{m}}{\lambda_{LII} \cdot \rho_{aII} \cdot n} = \frac{\dot{m} \cdot R \cdot T_a}{\lambda_{LII} \cdot p_{aII} \cdot n} = 2{,}816 \; l$$

Aus den Hubräumen können zunächst der Kolbendurchmesser der ersten Stufe und der Hub bestimmt werden. Letzterer soll etwa gleich groß sein wie der Kolbendurchmesser. Das Hubvolumen erhält man als:

$$V_{HI} = \frac{\pi}{4} \cdot \left(2 \cdot D_I^2 - d^2\right) \cdot s = \frac{\pi}{4} \cdot \left(2 \cdot D_I^2 - d^2\right) \cdot D_{II}$$

Diese Gleichung muss mit einem Gleichungslöser bestimmt werden. Durchmesser und Hub haben den Wert von **190 mm**. Für den Durchmesser der zweiten Stufe erhalten wir:

$$D_{II} = \sqrt{\frac{4 \cdot V_{HII}}{2 \cdot \pi \cdot s} + \frac{d^2}{2}} = \sqrt{\frac{4 \cdot 2,816 \cdot 10^{-3} \cdot \text{m}^3}{2 \cdot \pi \cdot 0,19 \cdot \text{m}} + \frac{0,16 \cdot \text{m}^2}{2}} = \mathbf{101 \; mm}$$

c) Die Leistung bestimmt man mit Gl. (3.22). Zunächst müssen die Volumina errechnet werden:

$$V_{I1} = \frac{\varepsilon_I}{\varepsilon_I - 1} \cdot V_{HI} = \frac{21}{20} \cdot 10,597 \cdot 10^{-3} \cdot \text{m}^3 = 11,126 \cdot 10^{-3} \cdot \text{m}^3$$

$$V_{13} = \frac{V_{I1}}{\varepsilon_I} = 0,530 \cdot 10^{-3} \cdot \text{m}^3$$

$$V_{II1} = \frac{\varepsilon_{II}}{\varepsilon_{II} - 1} \cdot V_{HII} = \frac{13,5}{12,5} \cdot 2,816 \cdot 10^{-3} \cdot \text{m}^3 = 3,042 \cdot 10^{-3} \cdot \text{m}^3$$

$$V_{II3} = \frac{V_{II}}{\varepsilon_{II}} = 0,225 \cdot 10^{-3} \cdot \text{m}^3$$

Der Übersichtlichkeit halber rechnen wir die Druckänderungsarbeiten der Verdichtung und Expansion der Stufen getrennt und addieren zum Schluss alle Arbeiten.

$$W_{pI34} = \frac{n_E}{n_E - 1} \cdot p'_{I2} \cdot V_{13} \cdot \left[\left(\frac{p'_{I1}}{p'_{I2}}\right)^{\frac{n_E - 1}{n_E}} - 1\right] =$$

$$= \frac{1,45}{0,45} \cdot 4,21 \cdot 10^5 \cdot \text{Pa} \cdot \frac{0,0106}{21} \cdot \text{m}^3 \cdot \left[\left(\frac{0,95}{4,21}\right)^{\frac{0,45}{1,45}} - 1\right] = -0{,}266 \; \text{kJ}$$

$$W_{pI34} = \frac{n_E}{n_E - 1} \cdot p'_{I2} \cdot V_{I3} \cdot \left[\left(\frac{p'_{I1}}{p'_{I2}} \right)^{\frac{n_E-1}{n_E}} - 1 \right] =$$

$$= \frac{1{,}45}{0{,}45} \cdot 4{,}21 \cdot 10^5 \cdot \mathrm{Pa} \cdot \frac{0{,}0106}{21} \cdot \mathrm{m}^3 \cdot \left[\left(\frac{0{,}95}{4{,}21} \right)^{\frac{0{,}45}{1{,}45}} - 1 \right] = -0{,}266 \text{ kJ}$$

$$W_{pII12} = \frac{n_V}{n_V - 1} \cdot p'_{II1} \cdot V_{1II} \cdot \left[\left(\frac{p'_{II2}}{p'_{II1}} \right)^{\frac{n_I-1}{n_I}} - 1 \right] =$$

$$= \frac{1{,}32}{0{,}32} \cdot 3{,}8 \cdot 10^5 \cdot \mathrm{Pa} \cdot 0{,}00286 \cdot \mathrm{m}^3 \cdot \left[\left(\frac{16{,}84}{3{,}8} \right)^{\frac{0{,}32}{1{,}32}} - 1 \right] = -2{,}073 \,\{, \text{kJ}$$

$$W_{pII34} = \frac{n_E}{n_E - 1} \cdot p'_{I2} \cdot V_{I3} \cdot \left[\left(\frac{p'_{II1}}{p'_{II2}} \right)^{\frac{n_E-1}{n_E}} - 1 \right] =$$

$$= \frac{1{,}45}{0{,}45} \cdot 16{,}84 \cdot 10^5 \cdot \mathrm{Pa} \cdot \frac{0{,}00268}{21} \cdot \mathrm{m}^3 \cdot \left[\left(\frac{3{,}8}{16{,}84} \right)^{\frac{0{,}45}{1{,}45}} - 1 \right] = -0{,}452 \,\text{kJ}$$

$$W_p = W_{pI12} + W_{pI34} + W_{pII12} + W_{pII34} = 3{,}249 \text{ kJ}$$

$$P_i = n \cdot W_p = 32{,}49 \,\text{kW}$$

$$P_e = P_i / \eta_m = \mathbf{40{,}62 \ kW}$$

Der Betrag des Wärmestroms, der im gesamten Prozess abgegeben wird, ist gleich
der inneren Leistung, da die Enthalpie am Anfang und Ende des Prozesses gleich
groß ist.

$$\dot{Q}_{ab} = -P_i = \mathbf{-32{,}49 \ kW}$$

d) Zur Bestimmung der Wärmedurchgangszahl muss man zunächst den Wärmestrom und die mittlere logarithmische Temperaturdifferenz ermitteln. Der Wärmestrom kann mit den gegebenen Temperaturen und dem Luftmassenstrom berechnet
werden:

$$\lambda_{LI} = \frac{\varepsilon_I}{\varepsilon_I - 1} \cdot \left(\frac{p'_{I1}}{p_{I1}} \right)^{1/n_V} - \frac{1}{\varepsilon_I - 1} \cdot \left(\frac{p'_{I2}}{p_{I1}} \right)^{1/n_E} =$$

$$= \frac{21}{20} \cdot \left(\frac{0{,}95}{1} \right)^{1/1{,}32} - \frac{1}{20} \cdot \left(\frac{3{,}806}{1} \right)^{1/0{,}145} = 0{,}884$$

Damit erhält man für die Wärmedurchgangszahl:

$$k = \frac{\dot{Q}_{II}}{A \cdot \Delta \vartheta_m} = \frac{13{,}125 \text{ kW}}{3{,}6 \cdot \mathrm{m}^2 \cdot 36{,}19 \cdot \mathrm{K}} = \mathbf{100{,}7} \frac{\mathbf{W}}{\mathbf{m^2 \cdot K}}$$

e) Durch Änderung des Austrittsdruckes ändert sich der Liefergrad der Stufen. Der Druck nach der ersten Stufe stellt sich so ein, dass der Massenstrom beider Stufen gleich groß ist. Der Erhitzungsgrad in beiden Stufen hat wie zuvor die gleichen Werte. Der Liefergrad ändert sich nur durch die Änderung des Füllgrades. Damit gilt für die Massenströme:

$$\dot{m} = n \cdot \lambda_A \cdot \lambda_{FI} \cdot V_{HI} \cdot \frac{p_{I1}}{R \cdot T_a} = n \cdot \lambda_A \cdot \lambda_{FII} \cdot V_{HII} \cdot \frac{p_{III}}{R \cdot T_a}$$

Die Füllgrade sind eine Funktion der Drücke. Setzt man den Füllgrad aus Gl. (3.14) ein, erhält man nach Umformung:

$$\frac{V_{HI}}{V_{HII}} \cdot \frac{p_{I1}}{p_{II1}} = \frac{\lambda_{FII}}{\lambda_{FI}} = \frac{\dfrac{\varepsilon_{II}}{\varepsilon_{II-1}} \cdot \left(\dfrac{p_{IIa}}{p_{III}}\right)^{1/n_V} - \dfrac{1}{\varepsilon_{II}-1} \cdot \left(\dfrac{p_{II3}}{p_{III}}\right)^{1/n_E}}{\dfrac{\varepsilon_1}{\varepsilon_1-1} \cdot \left(\dfrac{p_{Ia}}{p_{I1}}\right)^{1/n_V} - \dfrac{1}{\varepsilon_{II}-1} \cdot \left(\dfrac{p_{I3}}{p_{I1}}\right)^{1/n_E}}$$

Berücksichtig man, dass das Verhältnis der Drücke p_{Ia}/p_{I1} und p_{IIa}/p_{III} gleich groß, nämlich 0,95 ist und dass p_{I3} gleich 1,05 p_{IIa} ist, bleibt nur noch p_{IIa} unbekannt. Die Berechnung muss mit einem Gleichungslöser iterativ erfolgen. Man erhält für p_{IIa} = 3,62 bar. Damit ist der Liefergrad der ersten Stufe:

$$\frac{V_{HI}}{V_{HII}} \cdot \frac{p_{I1}}{p_{III}} = \frac{\lambda_{FII}}{\lambda_I} = \frac{\dfrac{\varepsilon_{II}}{\varepsilon_{II}-1} \cdot \left(\dfrac{p_{IIa}}{p_{III}}\right)^{1/n_V} - \dfrac{1}{\varepsilon_{II}-1} \cdot \left(\dfrac{p_{II3}}{p_{III}}\right)^{1/n_E}}{\dfrac{\varepsilon}{\varepsilon_1-1} \cdot \left(\dfrac{p_{Ia}}{p_{I1}}\right)^{1/n_V} - \dfrac{1}{\varepsilon_{III}-1} \cdot \left(\dfrac{p_{I3}}{p_{I1}}\right)^{1/n_E}}$$

Für den Massenstrom erhalten wir:

$$\dot{m} = n \cdot \lambda_{FI} \cdot \lambda_A \cdot V_{HI} \cdot \frac{p_{Ia}}{R \cdot T_a} = \mathbf{0{,}101 \frac{kg}{s}}$$

Diskussion
Zur Berechnung eines Kompressors werden die Konstruktionsdaten (Schadraum) und die Polytropenexponenten benötigt. Mit diesen Angaben kann für einen gegebenen Massenstrom der Hubraum berechnet und die Änderung der Drücke und Massenströme als Folge der Änderung des Austrittsdruckes bestimmt werden.

3.3.2 Bauarten

Bei der Konstruktion mehrstufiger Kompressoren ist die Volumenabnahme infolge der Verdichtung, der unterschiedlichen Schadräume und die Liefergrade der einzelnen Stufen zu beachten. Die Ausführung der Zylinder hängt von der Bauart der verwendeten Kolben,

Anordnung und Abmessung der Ventile, der Dichtelemente und Kühleinrichtungen ab. Bei der Verwendung von Tauchkolben kann nur eine Stufe pro Zylinder realisiert werden. Bei Kompressoren mit Tauchkolben ist es üblich, mit zwei oder mehr Zylindern der ersten Stufe den Zylinder der folgenden Stufe zu versorgen. Tauchkolben haben den Vorteil, dass das Einlassventil in den Kolben eingebaut und damit ein großer Ventilquerschnitt und kleiner Druckverlust ermöglicht wird; sie werden jedoch meist nur bei kleineren Kompressoren mit bis zu zwei Stufen verwendet. Mit Scheibenkolben (Kreuzkopfbauart mit einem Kolben konstanten Durchmessers) können doppelt wirkende Stufen, aber wiederum nur eine Stufe pro Zylinder verwirklicht werden. Dadurch sind die Gestängekräfte wesentlich kleiner als bei Tauchkolben.

Kompressoren mit Stufenkolben haben Kolben und Zylinder, deren Durchmesser für die einzelnen Stufen entsprechend absatzweise abgestuft sind. Stufenkolben können einfach oder doppelt wirkend arbeiten. Durch diese Bauweise sind Einsparungen am Triebwerk erzielbar. Allerdings sind die Zylinder kompliziert, die oszillierenden Massen groß und die Montage schwierig. Bei Stufenkolben sollten bezüglich der Aufteilung der Stufen folgende Forderungen erfüllt sein:

1. gleiche Gestängekräfte beim Hin- und Rückgang, um kleine Gestängekräfte zu erhalten
2. gleichzeitiges Ausschieben der einen und Ansaugen der folgenden Stufe, um Druckerhöhungen im Zwischenkühler zu vermeiden
3. kleine Druckdifferenzen zwischen benachbarten Räumen, um die Abdichtung zu erleichtern
4. kleine Durchmesser bei Stufen höheren Druckes, um die Kolbenringreibung zu verringern.

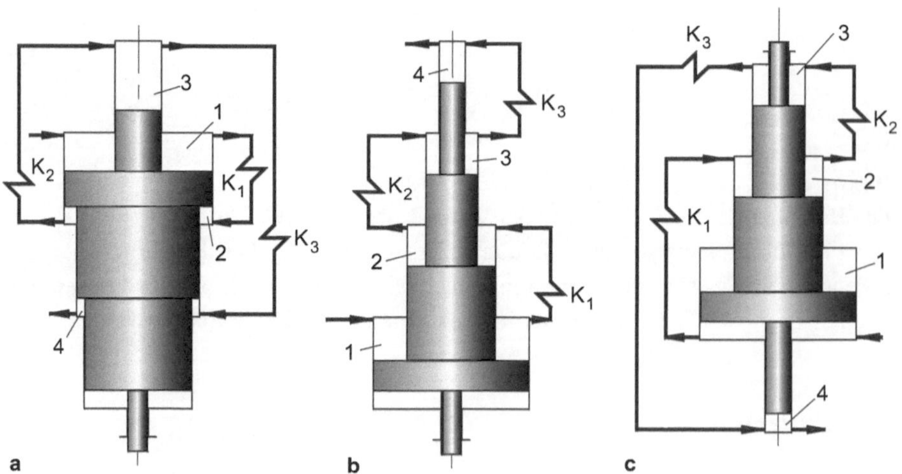

Abb. 3.5 Verschiedene Anordnungen eines vierstufigen Kompressors mit Stufenkolben (K1 bis K3: Zwischenkühler)

Forderung 1 lässt sich durch gleiche Anzahl gegenüberliegender Kolbenflächen, Forderung 2 durch gegenüberliegende Kolbenflächen der aufeinanderfolgenden Stufen verwirklichen.

In Abb. 3.5 sind drei vierstufige Stufenkolben verschiedener Anordnung dargestellt. Bei Anordnung a) werden die Forderungen 1 und 2 erfüllt, nicht aber 3 und 4. Hier bekommt man wegen der großen Durchmesser Probleme bei der Abdichtung und die Schadräume werden groß. Bei Anordnung b) werden die Forderungen 3 und 4 erfüllt, nicht aber 1 und 2. Damit werden die Gestängekräfte sehr groß und die Zwischenkühler müssen mit entsprechenden Pufferräumen versehen werden, um die Druckerhöhungen in vertretbarem Rahmen zu halten. Bei Anordnung c) bleiben zwar die Forderungen 2 und 3 unerfüllt, aber wegen der sonstigen Vorteile wird diese Anordnung in der Praxis gewählt.

Brennkraftmaschinen **4**

Die *Brennkraftmaschine* oder der *Verbrennungsmotor* ist eine Kolben-Wärmekraftmaschine, in dem die im Kraftstoff gebundene chemische Energie durch Verbrennung im Arbeitsraum zunächst in Wärme und dann teilweise in mechanische Energie umgewandelt wird. Der Kraftstoff ist ein idealer Energiespeicher und erlaubt auf kleinstem Raum die Umwandlung großer Energiemengen. In der Brennkraftmaschine ist der Arbeitsprozess offen.

4.1 Aufbau, Einteilung und Verwendung

4.1.1 Aufbau

Die Energieübertragung erfolgt über hin- und hergehende Kolben bzw. Rotationskolben. Das angesaugte Luft-Kraftstoff-Gemisch wird im Arbeitsraum verdichtet und verbrennt dort durch externe Zündung oder Selbstzündung. Das erhitzte Gas hohen Druckes leistet bei der Expansion Arbeit. Das Abgas wird beim Ladungswechsel hinausbefördert und neues Gemisch angesaugt. Beim Viertaktverfahren erfolgt der Ladungswechsel durch jeweils einen Kolbenhub für das Ansaugen und einen Kolbenhub für das Ausstoßen. Beim Zweitaktverfahren verlässt das Abgas durch seinen höheren Druck den Arbeitsraum und das Restabgas wird durch die neue Ladung, die schon vorverdichtet ist, aus dem Arbeitsraum geschoben (Spülen). Die Kraftübertragung erfolgt bei Hubkolbenmaschinen über Schubstange und Kurbelwelle, bei Rotationskolbenmaschinen über ein Getriebe.

© Springer-Verlag GmbH Deutschland 2018
P. von Böckh, M. Stripf, *Thermische Energiesysteme*,
https://doi.org/10.1007/978-3-662-55335-0_4

4.1.2 Einteilung

Für die Einteilung sind nach DIN 1940 die Arbeitsverfahren und die Bauformen maß-gebend. In einem *Ottomotor* wird die Verbrennung durch eine gesteuerte Zündung mit einem Funken eingeleitet. Bei *Vergasermaschinen* wird im Vergaser dem Kraftstoff vor dem Arbeitsraum Luft zugeführt. Beim *Einspritz motor* wird der Kraftstoff vor dem Ende der Verdichtung entweder in den Ansaugkanal (indirekte Einspritzung) oder direkt (direkte Einspritzung) in den Arbeitsraum eingespritzt. Beim *Dieselmotor* wird die Luft auf eine zur Selbstzündung des Kraftstoffs notwendige Temperatur verdichtet. Anschließend erfolgt die Einspritzung des Kraftstoffs in den Brennraum. Dieser ist bei den *Vorkammer-* und *Wirbelkammermotoren* unterteilt, nicht so bei der *Strahleinspritzung*. *Mehrstoffmotoren* arbeiten sowohl als *Otto-* als auch *Diesel*motoren, d. h., sie können mit *Otto-* oder *Diesel*kraftstoff betrieben werden.

Kraftstoffe sind brennbare Gase und flüssige Kohlenwasserstoffe. Die gebräuchlichsten flüssigen Kraftstoffe sind Benzin und Dieselkraftstoff. Weniger verbreitet finden Benzol und Methanol Anwendung. Als gasförmige Kraftstoffe können Wasserstoff, Flüssiggas und andere Kohlenwasserstoffe eingesetzt werden. Bei *Viertaktmaschinen* erfolgt der Ladungswechsel durch Selbstansaugen oder Aufladung mittels Gebläse. Bei *Zweitaktmaschinen* erfolgt der Ladungswechsel durch Spülung mit einem Gebläse oder durch die Kolbenrückseite. Brennkraftmaschinen können einfach oder doppeltwirkend arbeiten.

4.1.3 Verwendung

Durch die hohe Energiedichte bei der Verbrennung können Verbrennungsmotoren sehr große, auf das Motorgewicht bezogene spezifische Leistungen erzielen. Deshalb sind sie ideal für den Antrieb von Verkehrs- und Transport mittel, fahr- oder tragbare Arbeitsmaschinen, Baumaschinen, Krananlagen und Notstromaggregate. In beschränktem Umfang setzt man sie auch zur Erzeugung elektrischer Energie ein.

*Otto*motoren zeichnen sich durch günstige Preise, leichte Bauweise und einfache bzw. schnell regelbare Leistung aus. Man setzt sie daher für den Antrieb kleinerer Arbeitsmaschinen, Motorrädern, Kraftwagen und Flugzeuge ein. Die Leistungen variieren von 0,3 bis 2 500 kW, die Drehzahlen von 2 000 min^{-1} bis 7 000 min^{-1}. Eine Sonderstellung haben Rennwagen- und Motorradmotoren, die Drehzahlen von fast 20 000 min^{-1} erreichen. Die kleinsten *Otto*motoren für den Antrieb von Mopeds und Handarbeitsmaschinen arbeiten meist nach dem Zweitaktverfahren. Bei größeren *Otto*motoren wird hauptsächlich das Viertaktverfahren verwendet. Die Zweitakt-*Otto*motoren werden fast immer durch Kurbelgehäuseaufladung mit Luft versorgt. In diesem Fall muss dem Kraftstoff zur Schmierung Öl beigemischt werden, was jedoch nicht vollständig zur Schmierung verwendet wird, sondern es gelangt zum größten Teil in den Brennraum, wo es unvollständig verbrennt. Wegen schlechter Umweltverträglichkeit wurden die meisten größeren Zweitakt-*Otto*motoren gesetzlich verboten.

4.2   Arbeitsweise

Der Arbeitsprozess eines Verbrennungsmotors besteht aus vier Phasen:

1. Ansaugen oder bei aufgeladenen Motoren das Hineinströmen der frischen Ladung
2. Verdichtung
3. Zündung und Expansion
4. Hinausströmen und Ausschieben der Abgase.

Bei einem Viertaktmotor werden diese vier Phasen während je eines Kolbenhubs durchgeführt. Er benötigt also für einen Arbeitszyklus vier Kolbenhübe oder zwei Kurbelwellenumdrehungen. Bei Zweitaktmotoren wird das Ansaugen der Ladung und das Ausstoßen des Abgases durch den Spülvorgang in der Nähe des unteren Totpunktes nach der Expansion und vor der Verdichtung durchgeführt. Der Zweitaktmotor braucht für einen Arbeitszyklus zwei Kolbenhübe d. h. eine Kurbelwellenumdrehung. Er benötigt vorverdichtete Luft, damit die frische Ladung in den Arbeitsraum hineinströmen und die restlichen Abgase hinausschieben kann. Die Vorverdichtung kann mit externem Gebläse oder durch die Kolbenrückseite erfolgen, wobei das Kurbelgehäuse dann zum Gebläse wird.

Bei Viertaktmotoren erfolgt der Ladungswechsel durch Ventile, deren Steuerung über eine Nockenwelle, die mit halber Drehzahl des Motors dreht, realisiert ist. Das Einlassventil öffnet in der Nähe des OT und bleibt bis zum UT offen. Anschließend wird die frische Ladung verdichtet. Beim Erreichen des OT wird die Verbrennung durch Zündung eingeleitet. Das heiße Gas expandiert und gibt Arbeit ab. Beim UT öffnet das Auslassventil und bleibt bis zum OT offen. Aus strömungstechnischen Gründen erfolgt das Schließen und Öffnen der Ventile nicht exakt am OT bzw. UT, ebenso der Zündzeitpunkt, was später noch besprochen wird. Arbeit wird nur bei der Expansion geleistet. Bei Verdichtung und Ladungswechsel wird vom Motor Arbeit aufgenommen. Diese Arbeit kann bei Mehrzylindermaschinen durch andere, gerade arbeitende Zylinder oder durch eine Schwungmasse erbracht werden.

Zweitaktmotoren benötigen keine gesteuerten Ventile. Für den Ladungswechsel verwendet man Ein- und Auslassschlitze, die durch Bewegung des Kolbens geöffnet und geschlossen werden. Diese Ein- und Auslassschlitze sind nahe des UT in den Zylinderwänden angeordnet. Wenn der Kolben nach der Zündung und der darauffolgenden Expansion die obere Kante des Auslassschlitzes erreicht, strömt das Abgas aus dem Arbeitsraum. Bei noch offenem Auslassschlitz wird die Oberkante des Einlassschlitzes erreicht und die vorverdichtete Luft oder das Luft-Kraftstoff-Gemisch strömt in den Arbeitsraum. Der Kolben und die Schlitze sind so angeordnet, dass die einströmende frische Ladung die restlichen Abgase ausschiebt. Beim Erreichen des UT sind alle Schlitze voll offen, bei Aufwärtsbewegung des Kolbens schließen sie dann. Beim Erreichen der Oberkante des Auslassschlitzes beginnt die Verdichtung. Während der Verdichtung und Expansion sind die Ein- und Auslassschlitze vom Kolben versperrt. Da Zweitaktmotoren nur zwei Kolbenhübe pro Arbeitszyklus haben, ist ihr Drehmoment gleichmäßiger und sie benötigen entsprechend kleinere Schwungmassen.

4.3   Gemischbildung und Verbrennung

Was die Gemischbildung betrifft, arbeitet die überwiegende Zahl heute gebauter Motoren nach zwei voneinander wesentlich unterschiedlichen Verfahren: Dem *Otto*- oder *Diesel-Verfahren*, das durch folgende charakteristische Eigenschaften gekennzeichnet ist:

	Otto-Verfahren	*Diesel*-Verfahren
Gemischbildung	äußere oder innere vor der Verdichtung	innere nach der Verdichtung
Gemische	homogen	inhomogen
Zündung	fremd	selbst
Regelung	Quantität	Qualität

4.3.1 *Otto*-Verfahren

Beim *Otto*-Verfahren erfolgt die Gemischbildung mit Ausnahme neuerer Direkteinspritzmotoren, die hier nicht weiter behandelt werden, außerhalb des Zylinders vor der Verdichtung in einem Vergaser (flüssiger Kraftstoff), in einem Gasmischer (gasförmiger Kraftstoff) oder durch Einspritzung. Der Vergaser ist vor den Ansaugkanälen angeordnet. Der Kraftstoff wird in die Ansaugkanäle eingespritzt. Das Luft-Kraftstoff-Gemisch ist vor der Zündung weitgehend homogen, d. h., Luft und Kraftstoff sind gleichmäßig vermischt. Damit sind in der Nähe jedes Kraftstoffmoleküls die entsprechenden, für die Verbrennung notwendigen Sauerstoffmoleküle vorhanden. Auf dem Weg vom Vergaser oder vom Einspritzort zum Zylinder und während der Verdichtung erwärmt sich die Luft und noch flüssige Kraftstofftröpfchen verdampfen. Die Zündung des Kraftstoffs erfolgt durch einen elektrischen Funken, der an den Elektroden der Zündkerze überspringt. Das Luft-Kraftstoff-Gemisch ist nur in einem relativ engen Bereich des Mischungsverhältnisses zündfähig. Bei Benzin liegt dieses Mischungsverhältnis bei 11,5 bis 17,5 kg Luft pro kg Brennstoff. Damit müssen für verschiedene Lasten die Luft- und Brennstoffmasse gemeinsam geregelt werden. Bei Teillasten sind nicht nur der Kraftstoff-, sondern auch die Luftmasse entsprechend zu verringern. Dies könnte durch variablen Kolbenhub oder Drosselung erreicht werden. Ersterer ist mit technisch vertretbarem Aufwand nicht zu realisieren. Durch die Drosselung wird der Wirkungsgrad zwar verringert, wegen des geringen technischen Aufwands hat sich dieses Verfahren jedoch durchgesetzt.

Da beim *Otto*-Verfahren ein zündfähiges Gemisch während der Verdichtung vorhanden ist, darf bei der Verdichtung die Temperatur des Gemisches die Zündtemperatur nicht

Tab. 4.1 Erlaubte Kompressionsverhältnisse bei verschiedenen Kraftstoffen

Kraftstoff	Kompressionsverhältnis ε
Normalbenzin (ROZ 90)	8
Superbenzin (ROZ 98 – 100)	9 – 10
Methanol	11 – 13
Gichtgas	7 – 8
Holzgas	10 – 11
Erdgas	10 – 12

überschreiten, da sonst eine „klopfende" Verbrennung stattfindet. Damit ist das Kompressionsverhältnis beim *Otto*-Verfahren eingeschränkt. Diese Einschränkung ist natürlich von der Zündtemperatur des Luft-Kraftstoff-Gemisches abhängig. In Tab. 4.1 sind die erlaubten Kompressionsverhältnisse für einige Kraftstoffe aufgeführt.

Das erlaubte Kompressionsverhältnis hängt noch von konstruktiven Details und auch von der Reinheit des Kraftstoffs ab. Unverbrannte Ablagerungen können glühen und so lokal die Temperatur über der Zündtemperatur erhöhen.

Die Verbrennung beim *Otto*-Verfahren erfolgt sehr rasch. Bei der Verbrennung beträgt der Druckanstieg 2 bis 3 bar pro Grad Kurbelwinkel. Die Zündung wird einige Grade vor dem OT eingeleitet. Die Verbrennung ist bei 10 bis 19° Kurbelwinkel nach dem OT beendet. Der Arbeitsraum verändert sich während dieser Kurbelbewegung nur geringfügig, sodass von einer *Gleichraumverbrennung* gesprochen werden kann. Bei schnell laufenden Motoren kann sich unter Volllast die Verbrennung noch weiter nach dem OT in die Expansion hinein verschieben. In *Otto*motoren treten Spitzendrücke von 40 bis 70 bar auf.

4.3.2 *Diesel*-Verfahren

Beim *Diesel*-Verfahren erfolgt die Gemischbildung im Brennraum nach der Verdichtung. Der Kraftstoff wird entweder direkt in den Arbeitsraum oder in die Vorkammer gespritzt. Die Temperatur der Luft muss über der Zündtemperatur des Kraftstoffs liegen. Obwohl alle in *Diesel*motoren verwendeten Kraftstoffe – vom *Diesel*öl bis zum Schweröl – etwa die gleiche Zündtemperatur haben, kann man keine allgemein gültigen Kompressionsverhältnisse angeben. Da bei gleichem Hub zum Kolbendurchmesserverhältnis der Verbrennungsraum mit der dritten Potenz des Kolbendurchmessers die Wandflächen aber quadratisch zunehmen, wird bei kleineren Motoren das Verhältnis der Oberfläche zum Brennraum immer größer. Damit nimmt die Wärme, die an die Außenwände abgeführt wird, zu. Bei kleinen Motoren benötigt man also eine größere Verdichtung, um Zündtemperatur zu erreichen. Dies ist vor allem bei Vorkammermotoren der Fall. Damit ein kleiner PKW-*Diesel*motor mit Vorkammer bei einer Außentemperatur von –15 °C noch ein akzeptables Startverhalten hat, benötigt man bei diesen Motoren ein Kompressionsverhältnis von über 20. Bei großen und mittleren *Diesel*motoren mit Direkteinspritzung wählt man ein Kompressionsverhältnis von 12 bis 16.

Beim *Diesel*-Verfahren wird der Kraftstoff durch mehrere Düsen eines Einspritzventils in die verdichtete Luft gespritzt. Damit herrscht ein inhomogenes Gemisch von Kraftstoff und Luft vor. Aus den Düsen austretende Tröpfchen gelangen in Form einer Keule in den Brennraum. An den Rändern der Keule haben wir ein zündfähiges Luft-Kraftstoff-Gemisch und im Kern immer noch Tröpfchen oder ein Gemisch, das überwiegend aus Kraftstoff besteht. Das Gemisch am Keulenrand entzündet sich durch Selbstzündung und mit der Ausbreitung der Keule entsteht immer mehr brennfähiges Gemisch, das sich mit der Luft vermengt und verbrennt. Da am Rand der Keule immer ein zündfähiges Gemisch vorliegt, kann ein *Diesel*motor durch die zugeführte Kraftstoffmasse geregelt werden.

Zum Einspritzen des Kraftstoffs, zur Verdampfung der Tröpfchen und für die Verbrennung wird mehr Zeit als beim *Otto*motor benötigt. Nach der Zündung entsteht zunächst ein ähnlich steiler Druckanstieg wie beim *Otto*-Verfahren. Die Verbrennung wird in der Expansion fortgesetzt. Da beim *Diesel*-Verfahren der Druck durch die Verbrennung auch noch in der Expansion eine gewisse Zeit konstant bleibt, spricht man von *Gleichdruckverbrennung*. Bei großen, langsam laufenden Dieselmotoren kann man durch Einspritzung die Dauer der Verbrennung beeinflussen. Spitzendrücke der Dieselmotoren liegen bei 70 bar. In aufgeladenen Maschinen können sogar Drücke von 110 bis 150 bar erreicht werden. Beim *Diesel*-Verfahren wächst theoretisch der Wirkungsgrad mit dem Kompressionsverhältnis. Da jedoch mit steigenden Gasdrücken auch die seitlichen Reibungskräfte anwachsen, erreicht man mit realen Motoren bei einem Kompressionsverhältnis von ca. 14 die höchsten Wirkungsgrade.

4.3.3   Hybridmotoren

Hybridmotoren arbeiten mit äußerer Gemischbildung und Selbstzündung oder innerer Gemischbildung mit Fremdzündung. Bei Modellflugzeugmotoren wird z. B. in einem Vergaser das Gemisch aufbereitet und die Zündung erfolgt durch Selbstzündung, was man durch die besondere Zusammensetzung des Kraftstoffs erreicht. Eine große Zahl verschiedener Hybridmotoren wurden als Versuchsmotoren entwickelt, die sich für den technischen Gebrauch bisher aber nicht durchsetzen konnten. Gründe hierfür sind zu hohe Kosten, zu hoher Verbrauch und unbrauchbare Betriebseigenschaften.

4.4   Berechnungsgrundlagen

Den Prozess in einem Verbrennungsmotor kann man in den Ladungswechsel und Arbeitsprozess aufteilen. Der Arbeitsprozess besteht aus Verdichtung, Verbrennung und Expansion, der Ladungswechsel aus Ausstoßen des Abgases und Ansaugen der neuen Ladung. Diese Prozesse werden anschließend getrennt behandelt.

4.4.1 Ladungswechsel

Die neue oder frische Ladung besteht aus reiner Luft oder aus einem Luft-Kraftstoff-Gemisch. Die zur Verbrennung notwendige Luft ist atmosphärische oder vorverdichtete Luft. Anhand der Zusammensetzung des Kraftstoffs wird die zur Verbrennung notwendige Luftmenge bestimmt. Bei Zuführung der neuen Ladung entstehen Druckverluste, der Kraftstoff verdampft und die Luft bzw. das Luft-Kraftstoff-Gemisch nimmt in den warmen Strömungskanälen Wärme auf. Beim Öffnen der Auslassorgane hat das Abgas einen höheren Druck als die Umgebung. Ein Teil des Abgases strömt durch den Überdruck in die Atmosphäre. Das Restabgas wird durch Hinausschieben beim Viertaktverfahren und durch Spülung beim Zweitaktverfahren entfernt. Die Zusammensetzung des Abgases ist nicht gleich der der angesaugten Ladung, da durch Verbrennung aus dem Kraftstoff Kohlendioxid und Wasserdampf entsteht.

4.4.1.1 Luftbedarf

Der Kraftstoff kann flüssig oder gasförmig sein. Hauptsächlich werden flüssige Kraftstoffe wie Benzin (Hauptbestandteil Oktan) oder *Diesel*kraftstoff (Gasöl) verwendet. Weitere, wenn auch nicht so gebräuchliche Kraftstoffe sind Benzol, Methanol oder andere schwere Kohlenwasserstoffe. Als gasförmige Kraftstoffe kommen Wasserstoff, Kohlenmonoxid, Kohlenwasserstoffe und Flüssiggas zur Anwendung. Alle diese Kraftstoffe bestehen aus Kohlenstoff und Wasserstoff. Im *Diesel*öl kann noch ein geringer Anteil an Schwefel enthalten sein. Bei der Verbrennung oxidieren diese Stoffe und geben Wärme ab. Bei vollständiger Verbrennung, was bedeutet, dass sich im Abgas keine brennbaren Stoffe mehr befinden, erfolgt die Oxidation nach stöchiometrischen Gesetzen. Zum Verbrennen von 12 kg Kohlenstoff werden also 32 kg Sauerstoff, für 2 kg Wasserstoff 16 kg Sauerstoff und für 32 kg Schwefel 32 kg Sauerstoff benötigt. Die Masse an Sauerstoff, die für stöchiometrische Verbrennung benötigt wird, bezeichnet man als *Mindestsauerstoffbedarf* o_{min}. Er gibt an, wie viel kg Sauerstoff pro kg Kraftstoff für eine vollständige Verbrennung benötigt werden. Der Mindestsauerstoffbedarf berechnet sich folgendermaßen:

$$o_{min} = 2,667 \cdot c + 8 \cdot h + s - o \tag{4.1}$$

Dabei sind c, h, s und o die Massenanteile von Kohle, Wasserstoff, Schwefel und Sauerstoff im Kraftstoff. Da in der Regel der Sauerstoff für die Verbrennung aus der Luft verwendet wird, ist der *Mindestluftbedarf* l_{min} von Interesse. Die Luft enthält 0,23 Gewichtsanteile an Sauerstoff. Demnach beträgt der Mindestluftbedarf:

$$l_{min} = o_{min}/0,23 \tag{4.2}$$

In Motoren ist die Verbrennung unvollständig, d. h., es können noch unverbrannte Kraftstoffe oder Kohlenmonoxide, aber auch überschüssige Luft vorhanden sein.

Insbesondere beim *Diesel*-Verfahren, bei dem das Gemisch inhomogen ist, muss mit einem Luftüberschuss gearbeitet werden. Die Masse der vom Motor angesaugten Luft ist m_a, die der für die Verbrennung notwendigen Luft ist $m_{min} = b \cdot l_{min}$. Dabei ist b die Masse des Brennstoffs. Das Verhältnis der angesaugten Luftmasse zu der zur vollständigen Verbrennung mindest notwendigen Luftmasse wird als Luftverhältnis λ bezeichnet.

$$\lambda = \frac{m_a}{b \cdot l_{min}} \qquad (4.3)$$

Heutige moderne *Otto*motoren mit Katalysatoren werden mit einem Luftverhältnis von 1 betrieben. Wie schon erwähnt, arbeiten *Diesel*motoren mit Luftüberschuss, also $\lambda > 1$.

4.4.1.2 Zugeführte Wärme

Die Wärmezufuhr erfolgt bei der Verbrennung. Sie wird durch den *(unteren) Heizwert* h_u des Kraftstoffs bestimmt. Der Heizwert gibt an, welche Wärmemenge bei vollständiger Verbrennung eines kg Kraftstoffs entsteht.

$$q_{zu} = h_u \qquad (4.4)$$

Tab. 4.2 gibt die Zusammensetzung, den Mindestluftbedarf und Heizwert einiger Kraftstoffe an.

4.4.1.3 Liefergrad

Das Verhältnis der geförderten Masse zur theoretischen Masse ist der *Liefergrad* λ_L , der der Beurteilung von Ladungsverlusten dient.

$$\lambda_L = \frac{m_f}{m_{th}} = \frac{\dot{m}_f}{\rho_a \cdot V_H \cdot n_a} \qquad (4.5)$$

Die Dichte der Luft bezieht sich dabei auf den Zustand am Eintritt, also auf die Atmosphäre bei Saugmaschinen oder auf den Zustand nach der Aufladung bei

Tab. 4.2 Zusammensetzung, Mindestluftbedarf und Heizwert einiger Kraftstoffe

Kraftstoff		Zusammensetzung			Luftbedarf	Heizwert
	c	h	o	s	kg/kg	kJ/kg
Benzin	0,850	0,150	0	0	14,60	42 700
Dieselöl	0,860	0,130	0,003	0,007	14,35	42 600
Methanol	0,375	0,125	0,500	0	6,40	19 665
Wasserstoff	0	1,000	0	0	34,78	119 972
Methan	0,750	0,250	0	0	17,39	50 130

aufgeladenen Maschinen. Die Ladungsverluste bestehen aus den Drossel- und Druckverlusten in den Ansaugkanälen, den Aufheizungsverlusten, Spülverlusten und Leckagen. Zur Untersuchung des Liefergrades wird er in den *Durchsatzgrad* λ_D, *Füllungsgrad* λ_F und den *Aufheizungsgrad* λ_A aufgeteilt.

Der Durchsatzgrad oder Ladegrad ist das Verhältnis der geförderten Masse zur angesaugten Masse. Er gibt die Verluste an, die durch Leckagen und Spülverluste entstehen. Bei Viertaktmaschinen, bei denen die Spülverluste durch Ventilüberschneidung recht gering sind, kann er meist vernachlässigt werden. Bei Zweitaktmaschinen sind die Verluste bei der Spülung beträchtlich und haben Werte von 10 bis 50 %.

Der Füllgrad ist das Verhältnis des Volumens V_D, das aus dem Indikatordiagramm ermittelt wird, zum Hubvolumen, er erfasst die Strömungsverluste, die durch Druck- oder Drosselverluste entstehen.

$$\lambda_F = V_D / V_H \tag{4.6}$$

Bei *Diesel*motoren gelangt die Luft ungedrosselt in den Zylinder. Damit ist der Füllgrad dort nur von den Druckverlusten in den Ansaugleitungen abhängig. Mit zunehmender Kolbengeschwindigkeit, also mit zunehmender Drehzahl, nehmen die Luftgeschwindigkeit und damit die Druckverluste zu. Bei *Otto*motoren wird die Leistung durch Drosselung der Luft geregelt. Damit sind in diesem Fall die Druckverluste von der Drehzahl und Stellung der Drosselklappe abhängig. Abb. 4.1 zeigt das p-V-Diagramm eines *Diesel*- und *Otto*motors beim Ladungswechsel. Man sieht, dass der Druck des Zylinders bei der Füllung mit neuer Ladung sehr tief sinken kann. Bei herkömmlichen *Otto*motoren kann der Druck auf Werte von 0,1 bar sinken.

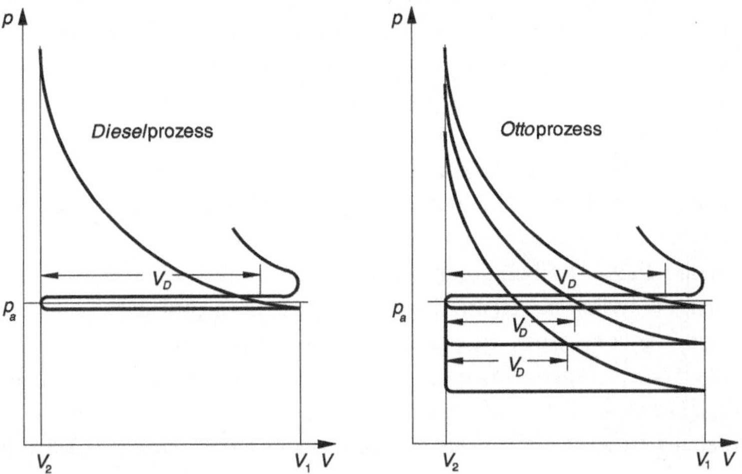

Abb. 4.1 Füllgradverluste des *Diesel*- und *Otto*-Prozesses beim Ladungswechsel

Der Aufheizungsgrad ist das Verhältnis des angesaugten Volumens zum Volumen V_D und wird wie beim Verdichter berechnet:

$$\lambda_A = V_a/V_D = T_a/T_1 \tag{4.7}$$

Bei *Otto*motoren wird die Luft gewollt aufgeheizt, damit der Kraftstoff verdampft. Es werden Temperaturen von 50 bis 70 K über der Ansaugtemperatur erreicht.

Der Liefergrad eines Verbrennungsmotors ist:

$$\lambda_L = \lambda_D \cdot \lambda_F \cdot \lambda_A \tag{4.8}$$

Er kann bei Verbrennungsmotoren relativ einfach aus der Messung des Luftmassenstroms mit Gl. (4.5) berechnet werden.

4.4.2 Arbeitsprozess

Der Arbeitsprozess besteht aus Verdichtung, Verbrennung und Expansion. Bei der Verdichtung wird die Luft oder das Luft-Kraftstoff-Gemisch im Arbeitsraum verdichtet. Dabei wird der Luft zunächst von den wärmeren Zylinderwänden Wärme zugeführt und gibt dann an diese Wärme ab, wenn die Lufttemperatur höher wird. Bei der Zündung des Gemisches wird dem Prozess durch die Verbrennung Wärme zugeführt. Wie schon erwähnt, erfolgt die Wärmezufuhr beim *Otto*-Prozess beinahe isochor und beim *Diesel*-Prozess annähernd isobar. Durch die Wärmezufuhr erhöht sich die Temperatur des Gases. Es wird etwas Wärme an die Wände des Arbeitsraums abgeführt. Bei der Expansion herrscht im Mittel im Arbeitsraum ein größerer Druck als bei der Verdichtung. Damit sind die auf die Kolben wirkende Kraft und geleistete Arbeit bei der Expansion größer als bei der Verdichtung. Während der Expansion ist das Verbrennungsgas heißer als die Zylinderwände, so dass Wärme abgegeben wird. Im Vergleich zum idealen Prozess, bei dem während der Verdichtung und Expansion keine Reibung auftritt und auch keine Wärme nach außen abgegeben wird, treten beim realen Prozess Verluste auf. Diese Verluste bestehen aus der an die Wände des Arbeitsraums abgeführten Wärme, der inneren und äußeren Reibung. Die innere Reibung und die abgeführte Wärme können messtechnisch nicht getrennt behandelt werden. Die äußere Reibung wird zum Teil auch als Wärme an die Zylinderwände abgeführt. Damit können die aus der Messung der abgeführten Wärme die vom Prozess entzogene Wärme und äußere Reibung nicht getrennt bestimmt werden. Aus einem Indikatordiagramm kann die indizierte Arbeit, d. h. die Summe aus technischer Arbeit, innerer Reibungsarbeit und die vom Arbeitsraum abgeführten Wärme ermittelt werden. Bei Verbrennungsmotoren ist die äußere Reibungsarbeit vom Druck im Arbeitsraum abhängig. Da mit zunehmendem Druck auch die seitlich wirkenden Kräfte zunehmen, nimmt die äußere Reibungsarbeit ebenfalls zu. Damit ist die äußere Reibungsarbeit von der Last abhängig. Mit zunehmender Last nimmt die äußere Reibungsarbeit zu. Die Verluste, die durch Wärmeabgabe an die Wände des Arbeitsraums erfolgen, sind weitgehend von der Temperatur der Wände, der Geometrie des Arbeitsraums und von der Temperatur des Prozesses abhängig.

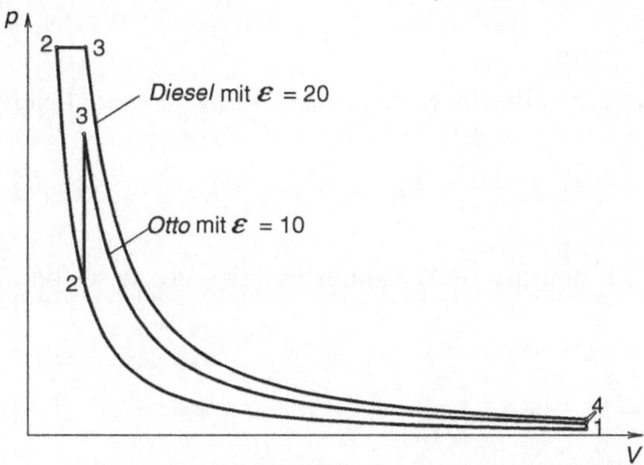

Abb. 4.2 *Diesel-* und *Otto-*Prozess als idealer Luftprozess im *p-V*-Diagramm

4.4.3 Idealprozess

Der ideale Vergleichsprozess für Verbrennungsmotoren ist der *ideale Luftprozess* (früher *Seiliger-Prozess*), der aus vier Zustandsänderungen besteht. Zunächst wird die Luft vom Zustand 1 isentrop auf Zustand 2 verdichtet. Dann erfolgt die Wärmezufuhr auf Zustand 3. Vom Zustand 3 wird das Gas isentrop auf das Anfangsvolumen (Zustand 4) expandiert. Vom Zustand 4 auf Zustand 1 erfolgt eine isochore Wärmeabgabe. Abb. 4.2 zeigt den idealen Luftprozess im *p-V*-Diagramm. Beim *Otto-*Prozess erfolgt die Wärmezufuhr isochor (Gleichraumverbrennung), beim *Diesel-*Prozess isobar (Gleichdruckverbrennung). Zur idealisierten Behandlung wird der Prozess mit Luft als perfektem Gas, also mit konstanten Stoffdaten, berechnet.

4.4.3.1 Idealer Otto-Prozess

Zunächst erfolgt die Verdichtung der Luft isentrop vom Zustand 1 auf Zustand 2. Bei diesem Prozess wird keine Wärme transferiert. Die spezifische Volumenänderungsarbeit ist:

$$w_{V12} = c_v \cdot (T_2 - T_1) \tag{4.9}$$

Bei der Verbrennung wird keine Volumenänderungsarbeit geleistet. Die spezifisch zugeführte Wärme erhält man als:

$$q_{zu} = q_{23} = c_v \cdot (T_3 - T_2) \tag{4.10}$$

Die spezifische Volumenänderungsarbeit der isentropen Expansion beträgt:

$$w_{V34} = c_v \cdot (T_4 - T_3) \tag{4.11}$$

Bei isochorer Wärmezufuhr wird keine Volumenänderungsarbeit geleistet und die spezifische abgeführte Wärme ist:

$$q_{ab} = q_{41} = c_v \cdot (T_1 - T_4) \tag{4.12}$$

Die spezifische Kreisprozessarbeit berechnet sich zu:

$$W_{KP} = W_{v12} + W_{v34} = c_v \cdot (T_2 - T_1 + T_4 - T_3) = -q_{zu} - q_{ab} \tag{4.13}$$

Der thermische Wirkungsgrad des Prozesses beträgt:

$$\eta_{th} = \frac{w_{KP}}{q_{zu}} = 1 - \frac{|q_{ab}|}{q_{zu}} = 1 - \frac{T_4 - T_1}{T_3 - T_2} \tag{4.14}$$

Er ist hier als eine Funktion der Temperaturen gegeben. Diese entstehen auf Grund gegebener Konstruktions- und Betriebsdaten des Motors. Deshalb sollte der Wirkungsgrad in Abhängigkeit dieser Größen beschrieben werden. Die Temperaturen nach der Verdichtung und Expansion werden durch die Änderung des Volumens bestimmt. Das Volumenverhältnis des Motors nennt man *Kompressionsverhältnis* ε und ist:

$$\varepsilon = V_1/V_2 = V_4/V_2 \tag{4.15}$$

Der Druck bzw. die Temperatur nach der Verbrennung hängt davon ab, welcher und wie viel Kraftstoff verwendet wird. Damit ist das *Druckverhältnis* Ψ eine charakteristische Größe des Prozesses.

$$\Psi = p_3/p_2 \tag{4.16}$$

Mit diesen beiden Größen sind die Temperaturen bestimmbar.

$$1 \Rightarrow 2 \text{ isentrope Verdichtung}: \quad T_2 = T_1 \cdot \varepsilon^{\kappa-1} \tag{4.17}$$

$$2 \Rightarrow 3 \text{ isochore Wärmezufuhr} \quad T_3 = T_2 \cdot \Psi = T_1 \cdot \varepsilon^{\kappa-1} \cdot \Psi \tag{4.18}$$

$$3 \Rightarrow 4 \text{ isentrope Expansion}: \quad T_4 = T_3 \cdot \varepsilon^{1-\kappa} = T_1 \cdot \Psi \tag{4.19}$$

Die Temperaturen in Gl. (4.14) eingesetzt, ergibt für den thermischen Wirkungsgrad des *Otto*-Prozesses:

$$\eta_{th} = 1 - \frac{|q_{ab}|}{q_{zu}} = 1 - \frac{T_4 - T_1}{T_3 - T_2} = 1 - \frac{T_1 \cdot (\Psi - 1)}{T_1 \cdot \varepsilon^{\kappa-1} \cdot (\Psi - 1)} = 1 - \frac{1}{\varepsilon^{\kappa-1}} \tag{4.20}$$

Der Wirkungsgrad erhöht sich mit zunehmendem Kompressionsverhältnis. Wie schon erwähnt, kann wegen der Selbstzündung des Gemisches nicht auf beliebig hohe Werte verdichtet werden. Bei einem Kompressionsverhältnis von $\varepsilon = 10$ erhält man nach Gl. (4.20) einen Wirkungsgrad von 0,6, der wesentlich höher als der realer Motoren ist.

4.4.3.2 Idealer Diesel-Prozess

Zunächst erfolgt die Verdichtung der Luft wie beim *Otto*-Prozess isentrop vom Zustand 1 auf Zustand 2. Bei diesem Prozess wird keine Wärme transferiert. Die spezifische Volumenänderungsarbeit ist:

$$W_{V12} = c_v \cdot (T_2 - T_1) \tag{4.21}$$

Bei der Verbrennung wird keine Druckänderungsarbeit geleistet. Die spezifisch zugeführte Wärme erhält man als:

$$q_{zu} = q_{23} = c_p \cdot (T_3 - T_2) \tag{4.22}$$

Die spezifische Volumenänderungsarbeit bei isobarer Wärmezufuhr beträgt:

$$w_{V23} = p \cdot (v_3 - v_2) = R \cdot (T_3 - T_2) \tag{4.23}$$

Für die spezifische Volumenänderungsarbeit der isentropen Expansion Volumen V_3 nach V_4 erhält man:

$$w_{V34} = c_v \cdot (T_4 - T_3) \tag{4.24}$$

Beim isochoren Ladungsausstoß wird keine Volumenänderungsarbeit geleistet und die spezifische abgeführte Wärme ist:

$$q_{ab} = q_{41} = c_v \cdot (T_1 - T_4) \tag{4.25}$$

Die spezifische Kreisprozessarbeit berechnet sich zu:

$$w_{KP} = w_{V12} + w_{V23} + w_{V34} = c_v \cdot (T_2 - T_1 + T_4 - T_3) + R \cdot (T_3 - T_2) = -q_{zu} - q_{ab} \tag{4.26}$$

Der thermische Wirkungsgrad des Prozesses beträgt:

$$\eta_{th} = \frac{w_{KP}}{q_{zu}} = 1 - \frac{|q_{ab}|}{q_{zu}} = 1 - \frac{c_v \cdot (T_4 - T_1)}{c_p \cdot (T_3 - T_2)} = 1 - \frac{T_4 - T_1}{\kappa \cdot (T_3 - T_2)} \tag{4.27}$$

Er ist hier wie beim *Otto*-Prozess als eine Funktion der Temperaturen gegeben. Charakteristisch für den *Diesel*-Prozess ist wiederum das *Kompressionsverhältnis ε*.

Der Druck bzw. die Temperatur nach der Verbrennung hängt erneut wie beim *Otto*-Prozess davon ab, welcher und wieviel Kraftstoff verwendet wird. Damit ist das Volumenverhältnis φ, das *Einspritzverhältnis* genannt wird, eine charakteristische Größe des Prozesses.

$$\varphi = v_3 / v_2 = V_3 / V_2 \tag{4.28}$$

Mit diesen beiden Größen können die Temperaturen bestimmt werden.

$$1 \Rightarrow 2 \text{ isentrope Verdichtung}: \quad T_2 = T_1 \cdot \varepsilon^{\kappa-1} \tag{4.29}$$

$$2 \Rightarrow 3 \text{ isobare Wärmezufuhr}: \quad T_3 = T_2 \cdot \phi = T_1 \cdot \varepsilon^{\kappa-1} \cdot \varphi \tag{4.30}$$

$$3 \Rightarrow 4 \text{ isentrope Expansion:}$$

$$T_4 = T_3 \cdot \left(\frac{v_3}{v_4}\right)^{\kappa-1} = T_1 \cdot \varepsilon^{\kappa-1} \cdot \varphi \cdot \left(\frac{v_3}{v_2} \cdot \frac{v_2}{v_4}\right)^{\kappa-1} = T_1 \cdot \varepsilon^{\kappa-1} \cdot \varphi \cdot \left(\frac{\varphi}{\varepsilon}\right)^{\kappa-1} = T_1 \cdot \varphi^{\kappa} \tag{4.31}$$

Die Temperaturen in Gl. (4.27) eingesetzt, ergibt für den thermischen Wirkungsgrad des *Diesel*-Prozesses:

$$\eta_{th} = 1 - \frac{|q_{ab}|}{q_{zu}} = 1 - \frac{T_4 - T_1}{\kappa \cdot (T_3 - T_2)} = 1 - \frac{\varphi^{\kappa} - 1}{\kappa \cdot \varepsilon^{\kappa-1} \cdot (\varphi - 1)} \tag{4.32}$$

Wie beim *Otto*-Prozess nimmt auch beim *Diesel*-Prozess mit steigendem Kompressionsverhältnis der Wirkungsgrad zu. Im Gegensatz zum *Otto*-Prozess kann beim *Diesel*-Prozess wesentlich höher verdichtet werden. Das Diagramm in Abb. 4.3 zeigt die thermischen Wirkungsgrade beider Prozesse in Abhängigkeit vom Kompressionsverhältnis. Aus dem Diagramm ist ersichtlich, dass der Wirkungsgrad des *Diesel*-Prozesses bei gleichem Kompressionsverhältnis schlechter als der des *Otto*-Prozesses ist. Mit zunehmendem Einspritzverhältnis verringert sich der Wirkungsgrad des *Diesel*-Prozesses. Bei einem Einspritzverhältnis von 1 haben beim gleichen Kompressionsverhältnis beide Prozesse den gleichen idealen thermischen Wirkungsgrad. Da beim *Otto*-Prozess mit Benzin als Kraftstoff keine Kompressionsverhältnisse, die größer als 10 erlaubt sind, erreicht man mit dem *Diesel*-Prozess bessere Wirkungsgrade. Wie später ersichtlich ist, sind die thermischen Verluste beim realen *Diesel*-Prozess geringer.

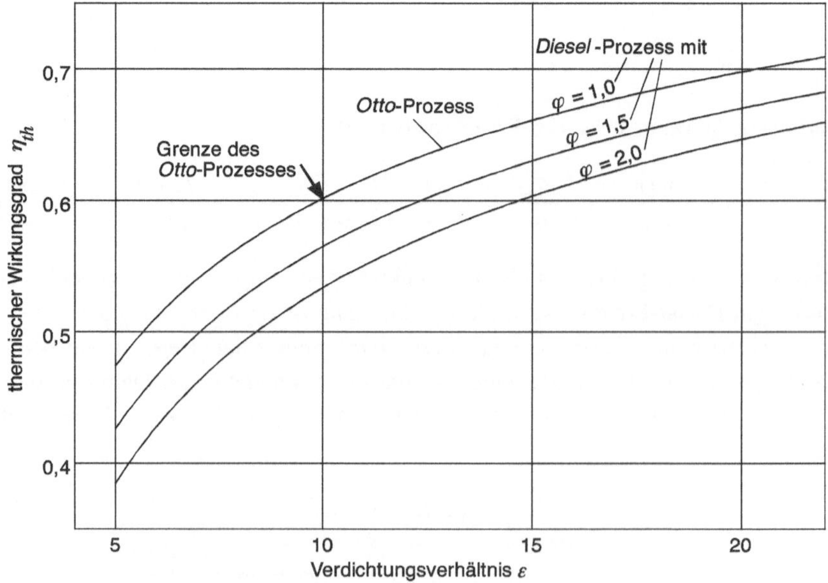

Abb. 4.3 Thermische Wirkungsgrade idealer Verbrennungsmotoren

4.4.4 Idealprozess mit idealen Gasen

Der *Seiliger*-Prozess als Idealprozess liefert zu hohe Temperaturen bzw. Drücke und damit zu hohe Wirkungsgrade. Der Grund hierfür ist, dass mit Luft als perfektem Gas gerechnet wird. Die spezifische Wärmekapazität der Luft und Rauchgase nehmen mit steigender Temperatur und Druck zu. Die unterschiedlichen Massen bei der Verdichtung und Expansion im *Diesel*-Prozess sind zu berücksichtigen. Die Zustandsänderungen werden weiterhin ohne Reibungs- und Wärmeverluste, jetzt aber unter Berücksichtigung der Änderung der spezifischen Wärmekapazitäten und Massen bestimmt.

4.4.4.1 Otto-Prozess

Beim *Otto*-Prozess wird ein Gemisch aus Brennstoff und Luft verdichtet. Die Masse ist bei der Verdichtung und Expansion gleich groß. Der gasförmige Brennstoff und die Luft werden zusammen verdichtet. Beim gebräuchlichsten Brennstoff Benzin (Hauptbestandteil Oktan) ändert sich die Wärmekapazität gegenüber der Luft dabei nur geringfügig, sodass für die Verdichtung die geänderten Stoffeigenschaften vernachlässigt werden können, da die Fehler kleiner als 1 % sind. Bei Gasmotoren, insbesondere mit Wasserstoff als Kraftstoff und auch bei der Verwendung von Alkoholen ist die spezifische Wärmekapazität des Gemisches zu berücksichtigen. Bei der Verbrennung und Expansion sind die Stoffwerte des Rauchgases einzusetzen. Bei genauer Berechnung muss auch die Temperatur des Brennstoffs und die entsprechende Korrektur des Heizwertes durchgeführt werden. Hier wird mit dem nicht korrigierten Heizwert und mit den Stoffwerten der Luft bei der Verdichtung gerechnet. Luft erhält den Index L, Rauchgas R und Brennstoff B. Da beim gesamten Prozess die Masse der Luft und des Kraftstoffs konstant bleibt, wird die Arbeit auf diese Masse bezogen.

Die spezifische Volumenänderungsarbeit bei isentroper Verdichtung ist:

$$w_{V12} = u_{L2} - u_{L1} = h_{L2} - h_{L1} - R_L \cdot (T_2 - T_1) \tag{4.33}$$

Die Temperatur T_2 kann mit Hilfe der normierten Entropien bestimmt werden. Für die isentrope Verdichtung gilt:

$$s_{L1} = s_{L2} = s_L^0 (\vartheta_1) - R_L \cdot \ln (p_1/1 \text{ bar}) = s_L^0 (\vartheta_2) - R_L \cdot \ln (p_2/1 \text{ bar}) \tag{4.34}$$

Das Druckverhältnis ist unbekannt und kann durch das Kompressions- und ein angenommenes Temperaturverhältnis ersetzt werden.

$$s_L^0 (\vartheta_2) = s_L^0 (\vartheta_1) + R_L \cdot \ln (p_2/p_1) = s_L^0 (\vartheta_1) + R_L \cdot \ln (\varepsilon \cdot T_2/T_1) \tag{4.35}$$

Die Temperatur ϑ_2 kann aus der Stoffwertetabelle invers interpoliert und so lange neu bestimmt werden, bis die erforderliche Genauigkeit erreicht ist. Mit in *Mathcad* programmierten Werten der normierten spezifischen Entropie kann die Temperatur mit dem Gleichungslöser direkt berechnet werden. Mit der Temperatur können die mittleren c_p-Werte aus den Tabellen ermittelt werden. Für die Volumenänderungsarbeit erhalten wir:

$$w_{V12} = \bar{c}_{pL}(\vartheta_2) \cdot \vartheta_2 - \bar{c}_{pL}(\vartheta_1) \cdot \vartheta_1 - R_L \cdot (\vartheta_2 - \vartheta_1) \tag{4.36}$$

Die Volumenänderungsarbeit bei isochorer Wärmezufuhr ist null. Die zugeführte Wärme kann mit dem Heizwert des Kraftstoffs bestimmt werden. Dazu muss man berücksichtigen, dass der Heizwert auf die Kraftstoffmasse und die spezifischen Werte der Luft bzw. des Luft-Kraftstoff-Gemisches auf deren Massen bezogen sind.

$$q_{zu} = q_{23} = \frac{h_u}{\lambda \cdot l_{min}} \tag{4.37}$$

Die Temperatur T_3 wird mit Hilfe der Wärmebilanz bestimmt:

$$q_{zu} = q_{23} = \frac{h_u}{\lambda \cdot l_{min}} \tag{4.38}$$

Aus Gl. (4.37) ist die zugeführte Wärme bekannt. Gl. (4.38) kann nach der Temperatur ϑ_3 aufgelöst werden.

$$\vartheta_3 = \frac{\frac{h_u}{(\lambda \cdot l_{min}+1)} + \left[\bar{c}_{pL}(\vartheta_2) - R_L\right] \cdot \vartheta_2}{\left[\bar{c}_{pR}(\vartheta_3) - R_R\right]} \tag{4.39}$$

Die Berechnung der Temperatur ϑ_3 aus den Tabellen erfolgt iterativ, da die spezifische Wärmekapazität des Rauchgases von der Temperatur ϑ_3 abhängt. Die Tabellen geben nur die Stoffwerte der stöchiometrischen Rauchgase an. Bei Luftverhältnissen, die größer als 1 sind, müssen die Berechnungen wie folgt durchgeführt werden:

$$\vartheta_3 = \frac{\dfrac{h_u}{(\lambda \cdot l_{min} + 1)} + \left[\bar{c}_{pL}(\vartheta_2) - R_L\right] \cdot \vartheta_2}{(l_{min} + 1) \cdot \left[\bar{c}_{pRst}(\vartheta_3) - R_{Rst}\right] + (\lambda - 1) \cdot l_{min} \cdot \left[\bar{c}_{pL}(\vartheta_3) - R_L\right] \cdot \vartheta_3} \tag{4.40}$$

Der Index *st* steht für stöchiometrisch. Hier werden der Luftüberschuss und das stöchiometrische Rauchgas unter Beachtung der Massenverhältnisse getrennt berechnet, d. h., das Rauchgas besteht aus stöchiometrischem Rauchgas und überschüssiger Luft.

Wie bei der Verdichtung erfolgt bei der Expansion die Bestimmung der Volumenänderungsarbeit und Temperatur:

$$w_{V34} = \bar{c}_{pR}(\vartheta_4) \cdot \vartheta_4 - \bar{c}_{pR}(\vartheta_3) \cdot \vartheta_3 - R_R \cdot (\vartheta_4 - \vartheta_3) \tag{4.41}$$

Zur Ermittlung der Temperatur T_4 und Enthalpie wird wie bei der Temperatur T_2 verfahren.

Die Volumenänderungsarbeit der isochoren Expansion ist wiederum null. Die spezifische abgeführte Wärme berechnet sich als:

$$q_{ab} = q_{41} = \left[\bar{c}_{pL}\left(\vartheta_1\right) - R_L \right] \cdot \vartheta_1 - \left[\bar{c}_{pR}\left(\vartheta_4\right) - R_R \right] \cdot \vartheta_4 \tag{4.42}$$

Die so errechneten Wirkungsgrade sind 10 bis 20 % kleiner als beim idealen Luftprozess mit konstanten Stoffwerten.

4.4.4.2 Diesel-Prozess

Beim *Diesel*-Prozess beziehen wir die spezifischen Werte auf die Masse des Rauchgases, d. h. auf die Masse der Luft und des Brennstoffs. Die technische Arbeit bei der Verdichtung ist beim *Diesel*-Prozess gleich wie beim *Otto*-Prozess zu behandeln. Bei isobarer Wärmezufuhr wird keine Druckänderungsarbeit geleistet. Die Verdichtung erfolgt ausschließlich mit Luft. Die Berechnung führt man wie beim *Otto*-Prozess durch, zu berücksichtigen ist nur die geringere Masse der Luft.

$$w_{V12} = \frac{\lambda \cdot l_{min}}{\lambda \cdot l_{min} + 1} \left[\bar{c}_{pL}\left(\vartheta_2\right) \cdot \vartheta_2 - \bar{c}_{pL}\left(\vartheta_1\right) \cdot \vartheta_1 - R_L \cdot \left(\vartheta_2 - \vartheta_1\right) \right] \tag{4.43}$$

Bei isobarer Verbrennung ist die zugeführte Wärme:

$$q_{zu} = q_{23} = \frac{h_u}{\lambda \cdot l_{min} + 1} = \bar{c}_{pR}\left(\vartheta_3\right) \cdot \vartheta_3 - \frac{\lambda \cdot l_{min}}{\lambda \cdot l_{min} + 1} \cdot \bar{c}_{pL}\left(\vartheta_2\right) \cdot \vartheta_2 \tag{4.44}$$

Gl. (4.44) nach Temperatur ϑ_3 aufgelöst, ergibt:

$$\vartheta_3 = \frac{h_u + \lambda \cdot l_{min} \cdot \bar{c}_{pL}\left(\vartheta_2\right) \cdot \vartheta_2}{\left(\lambda \cdot l_{min} + 1\right) \cdot \bar{c}_{pR}\left(\vartheta_3\right)} = \frac{h_u + \lambda \cdot l_{min} \cdot \bar{c}_{pL}\left(\vartheta_2\right) \cdot \vartheta_2}{\left(l_{min} + 1\right) \cdot \bar{c}_{pRst}\left(\vartheta_3\right) + \left(\lambda - 1\right) \cdot l_{min} \cdot \bar{c}_{pL}\left(\vartheta_3\right)} \tag{4.45}$$

Aus Diagrammen oder Tabellen kann die Temperatur ϑ_3 bestimmt werden.

Die isentrope Volumenänderungsarbeit beträgt bei isobarer Wärmezufuhr:

$$w_{v23} = p_2 \cdot \left(v_3 - v_2\right) = R_R \cdot \vartheta_3 - R_L \cdot \vartheta_2 \tag{4.46}$$

Die Volumenänderungsarbeit bei isochorer Expansion und abgeführte Wärme werden wie beim *Otto*-Prozess bestimmt, wobei zu berücksichtigen ist, dass man die Expansion nicht mit dem Kompressionsverhältnis berechnet. Nach der isobaren Verbrennung beträgt das spezifische Volumen:

$$v_3 = v_2 \cdot \left(T_3/T_2\right) \tag{4.47}$$

Die spezifische Volumenänderungsarbeit berechnet sich damit als:

$$w_{V34} = \left[\bar{c}_{pR}\left(\vartheta_4\right) - R_R \right] \cdot \vartheta_4 - \left[\bar{c}_{pR}\left(\vartheta_3\right) - R_R \right] \cdot \vartheta_3 \tag{4.48}$$

Die totale Volumenänderungsarbeit beim *Diesel*-Prozess ist:

$$w_{KP} = w_{V12} + w_{V23} + w_{V34} \tag{4.49}$$

Beispiel 4.1: *Ottomotor*

Ein 4-Takt-*Otto*motor mit 3,8 l Hubraum hat ein Kompressionsverhältnis von 10. Das Luft-Kraftstoffgemisch tritt mit einem Druck von 0,9 bar und 40 °C Temperatur in den Motor ein. Der Prozess ist als idealer Prozess ohne Dissipation und Wärmeverluste zu berechnen. Die Drehzahl des Motors beträgt 6 000 U/min. Der Heizwert des Benzins ist 42,6 MJ/kg, der Mindestluftbedarf 14,45 und das Luftverhältnis 1.

Berechnen Sie die Drücke und Temperaturen nach jeder Zustandsänderung, die Kreisprozessarbeit, den thermischen Wirkungsgrad und die Leistung

a) mit Luft als perfektem Gas (c_p = 1 004 J/(kg K), k = 1,4, R = 287, 06 J/(kg K))
b) mit Luft als idealem Gas (Stoffwerte aus den Tabellen).

Lösung

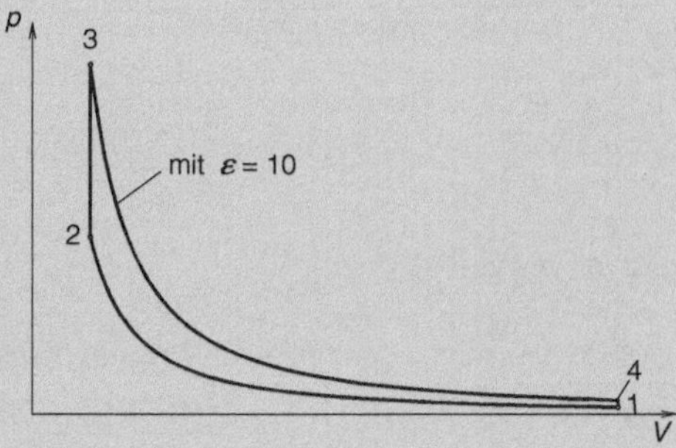

Schema   Siehe Skizze

Annahmen

- Der Prozess läuft als Luftprozess ab.
- Dissipation und Wärmeverluste werden vernachlässigt.

Analyse

a) Die Verdichtung erfolgt isentrop. Für die Temperatur, den Druck und die Volumenänderungsarbeit erhält man:

$$T_2 = T_1 \cdot \varepsilon^{\kappa-1} = 313, 15 \cdot K \cdot 10^{0,4} = \textbf{786,6K}$$

$$p_2 = p_1 \cdot \varepsilon^{\kappa} = 0,9 \cdot bar \cdot 10^{1,4} = \textbf{22,61 bar}$$

$$w_{V12} = \left(c_p - R\right) \cdot (T_2 - T_1)$$

$$= (1\ 004 - 287, 06) \cdot J / (kg \cdot K) \cdot (786, 6 - 313, 15) \cdot K = \textbf{339,4 kJ / kg}$$

Nach der isochoren Verbrennung kann die Temperatur mit Gl. (4.39) bestimmt werden:

$$\vartheta_3 = \frac{h_u + \left(\bar{c}_{pL} - R\right) \cdot \vartheta_2 \cdot l_{min}}{(l_{min} + 1) \cdot \left(\bar{c}_{pRst} - R\right)} =$$

$$= \frac{42\ 600\ 000 + (1\ 004 - 287{,}06) \cdot 15{,}45 \cdot 513{,}4}{(1\ 004 - 287{,}06) \cdot 15{,}45} = \mathbf{4\ 326\ ^\circ C}$$

Bei isochorer Verbrennung ist die Druckänderung proportional zur absoluten Temperatur.

$$p_3 = p_2 \cdot T_3 / T_2 = 22{,}61 \cdot bar \cdot 4\ 632{,}5 / 786{,}6 = \mathbf{133{,}1\ bar}$$

Nach der isentropen Expansion berechnen sich die Temperatur, der Druck und die spezifische Volumenänderungsarbeit zu:

$$T_4 = T_3 \cdot \varepsilon^{-0{,}4} = \mathbf{1844{,}2\ K}$$

$$p_4 = p_3 \cdot \varepsilon^{-1{,}4} = \mathbf{5{,}30\ bar}$$

$$w_{V34} = \left(c_p - R\right) \cdot (T_4 - T_3) = \mathbf{1\ 999{,}0\ kJ\,/\,kg}$$

Die spezifische Volumenänderungsarbeit des Prozesses beträgt:

$$w_{KP} = w_{V12} + w_{V34} = \mathbf{-1659{,}6\ kJ\,/kg}$$

Die zugeführte Wärme berechnet sich als:

$$q_{zu} = q_{23} + \left(c_p - R\right) \cdot (T_3 - T_2) = \mathbf{2\ 757{,}3 kJ\,/\,kg}$$

Damit ist der thermische Wirkungsgrad:

$$\eta_{th} = \frac{|w_{KP}|}{q_{zu}} = \mathbf{0{,}602}$$

Zur Bestimmung der Leistung müssen zunächst der Arbeitsraum und die Luftmasse berechnet werden. Der Arbeitsraum ist nach Gl. (3.7):

$$V_1 = V_h \cdot \varepsilon / (\varepsilon - 1) = 4{,}2 l$$

Die Masse der Luft im Arbeitsraum wird mit der Zustandsgleichung idealer Gase berechnet:

$$m = \frac{p_1 \cdot V_1}{R \cdot T_1} = 0{,}00423\ kg$$

Die Leistung des Motors beträgt bei 6 000 U/min:

$$P = n_a \cdot m \cdot w_{KP} = 50 \cdot \text{s}^{-1} \cdot 0,00423 \cdot \text{kg} \cdot 1\,659,6 \cdot \text{kJ} / \text{kg} = \mathbf{-350{,}8\,kW}$$

b) Die Berechnung des Prozesses mit realen Stoffwerten erfolgt mit Hilfe der Tabellen oder mit dem *Mathcad*-Programm das auf der Webseite zum Buch herunterladbar ist. Hier wird die Berechnung mit dem Programm durchgeführt. Die Zusammensetzung des Benzins wurde der Tabelle „Eigenschaften einiger Brennstoffe" entnommen. Die Berechnung der Temperatur nach der Verdichtung erfolgt mit Gl. (4.35) unter Zuhilfenahme des Gleichungslösers. Man erhält für die Temperatur ϑ_2 den Wert von **485,4 °C**, was **758,6 K** entspricht. Die Berechnung des Druckes erfolgt über die Zustandsgleichung idealer Gase.

$$p_2 = p_1 \cdot \frac{v_1}{v_2} \cdot \frac{T_2}{T_1} = p_1 \cdot \varepsilon \cdot \frac{T_2}{T_1} = 0,9 \cdot \text{bar} \cdot 10 \cdot \frac{758,6}{313,15} = \mathbf{21{,}8\,bar}$$

Die spezifische Volumenänderungsarbeit berechnet man mit Gl. (4.33):

$$w_{V12} = h_{L2} - h_{L1} - R_L \cdot (T_2 - T_1) =$$
$$= \bar{c}_{pL}\,(\vartheta_2) \cdot \vartheta_2 - \bar{c}_{pL}\,(\vartheta_1) \cdot \vartheta_1 - R_L \cdot (\vartheta_2 - \vartheta_1) = \mathbf{339{,}4\,kJ / kg}$$

Die Temperatur ϑ_3 nach der Verbrennung kann mit Gl. (4.40) bestimmt werden. Das Programm liefert den Wert von **3 197,8 K**, der wesentlich kleiner als der mit perfektem Gas berechnete ist. Der Druck bei isochorer Verbrennung rechnet sich wie beim perfekten Gas:

$$p_3 = p_2 \cdot T_3/T_2 = 21,8 \cdot \text{bar} \cdot 3\,197,8/758,6 = \mathbf{91{,}10\,bar}$$

Die isentrope Expansion wird wie die Verdichtung bestimmt, nur muss man die spezifische Entropie des Rauchgases einsetzen. Für die Temperatur, den Druck und die spezifische Volumenänderungsarbeit erhält man:

$$\vartheta_4 = \mathbf{1\,529{,}0\,°C} \qquad T_4 = \mathbf{1\,802{,}2\,K} \qquad p_4 = \mathbf{5{,}18\,bar} \qquad w_{V34} = \mathbf{-1\,617{,}5\,kJ / kg}$$

Die spezifische Volumenänderungsarbeit des Kreisprozesses ist:

$$w_{KP} = w_{V12} + w_{V34} = \mathbf{-1\,278{,}0\ \,kJ / kg}$$

Die zugeführte Wärme muss mit den Stoffwerten des Rauchgases und jenen der Luft bestimmt werden:

$$q_{zu} = q_{23} = \left[\bar{c}_{pR}\,(\vartheta_3) - R_R\right] \cdot \vartheta_3 - \left[\bar{c}_{pL}\,(\vartheta_2) - R_L\right] \cdot \vartheta_2 = \mathbf{2\,076{,}3\,kJ / kg}$$

Damit erhält man für den Wirkungsgrad und die Leistung des Prozesses:

$$\eta_{th} = |w_{KP}| \, / q_{zu} = \mathbf{0{,}434}$$
$$P = n_a \cdot m \cdot w_{KP} = \mathbf{-270\ kW}$$

Diskussion

Anhand dieses Beispiels sieht man, dass die Berechnung mit Luft als perfektem Gas viel zu hohe Temperaturen und Wirkungsgrade liefert. Der Idealprozess demonstriert nur, dass mit zunehmendem Kompressionsverhältnis der Wirkungsgrad steigt und zeigt dem Ingenieur, in welche Richtung der Prozess verbessert werden kann. Mit Luft und Abgas als idealem Gas liegen die berechneten Werte zwar näher an der Wirklichkeit, der Wirkungsgrad ist aber immer noch viel zu hoch. Bei Temperaturen über 1 500 °C tritt im Abgas die sogenannte Dissoziation auf (im Abgas sind Ionen enthalten), deren Berücksichtigung den Wirkungsgrad weiter verringert. Unberücksichtigt blieben der Wärmeverlust, der durch die technisch notwendige Kühlung des Motors entsteht und die Dissipation.

Beispiel 4.2: *Diesel*motor

Ein 4-Takt-*Diesel*motor mit 1,9 l Hubraum hat ein Kompressionsverhältnis von 17. Die Luft tritt mit dem Druck von 2,3 bar und 100 °C Temperatur in den Motor ein. Der Prozess ist als idealer Prozess ohne Dissipation und Wärmeverluste zu berechnen. Die Drehzahl des Motors beträgt 4 000 U/min, der Heizwert des *Diesel*-Kraftstoffs 42,9 MJ/kg, der Mindestluftbedarf 14,53 und das Luftverhältnis 1,2.

Berechnen Sie die Drücke und Temperaturen nach jeder Zustandsänderung, die Kreisprozessarbeiten, den thermischen Wirkungsgrad und die Leistung

a) mit Luft als perfektem Gas (c_p = 1 004 J/(kg K), κ = 1,4, R = 287,06 J/(kg K))
b) mit Luft als idealem Gas (Stoffwerte aus den Tabellen).

Lösung

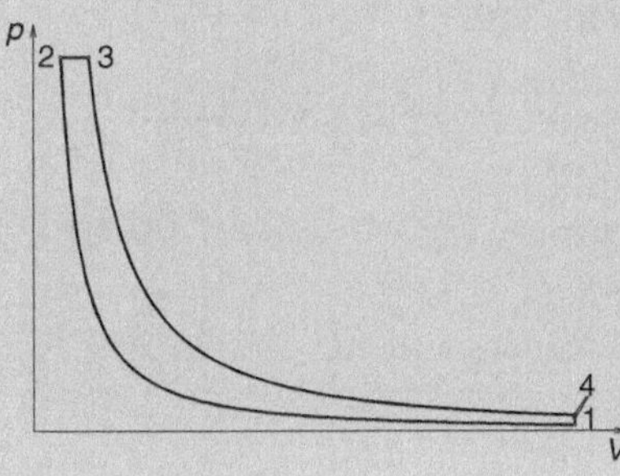

Schema   Siehe Skizze

Annahmen

- Der Prozess läuft als Luftprozess ab.
- Dissipation und Wärmeverluste sind vernachlässigbar.

Analyse

a) Die Verdichtung erfolgt isentrop. Damit erhält man für die Temperatur, den Druck und die Volumenänderungsarbeit:

$$T_2 = T_1 \cdot \varepsilon^{\kappa-1} = 373,15 \cdot \text{K} \cdot 17^{0,4} = \mathbf{1159,0\ K}$$

$$p_2 = p_1 \cdot \varepsilon^{\kappa} = 2,3 \cdot \text{bar} \cdot 17^{1,4} = \mathbf{121,4\ bar}$$

$$w_{V12} = \left(c_p - R\right) \cdot (T_2 - T_1) = \mathbf{563,4\ kJ/\,kg}$$

Nach der isobaren Verbrennung kann die Temperatur mit Gl. (4.45) bestimmt werden, wobei die Massenänderung unberücksichtigt bleibt.

$$\vartheta_3 = \frac{h_u}{(\lambda \cdot l_{min} + 1) \cdot \bar{c}_p} + \vartheta_2 \cdot \frac{\lambda \cdot l_{min}}{\lambda \cdot l_{min} + 1} = 3\ 203,5°\text{C}$$

Die spezifische Volumenänderungsarbeit der isobaren Verdichtung beträgt:

$$w_{V23} = -p_2 \cdot (v_3 - v_2) = R \cdot (T_3 - T_2) = \mathbf{-665,3\ kJ\,/\,kg}$$

Bei isobarer Verbrennung entspricht die Volumenänderung dem Einspritzverhältnis und ist proportional zur Änderung der absoluten Temperatur:

$$\varphi = T_3/T_2 = 3476,6/1159 = 2,999$$

Nach der isentropen Expansion berechnen sich Temperatur, Druck und spezifische Volumenänderungsarbeit zu:

$$\vartheta_4 = 1463,9\,°\text{C} \quad T_4 = 1737,1\ \text{K} \quad p_4 = 10,71\ \text{bar} \quad w_{v34} = 1617\ \text{kJ/kg}$$

Die spezifische Volumenänderungsarbeit des Prozesses beträgt:

$$w_{KP} = W_{V12} + w_{v23} + w_{v34} = \mathbf{-1349,1\ kJ\,/\,kg}$$

Die zugeführte Wärme berechnet sich zu:

$$q_{zu} = q_{23} = c_p \cdot (T_3 - T_2) = \mathbf{2327\ kJ\,/\,kg}$$

Damit ist der thermische Wirkungsgrad:

$$\eta_{th} = \frac{|w_{KP}|}{q_{zu}} = \mathbf{0{,}58}$$

Zur Bestimmung der Leistung müssen zunächst der Arbeitsraum und die Luftmasse bestimmt werden, der Arbeitsraum mit Gl. (2.5):

$$V_1 = V_h \cdot \varepsilon / (\varepsilon - 1) = 2{,}021$$

Die Masse der Luft im Arbeitsraum wird mit der Zustandsgleichung idealer Gase berechnet:

$$m = \frac{p_1 \cdot V_1}{R \cdot T_1} = 0{,}00433 \ \text{kg}$$

Bei 6 000 U/min beträgt die Leistung des Motors:

$$P = n_a \cdot m \cdot w_{KP} = 33{,}\overline{3} \cdot s^{-1} \cdot 0{,}00433 \cdot kg \cdot 1324{,}9 \cdot kJ/kg = \mathbf{-191{,}4\,kW}$$

b) Die Berechnung des Prozesses mit realen Stoffwerten erfolgt ähnlich wie beim *Otto*motor. Die Zusammensetzung des Benzins wurde der Tabelle „Eigenschaften einiger Brennstoffe" entnommen. Die Temperatur nach der Verdichtung erfolgt wie bei Gl. (4.35) beschrieben mit Hilfe des Gleichungslösers. Man erhält für die Temperatur ϑ_2 den Wert von **786,6 °C**, was **1 058,9 K** entspricht. Zur Berechnung des Druckes verwendet man die Zustandsgleichung idealer Gase.

$$p_2 = p_1 \cdot \frac{v_1 \cdot T_2}{v_2 \cdot T_1} = p_1 \cdot \varepsilon \cdot \frac{T_2}{T_1} = 111{,}1 \ \text{bar}$$

Die spezifische Volumenänderungsarbeit berechnet man mit Gl. (4.43):

$$w_{V12} = \frac{\lambda \cdot l_{min}}{\lambda \cdot l_{min} + 1} \left[\bar{c}_{pL}(\vartheta_2) \cdot \vartheta_2 - \bar{c}_{pL}(\vartheta_1) \cdot \vartheta_1 - R_L \cdot (\vartheta_2 - \vartheta_1) \right] = \mathbf{514{,}3\,kJ\,/\,kg}$$

Die Temperatur ϑ_3 nach der Verbrennung kann mittels Gl. (4.40) mit dem Programm bestimmt werden, wobei jetzt die Änderung der Masse berücksichtigt wird. Sie ist mit **2 412,2 °C** wesentlich kleiner als jene mit perfektem Gas berechnete. Der Druck bei isobarer Verbrennung bleibt konstant 111,1 bar. Für das Einspritzverhältnis erhält man:

$$\varphi = \frac{T_3 \cdot R_R \cdot (\lambda \cdot l_{min} + 1)}{T_2 \cdot R_L \cdot \lambda \cdot l_{min}} = 2{,}68$$

Bei isobarer Verbrennung beträgt die spezifische Volumenänderungsarbeit:

$$w_{v12} = h_{L2} - h_{L2} - R_L \cdot (\vartheta_2 - \vartheta_1) =$$
$$= \bar{c}_{pL}(\vartheta_2) \cdot \vartheta_2 - \bar{c}_{pL}(\vartheta_1) \cdot \vartheta_1 - R_L \cdot (\vartheta_2 - \vartheta_1) = \mathbf{339,kJ / kg}$$

Die isentrope Expansion wird wie die Verdichtung bestimmt, wobei die spezifische Entropie des Rauchgases und das richtige Volumenverhältnis einzusetzen sind. Für die Temperatur, den Druck und die spezifische Volumenänderungsarbeit erhält man:

$$\vartheta_4 = \mathbf{1\ 391{,}4°C}; \ T_4 = \mathbf{1\ 664{,}6\ K}; \ p_4 = \mathbf{10{,}83\ bar}; \ w_{v34} = \mathbf{-1134{,}2\ kJ / kg}$$

Die spezifische Volumenänderungsarbeit des Prozesses beträgt:

$$w_{KP} = w_{V12} + w_{v23} + w_{v34} = \mathbf{-1101{,}9\ kJ / kg}$$

Die zugeführte Wärme berechnet sich mit Gl. (4.44) zu:

$$q_{zu} = q_{23} = \frac{h_u}{\lambda \cdot l_{min} + 1} = \bar{c}_{pR}(\vartheta_3) \cdot \vartheta_3 - \frac{\lambda \cdot l_{min}}{\lambda \cdot l_{min} + 1} \cdot \bar{c}_{pL}(\vartheta_2) \cdot \vartheta_2 = \mathbf{2\ 327\ kJ / kg}$$

Damit erhält man für den Wirkungsgrad und die Leistung des Prozesses:

$$\eta_{th} = |w_{KP}| / q_{zu} = \mathbf{0{,}474}$$

Diskussion
Die Ergebnisse sind ähnlich wie beim Otto-Prozess. Interessant ist, dass der ideale Dieselmotor mit Luft als perfektem Gas trotz des hohen Kompressionsverhältnisses einen schlechteren Wirkungsgrad aufweist als der Ottomotor. Dies ist auf das relativ hohe Einspritzverhältnis von 2,7 zurückzuführen (s. Abb. 4.3). Wie zu erwarten war, schneidet der Dieselmotor beim Idealprozess mit nicht perfektem Gas besser ab.

4.4.5 Reale Prozesse

Bei realen Prozessen treten zusätzlich Verluste durch Reibung und Wärmeabfuhr auf. Die angenommene isochore bzw. isobare Wärmezufuhr und isochore Wärmeabgabe des Idealprozesses entsprechen nicht der Wirklichkeit. Abb. 4.4 zeigt am Beispiel des *Diesel*-Prozesses schematisch die Abweichung vom Idealprozess. Um den Unterschied beim Ladungswechsel zu verdeutlichen, ist der Druck logarithmisch aufgetragen.

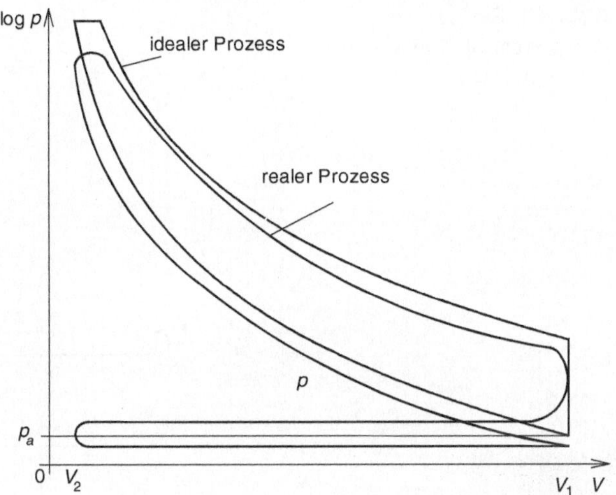

Abb. 4.4 Idealer und realer *Diesel*-Prozess im Vergleich

Bei der Verdichtung wird dem Gas zunächst von den warmen Arbeitsraumwänden Wärme zugeführt. Erreicht das Gas eine höhere Temperatur als die Wände, wird vom Gas Wärme an die Wände transferiert. Bei der Verbrennung wird vom heißen Gas Wärme an die gekühlten Wände des Brennraums abgeführt, d. h., ein Teil der zugeführten Wärme wird abgeführt und ist damit für die Expansion nicht mehr nutzbar. Diese Verluste sind besonders groß, weil speziell der Zylinderkopf sehr gut gekühlt werden muss, damit die Ventile nicht verbrennen und das Aluminium nicht schmilzt. Weiterer Wärmetransfer erfolgt vom heißen Gas bei der Expansion an die Zylinderwände. Die Wärmeverluste entsprechen 15 bis 30 % der zugeführten Wärme und sind damit die größten Verluste. Im Vergleich zu den Wärmeverlusten sind die Dissipationsverluste des Gases relativ gering. Sie wirken sich besonders beim Ladungswechsel aus. Der Idealprozess geht davon aus, dass im UT die Auslassventile öffnen und das gesamte Abgas spontan hinausströmt. Bei der Strömung durch die Ventile treten Drosselverluste auf und der Druck sinkt nicht schlagartig auf den Umgebungsdruck. Würden die Ventile beim UT öffnen, müsste der Kolben bei der Aufwärtsbewegung gegen einen höheren Druck arbeiten. Aus diesem Grund werden die Auslassventile vor dem UT geöffnet. Damit geht zwar etwas von der Expansionsarbeit verloren, die aber durch die verminderte Arbeit beim Hinausschieben der Ladung mehr als kompensiert ist. Durch das frühe Öffnen der Auslassventile wird also die indizierte Arbeit des Motors verbessert. Gegenüber dem Idealprozess verringert sich die Leistung (s. Abb. 4.5).

Weitere Verluste entstehen durch äußere Reibung. Sie setzt sich aus der Reibung der Kolben an den Zylinderwänden und der Reibung des Kurbeltriebes zusammen. Auch die Aggregate wie z. B. Ventilsteuerung, Ölpumpe, Zündverteiler und andere, die zum Betrieb der Maschine notwendig sind, verursachen Reibung und vermindern die effektive Leistung des Motors. Diese Verluste betragen 5 bis 15 %.

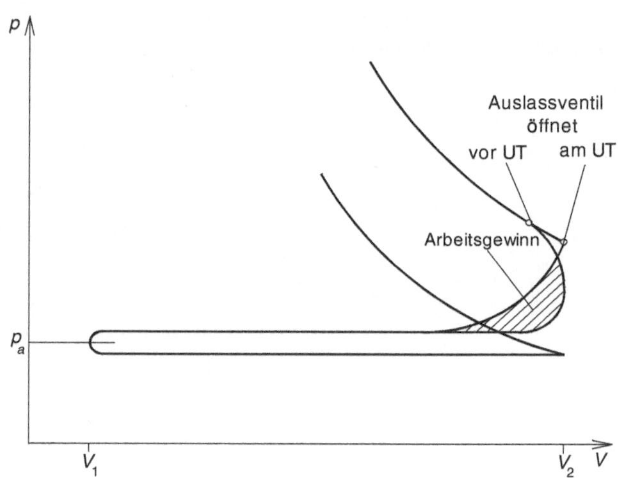

Abb. 4.5 Einfluss des Auslassventil-Öffnungspunktes auf die Arbeit

Der indizierte Wirkungsgrad bzw. die indizierte Arbeit eines Verbrennungsmotors kann aus einem Indikatordiagramm ermittelt werden. Hier ist sowohl die Arbeit bei der Expansion und Verdichtung als auch jene beim Ladungswechsel bestimmbar. Langsam laufende Motoren können mit einem Federindikator indiziert werden. Bei schnell laufenden Motoren sind Federindikatoren zu träge. Zur Indizierung kommen piezoelektrische Druckaufnehmer zum Einsatz, wobei die Erstellung des Indikatordiagramms nur mit Hilfe von Datenerfassungsanlagen möglich ist, die gleichzeitig den Druck und Kurbelwinkel aufnehmen und aus dem Kurbelwinkel das entsprechende Volumen ermitteln. Die indizierte Arbeit ist die Differenz der zu- und abgeführten Wärme abzüglich der Verluste, die durch äußere Reibung, Wärmeübertragung und unvollständige Verbrennung entstehen.

4.4.6 Energiebilanz der Motoren

Die Energiebilanz der Motoren kann aus der Messung der zu- und abgeführten Stoff- und Wärmeströme bzw. effektiver Leistung bestimmt werden. Dem Motor wird Brennstoff und Luft zu- und Abgas abgeführt. Durch die Kühlung wird mit Kühlwasser oder Kühlluft Wärme abgeführt und über die Welle wird effektive Leistung abgegeben. Meist nicht oder nur in speziellen Messkammern messbar ist die Wärme, die durch Strahlung oder Konvektion an die Umgebung abgeführt wird. Abb. 4.6 zeigt die Bilanz des Motors schematisch. Die äußere Dissipation J_a besteht aus den Wärmeverlusten und anderen durch die Messung nicht erfassbaren Dissipationen (Lagerreibung, Lichtmaschine etc.).

Damit kann für den Motor folgende Energiebilanz aufgestellt werden:

$$\dot{Q}_{ab} + P_{eff} = (\dot{m}_L + \dot{m}_B) \cdot h_A - \dot{m}_L \cdot h_L + \dot{m} \cdot h_U \tag{4.50}$$

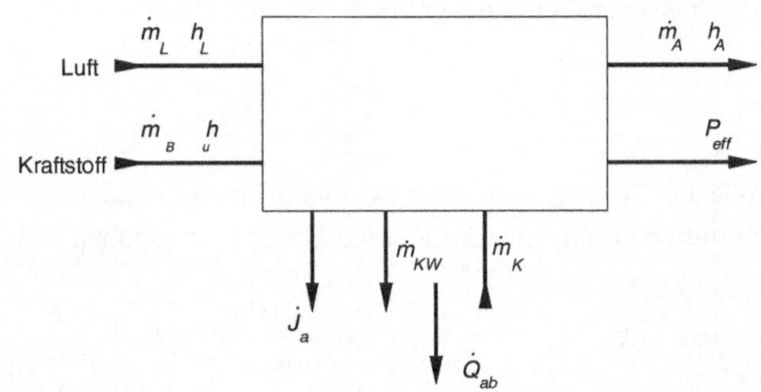

Abb. 4.6 Schema der Energiebilanz des Motors

Der durch das Kühlwasser erfasste Wärmestrom ist aus der Messung der Kühlwassertemperatur und des Massenstromes berechenbar:

$$\dot{Q}_{ab} + \dot{m}_{KW} \cdot (h_{KWein} - h_{KWaus}) = \dot{m}_{KW} \cdot \bar{c}_{pKW} \cdot (\vartheta_{KWein} - \vartheta_{KWaus}) \qquad (4.51)$$

Für die Analyse muss auch die Rauchgaszusammensetzung bestimmt werden, um die Enthalpie bzw. die spezifische Wärmekapazität des Abgases zu berechnen. Die Massenströme der Luft und des Brennstoffs können gemessen werden. Ist eine dieser Größen nicht gemessen, kann mit dem aus der Gasanalyse bestimmten Luftverhältnis der andere Massenstrom berechnet werden. Ist der Motor mit einem Indikator ausgerüstet, kann man die indizierte Leistung des Motors ermitteln. Die Auswertung erfolgt meist mit einem Programm, das die Zahlenpaare mit Volumina und Drücken liefert. Das Diagramm gibt die indizierte Arbeit W_i eines oder mehrerer Zylinder an. Sind alle Zylinder gemessen, müssen die errechneten Werte für die Gesamtarbeit summiert werden. Wurde nur ein Zylinder gemessen, multipliziert man mit der Zylinderzahl.

$$W_i = \sum_{j=1}^{z} W_{i,j} = z \cdot W_i \qquad (4.52)$$

Die indizierte Leistung erhält man als:

$$P_i = W_i \cdot n_a \qquad (4.53)$$

Mit der indizierten Leistung kann folgende Bilanz aufgestellt werden:

$$\dot{Q}_{ab} + P_i = (\dot{m}_L + \dot{m}_B) \cdot h_A - \dot{m}_L \cdot h_L - \dot{m} \cdot h_u \qquad (4.54)$$

Bei Motoren können folgende Wirkungsgrade angegeben werden:

effektiver Wirkungsgrad:

$$\eta_e = \frac{|P_{eff}|}{\dot{Q}_{zu}} = \frac{|P_{eff}|}{\dot{m}_B \cdot h_u + m_L \cdot h_L} \approx \frac{|P_{eff}|}{\dot{m}_B \cdot h_u} \qquad (4.55)$$

mechanischer Wirkungsgrad:

$$\eta_m = \frac{|P_{eff}|}{P_i} \tag{4.56}$$

Wie bei Kompressoren ist es üblich, die Kenndaten des Motors als eine Funktion des mittleren effektiven oder inneren Druckes anzugeben.

$$p_e = \frac{|P_{eff}|}{n_a \cdot V_H} \qquad p_e = \frac{|P_i|}{n_a \cdot V_H} \tag{4.57}$$

Oft gibt man anstelle des effektiven Wirkungsgrades den *spezifischen Kraftstoffverbrauch* b_e an, der umgekehrt proportional zum Wirkungsgrad ist.

$$b_e = \frac{\dot{m}_B}{P_{eff}} \approx \frac{1}{\eta_e \cdot h_u} \tag{4.58}$$

Beispiel 4.3: *Diesel*motor mit Verlusten
Der *Diesel*motor aus Beispiel 4.2 ist mit folgenden Verlusten zu berechnen:

- bei der Verbrennung werden 30 % der Wärme durch das Kühlwasser abgeführt
- während der Expansion gehen 25 % der Enthalpiedifferenz durch Wärmeabfuhr verloren
- beim Gaswechsel entsteht 0,1 bar Druckverlust.

Lösung

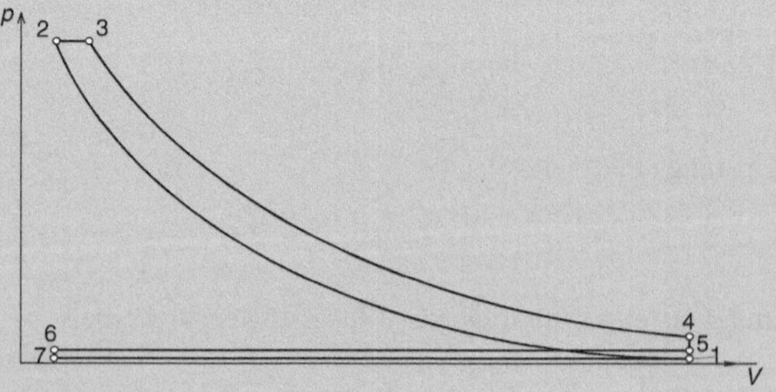

Schema   Siehe Skizze

Annahmen
- Die Verdichtung erfolgt isentrop.
- Durch die Wärmeverluste ist die Expansion polytrop.

Analyse

Die Verdichtung erfolgt isentrop. Damit erhält man für die Temperatur, den Druck und die spezifische Volumenänderungsarbeit:

$$T_2 = T_1 \cdot \varepsilon^{\kappa-1} = 373{,}15 \cdot \text{K} \cdot 17^{0,4} = \mathbf{1\ 059{,}8\ K}$$

$$p_2 = p_1 \cdot \varepsilon^{\kappa} = 2{,}2 \cdot \text{bar} \cdot 17^{1,4} = \mathbf{106{,}2\ bar}$$

$$w_{V12} = \left(c_p - R\right) \cdot (T_2 - T_1) = \mathbf{543{,}8\ kJ\,/\,kg}$$

Wie man später sieht, ist es günstiger, bei der Bestimmung der Ein- und Ausschiebearbeit die extensive Größe Arbeit zu berechnen. Deswegen wird in diesem Beispiel mit extensiven Größen gearbeitet. Die Masse der Luft beträgt:

$$m_L = \frac{p_1 \cdot V_1}{R_L \cdot T_1} = \frac{2{,}2 \cdot 10^5 \cdot \text{Pa} \cdot 0{,}002019 \cdot \text{m}^3}{287{,}06 \cdot \text{J}\,(\text{kg} \cdot \text{K}) \cdot 373{,}15 \cdot \text{K}} = 0{,}004146\ \text{kg}$$

Die Masse des Abgases erhöht sich um die Masse des Kraftstoffs und wird mit Hilfe von Gl. (4.3) ermittelt:

$$m_R = m_L + m_B = m_L \left[1 + 1/\left(\lambda \cdot l_{min}\right)\right] = 0{,}004384\ \text{kg}$$

Die extensive Verdichtungsarbeit ist damit:

$$W_{V12} = m_L \cdot w_{V12} = 2{,}25\ \text{kJ}$$

Bei der Wärmezufuhr gehen 30 % der Wärme verloren, d. h., q_{23} ist um 30 % kleiner als die zugeführte Wärme, die bei der Bestimmung der Temperatur T_3 berücksichtigt werden muss. Da bei der Verbrennung der Druck konstant bleibt, ist die Druckänderungsarbeit gleich null und die zugeführte Wärme erhält man als:

$$Q_{23} = 0{,}7 \cdot m_B \cdot h_u = m_R \cdot h_A\left(\vartheta_3\right) - m_L \cdot h_L\left(\vartheta_2\right)$$

Mit den Tabellen ist die Bestimmung der Temperatur ϑ_3 iterativ möglich. Mit *Mathcad* erhält man $\vartheta_3 = 1\ 1919{,}2\ ^{\circ}\text{C}$ bzw. $T_3 = 2\ 192{,}3\ \text{K}$. Das Einspritzverhältnis kann mit der Zustandsgleichung idealer Gase bestimmt werden:

$$\varphi = \frac{V_3}{V_2} = \frac{m_R \cdot R_R \cdot T_3}{m_L \cdot R_L \cdot T_2} = 2{,}18$$

Bei der isobaren Verbrennung beträgt die Volumenänderungsarbeit:

$$W_{V23} = -p_2 \cdot (V_3 - V_2) = -p_2 \cdot V_1 \cdot (\varphi/\varepsilon - 1/\varepsilon) = -1{,}49\ \text{kJ}$$

Die Wärmeabfuhr bei der Expansion entspricht 25 % des Enthalpiegefälles. Für diese polytrope Zustandsänderung gilt folgende Bilanzgleichung:

$$0,25 \cdot [h_R(\vartheta_4) - h_R(\vartheta_3)] + \frac{n}{n-1} \cdot R_R \cdot (\vartheta_4 - \vartheta_3) = h_R(\vartheta_4) - h_R(\vartheta_3)$$

Nach n aufgelöst, erhält man:

$$n = 0,75 \cdot \frac{h_R(\vartheta_4) - h_R(\vartheta_3)}{R_R \cdot (\vartheta_4 - \vartheta_3)} \cdot \left[0,75 \cdot \frac{h_R(\vartheta_4) - h_R(\vartheta_3)}{R_R \cdot (\vartheta_4 - \vartheta_3)} - 1\right]^{-1}$$

Für die Temperaturänderung gilt:

$$\vartheta_4 = T_3 \cdot (V_3/V_4)^{n-1} = T_3 \cdot (\varphi/\varepsilon)^{n-1}$$

In *Mathcad* sind die Funktionen der Enthalpie und Gaskonstante des Abgases programmiert. So erhält man damit für $\vartheta_4 = 690,3\,°\mathrm{C}$. Die Druck- bzw. Volumenänderungsarbeit berechnet man aus der Bilanzgleichung:

$$W_{V34} = W_{p34} - p_4 \cdot V_4 + p_3 \cdot V_3 =$$
$$= m_R \cdot 0,75 \cdot [h_R(\vartheta_4) - h_R(\vartheta_3)] - V_1 \cdot (p_4 + p_3 \cdot \varphi/\varepsilon) = -3,85 \text{ kJ}$$

Für die Ein- und Ausschiebearbeit gilt:

$$W_{V56} = p_5 \cdot (V_6 - V_5) = p_5 \cdot (V_2 - V_1) = -0,46 \text{ kJ} \quad W_{V71} = p_1 \cdot (V_1 - V_2) = 0,42 \text{ kJ}$$

Die Kreisprozessarbeit ist die Summe der einzelnen Volumenänderungsarbeiten:

$$W_{KP} = W_{V12} + W_{V23} + W_{V34} + W_{V56} + W_{V71} = \mathbf{-3{,}13\,kJ}$$

Für die zugeführte Wärme, den Wirkungsgrad und die Leistung erhält man:

$$Q_{zu} = (m_R - m_A) \cdot h_u = \mathbf{10{,}2\ \ kJ}$$
$$\eta_{eff} = |W_{KP}| / Q_{zu} = \mathbf{0{,}307}$$
$$P = w_{KP} \cdot n_a = \mathbf{-104{,}4\ kW}$$

Diskussion

Die mit den Verlusten berechneten Werte kommen der Wirklichkeit recht nahe. Ein 1,9 l-Dieselmotor mit Turbolader von VW bringt eine Leistung von ca. 99 kW. Dies zeigt, dass die angenommenen Verluste in etwa die Realität sind. Die Wärmeverluste entsprechen ungefähr dem Wärmestrom, der mit dem Kühlwasser abgeführt wird. Bei der Berechnung bleibt die Dissoziation des Brenngases unberücksichtigt, was ca. 5 % Verfälschung ausmacht. Hersteller der Motoren benötigen wesentlich genauere Berechnungsmethoden. Es gibt Computerprogramme, die den Arbeitsgang im Arbeitsraum unter Berücksichtigung der Verbrennung, und Strömung sehr genau bestimmen können. Allerdings sind dafür Großrechner notwendig und die Berechnung eines Arbeitszyklus dauert mehrere Stunden.

4.5 Wirkungsgradverbesserung

Bei realen Maschinen kann der Wirkungsgradverlust beim Verdichtungs- und Expansionsprozess, der durch die Wärmeabfuhr entsteht, nur unwesentlich verbessert werden. Die Kühlung der Zylinderwände und des Zylinderkopfes ist notwendig, um die Schmierung der Zylinderwände und Ventile sicherzustellen und die Temperatur der Materialen auf Werte zu senken, die die Lebensdauer nicht beeinträchtigen. Verbesserungen des Prozesses sind durch Optimierung der Verbrennung möglich, d. h., es wird eine vollkommene Verbrennung mit minimaler Luftmenge angestrebt, eine Verbesserung des Liefergrades und Verringerung der Reibungsdruckverluste.

Die bessere Verbrennung kann dadurch erreicht werden, dass man ein möglichst homogenes Gemisch erzeugt. Durch die Gestaltung der Ansaugkanäle und des Brennraums erreicht man eine Verwirbelung und Homogenisierung des Gemisches.

Im *Otto*-Prozess kann mit leicht fetten Gemischen bei Luftverhältnissen von ungefähr 0,9 die höchste Leistung erzielt werden. Mit diesem Gemisch erfolgt die Verbrennung am schnellsten und die Klopfgrenze liegt höher, was eine höhere Verdichtung, ist gleich höherer Wirkungsgrad, erlaubt. Früher arbeiteten Motoren bei Volllast mit fettem Gemisch. Bei Teillast wurde, um bessere Wirkungsgrade zu erzielen und die Abgasemissionen zu reduzieren, das Gemisch so weit wie möglich abgemagert. Mit diesem Betrieb hat man erhöhte Kohlenmonoxid- und Kohlenwasserstoffemissionen bei Volllast in Kauf genommen. Da der Kraftstoff nicht vollständig verbrannt wurde, stieg zwar die Leistung, aber dieses auf Kosten eines höheren Kraftstoffverbrauchs und schlechteren Wirkungsgrades. Bei modernen *Otto*motoren mit Katalysator und Lambdasonde wird in allen Lastbereichen ein möglichst genaues stöchiometrisches Luftverhältnis eingehalten. Dadurch wird zwar die Leistung des Motors etwas gesenkt, die Emission werden aber auf einen minimalen Wert reduziert. Der Wirkungsgrad wird verbessert, weil man den Brennstoff optimal ausnutzt.

Die Gemischaufbereitung des *Diesel*prozesses ist etwas problematischer. Um eine vollkommene Verbrennung zu erreichen, benötigt man bei Volllast einen Luftüberschuss, der bei Kleinmotoren etwa 1,2 und bei Großmotoren ca. 1,8 ist. Da bei *Diesel*motoren die Last durch die Kraftstoffmasse bestimmt wird, ist der Luftüberschuss bei Teillasten entsprechend höher.

Eine wesentliche Verbesserung des Wirkungsgrades ist beim Ladungswechsel möglich. Hierzu müssen die einzelnen Ladungswechselvorgänge näher betrachtet werden.

4.5.1 Ladungswechsel bei Viertaktmotoren

Bei Viertaktmotoren erfolgt der Ladungswechsel über Ventile, die durch eine Nockenwelle gesteuert werden. Da pro Arbeitszyklus der Motor zwei Umdrehungen benötigt, dreht die Nockenwelle mit halber Drehzahl. Je nach Anordnung der Ventile spricht man von oben oder unten gesteuerten Motoren. Öffnet das Ventil in Richtung Kurbelwelle, ist der Motor oben gesteuert. Die Ventile werden durch eine Feder geschlossen und durch die Steuerung geöffnet. Die Steuerung kann direkt durch die Nockenwelle oder über Stößel, Stößelstange, Kipphebel und Schwinghebel erfolgen. Idealerweise sollten die Ventile bei den vorgesehenen Punkten schlagartig voll geöffnet bzw. voll geschlossen sein. Dies ist einerseits aus Gründen der Trägheit und andererseits aus konstruktiven Gründen unmöglich. Je nach Konstruktion kann es bei voller Öffnung der Ventile am OT zu einer Kollision mit dem Kolben kommen, was unbedingt zu vermeiden ist. Wie schon erwähnt, erfolgt das Öffnen und Schließen der Ventile nicht am OT und UT. Das Einlassventil öffnet 10 bis 30° vor dem OT bei noch geöffnetem Auslassventil. Dadurch wird erreicht, dass die hinausströmenden Brenngase die frische Ladung in Bewegung setzen und das Ventil beim Abwärtsbewegen des Kolbens voll offen ist. Geschlossen wird das Einlassventil 20 bis 60° nach dem UT, wodurch die kinetische Energie der einströmenden Ladung genutzt wird. Die kinetische Energie der Ladung ist von der Kolbengeschwindigkeit und damit von der Drehzahl abhängig. Bei hohen Drehzahlen hat die Ladung eine hohe kinetische Energie. Damit ist es möglich, Ladung auch noch beim Verdichtungsvorgang in den Arbeitsraum zu führen. Moderne Motoren haben eine drehzahl- und lastabhängige Steuerung der Einlassventile, die dann eine optimale Füllung über einen großen Drehzahlbereich erlaubt. Die Auslassventile werden 30 bis 60° vor dem UT geöffnet. Dadurch verringert sich zwar ein Teil der Expansionsarbeit, die Verringerung der Ausschiebearbeit ist jedoch wesentlich größer. Das Schließen erfolgt bei 10 bis 15° nach dem OT, damit die frische Ladung das Restgas besser ausspült und die Zündwilligkeit verbessert.

Die Ventilöffnung stellt den engsten Querschnitt im Ein- und Auslasskanal dar und bestimmt so wesentlich den Druckverlust, was wiederum den Liefergrad und die Ausschiebearbeit des Motors beeinflusst. Durch Vergrößerung der Ventilquerschnitte können der Liefergrad verbessert und die Ausschiebearbeit verringert werden. Bei zwei Ventilen sind höchstens Ventildurchmesser bis zum halben Kolbendurchmesser möglich (Abb. 4.7). Durch die Verwendung von vier Ventilen vergrößert sich der Ventilquerschnitt wesentlich, was eine Verringerung der Verluste bedeutet. Moderne PKW-Motoren haben pro Zylinder drei bis fünf Ventile.

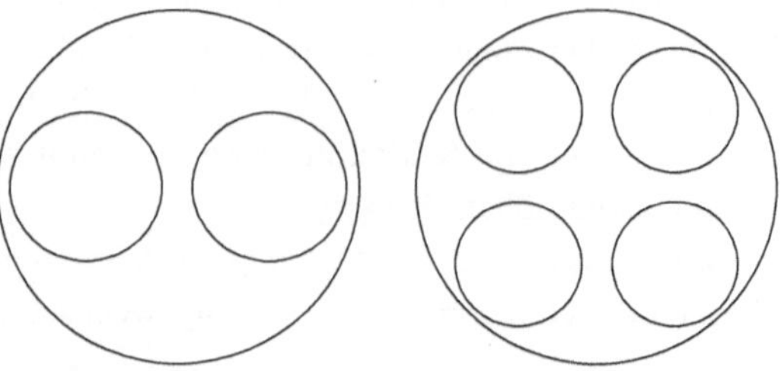

Abb. 4.7 Zwei und vier
Ventile pro Zylinder im
Vergleich

4.5.2 Ladungswechsel bei Zweitaktmotoren

Bei Zweitaktmotoren erfolgt der Ladungswechsel durch Hinausströmen des Abgases via Auslassorgane kurz vor Erreichen des UT und Hinausspülen der Restabgase durch die hereinströmende frische Ladung, die an den Einlassorganen eintritt. Die Ein- und Auslassorgane sind in der Regel Schlitze in der Zylinderwand, können aber auch selbsttätige oder fremdgesteuerte Ventile sein. Die frische Ladung muss auf einen höheren Druck aufgeladen werden, damit sie überhaupt in den Arbeitsraum gelangen kann. Den Ladungswechsel bezeichnet man Spülvorgang. Als Grenzfälle sind zwei Spülmodelle vorstellbar.

Die *Verdrängerspülung* stellt einen Idealfall dar, bei dem die frische Ladung das Abgas, ohne sich mit ihm zu vermischen, vollkommen aus dem Arbeitsraum hinaustreibt. Beim Liefergrad $\lambda_L = 1$ wird also der gesamte Hubraum mit der frischen Ladung gefüllt, im Schadraum verbleiben jedoch noch Abgase. Bei kleineren Liefergraden kann nicht der gesamte Arbeitsraum mit der frischen Ladung gefüllt werden, da das Abgas höchstens auf Umgebungsdruck entspannt wird. Da die frische Ladung einen höheren Druck als den Umgebungsdruck hat, sind Liefergrade größer als 1 möglich und damit eine vollständige Füllung des Arbeitsraums. Dabei geht aber ein Teil der frischen Ladung durch den Auslass verloren, was insbesondere beim *Otto*-Verfahren große Wirkungsgradverluste bedeutet. Um das Restgas zu verdrängen, benötigt man einen Füllgrad von $\lambda_L = 1 + 1/\varepsilon$.

Bei der *Mischspülung* vermischt sich die frische Ladung sofort mit dem Abgas und verdünnt es mit zunehmendem Liefergrad. Der *Spülgrad* λ_s, das Verhältnis der wirklichen im Arbeitsraum verbleibenden Ladung zur theoretischen Luftmasse, verbessert sich exponentiell mit zunehmendem Liefergrad.

Beide Grenzfälle und der Arbeitsbereich wirklicher Motoren zeigt Abb. 4.8. Die Spülung realer Motoren kann natürlich nicht die ideale Verdrängerspülung erreichen. Der Grund, warum der Spülgrad den Grenzfall der Mischspülung unterschreitet, ist, dass beim Einströmen der Frischladung ein Teil der frischen Ladung durch den Auslass verschwindet. Dieser Vorgang wird auch als Kurzschlussströmung bezeichnet.

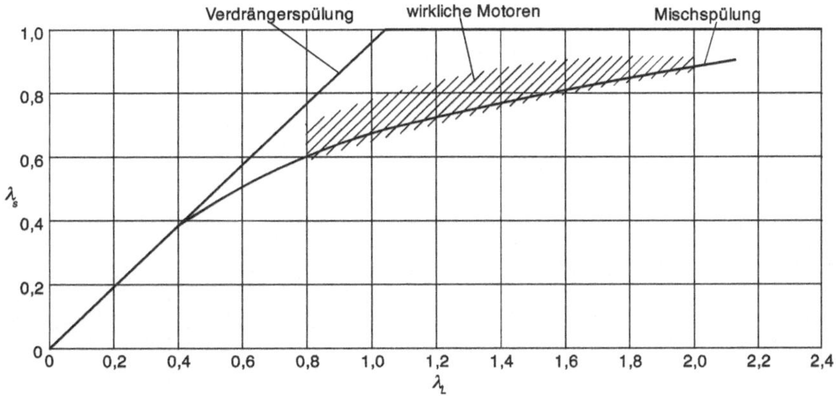

Abb. 4.8 Theoretische Abhängigkeit des Spülgrades vom Luftverhältnis

Verschiedene Verfahren für die Spülung erwiesen sich als brauchbar. Sie wurden nach der Strömung beim Spülvorgang benannt. Abb. 4.9 zeigt eine einfache Umkehrspülung. Das Abgas wird durch die einströmende Ladung hinausgedrängt, die Strömung durch die Kontur des Kolbens umgelenkt. Die Umkehrspülung ist technisch einfach realisierbar, erzielt aber die kleinsten Spülgrade.

Bei Gleichstromspülung strömen die frische Ladung und das Abgas in die gleiche Richtung, womit die besten Spülgrade erreichbar sind. Gleichstromspülung ist nur mit einem Ein- oder Auslassventil oder bei Motoren mit zwei gegenläufigen Kolben im gleichen Zylinder möglich. In Abb. 4.10 sind zwei Varianten der Gleichstromspülung dargestellt.

Abb. 4.9 Umkehrspülung

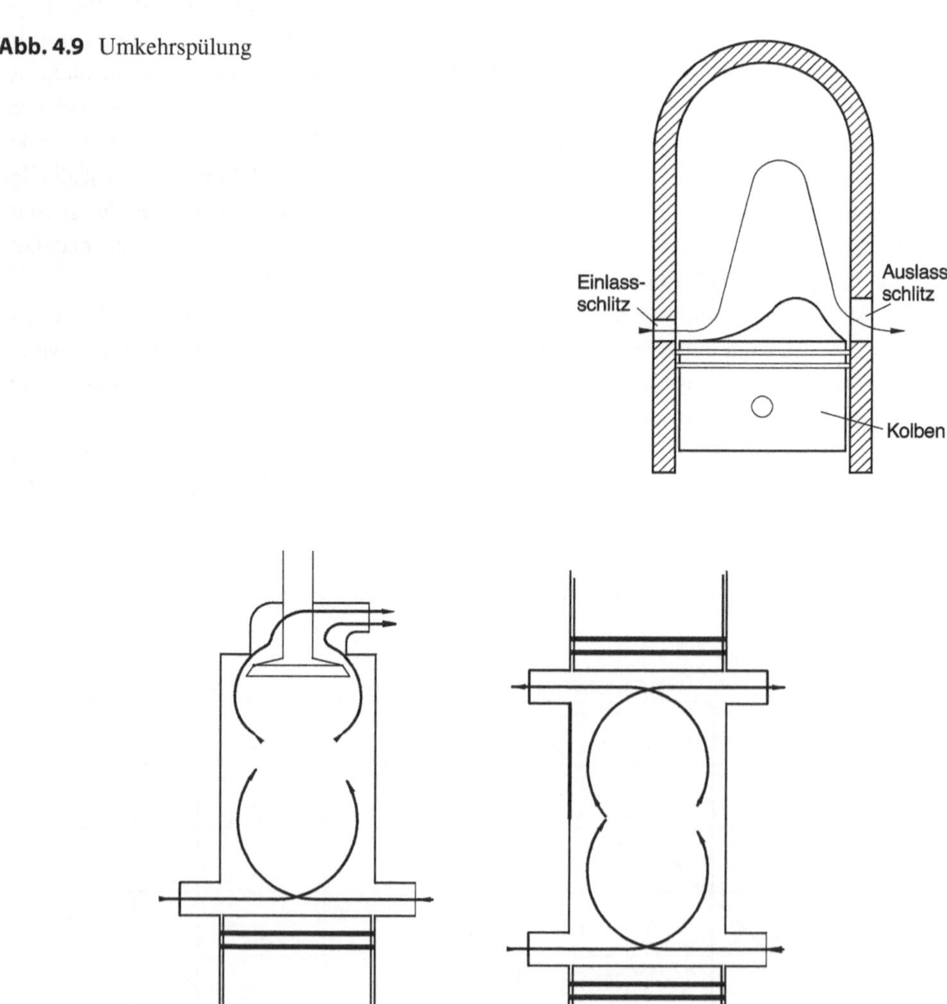

Abb. 4.10 Gleichstromspülung

4.5.3 Aufladung von Motoren

Aufladung bedeutet eine Erhöhung der Ladung durch Verdichtung der Ansaugluft. Bedingt dadurch erhöht sich die Masse der Luft und damit auch die Masse des zuführbaren Brennstoffes. Die Aufladung dient der Leistungssteigerung, die etwa proportional zur Erhöhung der angesaugten Masse ist.

$$P_e = \eta_e \cdot \frac{h_u \cdot m_a \cdot n_a}{\lambda \cdot l_{min}} = \eta_e \cdot \frac{h_u \cdot \lambda_L \cdot p_a \cdot V_H \cdot n_a}{\lambda \cdot l_{min} \cdot T_a \cdot R} \tag{4.59}$$

Die Aufladung kann durch Fremd- oder Selbstaufladung erfolgen. Letztere erfolgt mit oder ohne Verdichter bzw. mit oder ohne Ausnutzung des Abgases. Größter Vorteil der Aufladung ist, dass mit einem kleinen Motorgewicht größere Leistungen erzielt werden. Bei PKW-Motoren wird die Luft bis auf das 2,5fache des Umgebungsdruckes verdichtet. Bei großen Schiffsdieselmotoren erreicht man Ladedrücke bis zu 5 bar.

4.5.3.1 Resonanz- und Schwingrohraufladung

Der Liefergrad des Motors kann zusätzlich verbessert werden, wenn durch entsprechend ausgelegte Ansaugkanäle die kinetische Energie der frischen Ladung noch besser genutzt wird. Bei diesem Verfahren spricht man von Resonanz- oder Schwingrohraufladung. Bei Abwärtsbewegung des Kolbens wird die Gassäule im Ansaugkanal beschleunigt. Erreicht der Kolben den unteren Totpunkt, bewegt sich die Gassäule noch immer und hat damit eine kinetische Energie. Die Einlassventile werden offengehalten, solange der Staudruck der Gassäule größer als der Druck im Arbeitsraum ist, was bis zu 50° Kurbelwinkel nach dem UT dauern kann. Die Auslegung dieser Kanäle ist nur für einen Betriebspunkt (Drehzahl und Last) optimal, weil die kinetische Energie von der Geschwindigkeit des Kolbens abhängt. Die Ansaugkanäle moderner Motoren sind mit entsprechenden Drosselklappen oder veränderlichen Kanallängen ausgestattet. Außerdem sind die Schließzeiten der Einlassventile verstellbar. Damit kann die Aufladung dem jeweiligen Betriebspunkt des Motors angepasst werden. Die Kanäle und Steuerung der Einlassventile ermöglichen eine optimale Nutzung der kinetischen Energie. Durch die Resonanz- oder Schwingrohraufladung kann ein Liefergrad, der größer als eins ist, erreicht werden.

4.5.3.2 Abgasturboaufladung

Durch Nutzung der kinetischen und thermischen Energie der Auspuffgase kann man mit einem *Abgasturboauflader* die Luft verdichten. Die Aufladung erfolgt mit einem Gebläse, dessen Antrieb von einer mit Abgas betriebenen Turbine erfolgt (s. Abb. 4.11).

Die Turbine wird durch das Stau- oder Stoßwellenverfahren mit Abgas versorgt. Der Druck staut sich bei beiden Verfahren am Motoraustritt auf. Beim *Stauverfahren* wandelt sich der Druck in der Turbine in kinetische Energie und dann in mechanische Arbeit um. Beim *Stoßwellenverfahren* wird im Auspuff das Abgas beschleunigt. In der Turbine erfolgt die Umwandlung der kinetischen Energie in mechanische Arbeit. Turbolader arbeiten

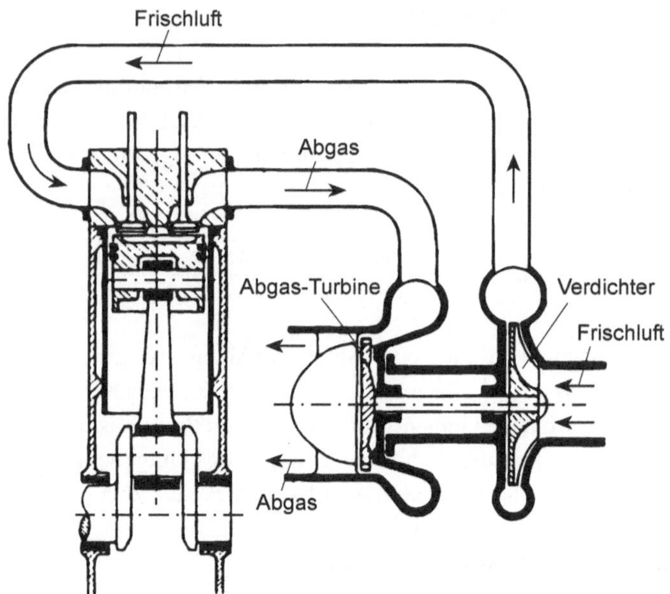

Abb. 4.11 Prinzip des Abgasturboladers

bei sehr hohen Drehzahlen von über 100 000 min^{-1}. Die Aufladung bringt entsprechend der höheren zugeführten Masse eine Verbesserung der Leistung, d. h., mit dem gleichen Hubraum kann eine höhere Leistung erzielt werden. Bei der Verdichtung wird die Luft erwärmt. Die Leistung kann durch Abkühlen der verdichteten Luft in einem *Ladeluftkühler* zusätzlich erhöht werden.

Die Aufladung von Dieselmotoren, vor allem bei Motoren, die mit einer konstanten Drehzahl arbeiten (Schiffsmotoren), ist technisch und wirtschaftlich sinnvoll. Bei *Diesel*motoren bleibt die angesaugte Luft ungedrosselt und die Erhöhung des Ansaugdruckes kann daher voll genutzt werden. Bei *Otto*motoren müssen zur Regelung der Leistung sowohl der Luft- als auch der Brennstoffmassenstrom geregelt werden. Der Luftmassenstrom wird durch Drosselung geregelt. Durch diese Drosselung wird bei Teillasten die Wirkung der Aufladung aufgehoben. Deshalb wurden bei *Otto*motoren selten Turbolader eingesetzt. Bei einer Neuentwicklung von *Audi* wurde ab einer gewissen Leistung die Drosselklappe voll geöffnet und die gewünschte Last durch Regelung des Ladedruckes eingestellt.

4.5.3.3 Comprex-Verfahren

Dieses Verfahren nutzt die Energie der Abgasdruckwellen aus, erreicht Ladedrücke von bis zu 2,5 bar und spricht schnell auf Laständerungen an. Die Lader nach dem *Comprex*-Verfahren werden, da sie die Abgasdruckwellen ausnutzen, auch *Druckwellenlader* genannt. Abb. 4.12 zeigt einen *Comprex*-Lader.

Abb. 4.12 *Comprex*-Lader
(BBC)

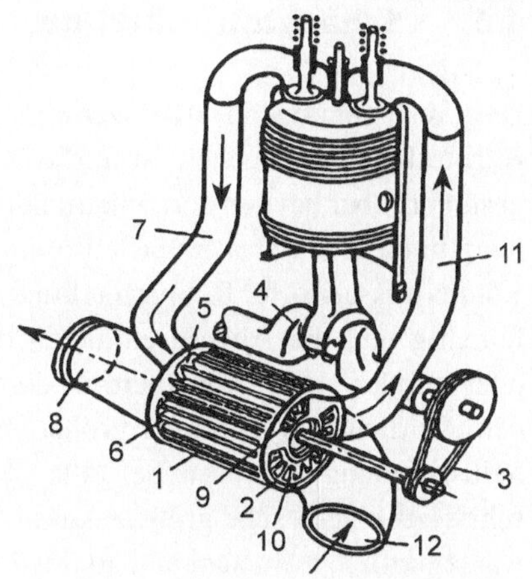

Der Lader besteht aus einem zellenförmigen Rotor (1), der im Gehäuse (2) läuft und
von einem Riemenantrieb (3) über die Kurbelwelle (4) angetrieben wird. Das Gehäuse (2)
verbindet den Rotor (1) über die Steuerschlitze (5) und (6) mit dem Abgasrohr (7) und
dem Auspuff (8). Ebenso wird der Rotor (1) über die Steuerschlitze (9) und (10) mit dem
Luftansaugrohr (12) und Saugstutzen (11) verbunden. Die Druckwelle des Abgases gelangt über das Rohr (7) und die Schlitze (5) in die Lamellen des Rotors und verdichtet dort
die über das Rohr (12) und die Schlitze (10) in die Lamellen gelangte Luft. Die Verdichtung erfolgt mit Schallgeschwindigkeit. Durch Drehung des Rotors gelangt die verdichtete
Luft zu den Schlitzen (9) und expandiert in das Rohr (11). Die Expansion erfolgt gerade
so weit, dass die Luft hinausgetrieben und die Abgase in den Lamellen verbleiben. Durch
Weiterdrehung des Rotors gelangt das noch komprimierte Abgas zu den Schlitzen (6) und
expandiert in das Auspuffrohr (8) auf Atmosphärendruck. In dieser Phase werden durch
Drehung des Rotors die Schlitze (10) geöffnet. Durch die kinetische Energie des ausströ-
menden Auspuffgases wird über das Rohr (12) und die Schlitze (10) frische Luft in die
Lamellen des Rotors angesaugt. Bei der weiteren Drehung des Rotors werden die Schlitze
(10) geschlossen und über die Schlitze (5) verdichtet die Druckwelle des Abgases die Luft.

Die Herstellung des Laders verlangt eine sehr hohe Präzision, da die Spaltverluste
extrem klein gehalten werden müssen. Durch hohe Temperaturänderungen treten große
Wärmedehnungen auf, die durch doppelt symmetrisch liegende Kanäle aufgefangen
werden. Die Herstellung ist zwar relativ teuer, aber der Energieverbrauch ist sehr gering,
da die Verdichtung durch die Abgase erfolgt.

4.5.3.4 Fremdaufladung

Zur Verdichtung dienen Radial-, Roots- oder Schraubengebläse. Der Antrieb kann durch
den Motor selbst oder einen äußeren Motor (elektrisch) erfolgen. Diese Art der Aufladung
ist energetisch ungünstig, da der Arbeitsaufwand relativ groß ist und der Wirkungsgrad
des Motors damit verringert wird.

4.6 Schadstoffreduktion

Die Verbrennung in den Verbrennungsmotoren ist nie vollständig. Hersteller und Konstrukteure versuchen zwar, die Verbrennung im Brennraum möglichst vollständig zu gestalten, aber bei den dort ablaufenden schnellen Vorgängen ist eine vollständige Verbrennung unmöglich. Das Abgas aus dem Arbeitsraum enthält Kohlenmonoxid, unverbrannte Kohlenwasserstoffe, Rußpartikel und Stickoxide. Die Dieselkraftstoffe sind meist schwefelhaltig und die Abgase enthalten damit Schwefeldioxid. Alle diese Stoffe sind mehr oder minder giftig. Vor allem in den sechziger Jahren, als man *Otto*motoren durch höhere Verdichtung zu immer größeren Leistungen zu bringen versuchte, hat man, um die Selbstzündung zu vermeiden, die Motoren mit sehr fetten Gemischen betrieben. Dies führte zu einem sehr großen Ausstoß von Kohlenmonoxid und unverbrannten Kohlenwasserstoffen. Mit zunehmendem Personenverkehr nahm der Ausstoß der Schadstoffe so stark zu, dass es zu Smogbildung in den Agglomerationen kam. Aus diesem Grunde fordert der Gesetzgeber Maßnahmen, um die Schadstoffe in den Autoabgasen zu reduzieren. Auf diesem Gebiet führend waren die USA, dort insbesondere Kalifornien. Die Schweiz übernahm frühzeitig die US-Abgasnormen und war dadurch Vorreiter in Europa. Die neuen EU-Normen fordern sehr strenge Schadstoffreduktionen. In Tab. 4.3 sind einige der gesetzlich erlaubten Schadstoffgrenzwerte aufgeführt.

Der Verbrennungsprozess beim *Otto-* und *Diesel*-Verfahren ist unterschiedlich. Daher werden für die Reduktion der Schadstoffe entsprechende Verfahren eingesetzt. Die Reduktion der Schadstoffe in den Abgasen kann durch Maßnahmen bei der Verbrennung oder Nachbehandlung der Abgase erfolgen.

4.6.1 Schadstoffreduktion bei *Otto*motoren

In Abb. 4.13 ist die Schadstoffemission über dem Luftverhältnis λ aufgetragen. Die im Diagramm aufgetragenen Werte sind relative Werte. Die Masse der produzierten Stickoxyde NO_x ist wesentlich kleiner als die des Kohlenmonoxyds CO und der Kohlenwasserstoffe HC. Wie aus dem Diagramm ersichtlich, ist bei dem höchsten effektiven Druck p_e, also bei der größten Leistung, die bei $\lambda = 0{,}85$ erreicht wird, die Emission von CO und HC besonders groß. Beim tiefsten spezifischen Kraftstoffverbrauch b_e wird zwar die Emission an CO und HC minimal, aber die an NO_x steigt stark an. Ein Optimum bezüglich aller drei Schadstoffe wird bei $\lambda = 1{,}25$ erreicht. Bei diesem Luftverhältnis spricht man von Magermotoren. Hier hat man einige Probleme mit der Zündwilligkeit des Luft/Kraftstoffgemisches. Die Emissionswerte, die bei diesem Luftverhältnis erreicht werden, genügen den heutigen Normen nicht.

Die Zunahme an CO und HC bei Luftverhältnissen die kleiner als 1 sind, ist logisch, da nicht genügend Sauerstoff vorhanden ist. Bei Luftverhältnissen von über 1 tritt eine verschleppte Verbrennung ein, und wegen der tieferen Verbrennungstemperaturen bricht in der Nähe der gekühlten Wände die Verbrennung ab. Dadurch erhöht sich der Anteil an HC.

Tab. 4.3 Schadstoffgrenzwerte für PKW-Abgase in g/km

Abgasnorm		HC	HC+NO$_x$	CO	NO$_x$	Feinstaub
Euro 1 (1.1.1992)	Otto		0,97	2,72		
	Diesel		1,13	3,16		0,18
Euro 2 (1.1.1996)	Otto		0,5	2,2		
	Diesel		0,7	1,0	0,08	
Euro 3 (1.1.2000)	Otto	0,2		2,3	0,15	
	Diesel		0,56	0,64	0,50	0,05
Euro 4 (1.1.2005)	Otto	0,1		1,0	0,08	
	Diesel		0,3	0,5	0,25	0,025
D 3 (1.1.2000)	Otto	0,14		1,5	0,17	
D 4 (1.1.2005)	Otto	0,07		0,7	0,08	
Euro 5 (1.9.2009)	Otto	0,10		1,0	0,06	0,005
	Diesel		0,23	0,5	0,18	0,005
Euro 6 (1.9.2014)	Otto	0,1		1,0	0,06	0,0045
	Diesel		0,17	0,5	0,08	0,0045

Die Bildung von NO$_x$ ist stark temperaturabhängig und nimmt mit der Temperatur zu. Beim Luftverhältnis von 1 und bei Volllast werden die Temperaturen am größten. Ein Maximum an NO$_x$ entsteht bei λ = 1,05 Dies ist darauf zurückzuführen, dass hier zwar die Temperaturen nicht am größten sind, im Verbrennungsgas aber weniger Kohlenmonoxid vorhanden ist, das die Stickoxide reduziert.

4.6.1.1 Schadstoffminderung bei der Verbrennung

Die Schadstoffbildung kann durch eine möglichst gute Gemischbildung und durch eine für die Verbrennung günstige Form des Brennraums erreicht werden. Die geringste Emission an CO und HC erreicht man bei Luftverhältnissen von etwa 1, wobei hier die Emission an NO$_x$ ein Maximum erreicht. Es wird angestrebt, das Luftverhältnis bei etwa 1 zu halten und andere Methoden zur Reduktion von NO$_x$ zu verwenden. Bei den verschiedenen Betriebsbereichen eines Motors ist die Schadstoffbildung unterschiedlich. Insbesondere treten beim Beschleunigen oder bei nicht betriebswarmen Motoren erhöhte CO- und HC-Emissionen auf. Bei Vergasermotoren schlagen sich Kraftstofftröpfchen an den Wänden

Abb. 4.13 Relative
Schadstoffemission der
*Otto*motoren (nach *Bosch*)

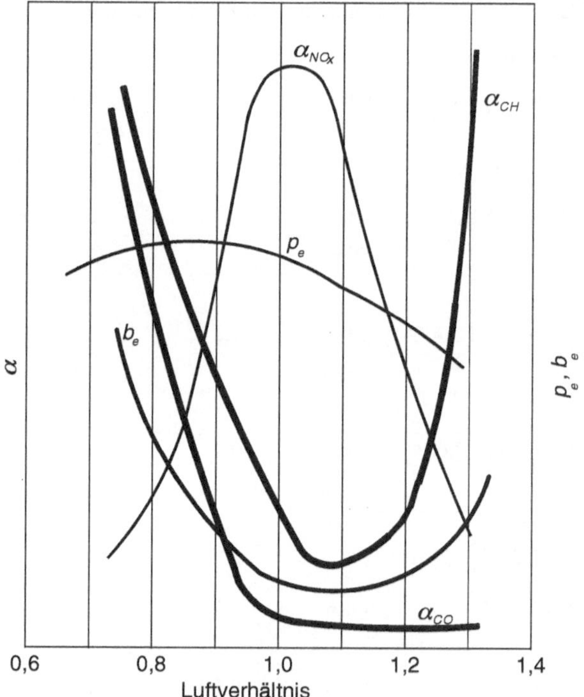

der Ansaugkanäle nieder. So gelangt beim Öffnen der Drosselklappe der Kraftstoff in flüssiger Form in den Arbeitsraum, was zur erhöhten Bildung von CO und HC führt. Deshalb werden die Ansaugkanäle vom Kühlwasser oder von Auspuffgasen beheizt, was die Verdampfung des Kraftstoffes bewirkt. Diese Maßnahme führt zur Erwärmung der angesaugten Luft und damit zur Verminderung des Liefergrades bzw. der Leistung. Die Gemischbildung bei Vergasermotoren ist relativ schlecht und das Luftverhältnis kann nur bei einigen Betriebspunkten auf dem Wert 1 gehalten werden. Mit der Benzineinspritzung kann man das Luftverhältnis wesentlich genauer einhalten.

Durch teilweise Rückführung des Abgases in die Saugleitung kann durch Zusammensetzung des Gemisches und Herabsetzung der Verbrennungstemperatur die Bildung von NO_x um 80 % reduziert werden. Die Leistung des Motors verringert sich bei diesem Verfahren um 20 %.

Außerdem hat der Zündzeitpunkt einen Einfluss auf die Schadstoffbildung. Bei voller Last und hohen Drehzahlen erfolgt die Zündung bei 45° vor dem OT, was zu einer wesentlichen Reduktion der HC-Emission führt.

Die hier beschriebenen Maßnahmen genügen nicht mehr den heutigen Schadstoffemissionsverordnungen und werden daher in den Industrieländern auch nicht mehr eingesetzt.

4.6.1.2 Nachbehandlung des Abgases

Das wirksamste Verfahren zur Schadstoffreduktion ist die Abgasnachbehandlung mit Katalysatoren (Stoffe, die eine chemische Reaktion beschleunigen oder ermöglichen, ohne dabei am chemischen Prozess selbst teilzunehmen). Die bei Kraftfahrzeugen eingesetzten Katalysatoren sind Edelmetalle oder Metalloxide. Kommt das Abgas mit dem Katalysator in Kontakt, wird die chemische Reaktion eingeleitet. Für die Katalysation ist eine relativ große Oberfläche erforderlich. Der Katalysatorkörper besteht aus einem porösen keramischen Material, auf dessen Oberflächen der Katalysator angebracht ist. Katalysatoren können nur mit unverbleitem Kraftstoff betrieben werden, da das Blei den Katalysator „vergiftet". Durch das Blei entstehen Ablagerungen auf der Oberfläche des Katalysators, die einen für die Katalysation notwendigen Kontakt des Abgases mit dem Katalysator verhindern. Heute verwendet man in der Regel *Dreiwege-Katalysatoren*. Zunächst werden im ersten Katalysator die Stickoxide mit dem vorhandenen Kohlenmonoxid reduziert, in den nachfolgenden Katalysatoren dann CO und HC oxidiert.

Abb. 4.14 zeigt die Schadstoffemission eines *Otto*motors mit Katalysator in Abhängigkeit des Luftverhältnisses. Wie aus dem Diagramm zu ersehen ist, kann eine effektive Schadstoffreduktion nur in der Nähe eines Luftverhältnisses von 1 erreicht werden. Der Grund dafür ist, dass die Reduktion der Stickoxide nur bei Luftverhältnissen von kleiner als oder gleich 1 erreicht werden kann. Die Oxidation des Kohlenmonoxids und der Kohlenwasserstoffe ist aber nur bei Luftverhältnissen von größer als oder gleich 1 möglich. Die wirksamste Schadstoffreduktion wird bei einem Luftverhältnis von 1 erreicht.

Motoren mit Dreiwege-Katalysatoren arbeiten in einem sogenannten *Lambdafenster* von $0,98 < \lambda < 1,0$. Diese genaue Regelung ist nur mit Kraftstoffeinspritzung oder mit elektronisch geregelten Vergasern zu erreichen. Bei der Kraftstoffeinspritzung wird die angesaugte Luftmenge gemessen und für die stöchiometrische Verbrennung Kraftstoff entsprechend eingespritzt. Weder die ganz exakte Luftmengenmessung noch die Dosierung des Kraftstoffes ist möglich. Außerdem kann sich die Zusammensetzung des Benzins

Abb. 4.14 Emission der *Otto*motoren mit Katalysator (Quelle: Küttner: Kolbenmaschinen)

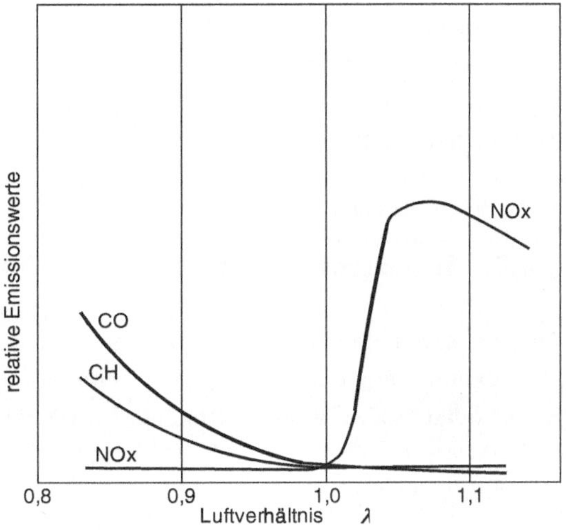

Abb. 4.15 Aufbau einer
Lambdasonde

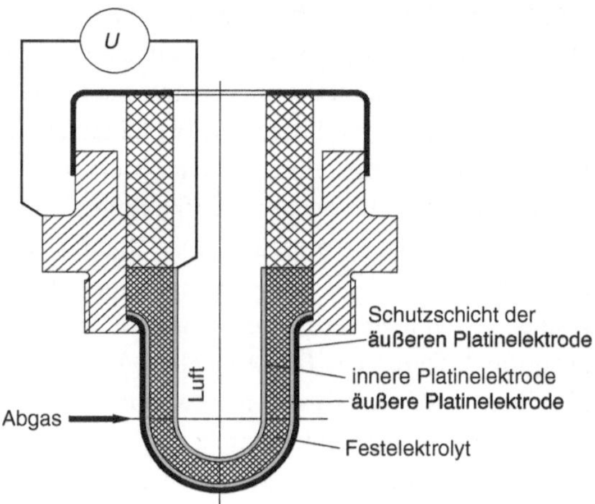

ändern. Deshalb muss die Zusammensetzung des Rauchgases gemessen und die Regelung anhand dieser Messung entsprechend beeinflusst werden. Die Zusammensetzung des Rauchgases wird mittels O_2-Gehalts im Rauchgas bestimmt. Die Messung erfolgt mit der *Lambdasonde* vor dem Katalysator.

Die in Abb. 4.15 dargestellte Lambdasonde besteht aus der äußeren Platinelektrode als Anode und der inneren Platinelektrode als Kathode. Dazwischen befindet sich das Festelektrolyt (Zirkoniumdioxid). Durch die poröse Keramikschutzschicht gelangt Abgas zur Anode. Die Kathode ist immer mit Luftsauerstoff in Kontakt. Die Anode wirkt für das Abgas als Katalysator. Dadurch werden CO und HC im Katalysator beim Vorhandensein von Sauerstoff oxidiert. Ist λ kleiner als 1, werden alle O_2 Moleküle für die Oxidation verbraucht. Bei Luftverhältnissen von über 1 fließt Strom durch den Elektrolyten und über der Lambdasonde fällt die Spannung ab.

Abb. 4.16 zeigt das Signal der Lambdasonde, was der Feinregulierung des Luftverhältnisses dient. Ist λ größer als 1, wird die eingespritzte Kraftstoffmasse erhöht, bei λ kleiner als 1 reduziert.

Ein Problem stellt immer noch das Starten kalter Motoren dar. Die Katalysatoren arbeiten erst bei Temperaturen von über $300\,°C$. Damit benötigen sie eine gewisse Warmfahrzeit, um wirksam arbeiten zu können.

4.6.2 Schadstoffreduktion bei *Diesel*motoren

*Diesel*motoren arbeiten mit Luftverhältnissen, die größer als 1,2 sind. Damit ist die Verbrennungstemperatur tiefer als in *Otto*motoren und resultiert in wesentlich tieferem Stickoxidausstoß. Hauptprobleme bei *Diesel*motoren sind die Bildung von unverbrannten Kohlenwasserstoffen und Ruß. Durch die direkte Einspritzung des Kraftstoffs in den Brennraum gelangt immer etwas Kraftstoff an die Zylinderwände und führt zur Bildung

Abb. 4.16 Signal der
Lambdasonde

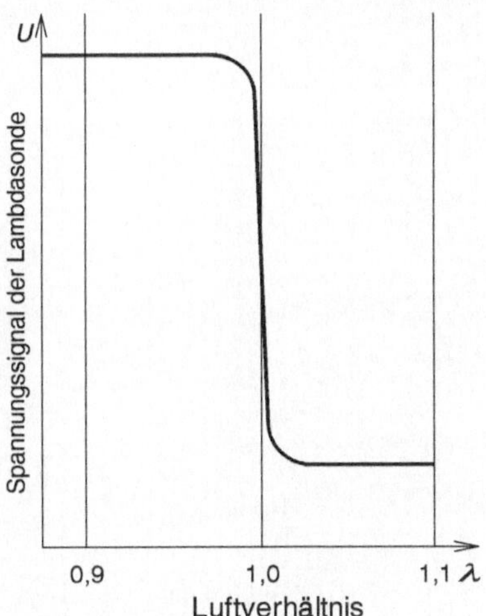

dieser Schadstoffe. Rußbildung ist meist auf eine nicht optimale Einstellung der Kraftstoff-
pumpe in allen Arbeitsbereichen zurückzuführen. Durch die Gestaltung des Brennraums
und Verbesserung der Einspritzung kann der Schadstoffausstoß bei *Diesel*motoren wesentlich verbessert werden. *Diesel*motoren mit Nebenkammereinspritzung erreichen aus-
gezeichnete Schadstoffwerte. Da hier die Verbrennung in der Nebenkammer beginnt, wo
der Kraftstoff verdampft wird, bevor er in den eigentlichen Brennraum gelangt, ist die Gemischbildung sehr gut. Bei Nebenkammermotoren ist die Verbrennung sehr langsam, was
zu tieferen Drehzahlen und damit zu kleineren Leistungen pro Hubraum führt. Deshalb
kommen immer mehr Motoren mit Direkteinspritzung in den Brennraum zum Einsatz. Die
Verbrennung kann hier durch die Einspritzung feinerer Tröpfchen wesentlich verbessert
werden. Die Verkleinerung der Tröpfchendurchmesser wird durch Erhöhung des Einspritz-
druckes erreicht. Moderne PKW-Motoren haben Einspritzdrücke von bis zu 2 000 bar.
Von den Ingenieuren wurden Einspritzdrücke von bis zu 3 000 bar angekündigt. Einspritz-
pumpen werden heute elektronisch geregelt, was die Ruß- und HC-Bildung vermindert.
Mit der verbesserten Einspritzung können die gesetzlich geforderten Schadstoffwerte ohne
Nachbehandlung des Abgases erreicht werden. Zur weiteren Schadstoffminderung ist eine
Nachbehandlung des Abgases mit Katalysatoren möglich, bei *Diesel*motoren werden aller-
dings nur Oxidationskatalysatoren eingesetzt. Außerdem kommen vermehrt Rußfilter, die
inzwischen gesetzlich vorgeschrieben sind, zum Einsatz.

5.1 Einleitung

Dampfturbinen werden hauptsächlich in Dampfkraftwerken zur Stromerzeugung verwendet. Sie haben den größten Anteil an der weltweiten Stromerzeugung seltener kommen sie für den Antrieb von Schiffen, U-Booten, Pumpen und Verdichtern zur Anwendung. Unabhängig voneinander erfanden 1884 der englische Ingenieur *Parsons* und der schwedische Ingenieur *Laval* die Dampfturbine. Die ersten Dampfturbinen hatten eine Leistung von einigen Hundert Kilowatt. Bis 1960 erreichten Dampfturbinenanlagen Leistungen von 100 MW, dann folgte ein Sprung auf über 1 000 MW.

Dampfturbinen werden fast ausschließlich in geschlossenen Prozessen eingesetzt. Erstens kann dadurch die Kondensation des Dampfes bei Unterdruck, d. h. bei möglichst tiefen Temperaturen erfolgen, was den Wirkungsgrad verbessert, zweitens benötigt man wegen Korrosion entmineralisiertes und entgastes Wasser und im geschlossenen Kreislauf muss nicht stets aufs Neue Wasser aufbereitet werden.

Im Dampfkreisprozess führt man dem Dampferzeuger Speisewasser zu, das dort verdampft. Die Wärme zur Dampferzeugung wird in Form von Brennstoffen, Nuklearenergie, Gasturbineneabgas oder Sonnenenergie geliefert. In der Turbine folgt die Expansion des Dampfes. Im Kondensator verflüssigt sich der Dampf und gibt Wärme an die Umgebung (Gewässer oder Atmosphäre) ab. Das Kondensat wird mittels Speisepumpe auf hohen Druck gebracht.

© Springer-Verlag GmbH Deutschland 2018

P. von Böckh, M. Stripf, *Thermische Energiesysteme*,

https://doi.org/10.1007/978-3-662-55335-0_5

5.2 Dampfkraftprozesse

5.2.1 Idealprozess

Der Vergleichsprozess der Dampfturbine ist der *Clausius-Rankine*-Prozess, [1, 2, 3, 4, 5] bei dem die Anlage aus Dampferzeuger, Turbine, Kondensator und Pumpe besteht. Reibungsverluste werden vernachlässigt. Die Arbeitsprozesse Expansion und Verdichtung erfolgen isentrop, die Wärmetransfers isobar. Abb. 5.1 zeigt das Schaltbild der Anlage und den Prozessverlauf im T-s-Diagramm.

Da die Prozesse Verdichtung und Expansion isentrop und die Wärmetransfers isobar ablaufen, können die Prozessgrößen durch Enthalpiedifferenzen angegeben werden. Daher ist für die Berechnung des Prozesses das h-s-Diagramm geeigneter. Abb. 5.2 zeigt den Prozess im h-s-Diagramm, in dem man sofort die von der Turbine und Pumpe geleistete Arbeit bzw. die zu- und abgeführte Wärme ablesen kann.

Die von der Turbine geleistete innere Arbeit ist:

$$w_{i12} = h_2 - h_1 \tag{5.1}$$

Die im Kondensator abgeführte Wärmemenge erhält man als:

$$q_{ab} = q_{23} = h_3 - h_2 \tag{5.2}$$

Die von der Pumpe geleistete Arbeit beträgt:

$$w_{i34} = h_4 - h_3 \tag{5.3}$$

Die im Dampferzeuger zugeführte Wärme ist:

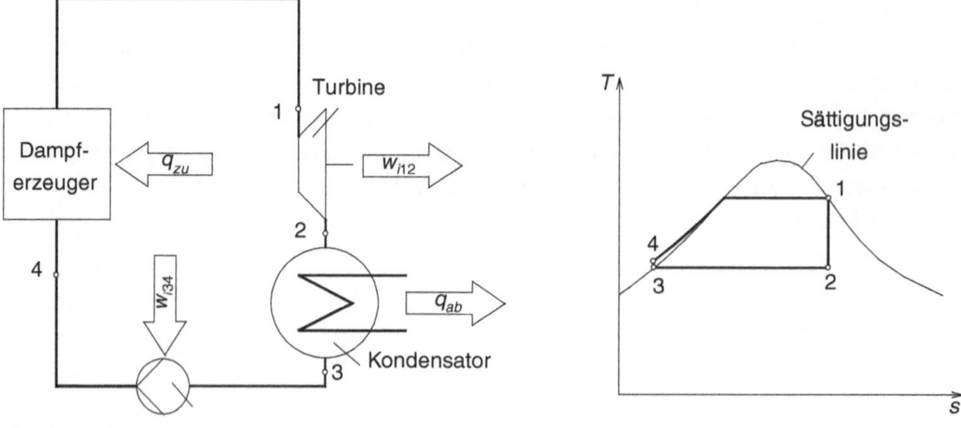

Abb. 5.1 Schaltbild des *Clausius-Rankine*-Prozesses und Prozessverlauf im T-s-Diagramm

Abb. 5.2 *Clausius-Rankine-*
Prozess im *h-s*-Diagramm

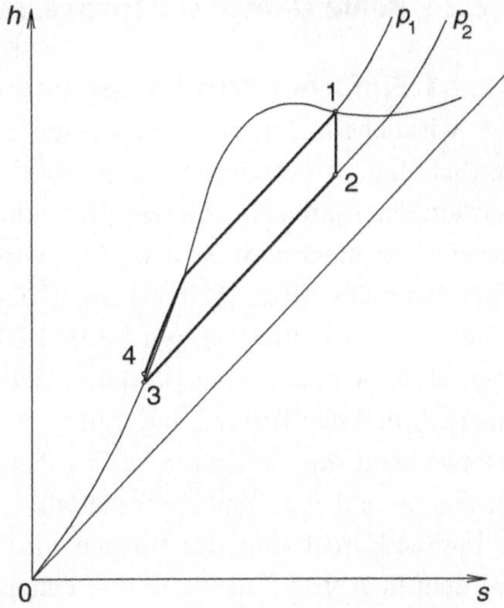

$$q_{zu} = q_{41} = h_1 - h_4 \tag{5.4}$$

Für die im Kreisprozess geleistete innere Arbeit erhält man:

$$w_{iKP} = -q_{zu} - q_{ab} = h_4 - h_1 + h_2 - h_3 \tag{5.5}$$

Der Wirkungsgrad des Kreisprozesses ist gleich dem Betrag der inneren Arbeit, geteilt durch die zugeführte Wärme

$$\eta_{th} = \frac{|w_{iKP}|}{q_{zu}} = \frac{h_1 - h_2 - h_4 + h_3}{h_1 - h_4} = 1 - \frac{h_2 - h_3}{h_1 - h_4} \tag{5.6}$$

Da h_2 sehr viel größer als h_3 und h_1 sehr viel größer als h_4 ist, gilt für den Wirkungsgrad näherungsweise:

$$\eta_{th} = \frac{|w_{iKP}|}{q_{zu}} \approx \frac{h_1 - h_2}{h_1} = 1 - \frac{h_2}{h_1} \tag{5.7}$$

> Der Wirkungsgrad des Prozesses lässt sich durch die Erhöhung der Dampfeintritts-
> enthalpie h_1 und die Senkung der Austrittsenthalpie h_2 vergrößern.

Die Enthalpie des Frischdampfes kann nur durch Temperaturerhöhung vergrößert werden, d. h., mit überhitztem Dampf verbessert sich der Wirkungsgrad. Die maximalen Temperaturen sind durch die Festigkeit der Werkstoffe begrenzt. Die Enthalpie des Dampfes am Turbinenaustritt hängt hauptsächlich von der Kondensatortemperatur ab und wird von der Umgebung bestimmt. Die Möglichkeiten der Wirkungsgradverbesserung werden später noch bei realen Prozessen besprochen.

5.2.2   Reale Dampfkraftprozesse

5.2.2.1 Einfacher Prozess mit innerer Reibung

Bei wirklichen Dampfkraftprozessen erfolgt die Expansion in der Turbine bzw. die Verdichtung in der Pumpe nicht isentrop. In den Leitungen, die das Kondensat zum Verdampfer führen, im Verdampfer selbst und in den Dampfleitungen entstehen Druckverluste. In modernen Kraftwerken wird der Dampf nach dem Dampferzeuger in dem Überhitzer überhitzt. Abb. 5.3 zeigt den Prozess mit Überhitzung. Wie aus dem T-s-Diagramm ersichtlich ist, wird durch Überhitzung die zugeführte Wärme stärker als die abgeführte Wärme erhöht, wodurch sich der Wirkungsgrad des Prozesses verbessert. Die innere Arbeit der Turbine und Pumpe berechnen sich wie beim Idealprozess, nur dass die entsprechend des Prozessverlaufs entstehenden Enthalpien eingesetzt werden, was auch für die zu- und abgeführte Wärme gilt.

Für die Berechnung der Turbine wird das *Mollier-h-s*-Diagramm, das einen Ausschnitt aus dem in Abb. 5.2 dargestellten Diagramms zeigt, verwendet. Für die Berechnung der Pumpe und der zu- bzw. abgeführten Wärme benutzt man die Dampftafel.

Zur Bestimmung der inneren Arbeit einer realen Turbine ist der Prozess in Abb. 5.4 im h-s-Diagramm dargestellt. Die Enthalpie h_1 des Frischdampfes wird beim Druck p_1 mit der Temperatur ϑ_1 ermittelt. Da Zustand 2 nach der Expansion im Zweiphasengebiet liegt, ist zwar der Druck p_2, nicht aber die Enthalpie bekannt. Mit dem inneren Wirkungsgrad η_i der Turbine kann die Enthalpie h_2 bestimmt werden. Bei einer isentropen Expansion wäre h_{2s} die Enthalpie am Turbinenaustritt. Sie kann als Schnittpunkt der Isentropen s_1 und Isobaren p_2 bestimmt werden. Der innere Wirkungsgrad der Turbine ist definiert als:

$$\eta_{iT} = \frac{h_1 - h_2}{h_1 - h_{2s}} \tag{5.8}$$

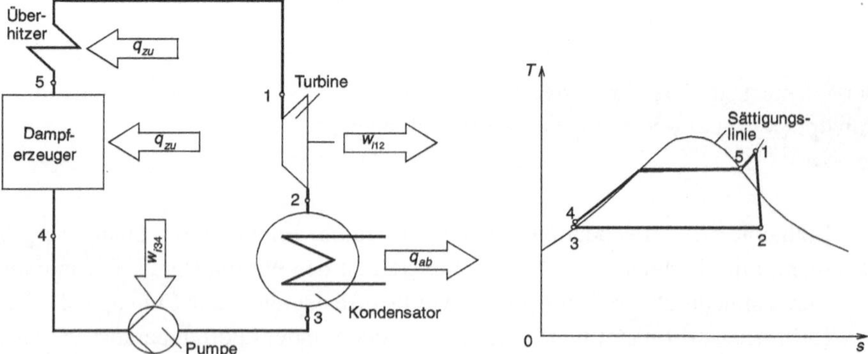

Abb. 5.3 Schema und Prozessverlauf im T-s-Diagramm eines einfachen Dampfkraftprozesses mit Überhitzung

Abb. 5.4 Expansionslinie der Turbine im *h-s*-Diagramm

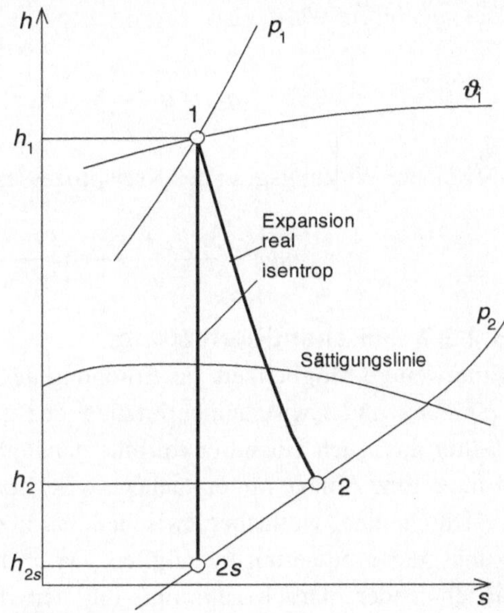

Damit ergibt sich für die Enthalpie h_2:

$$h_2 = h_1 - (h_1 - h_{2s}) \cdot \eta_{iT} \tag{5.9}$$

Der Zustandspunkt 2 ist der Schnittpunkt der Isenthalpen h_2 mit der Isobaren p_1.

Die von der Turbine geleistete innere Arbeit beträgt damit:

$$w_{i12} = h_2 - h_1 = \eta_i \cdot (h_{2s} - h_1) \tag{5.10}$$

Da die Kondensation im Kondensator isobar erfolgt, kann zur Bestimmung der abgeführten Wärme die Enthalpie h_3 als Sättigungsenthalpie des Wassers beim Druck p_2 aus der Dampftafel entnommen werden. Für die abgeführte Wärme erhält man:

$$q_{ab} = q_{23} = h_3 - h_2 \tag{5.11}$$

Zur Berechnung der inneren Arbeit der Pumpe muss der innere Wirkungsgrad der Pumpe η_{iP} bekannt sein. Da das spezifische Volumen v des Wassers praktisch konstant ist, gilt näherungsweise:

$$w_{i34} = h_4 - h_3 = \frac{v \cdot (p_4 - p_3)}{\eta_{iP}} \tag{5.12}$$

Zur Bestimmung der zugeführten Wärme wird die Enthalpie h_4 benötigt. Sie kann aus Gl. (5.12) ermittelt werden.

$$h_4 = h_3 + \frac{v \cdot (p_4 - p_3)}{\eta_{iP}} \tag{5.13}$$

Die zugeführte Wärme ist:

$$q_{zu} = q_{41} = h_1 - h_4 = h_1 - h_3 - \frac{v \cdot (p_4 - p_3)}{\eta_{iP}} \qquad (5.14)$$

Der innere Wirkungsgrad des Kreisprozesses beträgt:

$$\eta_{iKP} = \frac{|w_{i12} + w_{t34}|}{q_{zu}} = \frac{h_1 - h_2 - h_4 + h_3}{h_1 - h_4} = 1 - \frac{h_2 - h_3}{h_1 - h_4} \qquad (5.15)$$

5.2.2.2 Zwischenüberhitzung

Eine weitere Möglichkeit zur Erhöhung des Wirkungsgrades bietet die mehrstufige Entspannung und Zwischenüberhitzung des Dampfes. Der Dampf wird nach der ersten Teilturbine, auch Hochdruckturbine genannt, wieder zum Kessel zurückgeführt und dort erhitzt. Eine Anlage mit einfacher Zwischenüberhitzung ist in Abb. 5.5 zu sehen.

Durch eine vielfache Zwischenüberhitzung wären theoretisch noch weitere Wirkungsgradverbesserungen möglich. Da aber das spezifische Volumen des Dampfes mit abnehmendem Druck zunimmt, müssten die Strömungsquerschnitte für die Zwischenüberhitzer immer größer werden. Dies führte zu technisch nicht mehr realisierbaren unwirtschaftlichen Lösungen.

Bei der Berechnung des Wirkungsgrades muss berücksichtigt werden, dass im Zwischenüberhitzer dem Dampf zusätzlich Wärme zugeführt wird. Die Arbeit der Turbine und Pumpe werden wie zuvor berechnet. Die zugeführte Wärme ist:

$$q_{zu} = q_{61} + q_{32} = h_1 - h_6 + h_3 - h_2 \qquad (5.16)$$

Die Kreisprozessarbeit setzt sich aus den inneren Arbeiten der Teilturbinen und der der Pumpe zusammen.

$$w_{iKP} = w_{12} + w_{34} + w_{56} = h_2 - h_1 + h_4 - h_3 + h_6 - h_5 \qquad (5.17)$$

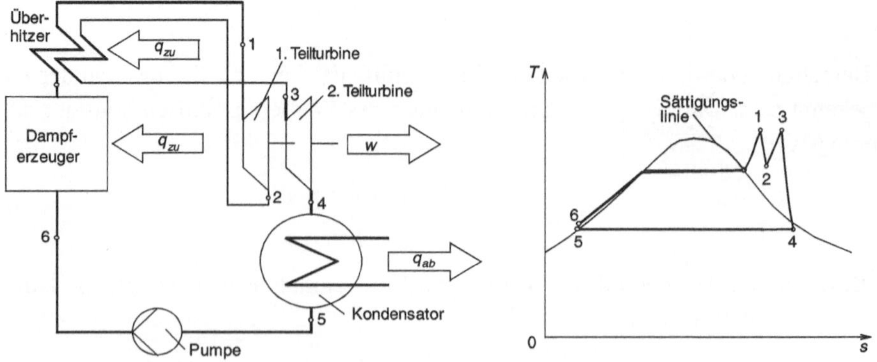

Abb. 5.5 Einfacher Dampfkraftprozess mit einfacher Zwischenüberhitzung

Damit bekommt man für den thermischen Wirkungsgrad des Prozesses:

$$\eta_{th} = \frac{h_1 - h_2 - h_4 + h_3 - h_6 + h_5}{h_1 - h_6 + h_3 - h_2} = 1 - \frac{h_4 - h_5}{h_1 - h_6 + h_3 - h_2} \qquad (5.18)$$

5.2.2.3 Regenerative Vorwärmung

Eine weitere Möglichkeit, Wirkungsgradverbesserung zu erreichen, ist die regenerative Vorwärmung. Das Speisewasser kann mit Anzapfdampf, d. h. Dampf, der aus der Turbine nach einer gewissen Expansion entnommen wird, vorgewärmt werden. Im Vorwärmer kondensiert der Anzapfdampf und erwärmt das Speisewasser. Der kondensierte Anzapfdampf kann entweder dem Kondensator oder dem Speisewasser zugeführt werden. Abb. 5.6 zeigt einen einfachen Dampfkraftprozess mit regenerativer Speisewasservorwärmung.

Den Einfluss der Vorwärmung auf den Wirkungsgrad kann man weder im T-s- noch im h-s-Diagramm darstellen, da bei der Anzapfung ein Massenstrom entnommen wird. Mit einem Zahlenbeispiel kann für die im Diagramm angegeben Daten der Einfluss demonstriert werden. Dazu wird der Kreislauf mit und ohne Vorwärmung berechnet. Die Pumpen bleiben unberücksichtigt, da ihr Einfluss vernachlässigbar ist. Der Zustand des Wassers vor und nach den Pumpen wird gleichgesetzt.

Der Massenstrom des Frischdampfes beträgt 100 kg/s. Die Temperatur des Wassers ist nach dem Vorwärmer 2 K kleiner als die Sättigungstemperatur des Anzapfdampfes.

a) Leistung und Wirkungsgrad des Prozesses ohne Vorwärmung

Die Enthalpie h_1 des Frischdampfes aus dem h-s-Diagramm ist 3 180 kJ/kg. Bei der isentropen Expansion auf 0,05 bar beträgt die Enthalpie $h_{2s} = 2\,000$ kJ/kg.

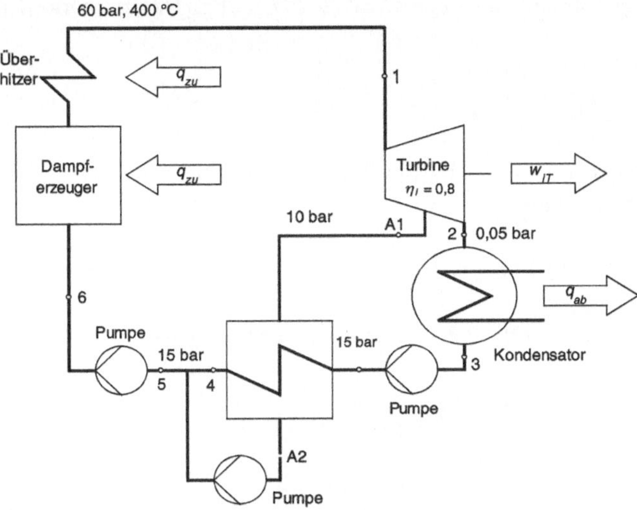

Abb. 5.6 Dampfkraftprozess mit regenerativer Speisewasservorwärmung

Mit Gl. (5.9) erhält man für die Enthalpie h_2:

$$h_2 = h_1 - (h_1 - h_{2s}) \cdot \eta_{iT} = 3\ 180 - (3\ 180 - 1\ 000) \cdot 0,8 = 2\ 236 \text{ kJ/kg}$$

Die Enthalpie des Kondensats aus dem Kondensator ist die Sättigungsenthalpie des Wassers bei 0,05 bar und man liest in der Dampftafel 137,8 kJ/kg ab.

Die Leistung der Turbine ohne Vorwärmung beträgt:

$$P_{i,\ ohne} = \dot{m} \cdot (h_2 - h_1) = 100 \cdot (2\ 236 - 3\ 180) = -94\ 400 \text{ kW}$$

Der zugeführte Wärmestrom im Verdampfer und im Überhitzer ist:

$$\dot{Q}_{zu,\ ohne} = \dot{m} \cdot (h_1 - h_4) = 100 \cdot (3\ 180 - 137,8) = 304\ 220 \text{ kW}$$

Für den thermischen Wirkungsgrad des Prozesses ohne Vorwärmung erhält man:

$$\eta_{th,\ ohne} = \left| P_{i,\ ohne} \right| / \dot{Q}_{zu,\ ohne} = 94\ 400/304\ 220 = 0,31$$

b) Leistung und Wirkungsgrad des Prozesses mit Vorwärmung

Man muss berücksichtigen, dass an der Anzapfung der Turbine Dampf entnommen wird. Ist der Massenstrom der Anzapfung m_A, erhält man für die Leistung der Anlage:

$$h_{A1} = h_1 - (h_1 - h_{A1s}) \cdot \eta_{iT} = 3\ 180 - (3\ 180 - 2\ 757) \cdot 0,8 = 2\ 841,6 \text{ kJ/kg} \qquad (5.19)$$

Aus dem h-s-Diagramm ermittelt man die Enthalpie an der Anzapfung und am Turbinenaustritt. Zunächst wird die Enthalpie h_{A1s} am Schnittpunkt der Isentrope und der 10 bar-Isobare abgelesen und man erhält 2 757 kJ/kg. Damit ist die Enthalpie an der Anzapfung:

$$h_{A1} = h_1 - (h_1 - h_{A1s}) \cdot \eta_{iT} = 3\ 180 - (3\ 180 - 2\ 757) \cdot 0,8 = 2\ 841,6 \text{ kJ/kg}$$

Die isentrope Expansion von $A1$ nach 2 ergibt eine Enthalpie von 2 049. Damit ist die Enthalpie am Turbinenaustritt:

$$h_2 = h_{A1} - (h_{A1} - h_{2s}) \cdot \eta_{iT} = 2\ 841,6 - (2\ 841,6 - 2\ 049) \cdot 0,8 = 2\ 207,5 \text{ kJ/kg}$$

Der Massenstrom der Anzapfung wird aus der Energiebilanz des Vorwärmers bestimmt:

$$\dot{m}_A \cdot (h_{A1} - h_{A2}) = (\dot{m} - \dot{m}_A) \cdot (h_4 - h_3)$$

Nach m_A aufgelöst, erhält man:

$$\dot{m}_A = \dot{m} \cdot \frac{h_4 - h_3}{h_{A1} - h_{A2} + h_4 - h_3} \qquad (5.20)$$

Der Dampftafel entnimmt man die Enthalpie h_4 des Speisewassers am Austritt des Vorwärmers. Nach Vorgabe ist die Temperatur 2 K tiefer als die Sättigungstemperatur der Anzapfung von 179,9 °C. Die Enthalpie des Speisewassers bei 15 bar Druck und 177,9 °C beträgt 761,9 kJ/kg. Die Enthalpie h_{A2} des Kondensats aus dem Vorwärmer ist die Sättigungsenthalpie des Wassers bei 10 bar Druck. Nach der Dampftafel beträgt sie 762,6 kJ/kg. Damit erhält man für den Massenstrom der Anzapfung:

$$\dot{m}_A = \dot{m} \cdot \frac{h_4 - h_3}{h_{A1} - h_{A2} + h_4 - h_3} = 100 \cdot \frac{761,9 - 137,8}{2'841,6 - 762,6 + 761,9 - 137,8} = 23,09 \text{ kg/s}$$

Das Kondensat vom Vorwärmer vermischt sich mit dem Speisewasser. Die Enthalpie h_5 des Speisewassers zum Dampferzeuger ist noch zu berechnen.

$$h_5 = \frac{(\dot{m} - \dot{m}_A) \cdot h_4 + \dot{m}_A \cdot h_{A2}}{\dot{m}} = \frac{76,91 \cdot 761,9 + 23,09 \cdot 762,6}{100} = 762,1 \text{ kJ/kg}$$

Mit Gl. (5.19) kann jetzt die innere Leistung der Turbine bestimmt werden.

$$P_{i,\,mit} = 100 \cdot (2\,841,\,6 - 3\,180) + 76,91 \cdot (2\,207,5 - 2\,841,6) = -82\,609 \text{ kW}$$

Der zugeführte Wärmestrom ist:

$$\dot{Q}_{zu,\,mit} = \dot{m} \cdot (h_1 - h_5) = 100 \cdot (3\,180 - 762,1) = 241\,790 \text{ kW}$$

Der thermische Wirkungsgrad des Prozesses mit Vorwärmung beträgt:

$$\eta_{th,\,mit} = 82\,609 / 241\,709 = 0,342$$

Mit regenerativer Vorwärmung sank zwar die Leistung der Anlage, aber der Wirkungsgrad verbesserte sich. Durch die Dampfentnahme strömt nach der Anzapfung weniger Dampf durch die Turbine und verringert deren Leistung. Auf Grund der Vorwärmung erhält der Dampferzeuger wärmeres Wasser, wodurch sich die zugeführte Wärme verringert. Zum Kondensator strömt weniger Dampf, d. h., es wird weniger Wärme abgeführt, der Wirkungsgrad der Anlage verbessert sich insgesamt.

Größere Anlagen besitzen mehrstufige Vorwärmungen. Optimal für den Wirkungsgrad wäre, die Vorwärmung in unendlich vielen Stufen durchzuführen, was natürlich unmöglich ist. Wie später aus der Konstruktion der Turbinen ersichtlich ist, könnten nur so viele Vorwärmerstufen wie Turbinenstufen verwirklicht werden, was aber unwirtschaftlich wäre.

Die Speisewasservorwärmung ist nicht nur wegen des besseren Wirkungsgrades notwendig. Der Dampferzeuger wird extremen thermischen und mechanischen Beanspruchungen ausgesetzt, was durch die Zuführung vorgewärmten Wassers verbessert werden kann. Moderne Kraftwerke werden mit bis zu zwei Zwischenüberhitzern und bis zu zehn Vorwärmerstufen ausgeführt (s. Abb. 1.4).

Die Wärmebilanzrechnung der Kraftwerke mit mehreren Vorwärmerstufen erfolgt im Prinzip so wie die oben durchgeführte Berechnung mit einer Stufe. Diese Berechnungen sind aber sehr zeitraubend und mit dem h-s-Diagramm für den industriellen Gebrauch zu ungenau. Wärmebilanzrechnungen werden von Turbogruppenherstellern und Kraftwerksplanern mit Computerprogrammen durchgeführt.

5.2.2.4 Druck- und Temperaturwahl des Frischdampfes

Die Wahl des Frischdampfdruckes hängt von der Frischdampftemperatur ab. Diese wird von den verwendeten Brenn- und Werkstoffen sowie von der Wirtschaftlichkeit bestimmt.

In Kernkraftwerken erhält die Turbine Sattdampf. Für einen optimalen Wirkungsgrad liegen die Drücke hier bei 60 bis 70 bar. Bei höheren Drücken müssten wegen der kleineren Temperaturdifferenzen die Dampferzeugerflächen vergrößert werden, und die Expansion erfolgte ins Nassdampfgebiet relativ großer Nässe.

Bei großen konventionellen Anlagen wird die Frischdampftemperatur von den Werkstoffen des Überhitzers, der Frischdampfleitungen und Turbine bestimmt. Sie ist bei den bekannten Werkstoffen heute auf etwa 620 °C begrenzt. In den nächsten 10 bis 20 Jahren erwartet man durch bessere Materialien eine Erhöhung von bis zu 80 K. Für die maximal erreichbare Temperatur gibt es einen Druck, bei dem der Wirkungsgrad des Kreislaufs ein Maximum erreicht. Trägt man für eine vorgegebene Frischdampftemperatur den Wirkungsgrad über den Frischdampfdruck auf, so ist der Kurvenverlauf im Bereich des Maximums sehr flach. Die Wahl des Frischdampfdruckes wird neben dem Wirkungsgrad von der Wirtschaftlichkeit bestimmt. Mit zunehmendem Druck müssen für den Dampferzeuger und die Vorwärmer größere Wandstärken gewählt werden, damit verteuert sich die Anlage. Die größten heute verwendeten Drücke liegen bei 300 bar. Bei kleineren Kraftwerken werden tiefere Temperaturen und Drücke gewählt. Da diese Kraftwerke in der Regel nicht die ganze Zeit unter Volllast arbeiten, lohnt sich die zusätzliche Investition für höhere Temperaturen und Drücke nicht.

5.2.3　Kraftwerkstypen

Kraftwerke [5, 6] werden je nach der Beheizung, des Betriebs und der Anwendung eingeteilt. Betreffend Beheizung gibt es *konventionelle* und *nukleare* Kraftwerke. Je nach Betrieb teilt man sie in *Grundlast-*, *Teillast-* und *Spitzenlastkraftwerke* ein. Grundlastkraftwerke dienen zur Deckung des ständigen Strombedarfs. Es sind Kraftwerke mit möglichst hohem Wirkungsgrad und geringem Strompreis. Meist sind es Großkraftwerke und Nuklearanlagen. Teillastanlagen dienen zur Deckung des täglich sich ändernden Strombedarfs. Hier setzt man eher Anlagen mit schlechterem Wirkungsgrad ein. Spitzenlastkraftwerke dienen zum Decken des Spitzenstrombedarfs (z. B. Mittagszeit). Diese Kraftwerke müssen schnell angefahren werden können und sind speziell für diesen Betrieb ausgelegt. Betreffend Anwendung unterscheidet man zwischen Kraftwerken für *öffentliche Stromversorgung*, *Industriekraftwerke* und *Müllverbrennungsanlagen*. Kraftwerke können reine Stromversorger sein, d.h., sie liefern nur Strom. Liefern sie neben Strom noch Fern- oder Prozesswärme, sind es *Kraft/Wärmekopplungsanlagen*. Die öffentliche Stromversorgung erfolgt durch eine Vielfalt von Kraftwerken, wobei der größte Teil des Stroms aus Großkraftwerken kommt.

Industrieanlagen dienen der internen Stromerzeugung. Sie liefern meist neben Strom auch noch Prozesswärme, die als Dampf entweder den Anzapfungen oder dem Turbinenaustritt entnommen werden. Die Beheizung erfolgt durch konventionelle Brennstoffe, aber auch mit Abfallprodukten. Bei Stromüberkapazitäten speist man Strom in die öffentlichen Netze.

Wärme/Kraftkopplungsanlagen sind entweder Anlagen, die aus bestehenden Großkraftwerken Wärme zur Fernheizung verwenden oder speziell für diesen Betrieb ausgelegte Anlagen.

5.3   Dampfturbinen

Dampfturbinen sind Strömungsmaschinen. Sie bestehen aus einem Rotor, auf dem die Laufschaufeln installiert und aus einem Gehäuse, auch Stator genannt, in dem Leitschaufeln angebracht sind. In den Leitschaufeln wird die Enthalpie in kinetische Energie des Dampfes umgewandelt. Durch Richtungsänderung und eventuell weitere Beschleunigung wirkt auf die Laufschaufeln ein Drehmoment.

5.3.1   Einteilung

Dampfturbinen werden nach verschiedenen Kriterien eingeteilt. Bei jeder Turbine können mehrere der Einteilungskriterien auftreten, wodurch eine exakte Trennung nicht immer möglich ist. Die Hauptkriterien für die Einteilung sind:

5.3.1.1 Wirkungsweise

Nach ihrer Wirkungsweise teilt man Dampfturbinen in *Gleich-* und *Überdruckturbinen* ein. Bei der Gleichdruckturbine wird in den Laufschaufeln die Enthalpie in kinetische Energie umgewandelt. In den Laufschaufeln bleiben Geschwindigkeit und damit auch der Druck konstant. Die Änderung der Strömungsrichtung (Impulsänderung) erzeugt das Drehmoment auf den Rotor. Bei der Überdruckturbine wird der Dampf zunächst in den Leitschaufeln beschleunigt. In den Laufschaufeln erfolgt dann eine Richtungsänderung und weitere Beschleunigung des Dampfes, wobei sich der Druck verringert. Das Drehmoment wird durch die Beschleunigung und Richtungsänderung erzeugt.

5.3.1.2 Beaufschlagung

Bei *vollbeaufschlagten* Turbinen erhalten alle Schaufeln des Laufrades gleichmäßig Dampf. Bei *Teilbeaufschlagung* sind nur Segmente des Strömungskanals mit Leitschaufeln bestückt. Dadurch wird nur ein Teil der Schaufeln des Laufrades mit Dampf beaufschlagt. Teilbeaufschlagung kommt nur bei der ersten Stufe kleiner Turbinen vor, weil dort die notwendigen Strömungsquerschnitte sehr klein sind und bedingt dadurch sehr kurze Schaufeln benötigt werden. Zum Erreichen vernünftiger Konstruktionen und Wirkungsgrade sind Mindestschaufellängen einzuhalten.

5.3.1.3 Strömungsrichtung

Diese Einteilung erfolgt nach der Strömungsrichtung des Dampfes zur Turbinenachse. In *Radialturbinen* strömt der Dampf radial und bei *Axialturbinen* axial zur Strömungsachse. Heute setzt man praktisch nur noch Axialturbinen ein.

5.3.1.4 Stufenzahl

Eine Turbinenstufe besteht aus einer Reihe von Leit- und einer Reihe von Laufschaufeln. Kleine Dampfturbinen mit nur einer Stufe werden als *einstufig*, solche mit mehreren Stufen als *mehrstufig* bezeichnet. Große Dampfturbinen haben stets viele Stufen, man nennt sie *vielstufig*.

5.3.1.5 Anzahl der Fluten

Axialturbinen, bei denen vom Eintritt her der Dampf nur in eine Richtung strömt, sind *einflutige* Turbinen. Strömt der Dampf in beide Richtungen, handelt es sich um *zweiflutige* Turbinen. Bei zweiflutigen Turbinen kann die Anordnung der Stufen symmetrisch oder asymmetrisch sein.

5.3.1.6 Gehäusezahl und Druckzuordnung

Kleine Dampfturbinen bis maximal 100 MW Leistung sind *eingehäusige* Turbinen. Die Expansion des Dampfes erfolgt in einem Gehäuse. Großturbinen sind *mehrgehäusig*. Wegen der großen Gewichte und großen Unterschiede in der Temperatur und dem Druck müssen Großturbinen in mehreren Gehäusen (Zylindern oder Teilturbinen) untergebracht werden. Die Turbinen in den einzelnen Gehäusen werden je nach dem Druck des Dampfes mit unterschiedlichen Namen belegt. Eine Teilturbine, die mit Frischdampf beaufschlagt wird, nennt man *Hoch-* oder *Höchstdruckturbine*. Bei einfacher Zwischenüberhitzung hat man nur eine Hochdruckturbine, aus der Dampf zum Zwischenüberhitzer geführt wird. Bei zweifacher Zwischenüberhitzung kommt der Dampf von der Höchstdruckturbine zum ersten Zwischenüberhitzer und von dort zur Hochdruckturbine und weiter zum zweiten Zwischenüberhitzer. Höchst- und Hochdruckturbinen in konventionellen Anlagen sind einflutig. Nach der Hochdruckturbine folgt die *Mitteldruckturbine*, die ein- oder zweiflutig sein kann. Bei Nuklearanlagen ist die mit Frischdampf versorgte Turbine die Hochdruckturbine und sie haben keine Mitteldruckturbinen. Nach der Mitteldruckturbine folgen eine oder mehrere *Niederdruckturbinen,* die parallelgeschaltet sind. Niederdruckturbinen sind meist zweiflutig.

5.3.1.7 Austrittsdampfdruck

Nach dem Druck am Turbinenaustritt werden die Turbinen in *Kondensations-*, *Gegendruck-*, *Entnahme-* und *Abdampfturbinen* eingeteilt. Kraftwerksturbinen sind Kondensationsturbinen. Der Druck am Turbinenaustritt liegt je nach Umgebungsbedingungen und Art der Kühlung zwischen 20 und 150 mbar. Industrieturbinen können Entnahme-Kondensations- oder Gegendruckturbinen sein. Bei Ersteren strömt der Dampf am Austritt in einen Kondensator. Der Turbine wird Dampf für Prozesse oder zu Heizzwecken entnommen. Bei Gegendruckturbinen wird der Dampf nur auf einen bestimmten Gegendruck (meist oberhalb des atmosphärischen Druckes) entspannt und dann für Prozesse verwendet. Abdampfturbinen haben ein Druckgefälle zwischen 1 bar und dem Kondensatordruck.

5.4   Berechnung der Dampfturbine

Hier wird die Berechnung der Energieumsetzung in Gleich- und Überdruckturbinen anhand des Drallsatzes, der notwendigen Strömungsquerschnitte und der Wahl der Anzapfungen behandelt. Die folgenden Berechnungen gelten nur für axial durchströmte Turbinen.

5.4.1   Energieumsetzung in der Gleichdruckturbine

Um die Energieumsetzung in der Gleichdruckturbine (*Laval*-Turbine) zu bestimmen, müssen zunächst die Strömungsvorgänge in einer Turbinenstufe angesehen werden. Abb. 5.7 zeigt die Strömung in einer Stufe der Gleichdruckturbine.

Die absoluten Geschwindigkeiten sind mit c, die zur Geschwindigkeit der Laufschaufel u bezogenen Geschwindigkeiten mit w bezeichnet. Die Bezugsebenen sind: Eintritt der Leitschaufelreihe (1), Austritt der Leit- bzw. am Eintritt der Laufschaufelreihe (2) und Austritt der Laufschaufelreihe (3). Man sieht, dass der Dampf von der Geschwindigkeit c_1 am Eintritt der Leitschaufelreihe auf die Geschwindigkeit c_2 am Austritt beschleunigt wird. Bei einer Gleichdruckturbine bleibt definitionsgemäß der Betrag der relativen Geschwindigkeit w in den Laufschaufeln konstant, damit keine Druckänderung stattfindet, nur die Richtung der Geschwindigkeit ändert sich. Der Winkel α_2 hängt von der Geometrie der Leitschaufeln ab. Der Winkel β_2 ergibt sich aus der Vektoraddition der Geschwindigkeiten c_2 und u. Der Winkel β_3 hängt von der Geometrie der Laufschaufel ab. Diese Winkel werden so gewählt, dass β_3 ungefähr gleich $180° - \beta_2$ ist. Weiterhin wird β_3 so gewählt, dass der Winkel α_3 möglichst 90° ist. Nach der *Euler*'schen Turbinengleichung ist die spezifische Arbeit Y der Turbinenstufe:

$$Y = u \cdot (c_{u3} - c_{u2}) \tag{5.21}$$

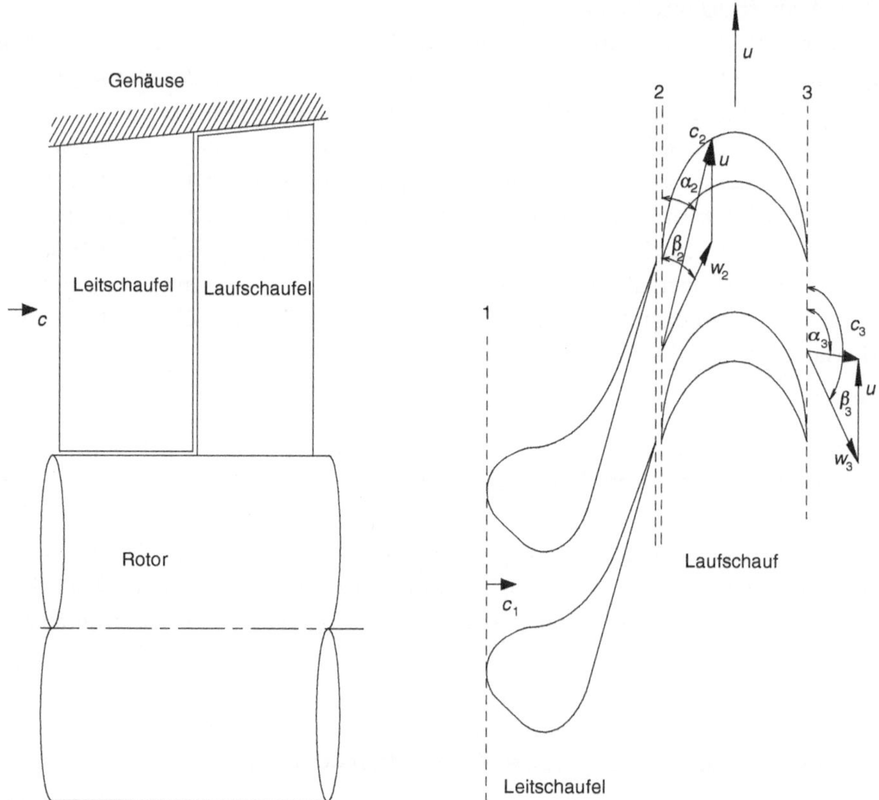

Abb. 5.7 Strömung in einer Gleichdruckturbinenstufe

Dabei sind c_{u2} und c_{u3} die Geschwindigkeitskomponenten der Absolutgeschwindigkeit in Umfangsrichtung. Beim Einsetzen der Geschwindigkeiten ist darauf zu achten, dass diese in Gl. (5.21) vektoriell einzusetzen sind, d. h., sie müssen je nach ihrer Richtung addiert oder subtrahiert werden. Die Geschwindigkeitskomponenten in der Umfangsrichtung können entweder zeichnerisch bestimmt oder berechnet werden. Abb. 5.8 zeigt die Geschwindigkeitsdreiecke am Ein- und Austritt der Laufschaufeln einer Gleichdruckstufe.

Die Umfangskomponente der Geschwindigkeit c_2 ist:

$$c_{u2} = c_2 \cdot \cos \alpha_2 \tag{5.22}$$

Die Umfangskomponente der Geschwindigkeit w_2 berechnet sich als:

$$w_{u2} = c_{u2} - u = c_2 \cdot \cos \alpha_2 - u \tag{5.23}$$

Da in den Laufschaufeln der Betrag der Geschwindigkeit gleich bleibt, muss die Axialkomponente der Geschwindigkeit w_2 gleich groß wie die von w_3 sein. Die

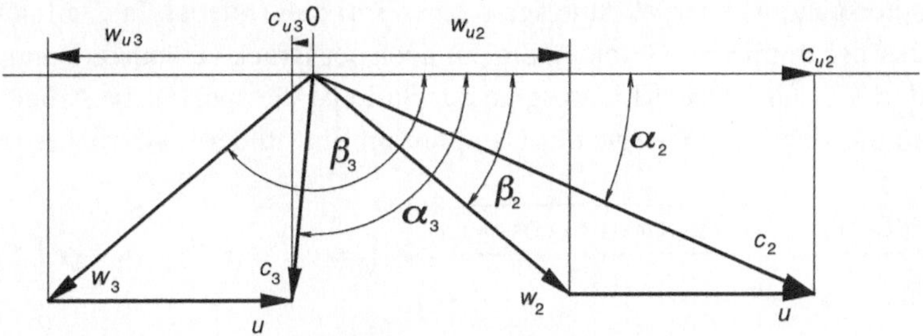

Abb. 5.8 Geschwindigkeitsdreieck in einer Gleichdruckturbinenstufe

Geschwindigkeit w_3 ist spiegelsymmetrisch zur Geschwindigkeit w_2. Damit erhält man für die Umfangskomponente:

$$w_{u3} = -w_{u2} = u - c_{u2} = u - c_2 \cdot \cos \alpha_2 \tag{5.24}$$

Aus der Vektoraddition ist die Umfangskomponente von c_{u3}:

$$c_{u3} = w_{u3} + u = 2 \cdot u - c_{u2} = 2 \cdot u - c_2 \cdot \cos \alpha_2 \tag{5.25}$$

Damit ist die spezifische Arbeit der Turbinenstufe:

$$\begin{aligned}
Y = u \cdot (c_{u3} - c_{u2}) &= u \cdot (2 \cdot u - c_2 \cos \alpha_2 - c_2 \cdot \cos \alpha_2) = \\
&= 2 \cdot u \cdot (u - c_2 \cdot \cos \alpha_2)
\end{aligned} \tag{5.26}$$

Aus Gl. (5.24) ist ersichtlich, dass die spezifische Arbeit dann am größten wird, wenn die Umfangskomponente der Geschwindigkeit c_3 null ist. Daher konstruiert man Turbinen möglichst so, dass die Geschwindigkeit c_3 senkrecht zur Umfangsrichtung gerichtet ist. Da sich in den Laufschaufeln der Druck und damit die Dichte des Dampfes nicht ändern, müssen aus Gründen der Massenerhaltung die Komponenten der Geschwindigkeiten c_2 und c_3 in axialer Richtung gleich groß sein. Die spezifische Arbeit der Turbinenstufe ist im Wesentlichen von der Geschwindigkeit c_2 abhängig, also davon, auf welche Geschwindigkeit der Dampf bis zum Austritt der Leitschaufelreihe beschleunigt wird. Die Beschleunigung verursacht eine Verringerung der Enthalpie. Nach dem ersten Hauptsatz gilt:

$$c_2 = \sqrt{2 \cdot \Delta h_{st} + c_1^2} \tag{5.27}$$

Dabei ist Δh_{st} das Enthalpiegefälle über der Turbinenstufe. Die Geschwindigkeit c_2 kann aus dem isentropen Enthalpiegefälle mit Hilfe des inneren Wirkungsgrades oder der Geschwindigkeitsziffer berechnet werden.

$$c_2 = \sqrt{2 \cdot (\Delta h_{st})_s \cdot \eta_i + c_1^2} = \varphi \cdot \sqrt{2 \cdot (\Delta h_{st})_s + c_1^2} \tag{5.28}$$

Nun wird untersucht, wie der Wirkungsgrad einer Turbinenstufe ist. In den Laufschaufeln werden weder der Betrag der Geschwindigkeit noch der Druck verändert. Damit bleibt die Enthalpie dort konstant. Der Wirkungsgrad der Stufe ist die spezifische Arbeit der Stufe, geteilt durch die kinetische Energie des Dampfes am Eintritt der Laufschaufelreihe.

$$\eta_u = \frac{2 \cdot |Y|}{c_2^2} = \sqrt{\frac{4 \cdot u \cdot (u - c_2 \cdot \cos\alpha_2)}{c_2^2}} = 4 \cdot \left[(u/c_2) \cdot \cos\alpha_2 - (u/c_2)^2 \right] \qquad (5.29)$$

Der Stufenwirkungsgrad ist eine Funktion des Geschwindigkeitsverhältnisses u/c_2. Es wird untersucht, bei welchem Geschwindigkeitsverhältnis der Wirkungsgrad ein Maximum hat. Dazu wird Gl. (5.29) nach u/c_2 abgeleitet und zu null gesetzt.

$$\frac{\mathrm{d}\eta_u}{\mathrm{d}(u/c_2)} = 4 \cdot \left[\cos\alpha_2 - 2 \cdot (u/c_2) \right] = 0$$

Daraus erhält man für den maximalen Stufenwirkungsgrad:

$$\frac{u}{c_2} = \frac{\cos\alpha_2}{2} \qquad (5.30)$$

Die größte spezifische Arbeit und den besten Stufenwirkungsgrad erhält man, wenn der Winkel α_2 null wird. Dies ist jedoch weder konstruktiv noch physikalisch möglich. Wäre der Winkel gleich null, strömte der Dampf nicht axial zur Turbine, d. h., er rotierte nur an der gleichen Stelle. Turbinen werden mit möglichst kleinen Abströmwinkeln α_2 konstruiert. Diese liegen zwischen 12° und 20°. Bei diesen Winkeln ist der Cosinus beinahe 1. Gleichdruckturbinen werden so ausgelegt, dass die Anströmgeschwindigkeit c_2 etwa doppelt so groß wie die Umfangsgeschwindigkeit u ist. Abb. 5.9 zeigt den Stufenwirkungsgrad in Abhängigkeit der Umfangsgeschwindigkeit bei unterschiedlichen Abströmwinkeln. Bei der Herleitung des Stufenwirkungsgrades blieb die durch Reibung verlorene spezifische Arbeit noch unberücksichtigt. In Abb. 5.9 ist der Stufenwirkungsgrad einer Turbinenstufe mit 15°-Winkel und 5 % Reibung ebenfalls eingetragen. Moderne Turbine erreichen Stufenwirkungsgrade von 0,96.

Die Leistung der Turbinenstufe errechnet sich aus:

$$P = \dot{m} \cdot Y \qquad (5.31)$$

Die in Umfangsrichtung wirkende Kraft F_u beträgt:

$$F_u = \dot{m} \cdot Y/u = \dot{m} \cdot (c_{u3} - c_{u2}) \qquad (5.32)$$

Das pro Turbinenstufe mögliche Enthalpiegefälle Δh_{st} ist begrenzt. Die Schallgeschwindigkeit kann am Austritt der Leitschaufelreihe nicht überschritten werden. Damit man ein möglichst großes Enthalpiegefälle erzielt, wählt man die Geschwindigkeit c_2 so, dass

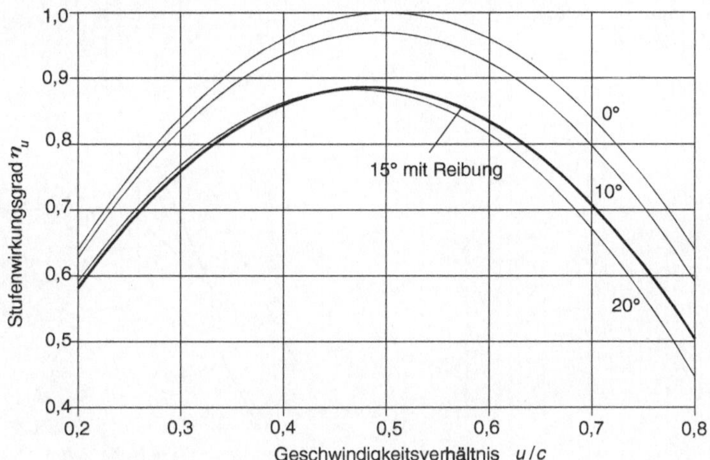

Abb. 5.9 Stufenwirkungsgrad der Gleichdruckturbine in Abhängigkeit von u/c_2

sie etwa das 0,9fache der Schallgeschwindigkeit ist. Sie hängt von der Temperatur und dem Druck des Dampfes ab und liegt zwischen 440 und 670 m/s. Am Austritt der Laufschaufelreihe liegen die Abströmgeschwindigkeiten bei 400 bis 600 m/s. Eine weitere Begrenzung ist die maximal mögliche Umfangsgeschwindigkeit, die bei ca. 300 m/s liegt. Damit ergeben sich je nach Dampfzustand Enthalpiegefälle von etwa 80 bis 180 kJ/kg. Bei Turbinenstufen mit hohen Drücken wird wegen der hohen Dampfdichte und des vorhandenen Strömungsquerschnitts sogar kleinere Stufengefälle von ca. 50 kJ/kg gewählt. Bei modernen Turbinen steht zwischen dem Frischdampf und Kondensator ein Enthalpiegefälle von 1 250 kJ/kg zur Verfügung. Die Turbinen müssen daher mit mehreren Stufen konstruiert werden.

5.4.2 Energieumsetzung in der Überdruckturbine

Bei der Überdruckturbine (*Parsons*-Turbine) wird sowohl in den Leit- als auch Laufschaufelreihen der Dampf beschleunigt. Damit verringert sich die Enthalpie in beiden Stufen. Das Enthalpiegefälle der Turbinenstufe Δh_{st} setzt sich aus dem Enthalpiegefälle der Leitschaufel Δh_{le} und dem der Laufschaufel Δh_{la} zusammen. Das Verhältnis der Enthalpiegefälle in den Laufschaufeln zu dem der Stufengefälle wird als *Reaktionsgrad r* der Turbinenstufe bezeichnet.

$$r = \Delta h_{la}/\Delta h_{st} \tag{5.33}$$

Um die Energieumsetzung zu berechnen, müssen hier auch die Strömungsvorgänge angesehen werden. Üblicherweise werden Überdruckturbinen mit einem Reaktionsgrad von

Abb. 5.10 Strömung in einer
Überdruckturbinenstufe

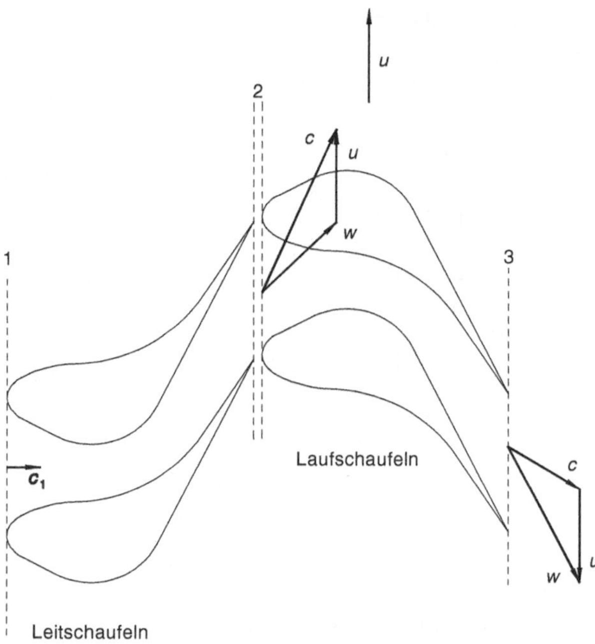

$r = 0{,}5$ ausgelegt. Abb. 5.10 demonstriert die Strömung in einer Überdruckturbinenstufe
mit $r = 0{,}5$.

Die Strömungsgeschwindigkeiten in den Leit- und Laufschaufelreihen bestimmen die
Enthalpiegefälle:

$$c_2 = \sqrt{2 \cdot \Delta h_{le} + c_1^2} = \sqrt{2 \cdot (1-r) \cdot \Delta h_{st} + c_1^2} \tag{5.34}$$

$$w_3 = \sqrt{2 \cdot \Delta h_{la} + w_2^2} = \sqrt{2 \cdot r \cdot \Delta h_{st} + w_2^2} \tag{5.35}$$

In einer Überdruckturbinenstufe verändern sich Geschwindigkeit und Druck in der
Laufschaufelreihe. In den meisten Fällen werden dadurch die Komponenten der Geschwindigkeiten c_2 und c_3 in axialer Richtung unterschiedlich sein. Wir behandeln hier
den speziellen Fall, bei dem die axialen Geschwindigkeitskomponenten gleichbleiben.
Abb. 5.11 zeigt die Geschwindigkeitsdreiecke einer Überdruckturbinenstufe mit dem Reaktionsgrad von $r = 0{,}5$. Diese klassische Überdruckstufe mit gleichem Enthalpiegefälle
in den Leit- und Laufschaufeln nach *Parsons* ist symmetrisch, was auch zu symmetrischen
Geschwindigkeitsdreiecken führt.

Aus den Geschwindigkeitsdreiecken erhält man für die Geschwindigkeitskomponenten
in Umfangsrichtung:

$$c_{u2} = c_2 \cdot \cos \alpha_2 \tag{5.36}$$

$$c_{u2} = c_2 \cdot \cos \alpha_2 \tag{5.37}$$

Abb. 5.11 Geschwindigkeitsdreiecke in einer Überdruckturbinenstufe mit $r = 0,5$

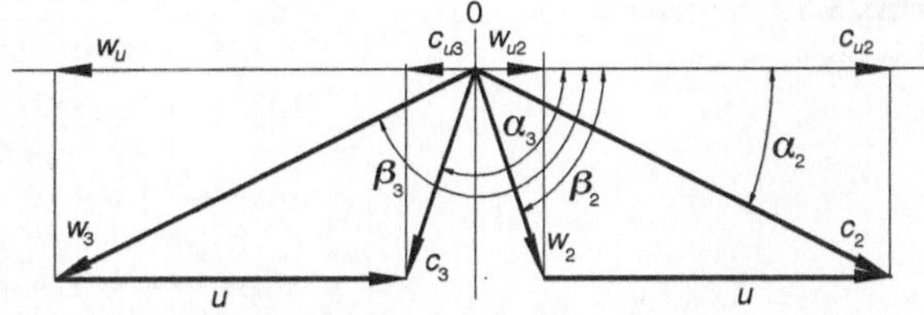

$$w_{u3} = -c_{u2} \tag{5.38}$$

$$c_{u3} = w_{u3} + u = -c_{u2} + u = u - c_2 \cdot \cos \alpha_2 \tag{5.39}$$

Damit ist die spezifische Arbeit Y der Stufe:

$$Y = u \cdot (c_{u3} - c_{u2}) = u \cdot (u - 2 \cdot c_2 \cdot \cos \alpha_2) \tag{5.40}$$

Der Wirkungsgrad der Turbinenstufe ist das Verhältnis der spezifischen Arbeit zum Enthalpiegefälle des Dampfes über der Turbinenstufe. Unter Vernachlässigung der Eintrittsgeschwindigkeit des Dampfes in die Leitschaufeln ist das Enthalpiegefälle nach Gl. (5.34):

$$\Delta h_{st} = \frac{c_2^2 - c_1^2}{2 \cdot (1 - r)} \approx \frac{c_2^2}{2 \cdot (1 - r)} = c_2^2 \tag{5.41}$$

$$\eta_u = \frac{|Y|}{c_2^2} = 2 \cdot \left(\frac{u}{c_2}\right) \cdot \cos \alpha_2 - \left(\frac{u}{c_2}\right)^2 \tag{5.42}$$

Den maximalen Wirkungsgrad erhält man hier bei folgendem Geschwindigkeitsverhältnis:

$$u = c_2 \cdot \cos \alpha_2 \tag{5.43}$$

Abb. 5.12 zeigt den Stufenwirkungsgrad der Überdruckturbinen als eine Funktion des Geschwindigkeitsverhältnisses u/c_2 für verschiedene Winkel α_2. Bei $u/c_2 = 1$ haben die Kurven ein flaches Maximum. Bei den Überdruckstufen wird das mögliche Enthalpiegefälle durch die maximal mögliche Umfangsgeschwindigkeit begrenzt und liegt bei 90 kJ/kg. Turbinen mit Überdruckstufen benötigen mehr Stufen für das gleiche Enthalpiegesamtgefälle als solche mit Gleichdruckstufen. Wegen der tieferen Geschwindigkeiten ist aber die Reibung geringer, was zu etwas höheren Wirkungsgraden führt. Mit den Überdruckstufen werden heute innere Wirkungsgrade von 0,97 erreicht. Da das Maximum des Stufenwirkungsgrades auf einer flachen Kurve liegt, werden vielfach Überdruckstufen mit Geschwindigkeitsverhältnissen von u/c_2, die kleiner als 1 sind, ausgelegt, um das Stufengefälle zu erhöhen. Wie bei der Auslegung der Strömungsquerschnitte gezeigt wird, ist speziell bei den letzten Stufen mit den dort vorkommenden tiefen Drücken und großen Schaufellängen eine Auslegung reiner Gleich- oder Überdruckstufen nicht mehr möglich.

Abb. 5.12 Stufenwirkungsgrad der Überdruckstufe

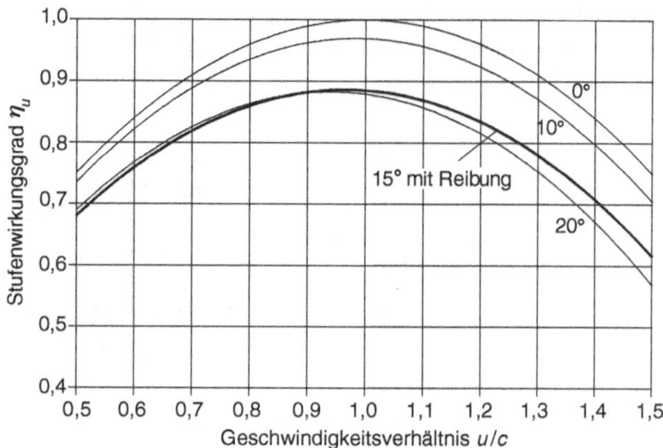

Am Fuß der Schaufeln ist die Umfangsgeschwindigkeit klein. Deshalb bilden die Schaufeln dort eine Gleichdruckstufe. Mit zunehmender Schaufellänge hat die Schaufel das Profil einer Überdruckstufe.

5.4.3   Energieumsetzung in der *Curtis*-Stufe

Bei Turbinen kleinerer Leistung ist eine vielstufige Entspannung oft unwirtschaftlich. Deshalb strebt man ein möglichst großes Enthalpiegefälle über der Turbinenstufe an. Durch die Ausbildung der Leitschaufeln als *Laval*düse können am Austritt der Leitschaufeln Geschwindigkeiten erreicht werden, die über der Schallgeschwindigkeit liegen. In der nachfolgenden Laufschaufelreihe wird die Geschwindigkeit nur umgelenkt. Da die kinetische Energie des Dampfes hier immer noch sehr groß ist, führt man in der nächsten Leit- und Laufschaufelreihe lediglich wieder je eine Geschwindigkeitsumlenkung durch. Eine solche Anordnung nennt man *zweikränzige Curtis-Stufe*. Die Strömungsverhältnisse und Geschwindigkeitsdreiecke in der *Curtis*-Stufe demonstriert Abb. 5.13. Da außer in der ersten Leitschaufelreihe keine weitere Druckänderung auftritt, bleiben die Geschwindigkeitskomponenten der Absolutgeschwindigkeit in axialer Richtung gleich groß.

Für die absoluten Umfangsgeschwindigkeiten an den Leitschaufelreihen ergeben sich folgende Beziehungen:

$$c_{u2} = c_2 \cdot \cos\alpha_2 \quad c_{u3} = w_{u3} + u = -w_{u2} + u = -c_2 \cdot \cos\alpha_2 + 2u \qquad (5.44)$$

$$c_{u4} = -c_{u2} = c_2 \cdot \cos\alpha_2 - 2 \cdot u$$
$$c_{u5} = w_{u5} + u = -c_{u4} + 2 \cdot u = -c_2 \cdot \cos\alpha_2 + 4 \cdot u \qquad (5.45)$$

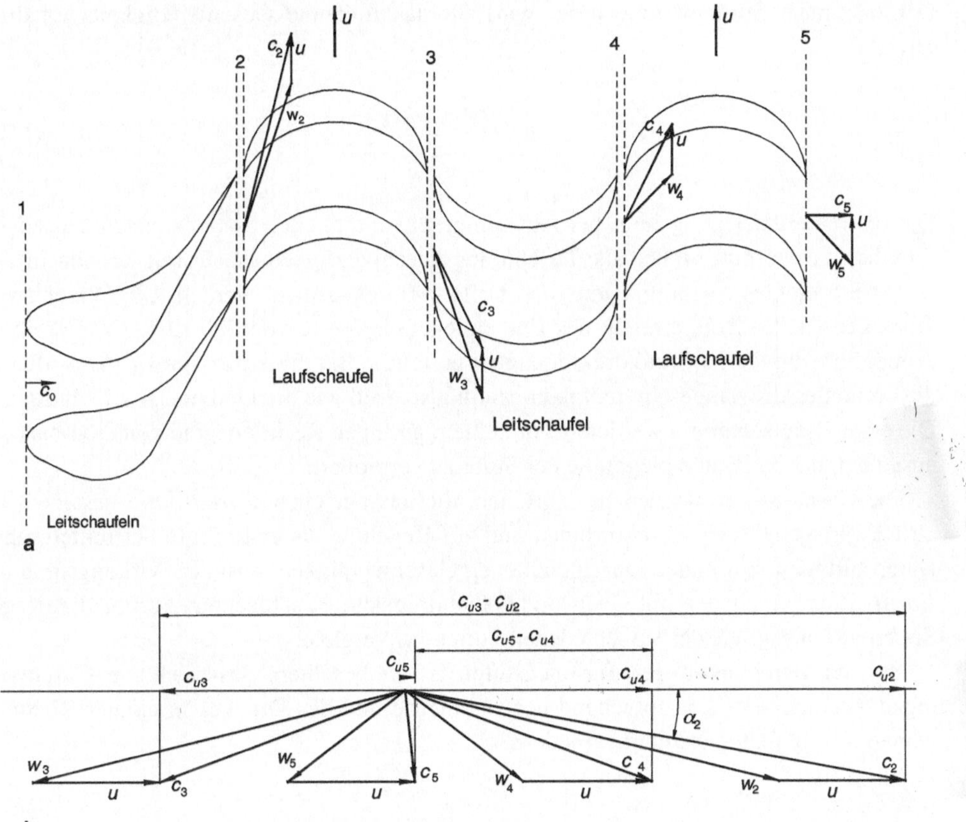

Abb. 5.13 Strömungsverhältnisse und Geschwindigkeitsdreiecke einer *Curtis*-Stufe

Unter Berücksichtigung der Winkel und Vorzeichen ist die spezifische Arbeit Y der Laufradreihen:

$$Y = u \cdot (c_{u3} - c_{u2} + c_{u5} - c_{u4}) = u \cdot (-4 \cdot c_2 \cdot \cos \alpha_2 - 2 \cdot u + 8 \cdot u + 2 \cdot u) =$$
$$= u \cdot (8 \cdot u - 4 \cdot c_2 \cdot \cos \alpha_2) \tag{5.46}$$

Dieses Ergebnis entspricht der in Abb. 5.13 gezeigten klassischen Anordnung der *Curtis*-Stufe mit symmetrischem Abströmwinkel für die Geschwindigkeiten.

Der Stufenwirkungsgrad ist das Verhältnis der spezifischen Arbeit zum Enthalpiegefälle, das in diesem Fall maximal die kinetische Energie des Dampfes am Austritt der Leitschaufelreihe ist.

$$\eta_u = \frac{2 \cdot |Y|}{c_2^2} = 8 \cdot \left(\frac{u \cdot \cos \alpha_2}{c_2} - \frac{2 \cdot u^2}{c_2^2} \right) \tag{5.47}$$

Der maximale Stufenwirkungsgrad wird für das folgende Geschwindigkeitsverhältnis erreicht:

$$u = \frac{c_2 \cdot \cos \alpha_2}{4}$$
(5.48)

Die optimale Auslegung liegt bei Abströmgeschwindigkeiten aus der ersten Leitschaufelreihe, die viermal größer als die Umfangsgeschwindigkeit ist. Damit können in den *Curtis*-Stufen Geschwindigkeiten von über 1 000 m/s erreicht werden. Über einer zweikränzigen *Curtis*-Stufe erreicht das Enthalpiegefälle Werte von 700 kJ/kg. Weiterhin ist es möglich, die *Curtis*-Stufe dreikränzig zu gestalten. Bei dreikränzigen *Curtis*-Stufen ist die optimale Abströmgeschwindigkeit achtmal so groß wie die Umfangsgeschwindigkeit. Die ersten Laufschaufeln werden oft mit einem geringen Reaktionsgrad von 0,04 bis 0,08 ausgelegt, um das Enthalpiegefälle der Stufe zu vergrößern.

Die *Curtis*-Stufen werden bei Turbinen, die aus nur einer *Curtis*-Stufe bestehen, als „Rückwärtsgang" bei Schiffsturbinen und zur Regelung als erste Stufe bei mittelgroßen Dampfturbinen verwendet. Durch die hohen Geschwindigkeiten ist der Wirkungsgrad der *Curtis*-Stufe, verglichen mit Über- und Gleichdruckstufen, schlechter. Abb. 5.14 zeigt die Stufenwirkungsgrade der verschiedenen Stufen im Vergleich.

Bei der Berechnung der Turbinenstufen ist zu beachten, dass sich die Geschwindigkeitskomponenten entsprechend der Geometrie und des Druckes in axialer Richtung gemäß Kontinuitätsgleichung verändern.

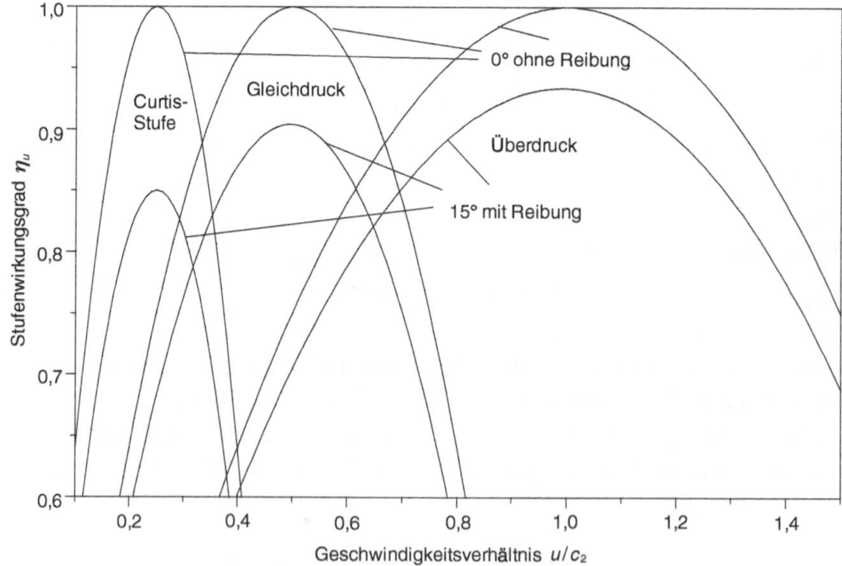

Abb. 5.14 Stufenwirkungsgrade verschiedener Turbinenstufen

Früher dimensionierte man Turbinen mit den hier beschriebenen Geschwindigkeitsdreiecken, begleitet von Strömungsversuchen. Heute werden die Berechnungen mit 3D-Strömungsprogrammen durchgeführt. Die Strömung und Druckverteilung zwischen den Schaufeln werden ermittelt und so die Kräfte auf den Schaufeln bestimmt. Dabei sind bereits Reibungseffekte und Strömungsablösungen berücksichtigt. Die Entwicklung neuer Turbinen kann dadurch wesentlich schneller erfolgen, weil die zeitaufwändigen Strömungsversuche entfallen. Turbinenstufen mit längeren Schaufeln erreichen heute innere Wirkungsgrade von über 0,97.

5.4.4 Auslegung der Schaufellängen

Die Schaufellängen der Turbinen können nicht willkürlich gewählt werden. Sie werden so ausgelegt, dass das Geschwindigkeitsverhältnis u/c_2 entsprechend der Arbeitsweise den optimalen Stufenwirkungsgrad liefert. Die Strömungsgeschwindigkeit hängt von der Drehzahl, vom Strömungsquerschnitt, Abströmwinkel α_2, Massenstrom und spezifischen Volumen des Dampfes ab. Hier wird die Auslegung der Schaufel bei höheren Dampfdrücken (kurze Schaufel) ausführlich besprochen, auf die der längeren Schaufel wird später kurz eingegangen. Die Anordnung und Geometrie des Strömungsquerschnitts zeigt Abb. 5.15.

Der Abströmquerschnitt A_2 der Leitschaufelreihe ist:

$$A_2 = \frac{\pi}{4} \cdot \left[(D + 2 \cdot a)^2 - D^2 \right] \cdot \tau \approx \pi \cdot (D + a) \cdot a \cdot \tau = \pi \cdot D_m \cdot a \cdot \tau \tag{5.49}$$

Dabei ist a die Länge der Schaufel, D der Durchmesser des Rotors, $D_m = D + a$ der mittlere Durchmesser der beschaufelten Zone und τ der Versperrungsfaktor, der angibt, welcher Anteil des Querschnitts durch das Material der Schaufel versperrt ist. τ hat einen Wert zwischen 0,9 und 0,95. Der notwendige Strömungsquerschnitt A_2 hängt vom Massenstrom des Dampfes, vom gewünschten Enthalpiegefälle Δh_{st} und vom spezifischen Volumen v_2 des Dampfes ab. Das Enthalpiegefälle Δh_{st} bestimmt die Geschwindigkeit c_2:

Abb. 5.15 Geometrie des Strömungsquerschnitts

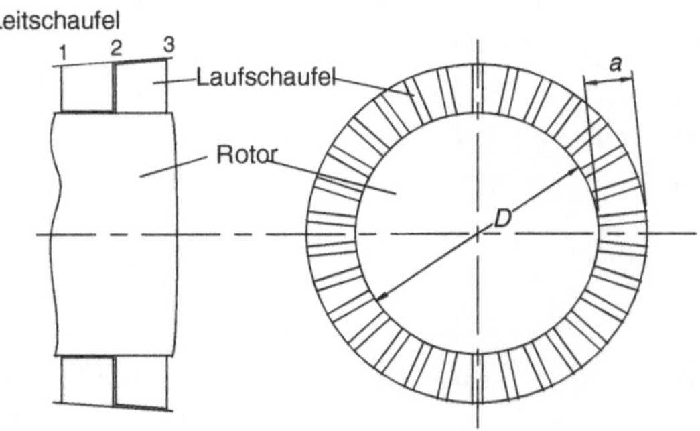

$$c_2 = \varphi \cdot \sqrt{2 \cdot (1 - r) \cdot \Delta h_{st,s} + c_1^2} \qquad (5.50)$$

Die Geschwindigkeitsziffer φ gibt an, um welchen Faktor sich die Geschwindigkeit c_2 durch Reibung gegenüber der isentropen Expansion vermindert. Die Reduktion der Geschwindigkeit kann auch anhand des inneren Wirkungsgrades der Turbinenstufe folgendermaßen berücksichtigt werden:

$$c_2 = \sqrt{2 \cdot (1 - r) \cdot \eta_i \cdot \Delta h_{st,s} + c_1^2} \qquad (5.51)$$

Der Volumenstrom des Dampfes wird einerseits durch die axiale Komponente der Geschwindigkeit c_2 bzw. dem Strömungsquerschnitt A_2 und andererseits durch den Massenstrom und das spezifische Volumen v_2 des Dampfes bestimmt:

$$\dot{V} = A_2 \cdot c_2 \cdot \sin \alpha_2 = \dot{m} \cdot v_2 \qquad (5.52)$$

Damit ist der notwendige Strömungsquerschnitt:

$$A_2 = \frac{\dot{m} \cdot v_2}{c_2 \cdot \sin \alpha_2} \qquad (5.53)$$

Die Geschwindigkeit c_2 hängt wiederum von der Umfangsgeschwindigkeit u und Wirkungsweise der Turbine ab. Der mittlere Durchmesser kann aus den Gl. (5.49) und (5.53) bestimmt werden.

$$D_m = \frac{\dot{m} \cdot v_2}{c_2 \cdot \tau \cdot \pi \cdot a \cdot \sin \alpha_2} \qquad (5.54)$$

Die Geschwindigkeit c_2 ist durch das Geschwindigkeitsverhältnis u/c_2 ersetzbar. Die Umfangsgeschwindigkeit u wird durch den mittleren Durchmesser D_m und die Drehzahl n der Turbine bestimmt.

$$u = n \cdot \pi \cdot D_m \qquad (5.55)$$

$$D_m = \sqrt{\frac{u}{c_2} \frac{\dot{m} \cdot v_2}{n \cdot \tau \cdot \pi^2 \cdot a \cdot \sin \alpha_2}} \qquad (5.56)$$

Das spezifische Volumen v_2 ist vom Zustand des Dampfes nach der Leitschaufelreihe abhängig. D_m muss iterativ ermittelt werden. Zunächst wird entsprechend der Wirkungsweise der Turbine ein Geschwindigkeitsverhältnis u/c_1 ausgewählt. Mit einem angenommenen mittleren Durchmesser wird die Geschwindigkeit c_2 bestimmt. Zur Berechnung des Enthalpiegefälles Δh_{st} muss zunächst noch die Geschwindigkeit c_1 ermittelt werden:

$$c_1 = \frac{\dot{m} \cdot v_1}{A_1} \approx \frac{\dot{m} \cdot v_2}{A_2} \qquad (5.57)$$

Vorausgesetzt, dass die Strömungsquerschnitte A_2 und A_1 in etwa gleich groß sind, erhält man für das isentrope Enthalpiegefälle über der Leitschaufelreihe:

$$(\Delta h_{st})_s = \frac{c_2^2 - c_1^2}{2 \cdot \eta_i} = \frac{c_2^2}{2 \cdot \eta_i} \cdot \left[1 - (v_1/v_2)^2 \cdot \sin^2 \alpha_2\right] \tag{5.58}$$

Berücksichtigt man, dass die Geschwindigkeit c_2 sehr viel größer als c_1 ist, gilt näherungsweise:

$$(\Delta h_{st})_s = \frac{c_2^2 - c_1^2}{2 \cdot \eta_i} = \frac{c_2^2}{2} \cdot \left[1 - (v_1/v_2)^2 \cdot \sin^2 \alpha_2\right] \approx \frac{c_2^2}{2} \tag{5.59}$$

Im h-s-Diagramm kann mit dem idealen Enthalpiegefälle der Druck nach der Expansion in den Leitschaufeln ermittelt werden. Mit Dissipation beträgt das Enthalpiegefälle der Stufe:

$$(\Delta h_{st})_s = \frac{c_2^2 - c_1^2}{2 \cdot \eta_i} = \frac{c_2^2}{2 \cdot \eta_i} \cdot \left[1 - (v_1/v_2)^2 \cdot \sin^2 \alpha_2\right] \approx \frac{c_2^2}{2 \cdot \eta_i} \tag{5.60}$$

Die Bestimmung des Rotordurchmessers und der Schaufellänge ist ein iterativer Vorgang. Die Drehzahl der Turbine ist von der Anwendung her vorgegeben. Turbinen für die Stromerzeugung haben eine Drehzahl von 50 Hz oder 60 Hz (USA, Kanada). Die Schaufellänge sollte möglichst groß sein, weil sich bei Schaufellängen von weniger als 20 mm der innere Wirkungsgrad der Stufe stark verschlechtert. Mit abnehmender Schaufellänge werden die Kanäle zwischen den einzelnen Schaufeln immer kleiner. Die unteren und oberen Begrenzungen der Kanäle tragen nicht zur Energieumwandlung bei, erhöhen aber die Reibung. Den Durchmesser des Rotors wählt man möglichst groß, damit das Enthalpiegefälle groß wird, wobei die Umfangsgeschwindigkeiten wegen der Zentrifugalkräfte auf ca. 300 m/s begrenzt sind. Mit einem angenommenen Durchmesser können die Umfangsgeschwindigkeit, die Geschwindigkeit c_2 und das Enthalpiegefälle berechnet werden. Das spezifische Volumen ermittelt man im h-s-Diagramm (s. Abb. 5.16) bei Zustand 2. Je nach Arbeitsweise (Gleich- oder Gegendruck) ist das optimale Geschwindigkeitsverhältnis u/c_2 bekannt. Gl. (5.56) kann nach der Schaufellänge aufgelöst und diese wiederum berechnet werden. Ist die Schaufellänge größer als der vorgegebene minimale Wert, beendet man die Berechnung und Rotordurchmesser und Schaufellänge sind bestimmt. Ist die Schaufellänge kleiner als der vorgegebene minimale Wert, berechnet man mit der minimalen Schaufellänge mit Gl. (5.56) den Durchmesser. Damit ergeben sich neue Geschwindigkeiten für u, c_1 und c_2. Mit diesen neuen Werten können das Enthalpiegefälle, das spezifische Volumen und der mittlere Durchmesser neu bestimmt werden. Der Vorgang wird wiederholt, bis die erforderliche Genauigkeit erreicht ist.

Speziell bei kleinen Dampfturbinen benötigt man wegen der kleinen Massenströme kurze Schaufellängen, was den Wirkungsgrad verschlechtert. Schaufellängen unter 20 mm sollte man möglichst vermeiden. Verlangt das Stufengefälle und Geschwindigkeitsverhältnis zu kleine Schaufellängen, geht man zu *Curtis*-Stufen oder zur Teilbeaufschlagung über. Letztere wird durch Abdecken von Sektoren der Leitschaufelreihe erreicht (Abb. 5.17).

Abb. 5.16 Ermittlung des
spezifischen Volumens

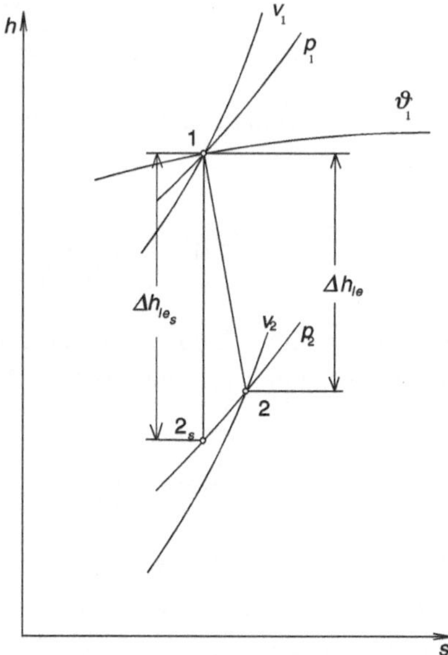

Abb. 5.17 Teilbeaufschlagung

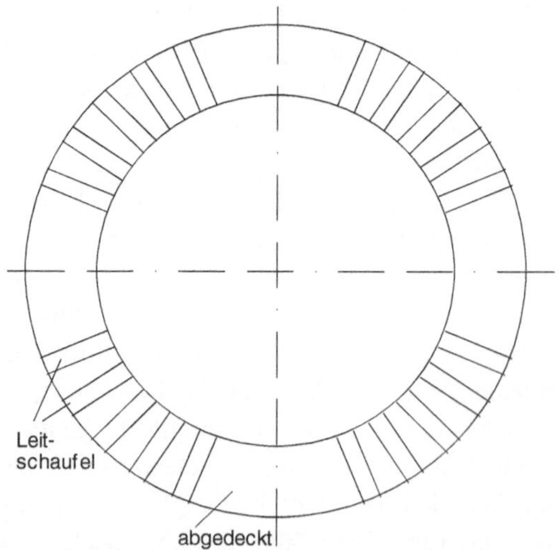

Mit zunehmender Schaufellänge werden die Schaufeln immer dicker und die letzten
Schaufelreihen mit den langen Schaufeln können nicht mehr als eine reine Gleich- oder
Überdruckstufe ausgeführt werden. Wegen zunehmender Umfangsgeschwindigkeit zur
Schaufelspitze hin kann das optimale Geschwindigkeitsverhältnis u/c_1 über der gesam-
ten Schaufellänge nicht mehr eingehalten werden. Die langen Schaufeln werden deshalb
am Schaufelfuß als Gleichdruck- und an der Schaufelspitze als Überdruckstufe ausgelegt.

5.4.5 Festlegung des Stufengefälles und der Anzapdrücke

Die Festlegung des Stufengefälles hängt von der Auswahl der Anzapfdrücke und konstruktiven Beschaffenheit der Turbinenbeschaufelung ab. Rechnerisch lässt sich zeigen, dass die beste Wirkungsgradverbesserung durch Vorwärmung dann erzielbar ist, wenn die Enthalpiezunahme an jedem Vorwärmer gleich groß ist. Die letzte *Aufwärmung* des Speisewassers erfolgt im Kessel von der Eintrittstemperatur des Speisewassers auf die Sättigungstemperatur des Wassers im Kessel. Ist n die Anzahl der Vorwärmer, so ist die zu wählende Enthalpiedifferenz Δh_{VW} pro Vorwärmer:

$$\Delta h_{VW} = (h_{Ks} - h_{Kon})/(1 + n) \tag{5.61}$$

Dabei ist h_{Ks} die Sättigungsenthalpie des Speisewassers im Kessel und h_{Kon} jene nach dem Kondensator. Die Anzapfdrücke sollte man so wählen, dass das entsprechende Enthalpiegefälle eingehalten wird. Die Temperatur und damit die Enthalpie des Speisewassers werden durch den Druck der Anzapfung bestimmt. Die Endtemperatur des Vorwärmers entspricht der Sättigungstemperatur der Anzapfung plus der Grädigkeit des Vorwärmers.

Die Aufteilung der Anzapfdrücke wird am Beispiel einer Überdruckturbine mit 8 Vorwärmern dargestellt. Der Frischdampf hat einen Druck von 160 bar und die Temperatur von 540 °C. Der Druck im Kondensator beträgt 0,05 bar. Die Enthalpie des Speisewassers nach dem Kondensator ist 137,8 kJ/kg und die Sättigungsenthalpie im Kessel 1 649,7 kJ/kg. Damit beträgt der Enthalpieanstieg pro Vorwärmer 168,0 kJ/kg. Nimmt man für die ersten vier Niederdruckvorwärmer eine Grädigkeit von 2 K, für den fünften, welcher der Direktkontaktvorwärmer ist, von 0 K und für die Hochdruckvorwärmer eine von 1 K an, ergeben sich Anzapfdrücke wie in Tab. 5.1 dargestellt.

Wegen des hohen Druckes und den damit verbundenen Kosten kann die wirtschaftlich gesehene Entscheidung zum Wegfall des letzten Vorwärmers führen.

Jeweils nach einer Laufschaufelreihe erfolgt die Anzapfung des Dampfes. Deshalb müssen die Enthalpiegefälle über den Stufen so gewählt werden, dass die entsprechenden Anzapfdrücke möglichst erreicht werden. Das Stufengefälle hängt von der Schaufelgeometrie ab. Man kann gewisse Zonen mit Schaufeln gleicher Geometrie, aber unterschiedlicher Länge zusammenfassen. Diese Schaufelgruppen werden bei Gleichdruckturbinen mit etwa konstantem Stufengefälle und bei Überdruckturbinen mit leicht steigendem Stufengefälle ausgelegt. Da die Anzahl der Stufen begrenzt ist, kann der genau errechnete

Tab. 5.1 Aufteilung der Anzapfdrücke

Stufe	1	2	3	4	5	6	7	8	
h_{SW}	305,7	473,7	641,7	809,7	977,7	1145,71	313,71	481,7	kJ/kg
ϑ_{SW}	72,8	112,7	152,1	190,5	226,5	262,5	295,9	325,5	°C
ϑ_s	74,8	114,7	154,1	192,5	227,5	261,5	294,9	324,5	°C
p_s	0,38	1,67	5,30	13,25	25,71	48,05	79,86	119,67	bar

Anzapfdruck nicht immer erreicht werden. Entsprechend der vorhandenen Schaufelgeometrien wird die Turbine so ausgelegt, dass möglichst das gleiche Enthalpiegefälle des Speisewassers pro Anzapfung erreicht wird. Die Turbinenkonstrukteure optimieren die Turbinen derart, dass ein möglichst hoher Wirkungsgrad erreicht wird.

Je nach Größe der Turbine wird bei Überdruckturbinen die erste Stufe als Regelstufe, die in vielen Fälle eine *Curtis*-Stufe ist, als Gleichdruckstufe ausgelegt. Damit erreicht man, dass in der ersten Stufe ein möglichst großes Enthalpie- und Druckgefälle erzielt wird und die nachfolgenden Stufen mit vernünftigen Schaufellängen konstruierbar sind.

5.4.6 Durchflussgesetze

Die Dampfturbine selbst und die Stufen können als eine Düse betrachtet werden. Abhängig von der Druckdifferenz, die über einer oder über allen Stufen angelegt ist, strömt mehr oder weniger Dampf. Wie aus der Strömungslehre bekannt ist, steigt der Massenstrom bei einem konstanten Eintrittsdruck p_i mit abnehmendem Austrittsdruck p_a zunächst an. Wird das kritische Druckverhältnis erreicht, verändert sich der Massenstrom nicht mehr und der Druck am Austritt steigt über den Umgebungsdruck. Erreicht man in einer der Turbinenstufen das kritische Druckverhältnis, kann durch Senken des Austrittsdruckes der Massenstrom nicht mehr erhöht werden. Das kritische Druckverhältnis einer Turbine ist das Produkt der kritischen Druckverhältnisse der einzelnen Stufen. Das kritische Druckverhältnis sinkt mit zunehmender Stufenzahl. Abb. 5.18 zeigt die Ausflussfunktion Ψ der Turbine.

Der Grenzwert für vielstufige Turbinen beträgt:

Abb. 5.18 Ausflussfunktion Ψ einer Turbine

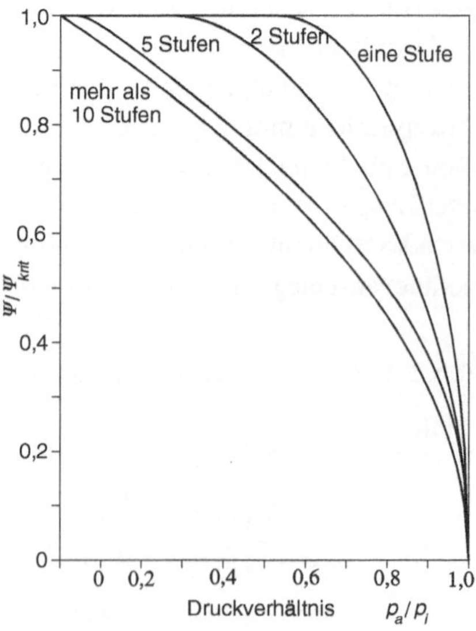

$$\frac{\Psi}{\Psi_{krit}} = \sqrt{1 - \frac{p_a}{p_i}} \qquad\qquad (5.62)$$

Der Massenstrom durch die Turbine ist gegeben als:

$$\dot{m} = \mu \cdot A \cdot \sqrt{p_i/v_i} \cdot \Psi \qquad\qquad (5.63)$$

Den Massenstrom der Dampfturbinen regelt man durch Drosselung des Druckes. Die Turbine wird für einen Massenstrom $\dot{m}_0$ beim Eintrittsdruck p_{i0}, dem Austrittsdruck p_{a0} und spezifischen Volumen v_{i0} ausgelegt. Bei einem gedrosselten Druck kann p mit guter Näherung durch die Beziehung $p_{i0} \cdot v_{i0} = p \cdot v$ angegeben werden. Damit erhält man folgendes vereinfachtes Gesetz für den Massenstrom als eine Funktion des Druckes:

$$\frac{\dot{m}}{\dot{m}_0} = \frac{p_i}{p_0} \cdot \sqrt{\frac{1 - (p_a/p_i)^2}{1 - (p_{a0}/p_{i0})^2}} = \sqrt{\frac{p_i^2 - p_a^2}{p_{i0}^2 - p_{a0}^2}} \qquad\qquad (5.64)$$

Diese Gleichung beschreibt die Mantelfläche eines Kegels. Sie wird nach *Aurel Stodola* (slowak. Ingenieur), welcher anhand von Messungen dieses Gesetz angab, *Kegelgesetz* genannt. Mit diesem Gesetz kann die Druckänderung in einer Teilturbine bestimmt werden.

Bei Dampfturbinen ist in der Regel der Austrittsdruck gegenüber dem Eintrittsdruck sehr klein, so dass der Massenstrom in guter Näherung durch folgende vereinfachte Gleichung angegeben werden kann:

Abb. 5.19 zeigt den Massenstrom in Abhängigkeit des Druckes nach Gl. (5.64). Man sieht, dass mit Ausnahme von sehr kleinen Eintrittsdrücken der Massenstrom der Turbine

Abb. 5.19 Massenstrom als eine Funktion des Eintrittsdruckes

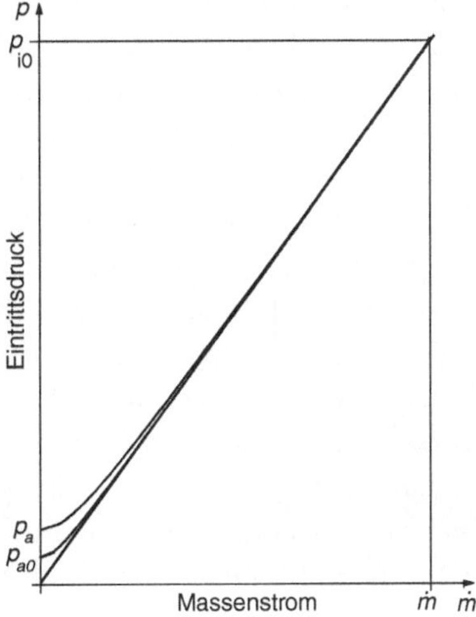

im Wesentlichen vom Eintrittsdruck geregelt ist. Damit kann der Massenstrom meist in guter Näherung mit Gl. (5.65) bestimmt werden.

$$\frac{\dot{m}}{\dot{m}_0} = \frac{p_i}{p_{i0}} \tag{5.65}$$

5.4.7 Regelung von Dampfturbinen

Da Dampfturbinen nicht immer mit gleicher Last arbeiten, müssen sie geregelt werden. Dies gilt auch für das An- und Abfahren der Turbine. Erzeugt der strömende Dampf ein höheres Drehmoment als das, mit dem die Turbine belastet ist, wird der Rotor beschleunigt und die Drehzahl erhöht sich. Mit dem Dampfmassenstrom kann sowohl die Drehzahl als auch die Leistung der Turbine geregelt werden. Mit Ausnahme von einigen Kleinturbinen arbeiten die meisten Dampfturbinen bei konstanter Drehzahl und verändern ihre Drehzahl nur beim An- und Abfahren. Wie wir im vorgehenden Kapitel gesehen haben, ist der Massenstrom eine Funktion des Druckes vor und nach der Turbine. Bei den meisten Turbinen ist der Austrittsdruck nur ein winziger Bruchteil des Eintrittsdruckes, sodass dieser keinen bzw. nur einen vernachlässigbaren Einfluss auf den Massenstrom hat. Die Regelung erfolgt also über den Druck des Dampfes am Eintritt der Turbine. Dies kann durch Änderung des Druckes vor dem Turbineneintritt oder aber auch nach der ersten Stufe (Regelstufe) geschehen. Bei Ersterer wird der Druck vor der Turbine durch Ändern des Kesseldruckes (*Gleitdruckregelung*) oder durch Drosselung des Dampfes durch ein Einlassventil (*Drosselregelung*) erfolgen. Die Gleitdruckregelung kommt wegen der Trägheit des Kessel seltener zur Anwendung und ist mit anderen Regelarten gekoppelt. Bei der Drosselung durch die Regelstufe wird diese segmentweise (in der Regel vier) mit ungedrosseltem Dampf beaufschlagt (*Düsengruppenregelung*), wobei entsprechend des Lastbedarfs der Druck vor einem Segment jeweils gedrosselt werden muss. Dadurch kann der Teil des Dampfes, der ungedrosselt ein Segment beaufschlagt, ein größeres Enthalpiegefälle verarbeiten und hat damit einen besseren Wirkungsgrad. Nach der Regelstufe entsteht entsprechend der Ausflussfunktion der Turbine ein dem Massenstrom entsprechender Druck. Der Druckabfall in der Regelstufe ist je nach Anzahl der beaufschlagten Segmente recht unterschiedlich. Die Regelstufen müssen deshalb als *Laval*düsen ausgebildet sein. In Abb. 5.20 sind die Drosselregelung und Düsengruppenregelung im *h-s*-Diagramm miteinander verglichen. Aus dem Diagramm ist ersichtlich, dass die Regelstufe wegen der dort auftretenden hohen Geschwindigkeiten einen etwas schlechteren Wirkungsgrad hat. Damit ist bei Volllast eine geringfügig kleine Verschlechterung des Wirkungsgrades gegenüber einer Turbine mit reiner Drosselregelung zu beobachten. Bei Teillasten dagegen ist der Wirkungsgrad bei der Düsengruppenregelung wesentlich besser. Mit Ausnahme großer Turbinen, die speziell für den Grundlastbedarf konzipiert sind, haben Dampfturbinen eine Regelstufe.

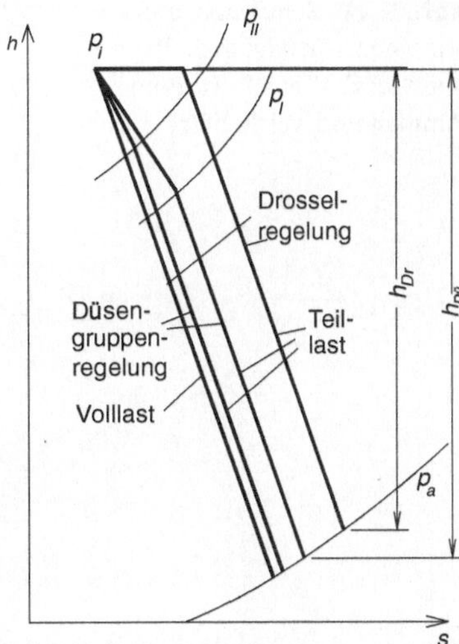

Abb. 5.20 Vergleich Drossel- und Düsengruppenregelung

5.4.8 Axialschub und Schubausgleich

Bei einflutigen oder asymmetrisch zweiflutigen Überdruckturbinen entsteht eine Druckdifferenz über jeder Laufschaufelreihe. Diese Druckdifferenz übt eine Axialkraft auf den
Rotor der Turbine aus. Die Schubkraft in axialer Richtung ist:

$$F_{ax} = \sum_{i=1}^{n} A_i \cdot \Delta p_i \qquad (5.66)$$

Dabei ist A_i die Fläche der Beschaufelung der i-ten Stufe und Δp_i, die dort vorherr-
schende Druckdifferenz. Die dadurch entstehenden axialen Kräfte sind so groß, dass sie
wegen der entstehenden Reibungswärme mit einem Lager nicht aufgefangen werden können. Aus diesem Grund wird eine Ausgleichsscheibe, *Schubausgleichskolben* genannt, an
der Welle angebracht, die auf der einen Seite mit dem Druck des eintretenden Dampfes und auf der anderen Seite mit dem des austretenden Dampfes beaufschlagt wird und
so dem Axialschub der Beschaufelung entgegenwirkt. Da die Axialkraft proportional
zur Gesamtdruckdifferenz über der Turbine ist, wird durch den Schubausgleichskolben
bei allen Lasten ein Schubausgleich erreicht. Die Fläche des Schubausgleichskolbens
wird für Volllast ausgelegt. Bei Teillasten können kleinere Schubkräfte auftreten, die
durch ein Drucklager aufgenommen werden müssen. In Abb. 5.21 ist das Schema des
Schubausgleichs mit dem Ausgleichkolben dargestellt. Dort wird der Kolben durch
eine externe Leitung mit dem Druck am Austritt beaufschlagt. Bei vielen Turbinen
ist im Turbinengehäuse eine interne Verbindung vorhanden. Da der Ausgleichskolben
von beiden Seiten mit Dampf unterschiedlichen Druckes beaufschlagt ist, muss er am
Außendurchmesser durch eine berührungsfreie Labyrinthdichtung abgedichtet werden.
Einflutige Gleichdruckturbinen und symmetrische zweiflutige Turbinen benötigen keinen
Ausgleichskolben. Allerdings können unter bestimmten Betriebsbedingungen dort auch

Abb. 5.21 Schubausgleich
mit einem Ausgleichskolben
(Quelle: F. Dietzel: Turbinen,
Pumpen und Verdichter)

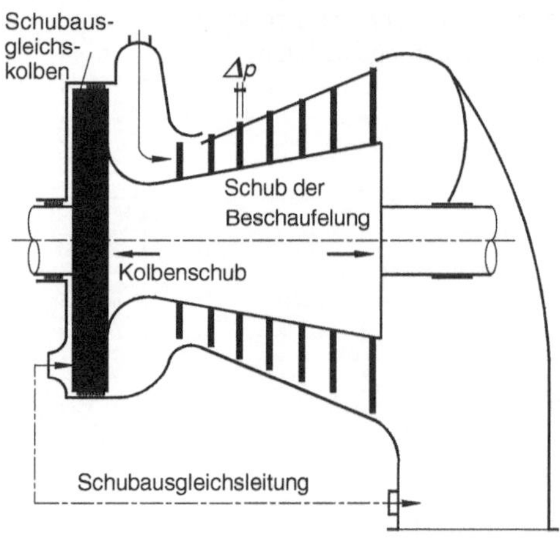

geringfügige Axialkräfte auftreten, die durch ein entsprechendes Drucklager aufgefangen
werden müssen.

5.5   Stufenverluste und Wirkungsgrade

Eine Dampfturbine kann nur einen Teil der zugeführten Wärme in mechanische Arbeit
umwandeln. Die am Kondensator an die Umgebung abgegebene Wärme ist nicht umwan-
delbar. Diese Verluste wurden bereits besprochen. Hier werden die Verluste behandelt, die
den inneren Wirkungsgrad der Turbine betreffen, d.h. die Verluste, die gegenüber einer
isentropen Expansion entstehen. Der innere Wirkungsgrad der Turbinen ist sehr stark von
der Größe der Turbine abhängig. Kleine Dampfturbinen, die nur aus einer *Curtis*-Stufe
bestehen, haben innere Wirkungsgrade von 0,50 bis 0,60; große Turbogruppen erreichen
heute innere Wirkungsgrade von über 0,9. Um den Wirkungsgrad zu verbessern, müssen
die Verlustquellen bekannt sein. Die Verluste bestehen im Wesentlichen aus Reibungs- und
Leckageverlusten. Hier werden die Verlustquellen näher angesehen und die Maßnahmen
zur ihrer Behebung besprochen.

5.5.1   Reibungsverluste

Reibungsverluste treten auf dem gesamten Strömungsweg des Dampfes sowie dort, wo
rotierende Teile mit Dampf anderer Geschwindigkeit zusammentreffen, auf.

5.5.1.1 Beschaufelungsverluste

Bei der Strömung durch die Schaufel erleidet der Dampf einen Druckverlust (Dissipation), der bei Dampfturbinen entweder durch den inneren Wirkungsgrad oder durch die
Geschwindigkeitsziffer angegeben wird. Letztere gibt an, wie viel kleiner die wirkliche

Geschwindigkeit gegenüber der bei isentroper Expansion erzielbaren Geschwindigkeit liegt. Die Verluste hängen stark von der Form, Größe und Oberflächenbeschaffenheit der Schaufel und Geschwindigkeit des Dampfes ab. Bei kurzen Schaufeln haben die oberen und unteren Abdeckungen der Schaufel einen relativ großen Anteil am Reibungsdruckverlust, sodass kürzere Schaufeln größere Dissipationsverluste aufweisen.

Die Schaufelformen haben auch Einfluss auf die Reibungsverluste; sie werden heute mit Computerprogrammen optimiert.

Ebenfalls einen großen Einfluss hat die Oberflächenbeschaffenheit. Raue Oberflächen erzeugen einen größeren Druckverlust als glatte; aus diesem Grund bearbeitet man die Oberflächen sehr sauber.

Bei sauberer glatter Oberfläche werden folgende Geschwindigkeitsverluste beobachtet:

- In Leitschaufeln und Düsen wird der Dampf bis zu 80° umgelenkt und die Geschwindigkeiten sind groß. Die Geschwindigkeitsverluste betragen 4 bis 10 %. Sie können bei *Curtis*-Stufen noch größer werden.
- In Laufschaufeln von Gleichdruckstufen
  ist die Umlenkung bis zu 150°, die Geschwindigkeiten sind groß. Die Geschwindigkeitsverluste betragen bis zu 7 %.
- In Laufschaufeln von Überdruckstufen
  sind Umlenkung und Geschwindigkeit kleiner als bei Gleichdruckstufen. Wegen der Beschleunigung ist die Strömung günstiger. Die Geschwindigkeitsverluste betragen bis zu 2 bis 6 %.

5.5.1.2 Radreibung und Ventilation

Bei Gleichdruckstufen befinden sich die Laufschaufeln vielfach auf einer Laufradscheibe, die durch Zwischenböden von der davor und dahinterliegenden Stufe getrennt werden. In den Zwischenräumen findet praktisch keine Strömung statt. Zwischen der Laufradscheibe und dem Zwischenboden befindet sich Dampf, der infolge Rotation der Laufradscheibe Reibung verursacht. In jeder Stufe entstehen Reibungsverluste, die desto größer sind, je größer der Radscheibendurchmesser, je höher die Umfangsgeschwindigkeit und je größer die Dampfdichte ist. Der Druckverlust nimmt proportional zur Dampfdichte, quadratisch zum Durchmesser und kubisch zur Umlaufgeschwindigkeit zu. Pro Stufe können Verluste von über 100 kW auftreten. Hier ist wieder die Beschaffenheit der Oberfläche von Bedeutung. Die Wände der Radscheibe und Zwischenböden müssen möglichst glatt sein.

Bei teilbeaufschlagten Gleichdruckstufen (Regelrad) entstehen Ventilationsverluste. Die Laufschaufeln, die an den nicht vom Dampf beaufschlagten Teilen des Leitrades vorbeilaufen, verursachen dort Verwirbelungen. Man spricht von Ventilationsverlusten. Diese Verluste hängen von der Schaufellänge und Umfangsgeschwindigkeit ab. Bei Kleinturbinen kann die Teilbeaufschlagung beträchtliche Wirkungsgradverluste verursachen.

Der Vorgang der Radreibung und Ventilation sind in Abb. 5.22 dargestellt.

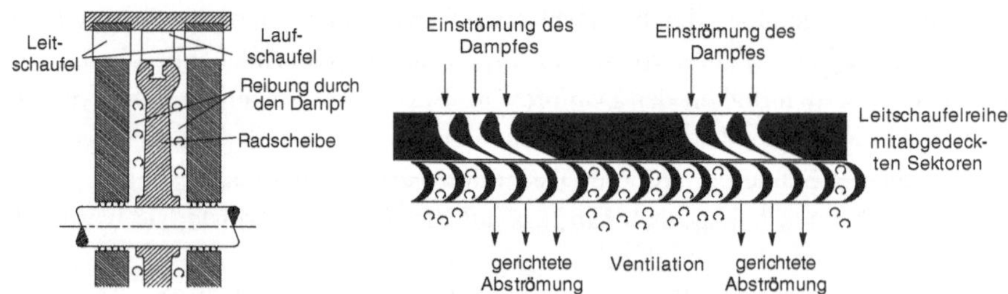

Abb. 5.22 Mechanismen der Radreibung und Ventilation

Bei Überdruckturbinen treten praktisch keine bzw. vernachlässigbare Radreibungs- und Ventilationsverluste auf. Die Schaufeln sind dort direkt am Rotor montiert, und nur die schmalen Abdeckungen am Laufradumfang verursachen geringfügige Reibungsverluste. Überdruckturbinen werden immer voll beaufschlagt und erleiden deshalb keine Ventilationsverluste.

Weitere Reibungsverluste entstehen beim Übergang von den Leit- zu den Laufschaufeln, die aber in den Geschwindigkeitsverlusten bereits berücksichtigt sind.

5.5.2 Leckageverluste (Spaltverluste)

Eine vollkommene Abdichtung zwischen den Stufen einer Turbine, an den Ausgleichskolben und der Welle der Turbine ist unmöglich. Die Abdichtungen erfolgen durch Labyrinthdichtungen. Bei den Stufen und dem Ausgleichskolben werden Räume innerhalb der Turbine durch diese Abdichtungen möglichst gut gegeneinander abgedichtet. Bei der Turbinenwelle erfolgt eine Abdichtung gegenüber der Umgebung. Labyrinthdichtungen sind schmale Spalte, in denen ein möglichst großer Druckverlust erzeugt und so der Massenstrom des Dampfes klein gehalten wird.

5.5.2.1 Leckage der Stufen und des Ausgleichskolbens

Dampf, der an den Schaufeln einer Stufe vorbeiströmt, leistet dort keine Arbeit. Da die Leckageströmung eine Drosselung darstellt, behält der Dampf seine Enthalpie und erhöht nach der Leckage die Enthalpie des Dampfstromes. Der Massenstromverlust überwiegt aber und mindert die innere Leistung und den Wirkungsgrad der Turbine. Die Abdichtung erfolgt bei Gleich- und Überdruckstufen unterschiedlich. Bei Gleichdruckstufen müssen nur die Leitschaufelreihen gegenüber der Welle abgedichtet werden, da über den Laufschaufeln keine Druckänderung auftritt. Bei Turbinen mit Radscheiben entstehen Leckageverluste nur an den Stellen, an denen die Turbinenwelle durch den Zwischenboden geht. Die berührungslose Labyrinthdichtung der Gleichdruckstufe mit Radscheibe ist in Abb. 5.23 dargestellt. Sie besteht aus Eindrehungen an der Welle und einer federnd eingebauten Buchse im Zwischenboden. Die Abstände der Abdichtungskämme müssen auf die

Abb. 5.23 Labyrinthdichtung
einer Gleichdruckstufe mit
Radscheiben

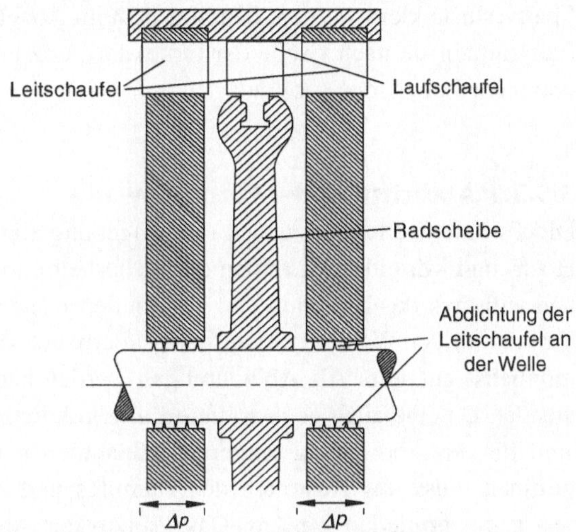

Abb. 5.24 Labyrinthdichtung
einer Überdruckstufe

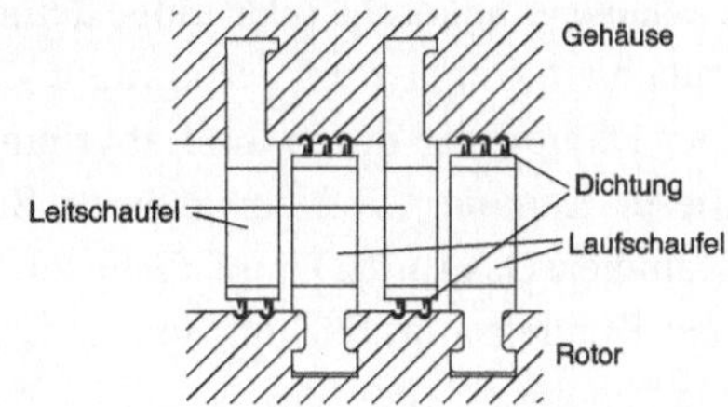

Durchbiegung und das axiale Spiel der Turbinenwelle Rücksicht nehmen. Die Spaltverluste lassen sich mit den Reibungsbeiwerten und der Kontinuitätsgleichung bestimmen. Da der Durchmesser der Welle kleiner ist als bei Überdruck- oder Gleichdruckstufen in der Trommelbauweise, ist der Strömungsquerschnitt kleiner und die Spaltverluste sind geringer.

Bei Überdruckstufen ändert sich der Druck in den Leit- und Laufschaufeln. Leckagen entstehen dort, wo die Welle durch die Leitschaufelreihe geht bzw. zwischen den Laufschaufelreihen und dem Gehäuse. Beide Orte werden durch berührungslose Labyrinthdichtungen abgedichtet. In Abb. 5.24 ist die Abdichtung dargestellt. Die Enden der Leit- und Laufschaufeln sind mit Deckbändern versehen. Die Abdichtung der Leitschaufelreihen erfolgt mit Eindrehungen in der Welle und im Deckband der Leitschaufeln, an den Laufschaufeln durch Eindrehungen im Deckband und Gehäuse. Anstelle der Eindrehungen können an der Welle und am Gehäuse auch entsprechende Kämme eingestemmt werden. Die Spaltverluste sind wegen des größeren Durchmessers höher als bei der Gleichdruckstufe.

Die Abdichtung des Ausgleichskolbens stellt ein besonderes Problem dar, da die Druckdifferenz dort wesentlich größer ist, und sie kann bei einer eingehäusigen Turbine die Differenz des Frischdampfdruckes zum Umgebungsdruck betragen. Damit die

Spaltverluste klein werden, benötigt man im Ausgleichskolben eine viel größere Zahl von Labyrinthen. Je nach Größe der Druckdifferenz und des Kolbendurchmessers werden 20 und mehr Labyrinthe gebildet.

5.5.2.2 Abdichtung der Turbinenwelle

Die Turbinenwelle muss gegen die Umgebung abgedichtet werden. Gründe dafür sind bei Hoch- und Mitteldruckturbinen die Sicherheit und Dampfverluste. Bei Niederdruckturbinen will man das Eintreten von Luft in den Kondensator vermeiden. Der Dampf, der die Turbine an der Welle verlässt, leistet überhaupt keine Arbeit, also muss die Abdichtung möglichst gut sein. Als Abdichtungen werden berührungslose Labyrinthdichtungen verwendet. Da eine auch noch so gute Labyrinthdichtung immer noch Leckagen verursacht, sind für die Abdichtung weitere Maßnahmen notwendig. Bei Hoch- und Mitteldruckturbinen muss das Austreten des Dampfes und bei Niederdruckturbinen das Eintreten von Luft vermieden werden. Das Prinzip der Abdichtung der Hoch- und Mitteldruckturbinen zeigt Abb. 5.25. Die Kämme der Labyrinthdichtung sind auf der Welle und im Gehäuse eingedreht oder eingestemmt. Im Gehäuse ist eine Kammer eingedreht, in der mit einem Gebläse ein geringfügig kleinerer Druck als der der Umgebung eingestellt wird. Der Dampf, der durch die Labyrinthdichtung strömt, gelangt von der Dampfseite her zu dieser Kammer. Von der anderen Seite strömt durch die Labyrinthdichtung Luft in die Kammer. Das Luft-Dampf-Gemisch saugt das Gebläse ab. Der Dampf wird in einem kleinen Kondensator, der mit Speisewasser gekühlt wird, auskondensiert und die Luft in die Umgebung geleitet.

Die Abdichtung der Niederdruckturbine besitzt auch eine Absaugkammer. Das Absaugen der Luft kann aber nicht sicherstellen, dass Luft zum tieferen Druck strömt. Deshalb gibt es eine weitere Kammer im Gehäuse, in der sich Sperrdampf befindet. Der Druck des Sperrdampfes ist höher als der Umgebungsdruck. So strömt von der

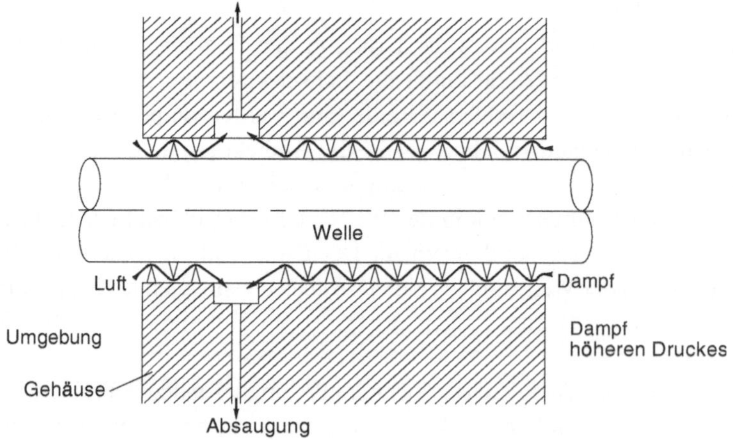

Abb. 5.25 Labyrinthdichtung der Hoch- und Mitteldruckturbinenwellen

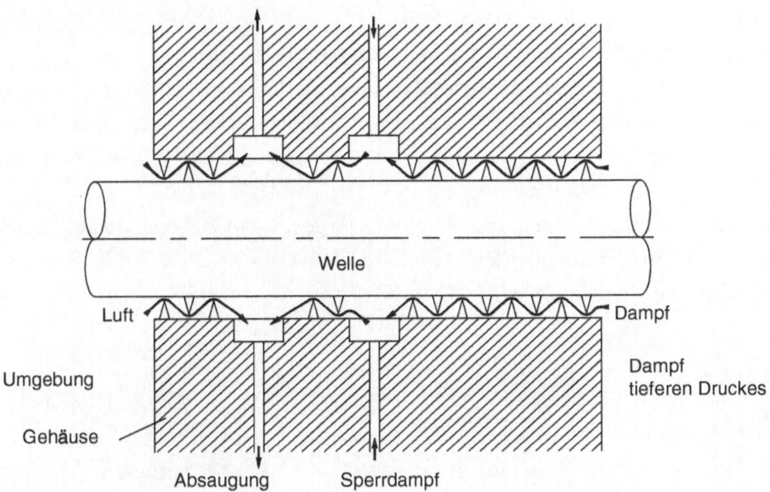

Abb. 5.26 Labyrinthdichtung der Niederdruckturbinenwellen

Sperrdampfkammer Dampf sowohl zur Absaugung als auch zum tieferen Druck in der Turbine. Damit kann keine Luft zur Turbine strömen (s. Abb. 5.26).

Beispiel 5.1: Auslegung eines Kraftwerks

Mit diesem Beispiel werden die Auslegung eines kleineren Kraftwerks und dessen Komponenten demonstriert. Der Frischdampf hat einen Druck von 60 bar, die Temperatur von 460 °C und den Massenstrom von 200 kg/s. Die Anlage besitzt zwei Niederdruck-, einen Misch- und einen Hochdruckvorwärmer. Alle drei Oberflächenvorwärme haben eine Grädigkeit von 2 K. Der Druckverlust in den Oberflächenvorwärmern beträgt 1 bar und im Ventil des Mischvorwärmers 3 bar. Im Dampfkessel werden für Druckverluste und Regelung 10 bar benötigt. Die Turbinenstufen haben einen Wirkungsgrad von 0,85, die Pumpen den von 0,82. Am Auslegungspunkt beträgt der Druck im Kondensator 50 mbar, die Kühlwassereintrittstemperatur ist 15 K und die Austrittstemperatur um 5 K tiefer als die Sättigungstemperatur des Dampfes. Folgendes ist zu berechnen:

a) Die Anzapfdrücke für eine gleichmäßige Enthalpieänderung in den Vorwärmerstufen.

b) Die Länge der Schaufeln und der mittlere Durchmesser der ersten zwei Turbinenstufen, wobei die erste Stufe eine Gleich-, die zweite eine Überdruckstufe mit dem Reaktionsgrad $r = 0,5$ ist. Die Schaufellänge soll nicht kleiner als 20 mm sein. Das maximale Enthalpiegefälle ist zu erreichen. Die Drehzahl der Turbine beträgt 50 Hz, die Versperrung $\tau = 0,9$ und der Abströmwinkel der Leitschaufel 18°.

c) Die Leistung und der thermische Wirkungsgrad der Anlage.

d) Die Austauschfläche der horizontalen Oberflächenvorwärmer mit folgenden U-Rohren: ND-VW 15 × 1 mm aus austenitischem, rostfreiem Stahl mit $\lambda = 20$ W/(m K), HD-VW 15 × 1,3 mm aus 15Mo3 mit $\lambda = 44$ W/(m K). Die Wassergeschwindigkeit beträgt 2,5 m/s. Die Rohrbögen sind inaktiv.

e) Die Fläche des Kondensators. Die Wassergeschwindigkeit beträgt 2 m/s. Die Rohre sind aus Titan mit den Abmessungen von 24 × 0,5 mm und die Wärmeleitfähigkeit beträgt $\lambda = 17$ W/(m K).

Lösung

Annahmen

- Die Turbine kann so ausgelegt werden, dass die berechneten Anzapfdrücke erreicht werden.
- Die Druckverluste des Dampfes in den Rohrleitungen werden vernachlässigt.
- Der Einfluss der Richtung des Wärmestromes wird bei der Auslegung der Vorwärmer und des Kondensators vernachlässigt.

Schema   Siehe Skizze

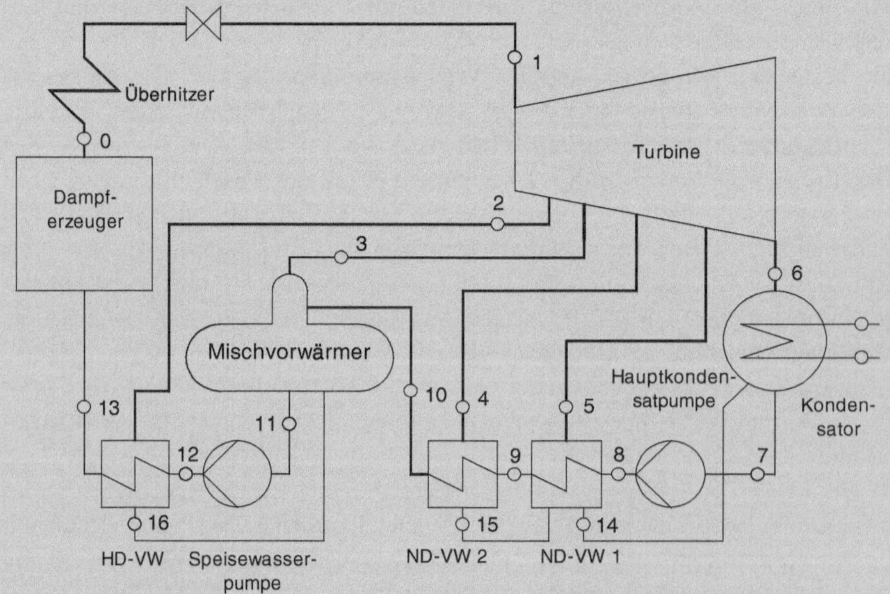

Schema   Siehe Skizze

Analyse

(a) Die Anzapfdrücke bestimmt man mit Hilfe von Gl. (5.61). Dazu benötigt man die Enthalpie des Kondensats am Kondensator und die des gesättigten Speisewassers am Kesseleintritt. Da im Kessel 10 bar Druck für die Regelung und Druckverluste benötigt werden, ist der Druck des Speisewassers 70 bar. Die Enthalpie des Speisewassers am Eintritt des Dampferzeugers ist die Sättigungsenthalpie bei 70 bar. Aus den Dampftafeln erhält man folgende Werte:

$$h_7 = h'(0,05 \text{ bar}) = 137,77 \text{ kJ/kg}, h_0 = h'(70 \text{ bar}) = 1\,267,4 \text{ kJ/kg}$$

Nach Gl. (5.61) beträgt die Enthalpiedifferenz über den Vorwärmerstufen:

$$\Delta h = (h_0 - h_7)/(n + 1) = (1\,267,4 - 137,77)/5 = 225,93 \text{ kJ/kg}$$

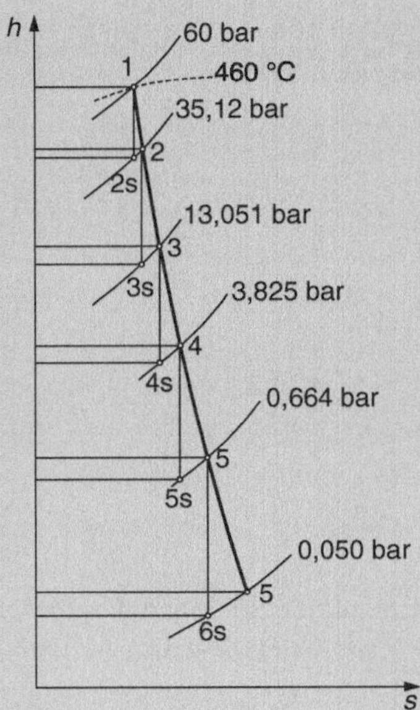

Zur Berechnung des Druckes in den ND-Vorwärmern muss zuerst der Druck der Anzapfung zum Mischvorwärmer bestimmt werden. Die Enthalpie des Speisewassers aus dem Mischvorwärmer beträgt $h_{11} = h_7 + 3 \cdot \Delta h = 815,57$ kJ/kg. Der Druck bzw. die Temperatur betragen bei dieser Sättigungsenthalpie 13,05 bar bzw. 191,8 °C. Da in der Düse des Mischvorwärmers 3 bar Druckverlust auftritt, wird der Druck des Hauptkondensats am Austritt des zweiten Mischvorwärmers um diese Druckdifferenz höher, also 16,05 bar. Die Enthalpie am Austritt von ND-VW 2 ist $h_{10} = h_7 + 2 \cdot \Delta h = 589,63$ kJ/kg. Die Temperatur des Hauptkondensats ist

2 K tiefer als die Sättigungstemperatur des Anzapfdampfes. In der Dampftafel sucht man, bei welcher Temperatur die Enthalpie von 589,63 kJ/kg erreicht wird und erhält 139,91 °C. Die Sättigungstemperatur des Anzapfdampfes ϑ_{15} beträgt 141,91 °C, dazu gehört der Dampfdruck von 3,815 bar. Die Daten für den ersten ND-VW berechnen sich ähnlich und man erhält:

$$p_9 = 17,05 \text{ bar}, h_9 = 363,70 \text{ kJ/kg}, \vartheta_9 = 86,54\,°C, p_5 = 0,6638 \text{ bar}.$$

Der HD-VW wird auf gleiche Weise berechnet. Die Ergebnisse sind:

$$p_{13} = 70 \text{ bar}, \ h_{13} = 1\,041,50 \text{ kJ/kg}, \ \vartheta_9 = 240,76\,°C, \ p_2 = 35,12 \text{ bar}.$$

Die Enthalpien der Anzapfungen können mit Hilfe der Dampftafel oder des *h-s*-Diagramms bestimmt werden. Die Enthalpie bei der isentropen Expansion von 60 bar auf 35,12 bar beträgt $h_{2s} = 3\,166,2$ kJ/kg. Unter Berücksichtigung des inneren Wirkungsgrades der Turbine erhält man:

$$h_2 = h_1 - (h_1 - h_{2s}) \cdot \eta_{iT} =$$
$$= [3\,327,05 - (3\,327,05 - 3\,266,26) \cdot 0,85] \cdot \text{kJ/kg} = 3\,190,29 \text{ kJ/kg}$$

Für die anderen Anzapfungen ergeben sich folgende Werte:

$$h_3 = 2\,972,74 \text{ kJ/kg}, h_4 = 2\,754,73 \text{ kJ/kg},$$
$$h_5 = 2\,505,55 \text{ kJ/kg}, h_6 = 2\,210,13 \text{ kJ/kg}$$

Wie im Bild dargestellt, erfolgt die Bestimmung der Enthalpien aus dem *h-s*-*Diagramm*.

Nun müssen noch die Enthalpien nach den Pumpen berechnet werden. In der Hauptkondensatpumpe wird der Druck von 0,05 bar auf 18,05 bar erhöht. In guter Näherung kann die Zustandsänderung als isochor angenommen werden. Das spezifische Volumen des Wassers bei 9,05 bar und 32,88 °C ist $v = 0,00100492$ m^3/kg. Damit erhält man die für die Zustandsänderung notwendige Enthalpieänderung:

$$h_8 - h_7 = v \cdot (p_8 - p_7)/\eta_{iP} = 2,20 \text{ kJ/kg}$$

Die Enthalpie nach der Hauptkondensatpumpe h_8 beträgt 139,97 kJ/kg. Ähnlich wird die Enthalpie nach der Speisepumpe berechnet:

$$h_{12} = h_{11} + v \cdot (p_{12} - p_{11})/\eta_{iP} = 823,62 \text{ kJ/kg}$$

Die Enthalpie des Kondensats an den Austritten der Vorwärmer ist die Sättigungsenthalpie beim Anzapfdampfdruck. Diese kann den Dampftafeln entnommen werden.
Die genau berechneten Werte der Enthalpien, Drücke und Temperaturen sind in
nachstehender Tabelle zusammengefasst.

Ort	p	ϑ	h	h_s
	bar	°C	kJ/kg	kJ/kg
0	70,000	285,83	1 267,44	
1	60,000	460,00	3 327,05	
2	35,111	386,00	3 190,22	3 166,07
3	13,051	268,05	2 972,74	2 934,36
4	3,817	150,20	2 754,81	2 716,35
5	0,664	88,54	2 505,53	2 461,54
6	0,050	32,88	2 210,13	2 158,00
7	0,050	32,88	137,77	
8	18,051	33,05	140,06	139,65
9	17,051	86,54	363,70	
10	16,051	139,93	589,63	
11	13,051	191,79	815,57	
12	71,000	193,03	823,62	822,17
13	70,000	240,74	1 041,50	
14	0,664	88,54	370,81	
15	3,817	141,93	597,49	
16	35,111	242,74	1 050,64	

(b) Die Berechnung des Druckmessers der ersten und zweiten Turbinenstufe erfolgt
wie in Abschn. 5.4.4 beschrieben. Zunächst wird angenommen, dass die Umfangsgeschwindigkeit 300 m/s und die Schaufellänge 20 mm ist. So erhält man
für den mittleren Durchmesser:

$$D = \frac{u}{\pi \cdot n} = \frac{300 \cdot \text{m/s}}{\pi \cdot 50/\text{s}} = 1,910 \text{ m}$$

Damit das Enthalpiegefälle und die Geschwindigkeit des Dampfes am Eintritt
der Leitschaufeln bestimmt werden können, benötigt man aus der Dampftafel das
spezifische Volumen des Dampfes am Eintritt der ersten Stufe.

$$v_1 = 0,05308 \text{ m}^3/\text{kg}$$

Am Eintritt der ersten Stufe ist die Geschwindigkeit:

$$c_1 = \frac{\dot{m} \cdot v_1}{\pi \cdot D \cdot a \cdot \tau} = \frac{200 \cdot (\text{kg/s}) \cdot 0,05308 \cdot (\text{m}^3/\text{kg})}{\pi \cdot 1,91 \cdot \text{m} \cdot 0,02 \cdot \text{m} \cdot 0,9} = 98,3 \text{ m/s}$$

Nach Gl. beträgt die Geschwindigkeit für die optimale Umsetzung in einer Gleichdruckstufe:

$$c_2 = 2 \cdot u/\cos\alpha_2 = 630,9 \text{ m/s}$$

Mit Gl. (5.28) erhält man für das Enthalpiegefälle der ersten Stufe:

$$\Delta h_{st} = 0,5 \cdot \left(c_2^2 - c_1^2\right) = 194,4 \text{ kJ/kg}$$

Um aus dem Enthalpiegefälle das spezifische Volumen am Austritt der Leitschaufeln bestimmen zu können, benötigt man das isentrope Enthalpiegefälle, die der Quotient der Stufengefälle bzw. des Wirkungsgrades ist und 228,44 kJ/kg beträgt. Die Enthalpie nach der isentropen Expansion ist 3 098,61 kJ/kg. Im h-s-Diagramm erhält man damit den Druck nach der Expansion als 27,48 bar und das spezifische Volumen von 0,10032 m^3/kg. Nach Umformung bekommt man aus Gl. (5.56) die Schaufellänge als:

$$a = \frac{\dot{m} \cdot v_2}{n \cdot \tau \cdot \pi^2 \cdot D_m^2 \cdot 2 \cdot \tan\alpha_2} = 19,06 \text{ mm}$$

Da die Schaufellänge kleiner als 20 mm ist, muss sie gemäß Aufgabenstellung auf **20 mm** erhöht werden. Der Durchmesser wird entsprechend auf 1,788 m gekürzt. Mit diesen Werten werden jetzt die Geschwindigkeiten, Stufengefälle und Rotordurchmesser berechnet. Damit erhält man folgende Werte:

$$c_1 = 105,6 \text{ m/s}, c_2 = 587,3 \text{ m/s}; \Delta h_{st} = 167,3 \text{ kJ/kg},$$

$$p_2 = 30,88 \text{ bar}, v_2 = 0,08588 \text{ m}3/\text{kg}, \boldsymbol{D = 1{,}725 \text{ m}}$$

Die zweite Turbinenstufe ist eine Überdruckstufe mit dem Reaktionsgrad von 0,5. Man nimmt an, dass der Durchmesser der ersten Stufe beibehalten wird. Am Eintritt der Leitschaufelreihe beträgt die Geschwindigkeit:

$$c_1 = \frac{\dot{m} \cdot v_1}{\pi \cdot D \cdot a \cdot \tau} = \frac{200 \cdot (\text{kg/s}) \cdot 0,08588 \cdot (\text{m}^3/\text{kg})}{\pi \cdot 1,725 \cdot \text{m} \cdot 0,02 \cdot \text{m} \cdot 0,9} = 176,1 \text{ m/s}$$

Nach Gl. (5.43) beträgt die Geschwindigkeit für die optimale Umsetzung in einer Überdruckstufe:

$$c_2 = u/\cos\alpha_2 = 284,9 \text{ m/s}$$

Das Enthalpiegefälle der zweiten Stufe ist damit:

$$\Delta h_{st} = \left(c_2^2 - c_1^2\right) = 50,17 \text{ kJ/kg}$$

Der Druck nach den Leitschaufeln der zweiten Stufe ist 29,09 bar, das spezifische Volumen 0,0936 m^3/kg.

Damit erzielt man für die Schaufellänge von **43,0 mm**. Der Druck nach den Leitschaufeln beträgt 27,56 bar und die Enthalpie nach der Stufe 3 139,7 kJ/kg.

(c) Die Leistung der Turbine muss unter Berücksichtigung der Anzapfungen bestimmt werden.

$$P_{iT} = \dot{m}_1 \cdot (h_2 - h_1) + (\dot{m}_1 - \dot{m}_2) \cdot (h_3 - h_2) + (\dot{m}_1 - \dot{m}_2 - \dot{m}_3) \cdot (h_4 - h_3) +$$
$$+ (\dot{m}_1 - \dot{m}_2 - \dot{m}_3 - \dot{m}_4) \cdot (h_5 - h_4) + (\dot{m}_1 - \dot{m}_2 - \dot{m}_3 - \dot{m}_4 - \dot{m}_5) \cdot (h_6 - h_5)$$

Zur Bestimmung der Anzapfdampfmassenströme muss um jeden Vorwärmer eine Bilanz erstellt werden. Vorteilhaft fängt man mit dem Hochdruckvorwärmer an und rechnet rückwärts zum ND-VW 1. Die Bilanz um den HD-VW lautet:

$$\dot{m}_{12} \cdot h_{12} + \dot{m}_2 \cdot h_2 = \dot{m}_{13} \cdot h_{13} + \dot{m}_2 \cdot h_{16}$$

Berücksichtigt man, dass der Massenstrom des Speisewassers im Vorwärmer gleich dem des Frischdampfes ist, erhält man für das Verhältnis der Massenströme:

$$\mu_2 = \frac{m_2}{\dot{m}_1} = \frac{h_{13} - h_{12}}{h_2 - h_{16}} = 0,1018$$

Für den Mischvorwärmer gilt die Bilanz:

$$\dot{m}_{10} \cdot h_{10} + \dot{m}_3 \cdot h_3 + \dot{m}_{16} \cdot h_{16} = \dot{m}_{11} \cdot h_{11}$$

Zwischen den Massenströmen besteht folgender Zusammenhang:

$$\dot{m}_{10} \cdot h_{10} + \dot{m}_3 \cdot h_3 + \dot{m}_{16} \cdot h_{16} = \dot{m}_{11} \cdot h_{11}$$

Für das Massenstromverhältnis resultiert damit:

$$\mu_4 = \frac{\dot{m}_4}{\dot{m}_1} = (1 - \mu_2 - \mu_3) \cdot \frac{h_{10} - h_9}{h_4 - h_{15}} = 0,0862$$

Beim ND-VW 2 gilt:

$$\dot{m}_9 \cdot h_9 + \dot{m}_4 \cdot h_4 = \dot{m}_{10} \cdot h_{10} + \dot{m}_{15} \cdot h_{15}$$

$$\dot{m}_{10} = \dot{m}_9 = \dot{m}_1 - \dot{m}_2 - \dot{m}_3 \quad \dot{m}_{15} = \dot{m}_4$$

$$\mu_5 = \frac{\dot{m}_5}{\dot{m}_1} = (1 - \mu_2 - \mu_3) \cdot \frac{h_9 - h_8}{h_5 - h_{14}} = 0,0863$$

Nun wird der ND-VW 1 berechnet:

$$\dot{m}_8 \cdot h_8 + \dot{m}_5 \cdot h_5 = \dot{m}_9 \cdot h_9 + \dot{m}_{14} \cdot h_{14}$$

$$\dot{m}_9 = \dot{m}_8 = \dot{m}_{10} = \dot{m}_1 - \dot{m}_2 - \dot{m}_3$$

$$\dot{m}_{14} = \dot{m}_5$$

$$\mu_5 = \frac{\dot{m}_5}{\dot{m}_1} = (1 - \mu_2 - \mu_3) \cdot \frac{h_9 - h_8}{h_5 - h_{14}} = 0,0863$$

Damit kann jetzt die Leistung der Turbine bestimmt werden:

$$P_{iT} = \dot{m}_1 \cdot [(h_2 - h_1) + (1 - \mu_2) \cdot (h_3 - h_2) + (1 - \mu_2 - \mu_3) \cdot (h_4 - h_3) +$$

$$+ (1_1 - \mu_2 - \mu_3 - \mu_4) \cdot (h_5 - h_4) + (1 - \mu_2 - \mu_3 - \mu_4 - \mu_5) \cdot (h_6 - h_5) = \mathbf{-177\ 480\ kW}$$

Die von den Pumpen benötigte Leistung beträgt:

$$P_{iP} = \dot{m}_7 \cdot (h_8 - h_7) + \dot{m}_{11} \cdot (h_{12} - h_{11}) = \dot{m}_1 \cdot [(1 - \mu_2 - \mu_3) \cdot (h_8 - h_7) + (h_{12} - h_{11})] =$$

$$= \mathbf{1971\ \ kW}$$

Der zugeführte Wärmestrom ist:

$$\dot{Q}_{zu} = \dot{m}_1 \cdot (h_1 - h_{13}) = \mathbf{457\,110 kW}$$

Für den thermischen Wirkungsgrad der Anlage erhält man:

$$\eta_{th} = \frac{|P_{iT} + P_{iP}|}{Q_{zu}} = \mathbf{0,384}$$

(d) Für die Bestimmung der Flächen der Vorwärmer und des Kondensators werden die Gleichungen für die Wärmeübergangszahlen verwendet und die dazu notwendigen Grundlagen können aus [7] entnommen werden.

Für die Auslegung der Vorwärmer benötigt man die Stoffdaten des Speisewassers und Kondensats. Zur Vereinfachung der Berechnung wird angenommen, dass das

Kondensat um 2 K unterkühlt ist. Aus den Wasserdampftafeln erhält man folgende Werte:

	p	ϑ	c_p	ρ	ν	λ	Pr	ρ_g	Δh_v
	bar	$^\circ$ C	kJ/(kg K)	kg/m^3	10^{-6} m^2/s	W/(m K)	-	kg/m3	kJ/kg
ND-VW1									
Wasser	17,550	59,8	41,790	984,0	0,4758	0,655	2,987		
Kondensat	0,664	86,5		967,6	0,3384	0,674		0,402	2 286,3
ND-VW2									
Wasser	16,550	113,2	42,316	949,2	0,2607	0,683	1,532		
Kondensat	3,815	139,9		926,2	0,2124	0,683		2,068	2 138,5
HD-VW									
Wasser	70,500	216,9	45,550	848,3	0,1496	0,657	0,864		
Kondensat	35,121	240,8		812,4	0,1360	0,631		17,588	1 752,0

In den nachfolgenden Berechnungen werden die Stoffwerte des Speisewassers ohne Index, die des Kondensats mit dem Index l und des Dampfes mit g versehen. Zunächst bestimmt man die Anzahl benötigter U-Rohre für die Vorwärmer. Die Formeln für alle drei Vorwärmer sind identisch. Die Zahlenwerte werden für ND-VW1 eingesetzt. Die Ergebnisse für alle Vorwärmer fasst man tabellarisch zusammen. Da die Geschwindigkeit in den Rohren vorgegeben ist, kann aus dem Massenstrom des Speisewassers die Anzahl der U-Rohre bestimmt werden:

$$n = \frac{4 \cdot \dot{m}_7}{\pi \cdot d_i^2 \cdot \rho \cdot c} = \frac{4 \cdot \dot{m}_1 (1 - \mu_2 - \mu_3)}{\pi \cdot d_i^2 \cdot \rho \cdot c} = \frac{4 \cdot 200 \cdot (1 - 0,1018 - 0,0751)}{\pi \cdot 0,013^2 \cdot 984 \cdot 2,5} = 504$$

Da sowohl die Wärmeübergangszahl im Rohr als auch bei der Kondensation von der Rohrlänge abhängt, wird hier zunächst eine Rohrlänge angenommen. Die für eine Berechnung benötigte Länge ist die gerade Länge eines U-Rohrs, die aus zwei geraden Schenkeln besteht. Man nimmt eine Länge von 2 × 10 m = 20 m an. Zur Bestimmung der Wärmeübergangszahl im Rohr muss man die *Reynolds-*, Reibungs- und *Nußelt*zahl berechnen:

$$Re_{d_i} = \frac{c \cdot d_i}{\nu} = \frac{2,5 \cdot 0,013}{0,4758 \cdot 10^{-6}} = 68\ 306$$

$$\xi = \left[1,8 \cdot \log(Re_{d_i}) - 1,5 \right]^2 = 0,019$$

$$Nu_{d_i} = \frac{\xi/8 \cdot Re_{d_i} \cdot Pr \cdot \left[1 + (d_i/l)^{2/3} \right]}{1 + 12,7 \cdot \sqrt{\xi/8} \cdot \left(Pr^{2/3} - 1 \right)} = 296,7$$

$$\alpha_i = Nu_{d_i} \cdot \lambda/d_i = 14\ 949\ \text{W}/\left(\text{m}^2 \cdot \text{K}\right)$$

Für die Wärmeübergangszahl der Kondensation muss zunächst der Wärmestrom bestimmt werden:

$$\dot{Q} = m_7 \cdot c_p \cdot (\vartheta_9 - \vartheta_8) = 36\ 810 \ \text{kW}$$

Bei der Berechnung des Kondensatmassenstromes muss beachtet werden, dass nicht der Massenstrom der Anzapfung, der im Nassdampfgebiet liegt, sondern der des erzeugten Kondensats bestimmt wird.

$$m_l = \dot{Q}/r = 36\ 810 \ \text{kW} \ / \ 2\ 286,3 \ \text{kJ/kg} = 16,1 \ \text{kg/s}$$

Die Wärmeübergangszahl der Kondensation berechnet sich folgendermaßen:

$$\Gamma = m_l/(n \cdot l) = 1,597 \cdot 10^{-3} \ \text{kg/(m} \cdot \text{s)}$$

$$Re_l = \Gamma / \eta_l = 4,878$$

$$Nu_{L'} = 0,959 \cdot \left(\frac{1 - \rho_g/\rho_l}{Re_l} \right)^{1/3} = 0,565$$

$$L' = \sqrt[3]{v^2/g} = 2,847 \cdot 10^{-5} \text{m} \quad \alpha_a = Nu_{L'} \cdot \lambda_l/L' = 13\ 383 \ \text{W/(m}^2 \cdot \text{K)}$$

Damit kann die Wärmedurchgangszahl bestimmt werden:

$$k = \left(\frac{1}{\alpha_a} + \frac{d_a}{2 \cdot \lambda_R} \cdot \ln(d_a/d_i) + \frac{d_a}{d_i \cdot \alpha_a} \right)^{-1} = 4\ 864,6 \ \frac{\text{W}}{\text{m}^2 \cdot \text{K}}$$

Zur Ermittlung der Austauschfläche benötigt man noch die mittlere logarithmische Temperaturdifferenz.

$$\Delta \vartheta_m = \frac{\vartheta_9 - \vartheta_8}{\ln \left(\dfrac{\vartheta_{14} - \vartheta_8}{\vartheta_{14} - \vartheta_8} \right)} = 16,1 \ \text{K}$$

Die benötigte Rohrlänge wird damit:

$$l = \frac{\dot{Q}}{k \cdot \Delta \vartheta_m \cdot n \cdot \pi \cdot d_a} = 19,788 \ \text{m}$$

Die neue Rohrlänge muss jetzt in die Gleichungen eingesetzt werden, bis die notwendige Genauigkeit erreicht ist. Die Iteration ergibt **19,810 m**.

	n	Nu_{di}	a_i	Re_l	a_{a}	k	$\Delta \vartheta_m$	l	A
	-	-	W/(m^{2}K)	-	W/(m^{2}K)	W/(m^{2}K)	K	m	m^2
ND-VW1	504	296,7	14 950	0,564	13 341	4 859	16,10	19,810	**470,5**
ND-VW2	523	343,0	18 023	0,437	15 670	5 508	16,07	17,035	**419,9**
HD-VW	643	365,6	19 369	0,335	16 045	6 360	14,85	15,190	**460,3**

e) Zur Berechnung des Kondensators muss zunächst der auszuführende Wärmestrom bestimmt werden. Aus der Bilanz um den Kondensator erhalten wir:

$$\dot{Q} = \dot{m}_6 \cdot h_6 + \dot{m}_{14} \cdot h_{14} - \dot{m}_7 \cdot h_7 =$$

$$= \dot{m}_1 \cdot [(1 - \mu_2 - \mu_3 - \mu_4 - \mu_5) \cdot h_6 + (\mu_4 + \mu_5) \cdot h_{14} - (1 - \mu_2 - \mu_3) \cdot h_7]$$

$$= 277\,693 \text{ kW}$$

Sättigungstemperatur der Kondensation beträgt 32,88 °C. Damit ist gemäß Aufgabenstellung die Eintrittstemperatur des Kühlwassers 17,88 °C und jene am Austritt 27,88 °C. Bei einem Druck von 2 bar erhalten wir folgende Stoffwerte für das Kühlwasser: c_p = 4 182,7 J/(kg K), ρ = 997,6 kg/m^3, λ = 0,6036 W/(m K), $v = 0,937 \cdot 10^{-6}$ m^2/s, Pr = 6,48

Um die Wärme abzuführen, benötigt man folgenden Kühlwassermassenstrom:

$$\dot{m}_{KW} = \frac{\dot{Q}}{c_p \cdot (\vartheta_{KWaus} - \vartheta_{KWein})} = \frac{277\,693 \text{ kW}}{4,1827 \cdot \text{kJ/(kg} \cdot \text{K)} \cdot 10 \cdot \text{K}} = 6\,639,1 \, \frac{\text{kg}}{\text{s}}$$

Mit der vorgegebenen Geschwindigkeit von 2 m/s kann die notwendige Anzahl der Rohre bestimmt werden:

$$n = \frac{4 \cdot \dot{m}_{KW}}{\pi \cdot d_i^2 \cdot \rho \cdot c} = \frac{4 \cdot 6\,639,1 \cdot \text{kg/s}}{\pi \cdot 0,023^2 \cdot \text{m}^2 \cdot 997,6 \cdot \text{kg/m}^2 \cdot 2 \cdot \text{m/s}} = 8\,009$$

Bei der Berechnung der Wärmeübergangszahlen benötigt man die noch unbekannte Rohrlänge. Sie wird mit 14 m angenommen. Zur Bestimmung der Wärmeübergangszahl im Rohr ermittelt man die *Reynolds-*, Reibungs- und *Nußelt*-zahl:

$$Re_{d_i} = \frac{c \cdot d_i}{v} = \frac{2 \cdot 0,023}{0,937 \cdot 10^{-6}} = 49\,093$$

$$\xi = \left[1,8 \cdot \log(Re_{d_i}) - 1,5\right]^2 = 0,021$$

$$Nu_{d_i} = \frac{\xi/8 \cdot Re_{d_i} \cdot Pr \cdot \left[1 + (d_i/l)^{2/3}\right]}{1 + 12,7 \cdot \sqrt{\xi/8} \cdot \left(Pr^{2/3} - 1\right)} = 321,5$$

$$\alpha_i = Nu_{d_i} \cdot \lambda/d_i = 8\,437 \text{ W/}(\text{m}^2 \cdot \text{K})$$

Für die Stoffwerte des Kondensats erhält man aus der Dampftafel folgende Werte:
ρ_l = 995,3 kg/m^3, ρ_g = 0,0355 kg/m^3, v_l = 0,7863 $\cdot$ 10^{-6} m^2/s, λ_l = 0,617 W/(mK), $r = 2\,423$ kJ/kg

Zur Bestimmung der Wärmeübergangszahl bei der Kondensation wird wie bei den Vorwärmern vorgegangen.

$$m_l = \dot{Q}/r = 277\ 693\ \text{kW}/2\ 423\ \text{kJ/kg} = 114,61\ \text{kg/s}$$

Die Wärmeübergangszahl der Kondensation wird wie folgt berechnet:

$$\Gamma = m_l/(n \cdot l) = 1,022 \cdot 10^{-3} \text{kg}/(\text{m} \cdot \text{s})$$

$$Re_l = \Gamma/\eta_l = 1,306$$

$$Nu_{L'} = 0,959 \cdot \left(\frac{1 - \rho_g/\rho_l}{Re_l}\right)^{1/3} = 0,877$$

$$L' = \sqrt[3]{v^2/g} = 4,474.10^{-5}\ \text{m} \quad \alpha_a = Nu_{L'} \cdot \lambda_l/L' = 12\ 099\ \text{W}/\left(\text{m}^2 \cdot \text{K}\right)$$

Damit ist die Wärmedurchgangszahl:

$$k = \left(\frac{1}{\alpha_a} + \frac{d_a}{2 \cdot \lambda_R} \cdot \ln\left(d_a/d_i\right) + \frac{d_a}{d_i \cdot \alpha_a}\right)^{-1} = 4\ 224,1\,\frac{\text{W}}{\text{m}^2 \cdot \text{K}}$$

Zur Bestimmung der Austauschfläche benötigt man noch die mittlere logarithmische Temperaturdifferenz.

$$\Delta\vartheta_m = \frac{\vartheta_{KWaus} - \vartheta_{KWein}}{\ln\left(\dfrac{\vartheta_6 - \vartheta_{KWein}}{\vartheta_6 - \vartheta_{KWaus}}\right)} = 9,102\ \text{K}$$

Die notwendige Rohrlänge wird damit:

$$l = \frac{\dot{Q}}{k \cdot \Delta\vartheta_m \cdot n \cdot \pi \cdot d_a} = 11,942\ \text{m}$$

Die neue Rohrlänge muss jetzt in die Gleichungen eingesetzt werden, bis die notwendige Genauigkeit erreicht ist. Die Iteration ergibt 12,137 m. Die Oberfläche der Kondensatorrohre beträgt:

$$A = n \cdot l \cdot \pi \cdot d_a = \mathbf{7\ 329\ m^2}$$

Literatur

1. von Böckh P, Stripf M (2015) Grundlagen der technischen Thermodynamik, 2. Aufl. Springer Vieweg
2. Traupel W (1977) Thermische Turbomaschinen, 3. Aufl., Thermodynamischströmungstechnische Berechnung, Bd. I. Springer-Verlag, Berlin
3. Traupel W (1982) Thermische Turbomaschinen, 3. Aufl., Geänderte Betriebsbedingungen, Regelung, mechanische Probleme, Temperaturprobleme, Bd. II. Springer-Verlag, Berlin
4. Bohl W (1994) Strömungsmaschinen, Bd. 2, 6. Aufl. Vogel-Buchverlag, Würzburg
5. Strauss K (1992) Kraftwerkstechnik. Springer-Verlag, Berlin
6. Kotas TJ (1995) The Exergy Method of thermal plant analysis. Krieger Publishing Company, Malabar, Florida
7. von Böckh P, Wetzel T (2015) Wärmeübertragung, 6. Aufl. Springer Vieweg

Gasturbinen 6

Bereits 1791 hat der Engländer *J. Barber* ein Patent für ein gasgetriebenes Laufrad beantragt. Die Wirkungsgrade des Verdichters und der Turbine waren jedoch so schlecht, dass keine Nutzleistung erzielbar war. Zudem erzeugten die ersten Gasturbinen recht viel Lärm, man nannte sie deshalb spöttisch „heulende Öfen". 1911 baute *Holzwarth* die erste gebrauchsfähige Gasturbine mit einem Gesamtwirkungsgrad von bis zu etwa 20 %. Dieser Wirkungsgrad war im Vergleich zu den Dampfturbinen wesentlich schlechter. Die erste brauchbare, stationäre Gasturbine wurde erst 1938 von der Fa. BBC gebaut. Erst durch die Entwicklung der Gasturbine als Flugzeugtriebwerk fand der Durchbruch statt. 1939 flog das erste der Fa. *Heinkel* (Rostock) entwickelte Flugzeug mit einem Gasturbinen-Strahltriebwerk. Durch die Steigerung der Gastemperaturen konnten die Wirkungsgrade verbessert werden. Heute kommt man bei Flugzeugtriebwerken auf Gastemperaturen von bis zu 1600 °C und bei ortsfesten Anlagen zur Stromerzeugung auf über 1200 °C. Gasturbinen erreichen heute Wirkungsgrade von über 0,39. Im Vergleich zur Dampfturbine ist der Gasturbinenprozess wesentlich einfacher. Die Anwendungsgebiete der Gasturbinen sind:

- Flugzeugtriebwerke
  Gasturbinen weisen gegenüber Kolbenmaschinen eine wesentlich größere Leistung pro kg-Masse auf und benötigen weniger Volumen. Die meisten Flugzeugtriebwerke sind heute Gasturbinen, die entweder als Strahltriebwerke oder als Antriebe für den Propeller (Turboprop) arbeiten.
- Stromerzeugung
  Gasturbinen zur Stromerzeugung sind ortsfeste Anlagen. Sie wurden zunächst als Spitzenlastanlagen verwendet oder in Gebieten mit großem Erdgasvorkommen als Grundlastanlagen eingesetzt. Heute feiert die Gasturbine in der Stromerzeugung mit einer

© Springer-Verlag GmbH Deutschland 2018
P. von Böckh, M. Stripf, *Thermische Energiesysteme*,
https://doi.org/10.1007/978-3-662-55335-0_6

nachgeschalteten Dampfturbine in sogenannten Kombi- bzw. GuD-Anlagen (combined cycle power plant) eine Renaissance. GuD-Anlagen erreichen Wirkungsgrade von über 0,6.

- Antrieb von Hubschraubern, Panzern, Schiffen und weiteren Verkehrsmitteln
  Hier kommen wieder die günstigeren Gewichte und Abmessungen zum Tragen. Der Antrieb von PKW kam bis heute aus dem Versuchsstadium nicht heraus, da mit Kolbenmaschinen bessere Wirkungsgrade erzielbar sind und das Betriebsverhalten günstiger ist.
- Turboverdichter
  von Diesel- und Ottomotoren können im weitesten Sinne auch als Gasturbinen angesehen werden.

6.1 Unterteilung der Gasturbinenprozesse

Es existieren eine Vielzahl von Gasturbinenprozessen. Prinzipiell wird bei einem Gasturbinenprozess das Gas in einem Verdichter komprimiert. Dem verdichteten Gas führt man Wärme zu. In einem offenen Prozess erfolgt die Wärmezufuhr durch Verbrennung in einer Brennkammer und im geschlossenen Prozess in einem Wärmeübertrager. Das erhitzte Gas entspannt sich in der Turbine. Im offenen Prozess wird das Brenngas der Umgebung zugeführt und damit dort Wärme abgegeben. Im geschlossenen Prozess erfolgt die Wärmeabgabe an die Umgebung in einem Wärmetauscher. In Abb. 6.1 ist das prinzipielle Schaltbild des Gasturbinenprozesses dargestellt [1, 2].

Die Unterteilung der Prozesse erfolgt nach der Arbeitsweise, Ausführung und Anwendung der Gasturbine. Eine weitere Spezifizierung hat man je nachdem, ob die Verdichtung und Expansion in einer oder mehreren Stufen erfolgt. Es gibt Prozesse, bei denen der Verdichter von einer separaten Turbine angetrieben wird, die nur gerade die für die Verdichtung notwendige Leistung aufbringt. Das zum Teil entspannte Gas wird dann in

Abb. 6.1 Schaltbild eines Gasturbinenprozesses

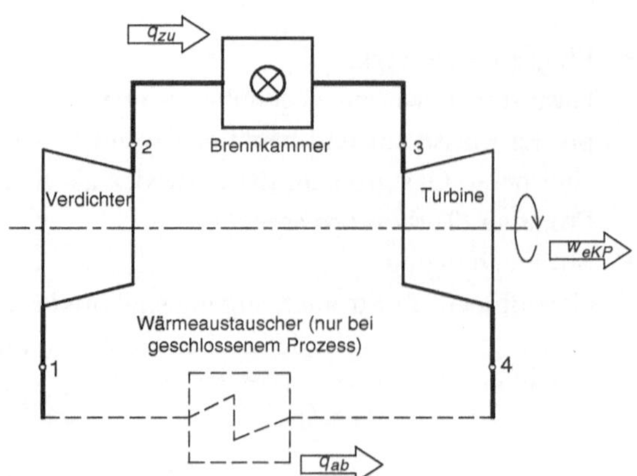

einer weiteren Turbine, die die Nutzleistung abgibt, weiter entspannt. Bei Flugzeugtriebwerken kann die gesamte angesaugte Luft oder nur ein Teil dieser Luft durch die Turbine strömen.

6.1.1 Arbeitsweise

Nach der Arbeitsweise unterscheidet man zwischen dem *offenen* und *geschlossenen Prozess*. Beim offenen Prozess wird als Arbeitsmedium stets Luft verwendet und die Wärmezufuhr erfolgt direkt durch Verbrennung in einer Brennkammer. Die Wärmeabfuhr geschieht durch Ausblasen des Brenngases in die Umgebung. Beim geschlossenen Prozess kann Luft oder ein anderes Gas (meistens Helium) als Arbeitsmedium verwendet werden. Die Wärmezufuhr findet in einem Wärmetauscher statt. Wärme kann aus Verbrennungswärme, Nuklearenergie oder anderen thermischen Energien bestehen. Die Wärmeabgabe erfolgt über einen Wärmetauscher an die Umgebung. Abb. 6.2 zeigt den einfachen offenen und geschlossenen Prozess.

6.1.2 Ausführung

Die Unterscheidung der Ausführung erfolgt über die Anzahl der Wellen. Bei *Einwellengasturbinen* haben der Verdichter, die Turbine und die anzutreibende Maschine (Generator, Propeller usw.) eine gemeinsame Welle. Bei *Zweiwellengasturbinen* haben der Verdichter und die erste Teilturbine, die den Verdichter antreibt, eine Welle. Die Nutzturbine, in der das Gas aus der ersten Teilturbine entspannt wird und die anzutreibende Maschine haben eine zweite Welle. Die *Dreiwellengasturbinen* haben eine zweistufige Verdichtung und dreistufige Expansion. Die erste Verdichterstufe wird von der ersten Teilturbinenstufe und die zweite Verdichterstufe von der zweiten Teilturbinenstufe angetrieben. Die letzte Teilturbinenstufe gibt die Nutzleistung ab. Die Wellen der Zweiwellengasturbinen

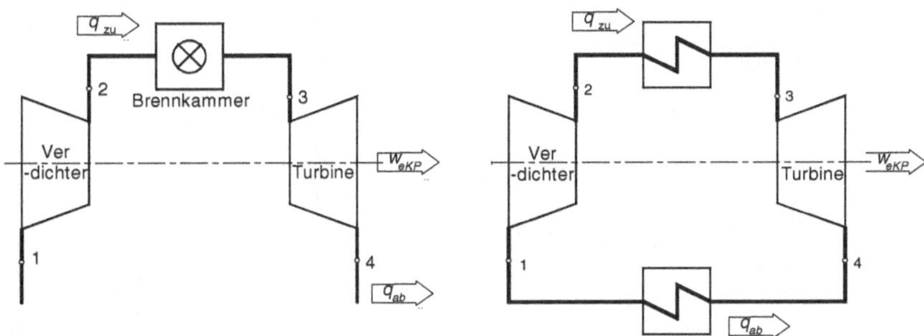

Abb. 6.2 Einfacher offener und geschlossener Gasturbinenprozess

und Dreiwellengasturbinen, die die Verdichter antreiben, sind meistens konzentrisch angeordnet. In einer Hohlwelle läuft die zweite Welle. Die ortsfesten Gasturbinen haben vorwiegend nur eine Welle, Flugtriebwerke üblicherweise zwei.

6.1.3   Anwendung

Bei der Anwendung der Gasturbinen wird zunächst zwischen ortsfesten und mobilen Apparaten unterschieden. Ortsfeste Maschinen können im offenen oder geschlossenen Prozess arbeiten. Sie werden als Antriebsmaschinen für Generatoren oder für andere Maschinen (Pumpen, Verdichter in Gaspipelines usw.) verwendet und können ein- oder mehrwellig sein. Größere Gasturbinen sind in der Regel einwellig. Mobile Gasturbinen arbeiten immer in einem offenen Prozess und können ein- oder mehrwellig sein. Sie werden zum Antrieb von Flugzeugen, Schiffen und anderen Fahrzeugen eingesetzt. Die hauptsächliche Anwendung findet jedoch bei Antrieben von Flugzeugen statt. Bei Flugzeugtriebwerken wird die Arbeit in kinetische Energie der Luft umgesetzt. Bei Flugzeug-Gasturbinentriebwerken werden weitere Unterscheidungen gemacht. In Abb. 6.3 sind die typischen Bauarten der Flugzeugtriebwerke dargestellt. Die Unterteilung erfolgt nach Art der Strömung und des Antriebs.

- TL Das Turbinen-Luftstrahltriebwerk (a) ist ein Einstromtriebwerk. Die gesamte angesaugte Luft wird verdichtet und der Turbine zugeführt. Dieses Triebwerk hat meistens eine Welle. Der Antrieb erfolgt allein durch den aus dem Triebwerk heraustretenden Gasstrahl.
- ZTL Das Zweikreis-Turbinen-Strahltriebwerk (b) ist ein Zweistromtriebwerk. Die angesaugte Luft wird in einer ersten Verdichterstufe komprimiert. Ein Teil der Luft wird weiter verdichtet und der Turbine zugeführt. Der andere Teil des Luftstromes wird um das Triebwerk geleitet und dem Verbrennungsgas beigemischt. Die Ausführung ist meistens zweiwellig. Die erste Teilturbine treibt die zweite Verdichterstufe an und die

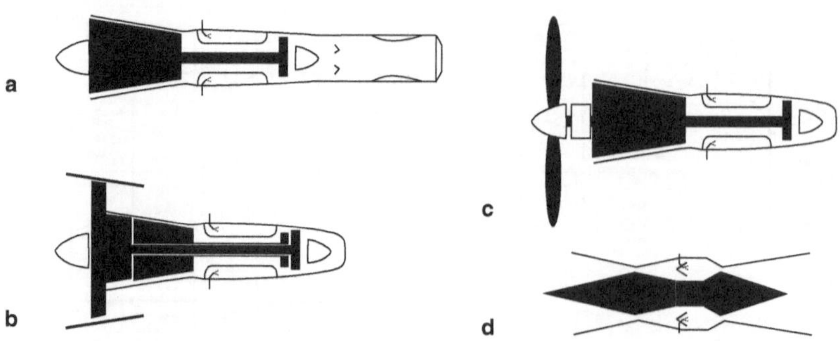

Abb. 6.3 Strahltriebwerkbauarten (**a**) TL mit Nachbrenner (**b**) ZTL (**c**) PTL (**d**) Staustrahltriebwerk

zweite die erste Verdichterstufe. Am Austritt des Triebwerks hat der gesamte Gasstrom die gleiche Geschwindigkeit. Der Antrieb erfolgt allein durch den aus dem Triebwerk heraustretenden Gasstrahl.

- PTL Das Propeller-Turbinen-Luftstrahltriebwerk (c) ist ein durch Gasturbinen angetriebenes Propellertriebwerk (Turboprop). Die Gasturbine treibt den Propeller an. Der Antrieb erfolgt durch den Luftstrom des Propellers und den der Gasturbine.
- SST Das Staustrahltriebwerk (d) ist ein Gasturbinentriebwerk, in dem die Verdichtung und die Expansion in Düsen erfolgen.

Das in Abb. 6.3(a) dargestellte Triebwerk hat noch einen Nachbrenner, in dem der austretende Gasstrom durch Verbrennung zusätzlich erhitzt und damit die kinetische Energie erhöht wird. Nachbrenner kommen nur bei Militärflugzeugen zur Anwendung.

Beim ZTL-Antrieb kann man den Luftstrom, statt mit dem Brenngas zu vermischen, direkt wie beim Turboprop zum Antrieb verwenden. Solche Triebwerke nennt man auch Bläser- oder Fan-Triebwerke.

Bei Verkehrsflugzeugen verwendet man heute hauptsächlich die Ausführung (b) (Front-fan). Mit dieser Bauart lässt sich durch den äußeren Luftstrom eine beträchtliche Lärmreduktion erzielen.

6.2 Berechnungsgrundlagen

6.2.1 Idealer Gasturbinenprozess

Der ideale Gasturbinenprozess ist der *Jouleprozess*. Beim idealen Prozess vernachlässigt man die Druckverluste und zur vereinfachten Behandlung des Prozesses sind die Stoffwerte als konstant angenommen. Abb. 6.4 demonstriert den Prozess im T-s-Diagramm.

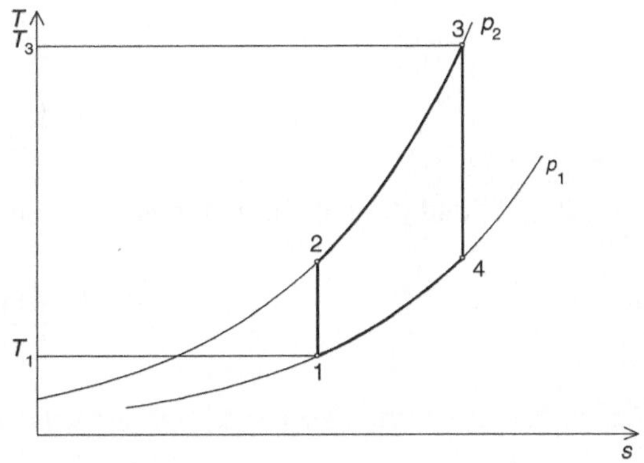

Abb. 6.4 T–s-Diagramm des idealen Gasturbinenprozesses

Die Verdichtung des Gases erfolgt isentrop. Damit ist die im Verdichter geleistete technische Arbeit gleich der inneren und effektiven Arbeit:

$$w_{i12} = c_p \cdot (T_2 - T_1) \tag{6.1}$$

In der Turbine verläuft die Expansion ebenfalls isentrop. Für die innere Arbeit erhält man:

$$w_{i34} = c_p \cdot (T_4 - T_3) \tag{6.2}$$

Da die Wärmezu- und Wärmeabfuhr reibungsfrei erfolgen, sind sie isobar. Daher wird dort keine technische Arbeit geleistet. Die Kreisprozessarbeit setzt sich aus den Arbeiten des Verdichters und der Turbine zusammen:

$$w_{iKP} = c_p \cdot (T_2 - T_1 + T_4 - T_3) \tag{6.3}$$

Die zugeführte Wärme ist:

$$q_{zu} = q_{23} = c_p \cdot (T_3 - T_2) \tag{6.4}$$

Der thermische Wirkungsgrad des idealen Prozesses errechnet sich als:

$$\eta_{th} = \frac{|w_{iKP}|}{q_{zu}} = \frac{T_3 - T_4 - T_2 + T_1}{T_3 - T_2} = 1 - \frac{T_4 - T_1}{T_3 - T_2} \tag{6.5}$$

Die Temperaturen T_1 und T_3 sind einstellbare Größen. T_1 ist bei offenen Prozessen die Umgebungstemperatur, bei geschlossenen wird sie von der Temperatur des Kühlmittels und der Konstruktion des Wärmeübertragers bestimmt. Die Temperatur T_3 hängt von der Art und Größe der Wärmezufuhr ab. Ihr maximal erlaubter Wert ist durch die Werkstoffe begrenzt. Die Temperaturen T_2 und T_4 sagen zunächst wenig über den Wirkungsgrad aus. Sie lassen sich aber aus den isentropen Druckänderungen bestimmen:

$$T_2 = T_1 \cdot \left(\frac{p_2}{p_1} \right)^{\frac{\kappa-1}{\kappa}} \tag{6.6}$$

$$T_4 = T_3 \cdot \left(\frac{p_1}{p_2} \right)^{\frac{\kappa-1}{\kappa}} \tag{6.7}$$

Die Gl. (6.6) und (6.7) in Gl. (6.5) eingesetzt und umgeformt erhalten wir:

$$\eta_{th} = 1 - \left(\frac{p_1}{p_2} \right)^{\frac{\kappa-1}{\kappa}} \tag{6.8}$$

Der thermische Wirkungsgrad des idealen Gasturbinenprozesses steigt mit zunehmendem Verdichtungsverhältnis an. Die Temperatur T_2 nimmt mit dem Verdichtungsverhältnis zu.

Nach der Wärmezufuhr kann die Temperatur T_3 (Eintrittstemperatur der Turbine) nicht beliebig hoch gewählt werden, weil die Materialeigenschaften der Turbinenschaufel nur begrenzte Temperaturen erlauben. Wählte man das Verdichtungsverhältnis so hoch, dass die maximal erlaubte Temperatur erreicht wäre, könnte dem Gas keine Wärme mehr zugeführt werden und die Expansion erfolgte wieder zurück zur Eintrittstemperatur. Damit hätte zwar die Gasturbine für die erlaubte Temperatur T_3 den besten Wirkungsgrad, aber keine Leistung. Es kann gezeigt werden, dass sich für die vorgegebenen Temperaturen T_1 und T_3 bei einem bestimmten Verdichtungsverhältnis eine maximale Arbeit erzielen lässt. Die Temperaturen T_2 und T_4 in Gl. (6.3) werden durch die Temperaturen aus den Gl. (6.6) und (6.7) ersetzt. Damit ist die Kreisprozessarbeit:

$$w_{iKP} = c_p \cdot \left\{ T_1 \cdot \left[(p_2/p_1)^{\frac{\kappa-1}{\kappa}} - 1 \right] + T_3 \cdot \left[(p_1/p_2)^{\frac{\kappa-1}{\kappa}} - 1 \right] \right\} \tag{6.9}$$

Den Term $(p_2/p_1)^{(\kappa-1)/\kappa}$ ersetzen wir durch π und untersuchen, bei welchem Wert von π die maximale Arbeit geleistet wird. Dazu wird Gl. (6.9) nach π abgeleitet und gleich null gesetzt.

$$\frac{dw_{iKP}}{d\pi} = c_p \cdot \frac{d}{d\pi} \left[T_1 \cdot (\pi - 1) + T_3 \cdot (1/\pi - 1) \right] = T_1 - T_3/\pi^{-2} = 0 \tag{6.10}$$

Nach π bzw. nach (p_2/p_1) aufgelöst, erhalten wir:

$$\frac{p_2}{p_1} = \left(\frac{T_3}{T_1} \right)^{\frac{\kappa}{2 \cdot (\kappa-1)}} \tag{6.11}$$

Da der Wirkungsgrad bei höheren Verdichtungsverhältnissen nur relativ schwach zunimmt, werden Gasturbinen meist bei maximaler Leistung ausgelegt. Bei der Auslegung wirklicher Gasturbinen sind natürlich die Reibung und Wärmeverluste zu berücksichtigen. Die optimale Auslegung wirklicher Gasturbinen wird im nächsten Kapitel besprochen.

6.2.2 Realer Gasturbinenprozess

Bei der Berechnung wirklicher Gasturbinenprozesse müssen Reibung, Wärmeverluste, die Änderung der kinetischen Energie und Stoffwerte des durchströmenden Gases berücksichtigt werden. Je nach Verwendung der Gasturbine und je nachdem, ob ein offener oder geschlossener Prozess vorhanden ist, erfolgt die Behandlung unterschiedlich.

6.2.2.1 Einfacher, offener, ortsfester Gasturbinenprozess

Die offene, ortsfeste Gasturbinenanlage dient zum Antrieb von Generatoren oder anderen Aggregaten. Abb. 6.5 zeigt den einfachen, offenen, realen Prozess. Beim einfachen,

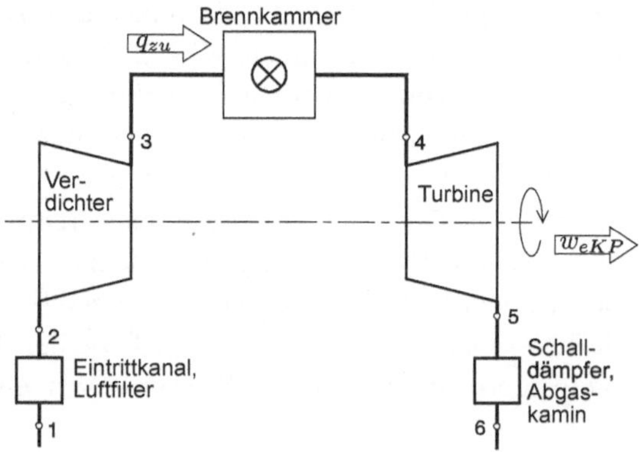

Abb. 6.5 Schema des realen, offenen Prozesses

offenen, ortsfesten Prozess besteht die Gasturbine nur aus dem Verdichter, der Brennkammer und Turbine. Strömungsverluste entstehen außer im Verdichter und in der Turbine
auch auf den Strömungswegen des Gases. Am Eintritt führt zum Verdichter ein Luft-
kanal, der Druckverluste verursacht. Auf den Weg vom Verdichter zur Turbine entstehen
weitere Druckverluste. Aus Emissions- und Sicherheitsgründen ist am Austritt ein Schalldämpfer bzw. Abgaskamin angebracht. Die genaue Berechnung erfolgt ähnlich wie bei
der Dampfturbine, das Arbeitsmittel kann jedoch als ideales Gas angenommen werden.
Dabei ist zu berücksichtigen, dass nach der Brennkammer nicht mehr Luft, sondern ein
Verbrennungsgas vorhanden ist. Je nach verwendetem Brennstoff und Luftverhältnis benötigt man das entsprechende h-s-Diagramm bzw. die Stoffwerte. In Abb. 6.6 sieht man
den Prozessverlauf im h-s-Diagramm. Bei der Berechnung müssen der Druckverlust in
den Zuleitungen, in der Brennkammer, in den Abströmleitungen und im Schalldämpfer
berücksichtigt werden.

Zustand 1 ist der Zustand der Umgebung, also jener der Luft. Zustand 2 ist der Zustand
der Luft vor der Beschaufelung des Verdichters. Die Luft erleidet in den Zuströmkanälen
und im Luftfilter einen Druckverlust. Bis zum Eintritt in den Verdichter wird die Luft auf

Abb. 6.6 Realer Prozess im
h-s- Diagramm

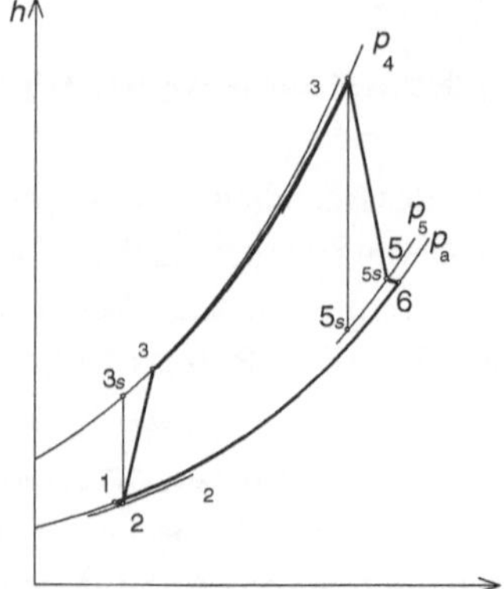

Kosten der Enthalpie auf die Geschwindigkeit c_2 beschleunigt. In dieser Phase wird weder effektive Arbeit geleistet noch Wärme zu- oder abgeführt. Aus der Energiebilanzgleichung können damit die Enthalpie h_2 und der Druck p_2 bestimmt werden.

$$h_2 = h_1 - 0,5 \cdot c_2^2 \tag{6.12}$$

$$w_{p12} + |j_{12}| = h_2 - h_1 = 0,5 \cdot c_2^2 \tag{6.13}$$

Bei diesem Prozess ist der Druckverlust relativ klein, sodass die Luft als inkompressibel angenommen werden kann. Für den Reibungs- und Beschleunigungsdruckverlust erhält man:

$$p_1 - p_2 = (1 + \zeta_2) \cdot \frac{c_2^2 \cdot \rho_2}{2} \tag{6.14}$$

Dabei ist ζ_2 der auf die Geschwindigkeit c_2 bezogene Druckverlustbeiwert der Einlasskanäle und des Luftfilters. Die Geschwindigkeit wird mit dem Einlassquerschnitt und Massenstrom der Luft bestimmt.

$$c_2 = \frac{\dot{m}_1}{A_2 \cdot \rho_2} \tag{6.15}$$

Bei Gasturbinen, die mit konstanter Drehzahl arbeiten, ist auch der Volumenstrom konstant. Der Massenstrom ändert sich proportional zur Dichte, die wiederum proportional zum Druck ist. Deshalb ist es üblich, den Druckverlust anstelle eines Druckverlustbeiwertes durch einen Druckverlustfaktor anzugeben, der den Anteil des Druckverlustes vom Eintrittsdruck angibt.

Die Bestimmung der Temperatur T_3, der Enthalpie h_3 und der inneren Arbeit des Verdichters erfolgt mit dem inneren Wirkungsgrad η_{Vi} des Verdichters. Die Austrittsenthalpie h_3 nach dem Verdichter ist:

$$h_3 = h_2 + (h_{3s} - h_2)/\eta_{Vi} = h_2 + \left[\bar{c}_{pL}(\vartheta_{3s}) \cdot \vartheta_{3s} - \bar{c}_{pL}(\vartheta_2) \cdot \vartheta_2\right]/\eta_{Vi} \tag{6.16}$$

Die Temperatur T_3 kann entweder aus dem h-s-Diagramm abgelesen oder aus der Temperatur bei isentroper Verdichtung durch inverse Interpolation wie bei Verbrennungsmotoren bestimmt werden:

$$h_3 = h_2 + (h_{3s} - h_2)/\eta_{Vi} = h_2 + \left[\bar{c}_{pL}(\vartheta_{3s}) \cdot \vartheta_{3s} - \bar{c}_{pL}(\vartheta_2) \cdot \vartheta_2\right]/\eta_{Vi} \tag{6.17}$$

$$\vartheta_3 = \vartheta_2 + (\vartheta_{3s} - \vartheta_2)/\eta_{Vi} \tag{6.18}$$

Die innere Arbeit des Verdichters ist:

$$w_{i23} = h_3 - h_2 + \frac{1}{2} \cdot \left(c_3^2 - c_2^2\right) \tag{6.19}$$

In der Regel ist die Änderung der Geschwindigkeit im Vergleich zur Änderung der Enthalpie vernachlässigbar klein.

Der Druck am Turbineneintritt wird ähnlich wie beim Verdichter berechnet.

$$p_3 - p_4 = \left(1 - \frac{c_3^2}{c_4^2} + \zeta_4\right) \cdot \frac{c_4^2 - \rho_4}{2} \tag{6.20}$$

Dabei ist ζ_4 der auf die Geschwindigkeit c_4 bezogene Druckverlustbeiwert der Brennkammer und der Zu- und Abströmkanäle. Die Geschwindigkeiten werden mit dem Massenstrom und mit den Strömungsquerschnitten am Austritt des Verdichters und am Eintritt der Turbine berechnet. Es ist zu beachten, dass sich der Massenstrom am Eintritt der Turbine um den Massenstrom des Brennstoffs erhöht. Hier wird wie am Eintritt des Verdichters anstelle eines Druckverlustbeiwertes ein Druckverlustfaktor angegeben. Der Massenstrom des Brennstoffs hängt vom Mindestluftbedarf l_{min} und vom Luftverhältnis λ ab.

$$\dot{m}_{Br} = \frac{\dot{m}_1}{\lambda \cdot l_{min}} \tag{6.21}$$

Damit ist der Massenstrom nach der Brennkammer:

$$\dot{m}_4 = \dot{m}_1 + \dot{m}_{Br} = \dot{m}_1 \cdot \left(1 + \frac{1}{\lambda \cdot l_{min}}\right) \tag{6.22}$$

Die Geschwindigkeiten c_3 und c_4 sind damit:

$$c_3 = \frac{\dot{m}_1}{A_3 \cdot \rho_3} \tag{6.23}$$

$$c_4 = \frac{\dot{m}_4}{A_4 \cdot \rho_4} = \frac{\dot{m}_1}{A_4 \cdot \rho_4} \cdot \left(1 + \frac{1}{\lambda \cdot l_{min}}\right) \tag{6.24}$$

Um die Dichte ρ_4 berechnen zu können, muss die Temperatur T_4 bestimmt werden.

In der Brennkammer führt man der Luft Brennstoff zu. Bei der Verbrennung wird entsprechend des Heizwertes h_u des Brennstoffs dem Gasstrom Wärme zugeführt. Die auf den Massenstrom der Luft bezogene Energiebilanz der Zustandsänderung von 3 nach 4 ist:

$$q_{34} = \eta_{Br} \cdot q_{zu} = \left[1 + 1/(\lambda \cdot l_{min})\right] \cdot h_4 - h_3 + \frac{1}{2}\left\{\left[1 + 1/(\lambda \cdot l_{min})\right] \cdot c_4^2 - c_3^2\right\} \tag{6.25}$$

Dabei ist η_{Br} der Wirkungsgrad der Brennkammer und berücksichtigt deren Wärmeverluste. Die zugeführte Wärme q_{34} kann aus der Heizwärme des Brennstoffs bestimmt werden. Die auf den Luftmassenstrom bezogene zugeführte spezifische Wärme ist:

$$q_{zu} = \frac{h_u}{\lambda \cdot l_{min}} \tag{6.26}$$

Damit erhält man für die Enthalpie h_4:

$$h_4 = \frac{\eta_{Br} \cdot q_{zu} - \bar{c}_{pL}(\vartheta_3) \cdot \vartheta_3}{1 + 1/(\lambda \cdot l_{min})} - \frac{1}{2} \cdot \left(c_4^2 - \frac{c_3^2}{1 + 1/(\lambda \cdot l_{min})} \right) \approx \frac{\eta_{Br} \cdot q_{zu} - \bar{c}_{pL}(\vartheta_3) \cdot \vartheta_3}{1 + 1/(\lambda \cdot l_{min})} \tag{6.27}$$

Die Temperatur T_4 beträgt:

$$T_4 = h_4/\bar{c}_{pR}(\vartheta_4) + 273,15 \text{ K} \tag{6.28}$$

Dabei ist c_{pR} die spezifische Wärmekapazität des Verbrennungsgases.

Die Bestimmung der Temperatur T_5, der Enthalpie h_5 und inneren Arbeit der Turbine erfolgt mit dem inneren Wirkungsgrad η_{Ti} der Turbine. Für die Austrittsenthalpie h_5 nach der Turbine erhält man:

$$h_5 = h_4 - (h_4 - h_{5s}) \cdot \eta_{Ti} = \bar{c}_{pR}(\vartheta_4) \cdot \vartheta_4 - \left[\bar{c}_{pR}(\vartheta_4) \cdot \vartheta_4 - \bar{c}_{pR}(\vartheta_{5s}) \cdot \vartheta_{5s} \right] \cdot \eta_{Ti} \tag{6.29}$$

Die Temperatur T_5 kann entweder aus dem h-s-Diagramm abgelesen oder wie beim Verdichter berechnet werden.

$$S_R^0(\vartheta_{5s}) = S_R^0(\vartheta_4) + R_R \cdot \ln(p_{5s}/p_4) \rightarrow \vartheta_{5s} \tag{6.30}$$

$$\vartheta_5 = h_5/\bar{c}_{pR}(\vartheta_5) \tag{6.31}$$

Die auf den Luftmassenstrom bezogene innere Arbeit der Turbine ist:

$$w_{i45} = \frac{1 + \lambda \cdot l_{min}}{\lambda \cdot l_{min}} \cdot \left[h_5 - h_4 + \frac{1}{2} \cdot \left(c_5^2 - c_4^2 \right) \right] \tag{6.32}$$

Um die Arbeit und Temperatur T_5 berechnen zu können, muss zunächst noch der Druck p_5 bestimmt werden. Er hängt vom Reibungswiderstand der Abströmkanäle und des Schalldämpfers sowie von der Geschwindigkeitsänderung ab. Der Druck am Austritt ist der Umgebungsdruck. Die Geschwindigkeit wird dort zu null.

$$p_5 - p_1 = (1 + \zeta_5) \cdot \frac{c_5^2 \cdot \rho_5}{2} \tag{6.33}$$

Bei Gasturbinen konstanter Drehzahl wird anstelle des Druckverlustbeiwertes ein Druckverlustfaktor angegeben. Die Berechnung muss iterativ erfolgen.

Die auf den Luftmassenstrom bezogene effektive Arbeit des Kreisprozesses setzt sich aus der effektiven Arbeit des Verdichters und jener der Turbine zusammen.

$$w_{iKP} = w_{i23} + w_{i45} \tag{6.34}$$

Die innere Leistung der Gasturbine ist:

$$P_i = \dot{m}_1 \cdot w_{iKP} \tag{6.35}$$

Die effektive Leistung hängt vom mechanischen Wirkungsgrad des Prozesses ab.

$$P_e = \eta_m \cdot \dot{m}_1 \cdot w_{iKP} \tag{6.36}$$

Der thermische Wirkungsgrad des Gasturbinenprozesses beträgt:

$$\eta_{th} = \frac{\eta_m \cdot w_{iKP} \cdot \lambda \cdot l_{min}}{h_u} \tag{6.37}$$

In Abb. 6.7 ist der Wirkungsgrad des realen und idealen Prozesses und das Verhältnis der Leistung zur maximalen Leistung für die vorgegebenen Temperaturen $\vartheta_1 = 15\,°\mathrm{C}$ und $\vartheta_4 = 1200\,°\mathrm{C}$ als eine Funktion des Verdichtungsverhältnisses dargestellt. Wie aus dem Diagramm ersichtlich ist, steigt der ideale Wirkungsgrad mit zunehmendem Verdichtungsverhältnis stetig an. Der reale Wirkungsgrad hat ein Maximum, das sehr flach ist. Das Verhältnis der effektiven zur maximal möglichen Leistung hat in demselben Bereich des Druckverhältnisses ebenfalls ein flaches Maximum. Damit kann die Gasturbine in einem relativ weiten Bereich des Druckverhältnisses optimal ausgelegt werden.

Bei offenen Gasturbinenprozessen wird wegen der hohen Temperaturen zur Kühlung der Turbinenschaufel verdichtete Luft verwendet. Der dafür notwendige Luftmassenstrom kann bis zu 15 % des gesamten Luftmassenstromes betragen. Die Kühlluft wird dem Prozess nach jeder Turbinenstufe jeweils wieder zugeführt. Bei genauen Berechnungen ist diese Änderung des Massenstromes natürlich zu berücksichtigen.

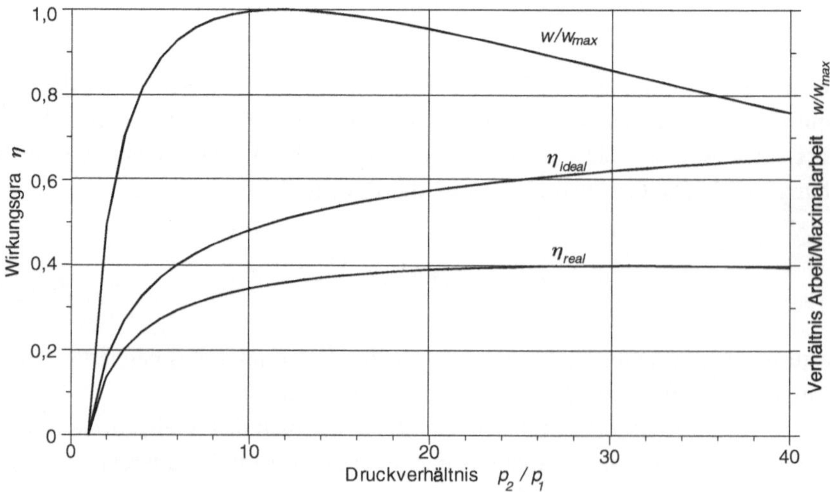

Abb. 6.7 Wirkungsgrad und Leistungsverhältnis der Gasturbinenprozesse

Beispiel 6.1: Einfluss der Stoffwerte und Dissipation auf den Gasturbinenprozess

In einem einfachen Gasturbinenprozess wird die Luft von 1 bar Druck und 15 °C Temperatur auf 20 bar verdichtet. Die anschließende Wärmezufuhr in der Brennkammer erfolgt isobar. Das auf 1200 °C erhitzte Gas expandiert in der Turbine auf 1 bar Druck.

Bestimmen Sie die auf den Luftmassenstrom bezogene spezifische Arbeit und den thermischen Wirkungsgrad des Prozesses mit folgenden Stoffwerten und inneren Wirkungsgraden des Verdichters und der Turbine:

a) Luft als perfektes Gas mit $c_p = 1004$ J/(kg K) und $\kappa = 1,4$, Verdichtung und Expansion sind isentrop, der Massenstrom ist konstant.

b) Luft als ideales Gas mit Stoffwerten Tabellen (siehe www.thermischeenergie-systeme.de), Verdichtung und Expansion sind isentrop, der Massenstrom ist konstant.

c) Die Brennstoffzufuhr mit Erdgas L wird berücksichtigt, Verdichtung und Expansion sind isentrop.

d) Die Brennstoffzufuhr mit Erdgas L wird berücksichtigt. Der innere Wirkungsgrad des Verdichters ist 0,88 und der der Turbine 0,90.

Lösung

Schema   Siehe Skizze

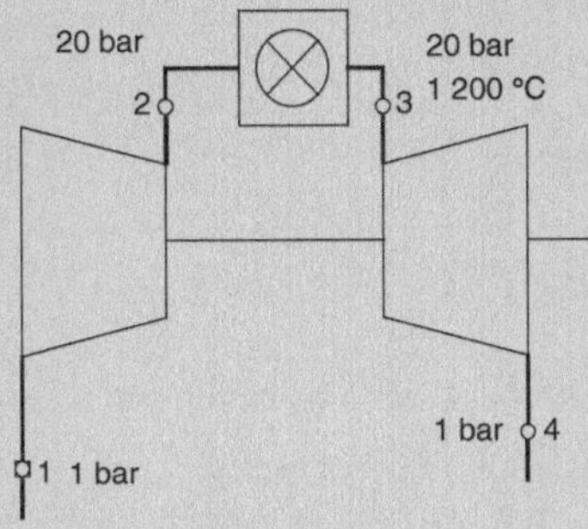

Annahmen

- Reibungsverluste bei Ein- und Ausströmung sowie in der Brennkammer sind vernachlässigbar.
- In der Brennkammer treten keine Wärmeverluste auf.

Analyse

a) Da der Prozess ideal verläuft und das Medium Luft als perfektes Gas angenommen wird, können die Temperaturen nach der Verdichtung und Expansion direkt bestimmt werden. Für die isentrope Verdichtung gilt:

$$T_2 = T_1 \cdot (p_2/p_1)^{(\kappa-1)/\kappa} = 288,15\,\text{K} \cdot 20^{0,4/1,4} = 678,2\,\text{K}$$

Ähnlich erhält man für die Temperatur nach der Expansion:

$$T_4 = T_3 \cdot (p_1/p_2)^{(\kappa-1)/\kappa} = 1473,15\,\text{K} \cdot (1/20)^{0,4/1,4} = 625,9\,\text{K}$$

Die spezifische Kreisprozessarbeit setzt sich aus der inneren Arbeit bei der Verdichtung und Expansion zusammen. Da beide Prozesse isentrop verlaufen, ist die innere Arbeit gleich der Druckänderungsarbeit:

$$w_{iKP} = w_{i12} + w_{i34} = c_p \cdot (T_2 - T_1 + T_4 - T_3) = -459,03\,\text{kJ}\,/\,\text{kg}$$

Für die spezifische zugeführte Wärme bei der isobaren Wärmezufuhr von 2 nach 3 erhält man:

$$q_{zu} = q_{23} = c_p \cdot (T_3 - T_2) = 798,16\,\text{kJ}\,/\,\text{kg}$$

Der thermische Wirkungsgrad des Prozesses wird damit:

$$\eta_{th} = |w_{iKP}|\,/q_{zu} = 0,575$$

Dieser Wert müsste gleich groß sein wie der mit Gl. (6.8) für den idealen Prozess berechnete. Die Probe ergibt:

$$\eta_{th} = 1 - (p_1/p_2)^{(\kappa-1)/\kappa} = 1 - (1/20)^{0,4/1,4} = 0,575$$

b) Mit Luft als idealem Gas muss die Änderung der Stoffwerte mit der Temperatur berücksichtigt werden. Die Temperatur nach der isentropen Verdichtung bestimmt man mit Gl. (6.17).

$$s^0\,(\vartheta_3) = s^0\,(\vartheta_2) + R \cdot \ln\,(p_2 - p_1) =$$

$$= [7,7077 + 0,28706 \cdot \ln\,(20)] \cdot \text{kJ}\,/\,(\text{kg} \cdot \text{K}) = 8,5922\,\text{kJ}\,/\,(\text{kg} \cdot \text{K})$$

Mit inverser Interpolation erhält man aus der Tabelle für die Temperatur $\vartheta_2 = 393,9\,°\text{C}$. Für die Expansion geht man gleich vor und erhält für die Temperatur

$\vartheta_4 = 420,7\,°C$. Für die Kreisprozessarbeit müssen zur Bestimmung der Enthalpie die mittleren Werte der spezifischen, isobaren Wärmekapazität verwendet werden. Man erhält:

$$w_{i12} = h_2 - h_1 = \bar{c}_p\,(\vartheta_2) \cdot \vartheta_2 - \bar{c}_p\,(\vartheta_1) \cdot \vartheta_1$$

Die Kreisprozessarbeit berechnet sich damit zu:

$$w_{iKP} = w_{i12} + w_{i34} = \bar{c}_p\,(\vartheta_2)\cdot\vartheta_2 - \bar{c}_p\,(\vartheta_1)\cdot\vartheta_1 + \bar{c}_p\,(\vartheta_4)\cdot\vartheta_4 - \bar{c}_p\,(\vartheta_3)\cdot\vartheta_3 = -507,0 \text{ kJ / kg}$$

Die zugeführte Wärme und der thermische Wirkungsgrad werden auch mit der mittleren spezifischen, isobaren Wärmekapazität bestimmt.

$$w_{iKP} = w_{i12} + w_{i34} = \bar{c}_p\,(\vartheta_2) \cdot \vartheta_2 - \bar{c}_p\,(\vartheta_1) \cdot \vartheta_1 + \bar{c}_p\,(\vartheta_4) \cdot \vartheta_4 - \bar{c}_p\,(\vartheta_3) \cdot \vartheta_3 = -507,0 \text{ kJ / kg}$$

$$\eta_{th} = |w_{iKP}|\,/q_{zu} = \mathbf{0{,}548}$$

c) Die Verbrennung spielt bei der Verdichtung der Luft keine Rolle, d. h., die Temperatur ist wie zuvor berechnet. Bei der Verbrennung ist die Austrittstemperatur aus der Brennkammer vorgegeben. Sie wird durch das Luftverhältnis bei der Verbrennung bestimmt. Aus der Tabelle erhält man folgende Werte für das Erdgas L: $h_u = 38,1$ MJ/kg, $l_{min} = 13,4308$. Die Energiebilanz der Verbrennung lautet:

$$\frac{h_u}{\lambda \cdot l_{min}} = \frac{(l_{min} + 1) \cdot \bar{c}_{pR_{st}}\,(\vartheta_3) \cdot \vartheta_3 + (\lambda - 1) \cdot l_{min} \cdot \bar{c}_{pL}\,(\vartheta_3) \cdot \vartheta_3}{\lambda \cdot l_{min}} - \bar{c}_{pL}\,(\vartheta_2) \cdot \vartheta_2$$

Der Index Rst steht für das stöchiometrische Rauchgas und L für die Luft. Nach dem Luftverhältnis aufgelöst erhält man:

$$\lambda = \frac{\dfrac{h_u - (l_{min} + 1) \cdot \bar{c}_{pRst}\,(\vartheta_3) \cdot \vartheta_3}{l_{min}} + \bar{c}_{pL}\,(\vartheta_3) \cdot \vartheta_3}{\bar{c}_{pL}\,(\vartheta_3) \cdot \vartheta_3 - \bar{c}_{pL}\,(\vartheta_2) \cdot \vartheta_2} = 2,747$$

Bei der Berechnung ist darauf zu achten, dass die richtigen Mittelwerte eingesetzt werden. Zur Ermittlung der Temperatur nach der isentropen Expansion muss die Entropie des Rauchgases als eine Funktion der Temperatur und des Luftverhältnisses bestimmt werden. Dazu berechnet man zunächst die Partialdrücke der Rauchgaskomponenten und damit die normierte Entropie:

$$s_R^0\,(\vartheta, \lambda) = \frac{l_{min} + 1}{\lambda \cdot l_{min} + 1} \cdot \left[s_R^0\,(\vartheta) + R_R \cdot \ln\,(\mu_R) \right] + \frac{(\lambda - 1) \cdot l_{min}}{\lambda \cdot l_{min} + 1} \cdot \left[s_L^0\,(\vartheta) + R_L \cdot \ln\,(\mu_L) \right]$$

Die Berechnung wurde hier mit einem Programm in *Mathcad* durchgeführt. Für die
Entropie des Rauchgases erhält man:

$$s_R^0\,(\vartheta_4,\lambda) = s_R^0\,(\vartheta_3,\lambda) + R_R \cdot \ln\,(p_1/p_2) = 8,2106 \;\text{kJ}\,/\,(\text{kg} \cdot \text{K})$$

Damit ergibt sich mit inverser Interpolation für die Temperatur $\vartheta_4 = 441,8\,°\text{C}$. Jetzt
können die Kreisprozessarbeit und zugeführte Wärme berechnet werden.

$$w_{iKP} = \left(\bar{c}_{pL} \cdot \vartheta_2 - \bar{c}_{pL} \cdot \vartheta_1 + \bar{c}_{pR_{st}} \cdot \vartheta_4 - \bar{c}_{pR_{st}} \cdot \vartheta_3\right) = \textbf{- 553,5 kJ/kg}$$

$$q_{zu} = h_u/\,(\lambda \cdot l_{min}) = 1\,032,6 \;\text{kJ}\,/\,\text{kg}$$

Damit erhält man für den thermischen Wirkungsgrad:

$$\eta_{\text{th}} = |w_{iKP}|\,/q_{zu} = \textbf{0,157}$$

d) Bei der Berücksichtigung der Dissipation des Verdichters kann die Temperatur
nach der Kompression mit der isentropen Verdichtung aus Teilaufgabe c) und dem
inneren Wirkungsgrad des Verdichters bestimmt werden. Die Temperatur nach der
isentropen Kompression aus Teilaufgabe c) wird mit dem Index s versehen.

$$\vartheta_2 = \vartheta_1 + (\vartheta_{2s} - \vartheta_1) \cdot \eta_{iV}^{-1} = 445,5\,°\text{C}$$

Da die Temperatur nach der Verdichtung größer wurde, muss man das Luftverhältnis
erhöhen. Es wird wie im vorgehenden Abschnitt ermittelt und hat den Wert von
$\lambda = 2,922$. Für die Temperatur nach einer isentropen Expansion erhält man $\vartheta_{4s} =$
$440,5°\text{C}$. Damit berechnet sich die Temperatur mit dem Turbinenwirkungsgrad zu:

$$\vartheta_2 = \vartheta_1 + (\vartheta_{2s} - \vartheta_1) \cdot \eta_{iV}^{-1} = 445,5\,°\text{C}$$

Die auf den Luftmassenstrom bezogenen spezifischen Werte der inneren Kreisprozessarbeit, der zugeführten Wärme und des thermischen Wirkungsgrades werden
wie im vorgehenden Abschnitt berechnet.

$$w_{iKP} = h_L\,(\vartheta_2) - h_L\,(\vartheta_1) + [h_R\,(\vartheta_4) - h_R\,(\vartheta_3)] \cdot (\lambda \cdot l_{min} + 1)\,/\,(\lambda \cdot l_{min}) = \textbf{- 411,3 kJ/kg}$$

$$q_{zu} = h_u/\,(\lambda \cdot l_{min}) = \textbf{970,77 kJ/kg}$$

$$\eta_{\text{th}} = |w_{iKP}|\,/q_{zu} = \textbf{0,424}$$

Diskussion

Die Berechnungen zeigen, dass beim idealen Prozess bereits die Verwendung von
Luft als ideales Gas eine Verringerung des Wirkungsgrades von 0,575 auf 0,548

bewirkt. Die Berücksichtigung der Verbrennung bringt eine weitere Verringerung auf 0,517. Die stärkste Abnahme auf 0,424 wird durch die Berücksichtigung der Dissipation im Verdichter und in der Turbine verursacht. Wie das nächste Beispiel zeigt, verringert sich der Wirkungsgrad durch Berücksichtigung aller Reibungsverluste noch wesentlich mehr.

Beispiel 6.2: Berechnung eines Gasturbinenprozesses
In einer Gasturbinenanlage wird Luft aus der Umgebung mit 0,98 bar Druck und 15 °C Temperatur angesaugt. Der Einströmkanal hat eine Widerstandszahl von 0,2 und die Geschwindigkeit im Kanal beträgt 50 m/s. Die Zuströmung zum Ansaugkanal kann als isentrop angenommen werden. Im Verdichter wird die Luft auf 21 bar komprimiert. Der innere Wirkungsgrad des Verdichters beträgt 0,88. Zur Kühlung der ersten Turbinenstufe werden 15 % des Luftmassenstromes vor der Brennkammer entnommen und auf 100 °C abgekühlt. Er wird in der ersten Turbinenstufe dem Prozess wieder zugeführt, wobei er in den Schaufeln auf 600 °C erwärmt wird. In der Brennkammer und in den Kanälen zur Turbine verringert sich der Druck um 2 %. Das Brenngas aus der Brennkammer hat eine Temperatur von 1200 °C. Der Brennstoff ist Erdgas L. Der innere Wirkungsgrad der Turbine beträgt 0,9. Im Abgaskamin wird der Druck um 2,5 % verringert. Das Abgas hat eine Geschwindigkeit von 100 m/s. Der Massenstrom der angesaugten Luft beträgt 200 kg/s.
Bestimmen Sie die Leistung und den Wirkungsgrad des Prozesses.

Lösung

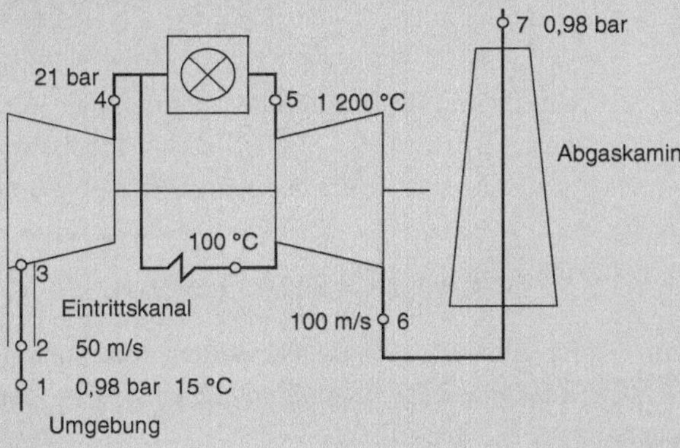

Schema   *Siehe Skizze*

Annahmen

- Zum Eintrittskanal erfolgt die Zuströmung isentrop.
- Der ersten Turbinenstufe wird Kühlluft von 100 °C zugeführt.
- Die spezifischen Prozesswerte werden auf den Massenstrom der angesaugten Luft bezogen.

Analyse

Bei der Einströmung wird die Luft aus der Umgebung isentrop auf die Geschwindigkeit von 50 m/s beschleunigt. Die Änderung der kinetischen Energie erfolgt auf Kosten der Enthalpie. Am Anfang des Eintrittkanals berechnet sich die Enthalpie der Luft mit Hilfe der Tabelle aus dem Internet als:

$$h_2 = h_1 - \frac{1}{2} \cdot \left(c_2^2 - c_1^2\right) = h_1 - \frac{1}{2} \cdot c_2^2 = 13,81 \ \text{kJ}\,/\,\text{kg}$$

Für die Temperatur ϑ_2 erhält man mittels Interpolation 13,76 °C. Die Druckänderung ist aus der isentropen Zustandsänderung bestimmbar.

$$p_2 = p_1 \cdot (T_2/T_1)^{k/(k-1)} = 0,965 \ \text{bar}$$

Die isentrope Änderung wurde mit dem Mittelwert der spezifischen Wärmekapazität bei der Zustandsänderung als $\kappa = 1,4002$ berechnet.

Bei der Strömung im Eintrittskanal wird der Luftströmung weder technische Arbeit noch Wärme zu- oder abgeführt. Die kinetische Energie bleibt konstant. Damit erfolgt bei der Strömung keine Enthalpieänderung und die Temperatur bleibt konstant $\vartheta_3 = \vartheta_2 = 13,76$ °C. Die Änderung des Druckes wird durch die Reibungsgesetze bestimmt und man erhält:

$$p_3 = p_2 - \zeta_2 \cdot \frac{c_2^2 \cdot \rho}{2} = p_2 - \zeta_2 \cdot \frac{c_2^2 \cdot p_2}{2 \cdot R_L \cdot T_2} = 0,958 \ \text{bar}$$

Zur Bestimmung der Temperaturänderung bei der Verdichtung wird zunächst die isentrope Temperaturänderung berechnet. Mit Hilfe der Tabellen aus dem Internet kann die normierte Entropie des Zustandspunktes 4 folgendermaßen ermittelt werden:

$$s^0\,(\vartheta_{4s}) = s^0\,(\vartheta_3) + R_L \cdot \ln\,(p_4/p_3) = 7,7120 \ \text{kJ}\,/\,(\text{kg} \cdot \text{K})$$

Für die Temperatur ϑ_{4s} bei isentroper Zustandsänderung erhält man mit inverser Interpolation 407,73 °C. Unter Berücksichtigung des inneren Wirkungsgrades beträgt die Temperatur nach der Verdichtung:

$$\vartheta_4 = \vartheta_3 + (\vartheta_{4s} - \vartheta_3)\,/\eta_{iV} = 461,45 \ \text{°C}$$

Damit ist die für die Verdichtung notwendige spezifische, auf den Luftmassenstrom bezogene Arbeit:

$$w_{i34} = h_4 - h_3 = \bar{c}_{pL}\left(\vartheta_4\right) \cdot \vartheta_4 - \bar{c}_{pL}\left(\vartheta_3\right) \cdot \vartheta_3 = 463,72\,\text{kJ} \,/\, \text{kg}$$

Bei der Strömung zur und von der Brennkammer verringert sich der Druck um 2 %. Diese Druckänderung hat praktisch keinen Einfluss auf die Temperatur. Nach der Verdichtung werden 15 % des Luftmassenstromes entfernt und dem Prozess erst nach der Brennkammer wieder zugeführt. Der Prozess ist so geregelt, dass die Temperatur nach der Brennkammer 1200 °C beträgt. Dies erfolgt über den Massenstrom des Brennstoffs. Der Luftüberschuss bestimmt die Austrittstemperatur. Die Energiebilanz in der Brennkammer lautet:

$$\dot{m}_{Br} \cdot h_u = \left(\dot{m}_{Br} + \dot{m}_L\right) \cdot h_R + 0,85 \cdot \dot{m}_L \cdot h_L$$

Das Rauchgas wird als stöchiometrisches Rauchgas plus Luft behandelt. Nach den Gesetzen der Verbrennung erhält man folgende Bilanz:

$$h_u = \left[\left(1 + l_{min}\right) \cdot \bar{c}_{pRst}\left(\vartheta_5\right) + \left(\lambda - 1\right) \cdot l_{min} \cdot \bar{c}_{pL}\left(\vartheta_5\right)\right] \cdot \vartheta_5 - \lambda \cdot l_{min} \cdot \bar{c}_{pL}\left(\vartheta_4\right) \cdot \vartheta_4$$

Die Gleichung nach λ aufgelöst und mit den Stoffwerten aus den Tabellen erhält man:

$$\lambda = \frac{h_u - \left[\left(1 + l_{min}\right) \cdot \bar{c}_{pRst}\left(\vartheta_5\right) + l_{min} \cdot \bar{c}_{pL}\left(\vartheta_5\right)\right] \cdot \vartheta_5}{l_{min} \cdot \left[\bar{c}_{pL}\left(\vartheta_5\right) \cdot \vartheta_5 - \bar{c}_{pL}\left(\vartheta_4\right)\right] \cdot \vartheta_4} = 2,977$$

Die zugeführte spezifische Wärme beträgt:

$$q_{zu} = \frac{0,85 \cdot h_u}{\lambda \cdot l_{min}} = 808,82\ \text{kJ} \,/\, \text{kg}$$

Hier wird berücksichtigt, dass nur 85 % der angesaugten Luft in die Brennkammer strömen, die spezifischen Werte aber auf den Massenstrom der angesaugten Luft bezogen sind.

Die Kühlluft erwärmt sich in den Turbinenschaufeln zwar auf 600 °C, dies aber auf Kosten des heißen Abgases. Deshalb wird so gerechnet, dass Luft mit 100 °C Temperatur dem Rauchgas zugemischt wird. Für die Temperatur des in die Turbine strömenden Rauchgases gilt folgende Bilanzgleichung:

$$0,15 \cdot h_L\left(100\,^\circ\text{C}\right) + 0,85 \cdot \left[1 + 1/\left(\lambda \cdot l_{min}\right)\right] \cdot h_R\left(\lambda_5, \vartheta_5\right) =$$
$$= \left[1 + 1/\left(\lambda \cdot l_{min}\right)\right] \cdot h_R\left(\lambda_{5'}, \vartheta_{5'}\right)$$

Der Zustand am Eintritt der Turbine wird mit 5' bezeichnet. Die Enthalpie des Rauchgases hängt von der Temperatur und vom Luftverhältnis ab. Nach der Mischung ist der Luftmassenstrom um 15 % erhöht, womit das Luftverhältnis auch um 15 % größer wird, d. h., $\lambda_{5'} = \lambda_5/0,85 = 3,503$. Man erhält für die Temperatur $\vartheta_{5'} = 1056,5\,°C$.

Um die Zustandsänderung in der Turbine bestimmen zu können, muss man zunächst den Druck am Turbinenaustritt berechnen. Er ist der Umgebungsdruck plus Druckverlust im Abgaskamin.

$$p_6 = p_7/0,975 = 1,0051\ \text{bar}$$

Damit kann die Temperatur ϑ_6 berechnet werden. Das Programm liefert: ϑ_6 430,2 °C. Die spezifische, auf die Luftmasse bezogene innere Arbeit der Turbine beträgt:

$$w_{i56} = \frac{\lambda_1 \cdot l_{min} + 1}{\lambda_1 \cdot l_{min}} \cdot [h_R(\vartheta_7) - h_R(\vartheta_6)] = -745,3\ \text{kJ / kg}$$

Für die auf die Luftmasse bezogene spezifische Kreisprozessarbeit, die Leistung, den abgeführten Wärmestrom und den thermischen Wirkungsgrad erhält man:

$$w_{iKP} = w_{i34} + w_{i56} = \mathbf{-282,56\ kJ/kg}$$

$$P_{KP} = \dot{m}_L \cdot w_{iKP} = \mathbf{-56\,513\ kW}$$

$$\dot{Q}_{zu} = \dot{m}_L \cdot q_{zu} = \mathbf{161\ 973\ kW}$$

$$\eta_{th} = |P_{KP}| / \dot{Q}_{zu} = \mathbf{0{,}356}$$

Diskussion

Die Berechnung des Prozesses mit realen Stoffwerten und unter Berücksichtigung der Dissipation sowie der Kühlung liefert wesentlich realistischere Werte als der ideale Prozess. Beim gegebenen Verdichtungsverhältnis ergäbe Gl. (6.8) einen thermischen Wirkungsgrad von 0,583. Mit den hier gegebenen Betriebswerten haben reale Gasturbinenprozesse Wirkungsgrade von 0,35. In diesem Beispiel berechnete man die Kühlung mit einem sehr einfachen Modell und vernachlässigte den Wirkungsgrad des Generators.

6.2.2.2 Potentiale zur Verbesserung des Wirkungsgrades

Die Verbesserung des Wirkungsgrades durch Erhöhung des Druckverhältnisses muss immer im Zusammenhang mit der Änderung der inneren Arbeit optimiert werden. Bei einem

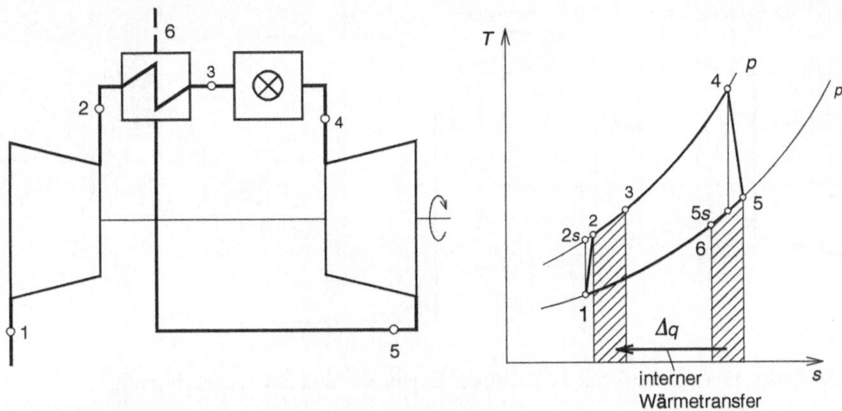

Abb. 6.8 Gasturbinenprozess mit internem Wärmetransfer

Prozess kann das Druckverhältnis durch hohe Enddrücke begrenzt sein, was hauptsächlich bei geschlossenen Prozessen vorkommt, wobei dann durch *internen Wärmetransfer* die Verbesserung des Wirkungsgrades möglich ist. Abb. 6.8 zeigt das Schema und T-s-Diagramm eines solchen Prozesses. Das verdichtete Gas wird durch das heiße Abgas vorgewärmt. Damit verringert sich sowohl der Betrag der zu- als auch abgeführten Wärme [3, 4].

Aus dem T-s-Diagramm ist ersichtlich, dass die Wärme aus dem Abgas intern zum verdichteten Gas transferiert wird. Damit muss nur noch von Zustand 3 nach 4 Wärme zugeführt bzw. von Zustand 6 nach 1 Wärme abgeführt werden. Der thermische Wirkungsgrad wird wie folgt verändert:

$$\eta_{th} = 1 - \frac{|q_{ab}| - |\Delta q|}{|q_{zu}| - |\Delta q|} \tag{6.38}$$

Da im Bruch sowohl Zähler als auch Nenner verringert werden, verkleinert sich der Wert des Bruches. Der Wirkungsgrad erhöht sich. In einem idealen Prozess könnte theoretisch durch den Wärmetransfer das verdichtete Gas von der Temperatur T_{2s} auf die Temperatur T_{5s} erwärmt und das Abgas von T_{5s} auf T_{2s} abgekühlt werden. Dieses bedeutete die maximal mögliche Verbesserung des Wirkungsgrades. Im realen Prozess benötigt man für den Wärmetransfer Temperaturdifferenzen, die bei 15 bis 25 K liegen. Außerdem können Verdichtung und Expansion nicht isentrop verlaufen.

Damit ein interner Wärmetransfer überhaupt möglich ist, muss die Temperatur T_5 größer als T_2 sein. Aus ökonomischen Gründen benötigt man bei realen Prozessen mindestens eine Temperaturdifferenz von 80 K. Bei den in den Beispielen 6.1 und 6.2 berechneten Prozessen wäre der interne Wärmeaustausch unmöglich.

Eine weitere Möglichkeit zur Verbesserung des Wirkungsgrades ist die zweistufige Expansion und Zwischenerhitzung. Abb. 6.9 zeigt das Schema und den Prozessverlauf im T-s-Diagramm.

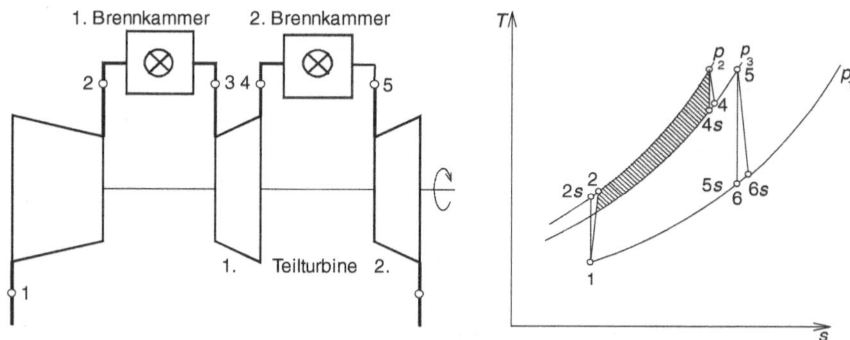

Abb. 6.9 Gasturbinenprozess mit zweistufiger Expansion und Zwischenerhitzung

Die verdichtete Luft wird in einer ersten Brennkammer erhitzt und in der ersten Teilturbine expandiert. In einer zweiten Brennkammer wird das teilexpandierte Gas wieder
erhitzt und in der zweiten Teilturbine auf Umgebungsdruck expandiert. Im Vergleich zu
einer optimierten Gasturbine mit einstufiger Expansion erfolgt die Verdichtung auf einen
höheren Druck. Der Druck nach der ersten Teilexpansion ist etwa so groß wie bei der einstufigen Expansion. Die schraffierte Fläche im T-s-Diagramm ist die im Vergleich zum
einstufigen Prozess vergrößerte spezifische Arbeit. Diese Fläche entspricht etwa jener in
der zweiten Brennkammer zugeführten Wärme, d. h., die zusätzlich zugeführte Wärme
wird vollständig in Arbeit umgewandelt, wodurch sich der Wirkungsgrad verbessert. Diese
Prozesse erreichen Wirkungsgrade von ca. 0,40.

Beispiel 6.3: Gasturbinenprozess mit zweistufiger Expansion und Zwischenerhitzung
Im Verdichter wird die Luft von 15 °C Temperatur und 1 bar Druck auf 30 bar ver-
dichtet und in der ersten Brennkammer das Gas auf 1200 °C erhitzt. In der ersten
Teilturbine erfolgt die Expansion auf 20 bar. In der zweiten Brennkammer wird
das Gas wieder auf 1200 °C erhitzt. Schließlich expandiert das Gas in der zweiten
Teilturbine auf 1 bar Druck. Der innere Wirkungsgrad des Verdichters beträgt 0,88,
der der Turbine 0,90. Berechnet wird mit Luft als idealem Gas. Die Änderung des
Massenstromes bleibt unberücksichtigt. Zu berechnen sind:

a) Leistung und Wirkungsgrad bei einem Luftmassenstrom von 600 kg/s.
b) Leistung und Wirkungsgrad des einstufigen Prozesses mit Verdichtung auf
   20 bar.

Lösung

Schema   Siehe Abb. 6.9

Annahmen

- Das Arbeitsmedium ist Luft als ideales Gas.
- Strömungsverluste bleiben unberücksichtigt.
- Die Änderung des Massenstromes wird vernachlässigt.

Analyse

a) Zur Berechnung der Verdichtungsarbeit wird zunächst die Temperatur ϑ_{2s}, die nach einer isentropen Verdichtung von 1 bar auf 30 bar entsteht, bestimmt.

$$s^0\,(\vartheta_{2s}) = s^0\,(\vartheta_1) + R \cdot \ln\,(p_2/p_1) = 7,8064 \text{ kJ / (kg} \cdot \text{K)}$$

Durch inverse Interpolation erhält man $\vartheta_{2s} = 470,1\,°\text{C}$. Die Temperatur ϑ_2 berechnet sich mit dem Verdichterwirkungsgrad zu:

$$\vartheta_2 = \vartheta_1 + (\vartheta_{2s} - \vartheta_1)\,/\,\eta_{iV} = 532,1\,°\text{C}$$

Die innere Arbeit der Verdichtung entspricht der Enthalpieänderung, die mit der berechneten Temperatur bestimmt werden kann:

$$w_{i12} = \bar{c}_p\,(\vartheta_2) \cdot \vartheta_2 - \bar{c}_p\,(\vartheta_1) \cdot \vartheta_1 = 539,6 \text{ kJ / kg}$$

Die Temperaturen nach den Expansionen und inneren Arbeiten in der ersten und zweiten Teilturbine werden wie jene bei der Verdichtung bestimmt.

$$s^0\,(\vartheta_{4s}) = s^0\,(\vartheta_3) + R \cdot \ln\,(p_4/p_2) = 8,478 \text{ kJ / (kg} \cdot \text{K)} \rightarrow \vartheta_{4s} = 1063,9\,°\text{C}$$
$$\vartheta_4 = \vartheta_3 + (\vartheta_{4s} - \vartheta_3) \cdot \eta_{iT} = 1077,5\,°\text{C}$$
$$w_{i34} = \bar{c}_p\,(\vartheta_4) \cdot \vartheta_4 - \bar{c}_p\,(\vartheta_3) \cdot \vartheta_3 = -147,2 \text{ kJ / kg}$$
$$s^0\,(\vartheta_{6s}) = s^0\,(\vartheta_5) + R \cdot \ln\,(p_1/p_4) = 7,7323 \text{ kJ / (kg} \cdot \text{K)} \rightarrow \vartheta_{6s} = 448,1\,°\text{C}$$
$$\vartheta_6 = \vartheta_5 + (\vartheta_{6s} - \vartheta_5) \cdot \eta_{iT} = 523,4\,°\text{C}$$
$$w_{i56} = \bar{c}_p\,(\vartheta_6) \cdot \vartheta_6 - \bar{c}_p\,(\vartheta_5) \cdot \vartheta_5 = -832,1 \text{ kJ / kg}$$

Die spezifische innere Kreisprozessarbeit ist die Summe der drei Teilarbeiten:

$$w_{iKP} = w_{i12} + w_{i34} + w_{i56} = -392,7 \text{ kJ / kg}$$

Für die Leistung des Prozesses erhält man:

$$P = \dot{m} \cdot w_{iKP} = \mathbf{-235\ 608\,kW}$$

Zur Berechnung des thermischen Wirkungsgrades ist zunächst noch der zugeführte Wärmestrom zu bestimmen. Er setzt sich aus den Wärmeströmen in der ersten und zweiten Brennkammer zusammen.

$$\dot{Q}_{zu} = \dot{m} \cdot \left[\bar{c}_p \left(\vartheta_3 \right) \cdot \vartheta_3 - \bar{c}_p \left(\vartheta_2 \right) \cdot \vartheta_2 + \bar{c}_p \left(\vartheta_5 \right) \cdot \vartheta_5 - \bar{c}_p \left(\vartheta_4 \right) \cdot \vartheta_4 \right] = 568\,584\,\text{kW}$$

Damit kann nun der thermische Wirkungsgrad ermittelt werden.

$$\eta_{th} = |P| \, / \dot{Q}_{zu} = 0,414$$

b) Beim Prozess ohne Zwischenerhitzung erfolgt die Verdichtung auf 20 bar. Temperatur und innere Arbeit nach der Verdichtung werden wie zuvor berechnet:

$$s^0 \left(\vartheta_{2s} \right) = s^0 \left(\vartheta_1 \right) + R \cdot \ln \left(p_2 / p_1 \right) = 7,6900 \ \text{kJ} \, / \left(\text{kg} \cdot \text{K} \right) \rightarrow \vartheta_{4s} = 393,9 \,^{\circ}\text{C}$$

$$\vartheta_2 = \vartheta_1 + \left(\vartheta_{2s} - \vartheta_1 \right) / \eta_{iV} = 445,5 \ ^{\circ}\text{C}$$

$$w_{i12} = \bar{c}_p \left(\vartheta_2 \right) \cdot \vartheta_2 - \bar{c}_p \left(\vartheta_2 \right) \cdot \vartheta_2 = -445,3 \ \text{kJ} \, / \, \text{kg}$$

Die Expansionsarbeit ist gleich groß wie bei der zweistufigen Expansion in der zweiten Teilturbine. Damit erhält man für die innere Kreisprozessarbeit und Leistung:

$$w_{iKP} = w_{i12} + w_{i56} = -367,2 \ \text{kJ} \, / \, \text{kg}$$

$$P = \dot{m} \cdot w_{iKP} = \mathbf{-220\ 300\,kW}$$

Jetzt erfolgt die Wärmezufuhr nur in einer Brennkammer und beträgt:

$$\dot{Q}_{zu} = \dot{m} \cdot \left[\bar{c}_p \left(\vartheta_3 \right) \cdot \vartheta_3 - \bar{c}_p \left(\vartheta_2 \right) \cdot \vartheta_2 \right] = 522\,068\,\text{kW}$$

Der thermische Wirkungsgrad des Prozesses mit einstufiger Expansion ist:

$$\eta_{th} = |P| \, / \dot{Q}_{zu} = \mathbf{0{,}422}$$

Diskussion
Durch die zweistufige Expansion mit Zwischenerhitzung vergrößert sich der thermische Wirkungsgrad von 0,422 auf 0,455, was einer Verbesserung von 8 % entspricht. Beim realen Prozess sind die Wirkungsgrade kleiner, das Verbesserungspotential liegt aber wieder bei etwa 8 %. Die berechneten zu großen Wirkungsgrade werden durch die Nichtberücksichtigung der Wärme- und Druckverluste sowie durch die Massenstromänderungen und Abgasstoffwerte verursacht. Interessant ist, dass die Vergrößerung der inneren Arbeit durch die Zwischenerhitzung von 31. 695 kW genau dem Mehr an Wärmezufuhr entspricht.

6.2.2.3 Geschlossener Gasturbinenprozess

Bei geschlossenen Gasturbinenprozessen arbeitet man meist mit höheren Drücken, damit der Massenstrom und gleichzeitig die Leistung größer werden. Der Wärmeübergang im Gas ist wegen der höheren Gasdichte und Wärmeleitfähigkeit ebenfalls besser. Damit können die Wärmetauscher kleiner dimensioniert werden. Wegen des höheren Eintrittsdruckes zum Verdichter kann man keine so großen Verdichtungsverhältnisse wie beim offenen Prozess wählen. Der dadurch verursachte niedrigere Wirkungsgrad ist mittels internem Wärmeaustausch und Zwischenkühlung kompensierbar. Da der Prozess geschlossen ist, verwendet man andere Gase als Luft. Wegen der höheren Wärmeleitfähigkeit ist beispielsweise Helium recht günstig. Es wird nur in Anlagen, in denen größter Wert auf Dichtheit gelegt werden muss (z. B. im Hochtemperaturreaktor), eingesetzt.

Abb. 6.10 zeigt das Schaltbild eines geschlossenen Gasturbinenprozesses. Man sieht, dass die Verdichtung zweistufig erfolgt. Nach der ersten Verdichtung entnimmt man dem Prozess Wärme, die zu Heizzwecken verwendet wird. Im internen Wärmetransfer wärmt das entspannte das verdichtete Gas vor. Wirtschaftlich sinnvoll sind solche Schaltungen nur bei kleineren Verdichtungsverhältnissen und höheren Drücken in einem geschlossenen Prozess.

Beim in Abb. 6.10 gezeigten Prozess sind aus materialtechnischen Gründen die Temperaturen am Eintritt der Turbine niedriger als jene, die in einer Brennkammer erreicht werden. Aus diesem Grund ergeben Optimierungen ein relativ niedriges Verdichtungsverhältnis. Den Wirkungsgrad der Anlage verbessert man dadurch, dass das verdichtete Gas im Wärmetauscher mit dem Gas aus dem Austritt der Turbine vorgewärmt

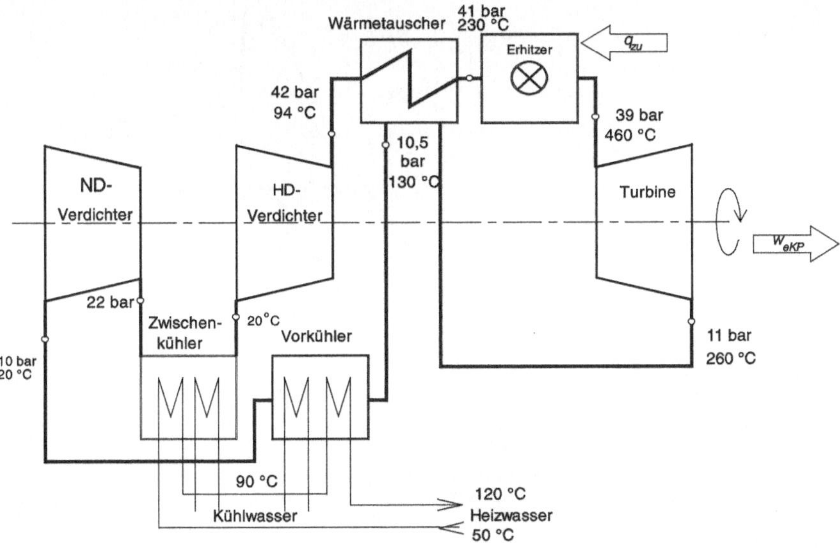

Abb. 6.10 Geschlossener Gasturbinenprozess mit Zwischenkühlung, Vorwärmung der verdichteten Luft und Wärmeentnahme

wird. Im Zwischenkühler wird das im Niederdruckverdichter komprimierte Gas zunächst durch Heizwasser auf etwa 100 °C und dann durch Kühlwasser auf 20 °C abgekühlt. Die tiefere Temperatur im Hochdruckverdichter verringert die für die Kompression notwendige Arbeit. Im Vorkühler wird das entspannte Gas zunächst durch Heizwasser auf etwa 60 °C und dann durch Kühlwasser auf 20 °C abgekühlt. Die so erzielte größere Dichte des Gases erhöht den Massenstrom und die Leistung der Anlage. Durch die tiefen Eintrittstemperaturen beider Verdichter wird die Arbeit in ihnen gesenkt, was den Wirkungsgrad verbessert. Abb. 6.11 zeigt den Prozess im h-s-Diagramm.

Die Erwärmung des verdichteten Gases erfolgt von 4 nach 5 durch internen Wärmeaustausch aus dem heißen Gas nach dem Turbinenaustritt von 7 nach 8. Von außen wird lediglich von 5 nach 6 Wärme zugeführt. Die Wärmeabfuhr nach außen erfolgt nach dem internen Wärmetauscher von 8 nach 1 und nach dem Niederdruckverdichter von 2 nach 3. Die Zwischenkühlung verringert die Arbeit des Verdichters. Ohne den internen Wärmeaustausch verbesserte sie den Wirkungsgrad jedoch nicht, weil dadurch wesentlich mehr Wärme von außen zugeführt werden müsste.

Die vom Niederdruckverdichter geleistete innere Arbeit ist:

$$w_{i12} = h_2 - h_1 = \bar{c}_p \cdot (T_2 - T_1) \tag{6.39}$$

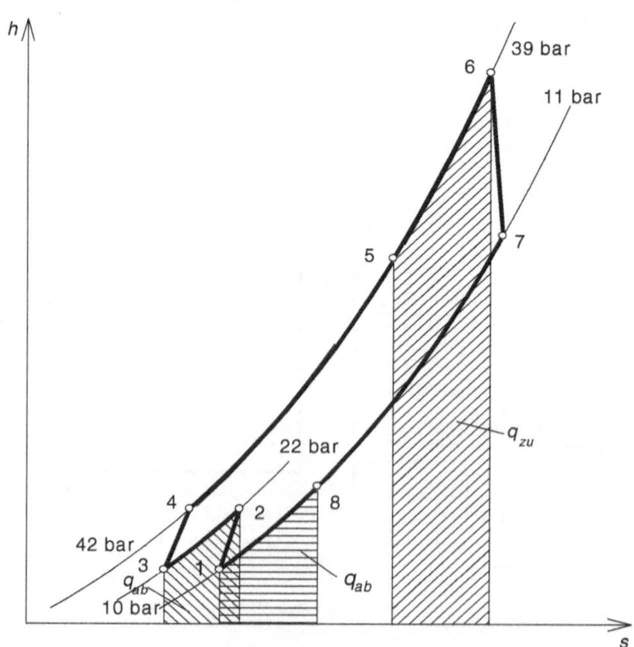

Abb. 6.11 h-s-Diagramm des geschlossenen Prozesses aus Abb. 6.10

Die innere Arbeit des Hochdruckverdichters beträgt:

$$w_{i34} = h_4 - h_3 = \bar{c}_p \cdot (T_4 - T_3) \tag{6.40}$$

Für die von der Turbine geleistete innere Arbeit erhält man:

$$w_{i12} = h_2 - h_1 = \bar{c}_p \cdot (T_2 - T_1) \tag{6.41}$$

Damit ist die innere Arbeit des Kreisprozesses:

$$w_{iKP} = h_2 - h_1 + h_4 - h_3 = \bar{c}_p \cdot (T_2 - T_1 + T_4 - T_3) \tag{6.42}$$

Nur im Erhitzer wird Wärme von außen zugeführt:

$$q_{zu} = q_{56} = h_6 - h_5 = \bar{c}_p \cdot (T_6 - T_5) \tag{6.43}$$

Der Wirkungsgrad des Prozesses ist:

$$\eta_{iKP} = 1 - \frac{|q_{ab}|}{q_{zu}} = 1 - \frac{|q_{81} + q_{23}|}{q_{zu}} = 1 - \frac{h_8 - h_1 + h_2 - h_3}{h_6 - h_5} \tag{6.44}$$

Die im Wärmetauscher transferierte Wärme beträgt:

$$q_{45} = h_5 - h_4 = q_{78} = h_8 - h_7 \tag{6.45}$$

Die Temperaturen und Drücke können wie beim offenen Prozess berechnet werden. Der Erhitzer ist ein Wärmeübertrager. Die ausgetauschte Wärme kann man aus der zugeführten Wärme und dem Wirkungsgrad des Wärmetauschers bestimmen. Die zugeführte Wärme stammt aus einer Verbrennung oder aus anderen Prozessen.

6.2.3 Energieumsetzung

Die Energieumsetzung in den Verdichter- und Turbinenstufen muss unterschiedlich behandelt werden [4, 5]

6.2.3.1 Energieumsetzung in Turbinenschaufeln

Gasturbinen arbeiten als Überdruckturbinen und werden wie Dampfturbinen behandelt. Anstelle des h-s-Diagrammes für Wasser müssen die h-s-Diagramme der verwendeten Gase benutzt werden. Bei offenen Prozessen sind dies die h-s-Diagramme der Rauchgase.

6.2.3.2 Energieumsetzung in Verdichterschaufeln

In Verdichtern wird die durch die Leitschaufeln erzeugte kinetische Energie in Druckenergie umgewandelt. Wie bei Turbinen kann die Energieumsetzung in Verdichtern in den Leit- und/oder Laufschaufeln erfolgen. Allgemein können Verdichter vor- und/oder nachgeschaltete Leitschaufeln haben. Im Folgenden werden nur Axialverdichter behandelt.

Je nach dem Anteil der Energieumsetzung in den Lauf- und Leitschaufeln kann wie bei den Turbinen dem Verdichter ein Reaktionsgrad zugeordnet werden, der gleich wie in der Turbine definiert ist.

$$r = \frac{\Delta h_{la}}{\Delta h_{la} + \Delta h_{le}} = \frac{\Delta h_{la}}{\Delta h_{st}} \tag{6.46}$$

Abb. 6.12 zeigt die Strömung in einer Stufe des Verdichters.

Für den mitbewegten Beobachter wird den Laufschaufeln keine effektive Arbeit zugeführt, der Verdichtungsprozess ist adiabat. Daher gilt für die Energieumsetzung:

$$\Delta h_{la} = \frac{1}{2} \cdot \left(w_2^2 - w_1^2\right) \tag{6.47}$$

Für den ruhenden Beobachter erhält man:

$$w_{i13} = h_2 - h_1 + \frac{1}{2} \cdot \left(c_2^2 - c_1^2\right) = \Delta h_{la} + \frac{1}{2} \cdot \left(c_2^2 - c_1^2\right) \tag{6.48}$$

In den Leitschaufeln wird lediglich die Geschwindigkeit c_2 auf die Geschwindigkeit c_3 abgebremst und so der Druck erhöht. Die Energiebilanzgleichung für die Leitschaufeln lautet:

$$\Delta h_{le} = \frac{1}{2} \cdot \left(c_3^2 - c_2^2\right) \tag{6.49}$$

In Abb. 6.13 ist die Zustandsänderung in einem h-s-Diagramm dargestellt.

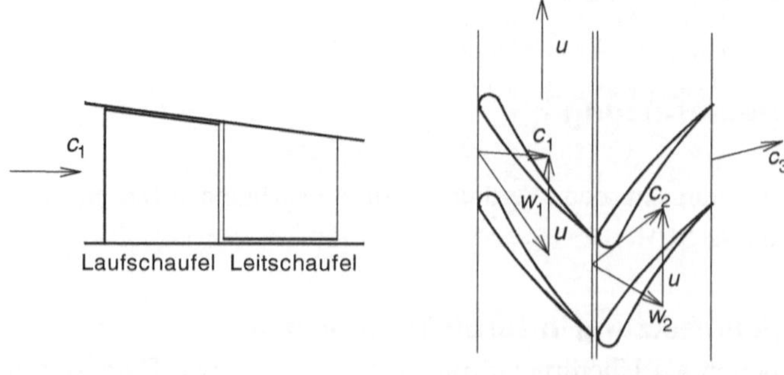

Abb. 6.12 Strömung in der Verdichterstufe

Abb. 6.13 *h-s*-Diagramm der Zustandsänderung in der Verdichterstufe

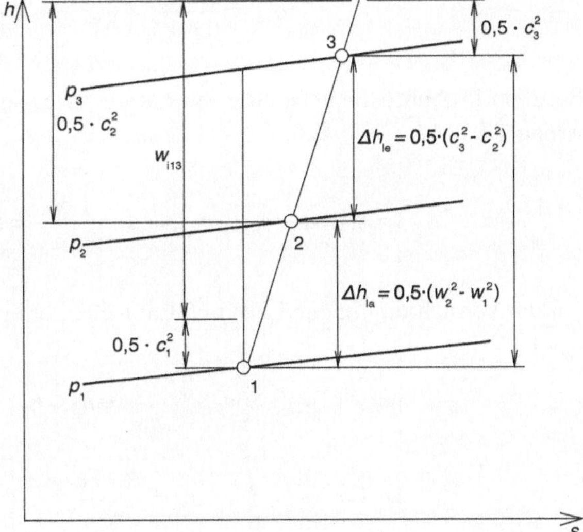

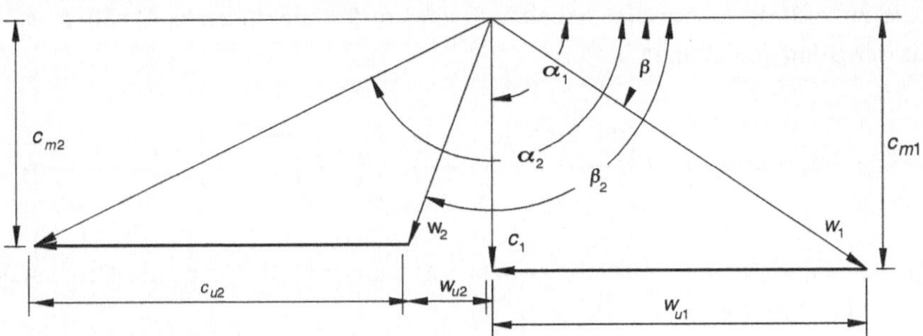

Abb. 6.14 Geschwindigkeitsdreieck der Laufschaufel

Die innere Arbeit, die von außen zugeführt wird, ist die in den Laufschaufeln geleistete spezifische Arbeit, verursacht durch die Impulsänderung in den Schaufeln.

$$w_{i13} = Y = u \cdot (c_{u2} - c_{u1})$$ (6.50)

Die Geschwindigkeiten c_{u1} und c_{u2} lassen sich aus dem in Abb. 6.14 dargestellten Geschwindigkeitsdreieck ermitteln.

Im Geschwindigkeitsdreieck ist der Spezialfall dargestellt, in dem die Anströmung mit der Geschwindigkeit c_1 senkrecht zur Geschwindigkeit u erfolgt und der Verdichter so ausgelegt ist, dass $c_{m1} = w_{m1}$ und $c_{m2} = w_{m2}$ ist. Für die Geschwindigkeiten gelten folgende trigonometrische Beziehungen:

$$c_{u1} = c_1 \cdot \cos\alpha_1 = \frac{c_{m1}}{\sin\alpha_1} \cdot \cos\alpha_1 = \frac{c_{m1}}{\tan\alpha_1}$$ (6.51)

$$c_{u2} = \frac{c_{m2}}{\tan \alpha_2} = w_{u2} + u = \frac{c_{m2}}{\tan \beta_2} + u \qquad (6.52)$$

Bei dem in Abb. 6.14 gezeigten Spezialfall ist c_{u1} gleich null. Damit ist die spezifische Arbeit Y:

$$Y = u \cdot (c_{u2} - c_{u1}) = u \cdot \frac{c_{m2}}{\tan \alpha_2} = u \cdot \left(\frac{c_{m2}}{\tan \beta_2} + u \right) \qquad (6.53)$$

Für die Verdichtung in den Leit- und Laufschaufeln gilt:

$$w_{p13} + |w_{Ri}| = w_{p13_s} \cdot \frac{1}{\eta_{iV}} = h_3 - h_1 \qquad (6.54)$$

$$w_{i13} = \frac{1}{\eta_{iV}} \cdot \int_1^{3_s} v \cdot dp = \frac{R \cdot T_1 \cdot \kappa}{\kappa - 1} \cdot \left[\left(\frac{p_3}{p_1} \right)^{\frac{\kappa-1}{\kappa}} - 1 \right] \cdot \frac{1}{\eta_{iV}} \qquad (6.55)$$

Da die zugeführte technische Arbeit w_{t13} gleich der spezifischen Arbeit Y ist, erhält man aus der Bilanzgleichung:

$$Y = u \cdot (c_{u2} - c_{u1}) = h_3 - h_2 + \frac{c_3^2 - c_1^2}{2} = \frac{R \cdot T_1 \cdot \kappa}{\kappa - 1} \cdot \left[\left(\frac{P_3}{p_1} \right)^{\frac{\kappa-1}{\kappa}} - 1 \right] \cdot \frac{1}{\eta_{iV}} + \frac{c_3^2 - c_1^2}{2} \quad (6.56)$$

Sind die Ablenkwinkel des Verdichters bekannt, kann mit Gl. (6.56) die Druckänderung in der Stufe bestimmt werden.

Die optimalen Anstellwinkel β_2 und β_3 ermittelt man mit Hilfe der Tragflügeltheorie. Ohne die Berechnungen durchzuführen, wird hier auf das Ergebnis hingewiesen. Die besten Wirkungsgrade erhält man, wenn der Mittelwert der Winkel β_1 und β_2 $(\beta_1 + \beta_2)/2 = 45°$ bzw. $135°$ ist.

Die Geschwindigkeiten lassen sich mit den geometrischen Daten aus der Kontinuitätsgleichung bestimmen.

$$c_1 = \frac{\dot{m} \cdot v_1}{A_1 \cdot \tau \cdot \sin \alpha_1} \qquad (6.57)$$

$$w_1 = \frac{\dot{m} \cdot v_1}{A_1 \cdot \tau \cdot \sin \beta_1} \qquad (6.58)$$

$$c_2 = \frac{\dot{m} \cdot v_2}{A_2 \cdot \tau \cdot \sin \alpha_2} \qquad (6.59)$$

$$w_2 = \frac{\dot{m} \cdot v_2}{A_2 \cdot \tau \cdot \sin \beta_2} \qquad (6.60)$$

$$c_3 = \frac{\dot{m} \cdot v_3}{A_3 \cdot \tau \cdot \sin \alpha_3} \tag{6.61}$$

$$w_3 = \frac{\dot{m} \cdot v_3}{A_3 \cdot \tau \cdot \sin \beta_3} \tag{6.62}$$

Da die spezifischen Volumina unbekannt sind, ermittelt man die Geschwindigkeiten iterativ mit Hilfe eines entsprechenden h-s-Diagrammes bzw. Gleichungen des idealen Gases. Bei Verdichtern, in denen die axiale Geschwindigkeit konstant bleibt, vereinfacht sich die Berechnung und kann mit Hilfe der geometrischen Daten allein bestimmt werden.

Für die Laufschaufel erhält man folgende Bilanzgleichungen:

$$w_{i12} = w_{p12_s} \cdot \eta_{iV}^{-1} = \frac{\kappa \cdot R \cdot T_1}{(\kappa - 1) \cdot \eta_{iV}} \left[\left(\frac{P_2}{p_1} \right)^{\frac{\kappa-1}{\kappa}} - 1 \right] = h_2 - h_1 \tag{6.63}$$

$$w_{i12} = Y = u \cdot \left(\frac{c_{m2}}{\tan \beta_2} + u \right) = h_2 - h_1 + \frac{c_2^2 - c_1^2}{2} \tag{6.64}$$

Setzt man die Enthalpiedifferenz aus Gl. (6.63) in Gl. (6.64), kann die Gleichung nach dem Druckverhältnis aufgelöst werden.

$$\frac{p_2}{p_1} = \left\{ \left[u \cdot (c_{u2} - c_{u1}) - \frac{c_2^2 - c_1^2}{2} \right] \cdot \frac{(\kappa - 1) \cdot \eta_{iV}}{\kappa \cdot R \cdot T_1} + 1 \right\}^{\frac{\kappa}{\kappa - 1}} \tag{6.65}$$

Beispiel 6.4: Druckverhältnis einer Verdichterstufe
Im Verdichter einer Gasturbine strömen 400 kg/s Luft mit 2 bar Druck und 140 °C Temperatur. Auf einem Rotor mit dem Durchmesser von 1,65 m sind Laufschaufeln von 300 mm Länge montiert. Die Drehzahl beträgt 50 Hz. Die Luft strömt senkrecht in die Laufschaufeln und verlässt sie im Winkel von $\beta_2 = 65°$. Der Versperrungsfaktor der Schaufeln beträgt 0,9, der innere Wirkungsgrad des Verdichters 0,88. Die Luft verlässt die Leitschaufeln in axialer Richtung. Die axiale Komponente der Strömungsgeschwindigkeit ist konstant.

Bestimmen Sie das Verdichtungsverhältnis der Stufe und das der Laufschaufeln.

Lösung

Schema Siehe Skizze

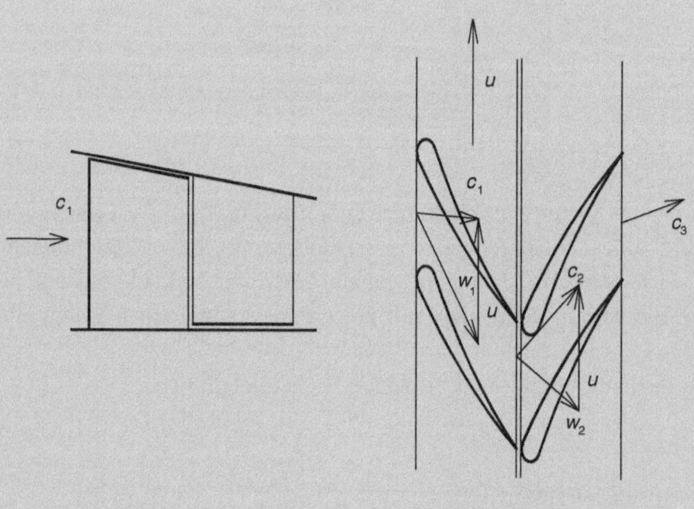

Annahmen

- Die spezifische Wärmekapazität der Luft ist konstant.
- Zwischen Leit- und Laufschaufel treten keine Zustandsänderungen auf.

Analyse

Für die weiteren Berechnungen muss zunächst der Isentropenexponent bestimmt
werden. Die spezifische Wärmekapazität der Luft bei 140 °C Temperatur beträgt
1,015 kJ/(kg K) und die Gaskonstante 287,6 J/(kg K). Für den Isentropenexponenten
erhält man:

$$\kappa = \frac{c_p}{c_p - R} = \frac{1015,1}{1015,1 - 287,06} = 1,3943$$

Die Geschwindigkeit der Luft kann mit der Kontinuitätsgleichung berechnet werden:

$$c_1 = \frac{\dot{m}}{A_1 \cdot \rho_1} = \frac{m \cdot R \cdot T_1}{\pi} \cdot \left[(D + 2 \cdot a)^2 - D^2\right] \cdot \tau \cdot p_1 = 143,4\,\text{m/s}$$

Mit dem gegebenen Rotordurchmesser und der Drehzahl kann die Umfangsgeschwindigkeit der Laufschaufeln bestimmt werden:

$$u = -\pi \cdot (D + a) \cdot n = -306,3\,\text{m/s}$$

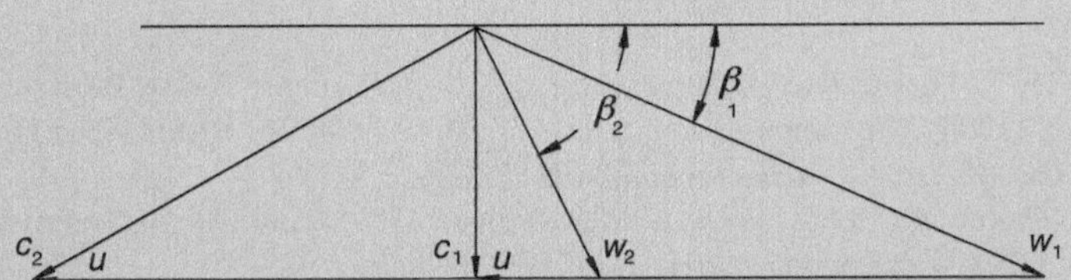

Aus dem konstruierten Geschwindigkeitsdreieck sind die Geschwindigkeitskomponenten zu berechnen. Die axialen Komponenten haben den Betrag der Geschwindigkeit c_1.

$$w_1 = \sqrt{c_1^2 + u^2} = 338,2 \,\text{m/s}$$

$$w_2 = c_1 / \sin(\beta_2) = 158,2 \,\text{m/s}$$

$$w_{u2} = w_2 \cdot \cos(\beta_2) = 66,9 \,\text{m/s}$$

$$c_{u2} = w_{u2} + u = -239,4 \,\text{m/s}$$

$$c_2 = \sqrt{c_{u2}^2 + c_1^2} = 279,1 \,\text{m/s}$$

Die spezifische Arbeit an den Leitschaufeln beträgt damit:

$$Y = u \cdot (c_{u2} - c_{u1}) = u \cdot c_{u2} = 73,34 \ \text{kJ/kg}$$

Mit Gl. (6.65) erhalten wir für die Druckänderung in den Laufschaufeln:

$$p_2 = p_1 \cdot \left[\left(Y - \frac{c_2^2 - c_1^2}{2} \right) \cdot \eta_{iV} \cdot \frac{(\kappa - 1)}{p_1 \cdot v_1 \cdot \kappa} + 1 \right]^{\frac{\kappa}{\kappa - 1}} = 2,746 \,\text{bar}$$

Die Druckänderung über der Verdichterstufe kann mit Gl. (6.56) berechnet werden:

$$p_3 = p_1 \cdot \left\{ \left[Y - \frac{1}{2} \cdot \left(c_3^2 - c_1^2 \right) \right] \cdot \frac{\eta_{Vi} \cdot (\kappa - 1)}{p_1 \cdot v_1 \cdot \kappa} + 1 \right\}^{\frac{\kappa}{\kappa - 1}} = \mathbf{3{,}318 \ bar}$$

Diskussion
Die Druckerhöhung erfolgt etwa zu 57 % in den Laufschaufeln. Hier wurde nicht das beste Verhältnis für die Geschwindigkeiten ausgewählt. Das Beispiel sollte lediglich die Berechnung des Druckes demonstrieren.

Literatur

1. Traupel W (1977) Thermische Turbomaschinen, 3. Aufl. Springer-Verlag, Berlin
2. Frutschi H U (1994) Die neuen Gasturbinen GT 24 und GT 26, Historischer Hintergrund des „Advanced Cycle System". ABB-Technik 1(94):20–25
3. Neuhoff H, Thoren K (1994) Die neuen Gasturbinen GT 24 und GT 26, Hohe Wirkungsgrade dank sequentieller Verbrennung. ABB-Technik 2(94):4–7
4. Wilson D G (1984) Design of high-efficiency turbomachinery and gas turbines. MIT Press, Cambridge Mass
5. Müller K J (1978) Thermische Strömungsmaschinen, Auslegung und Berechnung, Springer-Verlag, Berlin

GuD-Kraftwerke 7

Gasturbinen für die Stromerzeugung konnten sich nicht durchsetzen, weil ihre Wirkungsgrade im Vergleich zu Dampfturbinen schlechter sind, was durch die recht hohen Gasaustrittstemperaturen verursacht ist. Dadurch geht sehr viel Wärme ungenutzt verloren. Seit etwa 30 Jahren werden kombinierte Gas- und Dampfturbinenprozesse vermehrt eingesetzt. Man bezeichnet sie in Deutschland als GuD-Kraftwerke (Gas- und Dampfturbinenanlagen) und fast überall auf der Welt in der jeweiligen Landessprache als Kombi-Kraftwerke. Mit dem Abgas der Gasturbine kann Dampf erzeugt und damit eine Dampfturbine angetrieben werden. Durch diese Entwicklung erlebte die Gasturbine auf dem Gebiet der Stromerzeugung eine Renaissance. Mit den neuesten für diesen Prozess entwickelten Gasturbinen und speziellen Wasser-Dampfkreisläufen für den Dampfturbinenprozess erreicht man thermische Wirkungsgrade von 0,6. Durch die Einfachheit der Anlagen können auf der grünen Wiese die Kraftwerke in einer Zeit von weniger als zwei Jahren fertig gestellt werden [1].

7.1 Einfacher GuD-Anlagenprozess

Der einfache GuD-Anlagenprozess besteht aus der Gasturbinenanlage mit einem Abhitzekessel, in dem der Dampf erzeugt wird und einer Dampfturbinenanlage mit nur einer Vorwärmung in einem Mischvorwärmer. Abb. 7.1 zeigt das Schema der Anlage.

Der Vorteil des Kombiprozesses ist, dass die Dampfturbine die Endtemperatur des Prozesses wesentlich senkt. Dies zeigt Abb. 7.2 in einem T-s-Diagramm.

Man sieht, dass aus der abgeführten Wärme des Gasturbinenprozesses die Arbeit der Dampfturbine herausgeschnitten und damit zumindest teilweise genutzt wird. Aus dem Gesamtprozess wird weniger Wärme abgeführt. Die energetische Analyse des Prozesses liefert folgende Ergebnisse:

© Springer-Verlag GmbH Deutschland 2018   199
P. von Böckh, M. Stripf, *Thermische Energiesysteme*,
https://doi.org/10.1007/978-3-662-55335-0_7

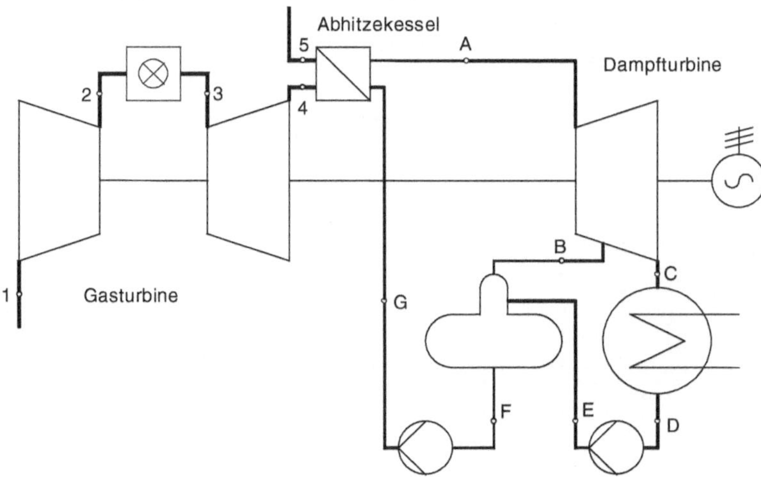

Abb. 7.1 Schema des einfachen Kombiprozesses

Abb. 7.2 Kombinierter Gas-
und Dampfturbinenprozess im
T-*s*-Diagramm

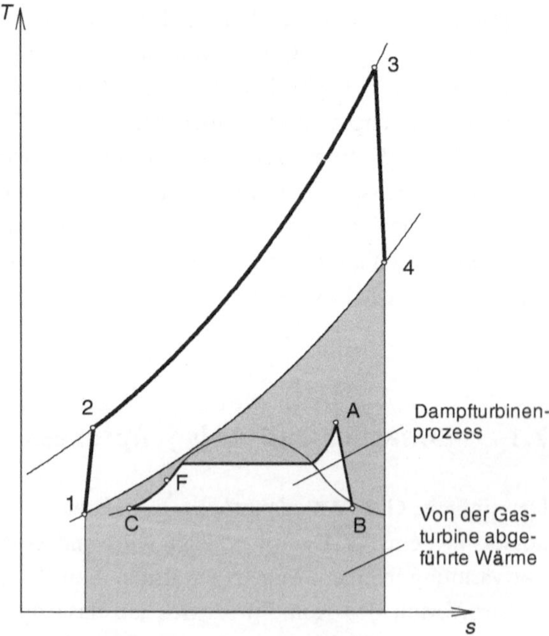

Im Gasturbinenprozess wird entsprechend des thermischen Wirkungsgrades η_{thGT} ein Teil der zugeführten Wärme in Arbeit umgewandelt und der Rest abgeführt. Der vom GT-Prozess abgegebene Wärmestrom beträgt:

$$\dot{Q}_{ab} = \dot{Q}_{zu} \cdot (1 - \eta_{thGT}) \tag{7.1}$$

Entsprechend dem Wirkungsgrad η_{AK} des Abhitzekessels gelangt folgender Wärmestrom zur Dampfturbine:

$$\dot{Q}_{zuDT} = \dot{Q}_{ab} \cdot \eta_{AK} = \dot{Q}_{ab} \, (1 - \eta_{thGT}) \cdot \eta_{AK} \tag{7.2}$$

Die vom Gas- und Dampfturbinenprozess abgegebene mechanische Leistung beträgt:

$$P_{ges} = P_{GT} + P_{DT} = \dot{Q}_{zu} \cdot \eta_{thGT} + \dot{Q}_{zuDT} \cdot \eta_{thDT} =$$
$$= \dot{Q}_{zu} \cdot [\eta_{thGT} + (1 - \eta_{thGT}) \cdot \eta_{AK} \cdot \eta_{thGT}] \tag{7.3}$$

Gegenüber dem thermischen Wirkungsgrad des Gasturbinenprozesses vergrößert sich der des Kombiprozesses deutlich. Bei den folgenden Wirkungsgraden der Komponenten 0,35 Gasturbine, 0,98 Abhitzekessel und 0,4 Dampfturbine erhält man eine Verbesserung von 0,25, d. h., der Wirkungsgrad des Prozesses steigt von 0,35 auf 0,60 an.

7.2 Schaltungen der realen GuD-Anlagen

Hier werden einige wichtige Schaltungsvarianten, die den Abhitzekessel und den Wasser-Dampfkreislauf betreffen, aufgezeigt. Detaillierte Unterlagen kann man entnehmen.

7.2.1 Eindruckschaltungen

Die einfachste Schaltung ist die Eindruckschaltung, wie sie in Abb. 7.1 dargestellt, wobei die Führung des Speisewassers und Dampfes in diesem Bild noch nicht detailliert aufgeführt ist. Abb. 7.3 zeigt das Schema des Kombiprozesses mit der Führung des Wasser-Dampfkreislaufes im Abhitzekessel.

Der Abhitzekessel besteht aus drei Teilen. Das bereits etwas vorgewärmte Speisewasser aus dem Speisewasserbehälter mit Mischvorwärmer erwärmt sich im Ekonomiser weiter. Im Verdampfer wird ein Teil des Speisewassers verdampft. In der Trommel trennt sich der Dampf vom Wasser und strömt zum Überhitzer. Das Wasser aus der Trommel wird mit einer Rezirkulationspumpe wieder in den Verdampfer gepumpt. Der überhitzte Dampf strömt zur Dampfturbine. Abb. 7.4 zeigt den Temperaturverlauf des Rauchgases und des Dampfes bzw. Speisewassers im Abhitzekessel.

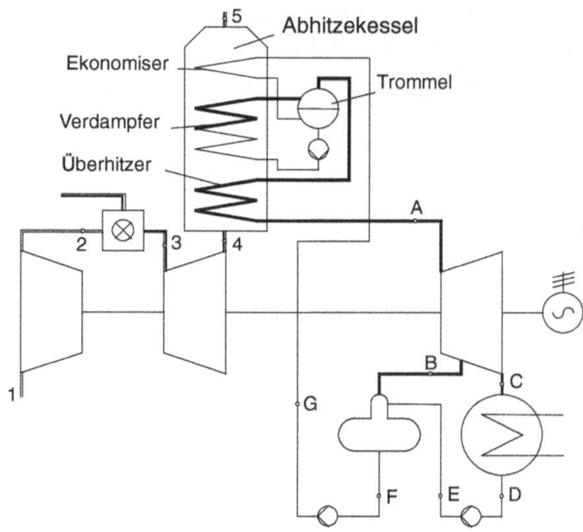

Abb. 7.3 Prinzipschema der Eindruckschaltung

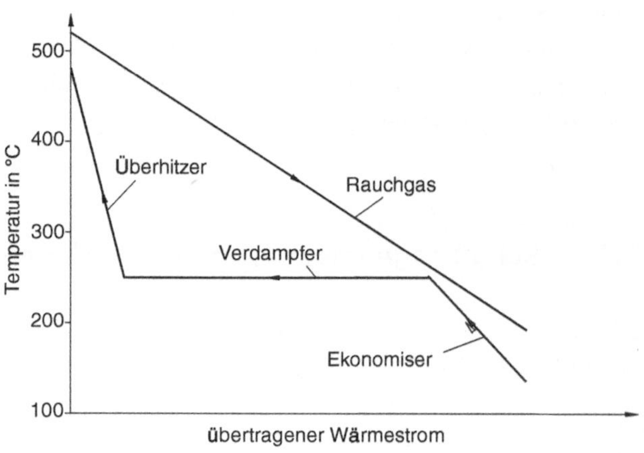

Abb. 7.4 Temperaturverlauf im Abhitzekessel

Im gezeigten Beispiel wird das Speisewasser im Ekonomiser von 130 °C auf ca. 245 °C erwärmt. Die Verdampfung erfolgt bei 39 bar, was einer Sättigungstemperatur von 249 °C entspricht. Im Überhitzer erwärmt sich der Dampf auf 480 °C. Bei diesem Prozess kühlt sich das Rauchgas von 525 °C auf 205 °C ab. Für eine tiefere Abkühlung des Rauchgases müsste der Ekonomiser unwirtschaftlich vergrößert werden. Temperatur und Druck des Frischdampfes und der Anzapfdruck des Mischvorwärmers als auch die Endtemperatur des Rauchgases werden nach wirtschaftlichen Kriterien optimiert.

Es existieren auch Schaltungen, bei denen der Dampf für den Mischvorwärmer im Abhitzekessel erzeugt und eine so genannte Vorwärmerschleife in den Abhitzekessel eingebaut wird (Abb. 7.5). Dabei gelangt man zu etwas tieferen Rauchgastemperaturen, der Wirkungsgrad verbessert sich.

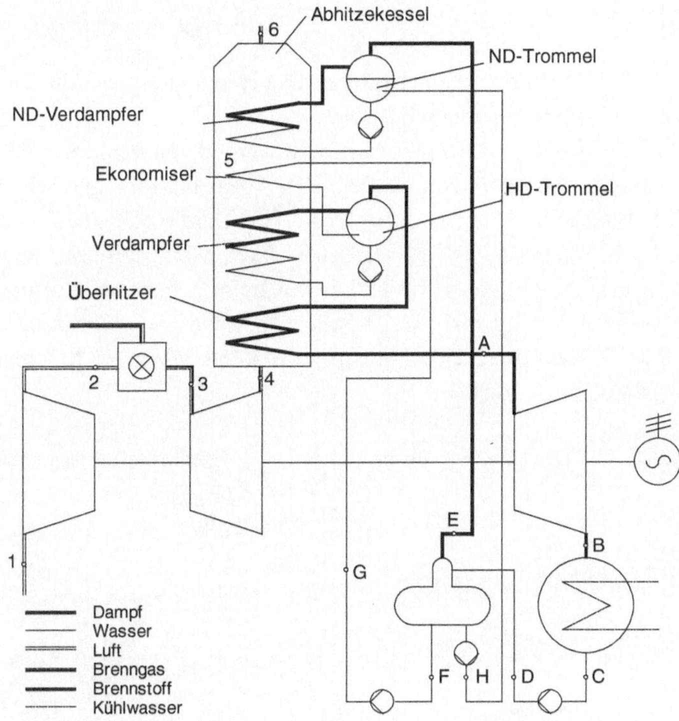

Abb. 7.5 Eindruckschaltung mit ND-Verdampfer als Vorwärmerschleife

Beispiel 7.1: GuD-Anlage mit Eindruckschaltung

Die Gasturbinenanlage aus Beispiel 6.1d wird mit einem Ansaugluftmassenstrom von 200 kg/s betrieben und liefert das Abgas für den Kombiprozess. Die Dampfturbine erhält Frischdampf mit einem Druck von 40 bar und der Temperatur von 470 °C. Die Vorwärmung erfolgt mit Anzapfdampf aus der Turbine bei 2 bar Druck. Der Kondensatordruck beträgt 60 mbar. Der Druck des Kondensats wird mit der Hauptkondensatpumpe auf 4 bar, das Speisewasser aus dem Speisewasserbehälter mit der Hauptspeisepumpe auf 44 bar erhöht. Die Verdampfung erfolgt bei 42 bar. Im Ekonomiser erhöht sich die Temperatur des Hauptkondensats auf 113 °C. Die Austrittstemperatur des Abgases beträgt 170 °C. Der innere Wirkungsgrad der Dampfturbine ist 0,88 und der der Pumpen 0,85.

Bestimmen Sie den Dampfmassenstrom, die Leistung der Dampfturbine und den thermischen Wirkungsgrad des Kombiprozesses.

Lösung

Schema   Siehe Abb. 7.3

Analyse

Zunächst sind die Dampfdaten zu ermitteln. Die Berechnung erfolgt wie in Kap. 5 beschrieben. Die Werte folgen tabellarisch.

Damit der Massenstrom des Dampfes bestimmt werden kann, müssen die Daten des Abgases Beispiel 6.1d entnommen werden. Das Abgas hat folgende Werte:

$\vartheta_4 = 521{,}4\,°C$, $\lambda = 2{,}747$, $l_{min} = 13{,}43085$. Damit bekommt man folgende Enthalpien: $h_4 = 565{,}89$ kJ/kg, $h_5 = 189{,}65$ kJ/kg. Die spezifische Kreisprozessarbeit der Gasturbine beträgt $-411{,}3$ kJ/kg, was beim gegebenen Luftmassenstrom von 200 kg/s einer Leistung von $-82{,}26$ MW entspricht. Die spezifische zugeführte Wärme ist 970,77 kJ/kg und der Wärmstrom 194,154 MW. Der Massenstrom des Rauchgases ist noch zu berechnen.

Prozesspunkt	Druck	Temperatur	Enthalpie	spez. Volumen
	bar	°C	kJ/kg	m^3/kg
A	40	470	3377,1	
Bs	2		2656,8	
B	2		2743,2	
Cs	0,06		2223,2	
C			2285,6	
D	0,06		151,5	0,0010065
E	4		152,0	
F	2		504,7	0,0010605
G	44		509,9	

$$\dot{m}_G = \frac{\lambda \cdot l_{min} + 1}{\lambda \cdot l_{min}} \cdot \dot{m}_L = \frac{3{,}507 \cdot 13{,}43085 + 1}{3{,}507 \cdot 13{,}43085} \cdot 200 \cdot \text{kg/s} = 205{,}053 \ \text{kg/s}$$

Im Abhitzekessel erhöht sich Enthalpie des Speisewassers von h_G auf h_A. Den Massenstrom des Dampfes erhält man aus der Bilanzgleichung des Abhitzekessels.

$$\dot{m}_D = \frac{h_4 - h_5}{h_A - h_G} \cdot \dot{m}_G = 26{,}908 \ \text{kg/s}$$

Um die Turbinenleistung zu bestimmen, muss zunächst der Massenstrom der Anzapfung berechnet werden.

Die Leistung der Dampfturbine ist:

$$P_{DT} = \dot{m}_A \cdot (h_B - h_A) + (\dot{m}_A - \dot{m}_B) \cdot (h_C - h_B) = -27{,}542 \ \text{MW}$$

Die Leistung der Gasturbine beträgt $-76{,}892$ MW und die dort zugeführte Wärme 194,154 MW. Damit erhält man für die Gesamtleistung und den thermischen Wirkungsgrad des Kombiprozesses folgende Werte:

$$P_{ges} = P_{GT} + P_{GT} = -109{,}807 \text{ MW}$$

$$\eta_{th} = \frac{|P_{ges}|}{Q_{zu}} = 0{,}566$$

Diskussion

Durch die Dampfturbine wird in der GuD-Anlage der Wirkungsgrad im Vergleich zur Gasturbine von 0,372 auf 0,531 verbessert. Aus der zugeführten Primärenergie werden 43 % mehr mechanische Arbeit gewonnen. Mit dem Abgas von 170 °C Temperatur könnte noch eine Fernheizung, die 100 °C heißes Wasser liefert, mit 15 MW Heizleistung verwirklicht werden.

7.2.2 Zweidruckschaltung

Die Eindruckschaltung hat zwar durch Dampferzeugung für den Mischvorwärmer und die Vorwärmeschleife im Abhitzekessel eine Wirkungsgradverbesserung, ist aber energetisch und exegetisch nicht optimal. Die Temperaturdifferenzen im Verdampfer und Überhitzer sind relativ hoch, was Exergieverluste bedeutet. Mit Dampferzeugung bei zwei unterschiedlichen Drücken können die Temperaturdifferenzen verringert werden. Bei schwefelfreien Brennstoffen kann das Rauchgas auf relativ tiefe Temperaturen abgekühlt werden. Abb. 7.6 zeigt die prinzipielle Zweidruckschaltung für schwefelfreie Brennstoffe. Abb. 7.7 zeigt den Temperaturverlauf einer Zweidruckschaltung. Die Vorwärmung erfolgt im Mischvorwärmer bei ca. 0,2 bar, d. h., das Kondensat hat eine Temperatur von 60 °C. Damit kann das Rauchgas im ND-Ekonomiser auf 100 °C abgekühlt werden. Im Niederdruckverdampfer wird bei etwa 3 bar Dampf erzeugt und der Turbine zugeführt. Die ND-Trommel muss Wasser gut abscheiden, damit der Turbine trockener bzw. nur geringfügig nasser Dampf zugeführt wird. Das Kondensat aus der ND-Trommel wird zum HD-Ekonomiser gepumpt und strömt von dort zum HD-Dampferzeuger bzw. Überhitzer.

Um einen optimalen Wirkungsgrad zu erreichen, wählt man einen höheren Frischdampfdruck, bei dem ohne Vergrößerung der Temperaturdifferenzen die HD-Verdampfung bei höherer Temperatur erfolgt.

Wenn zur Minderung der NO_x-Emissionen in die Brennkammer Dampf eingespritzt werden muss, verwendet man Dreidruckschaltungen. Der Dampf wird in einem so genannten Mitteldruckverdampfer erzeugt. Auf diese Schaltung wird hier nicht eingegangen.

Beispiel 7.2 demonstriert die Verbesserung des Wirkungsgrades mit der Zweidruckschaltung.

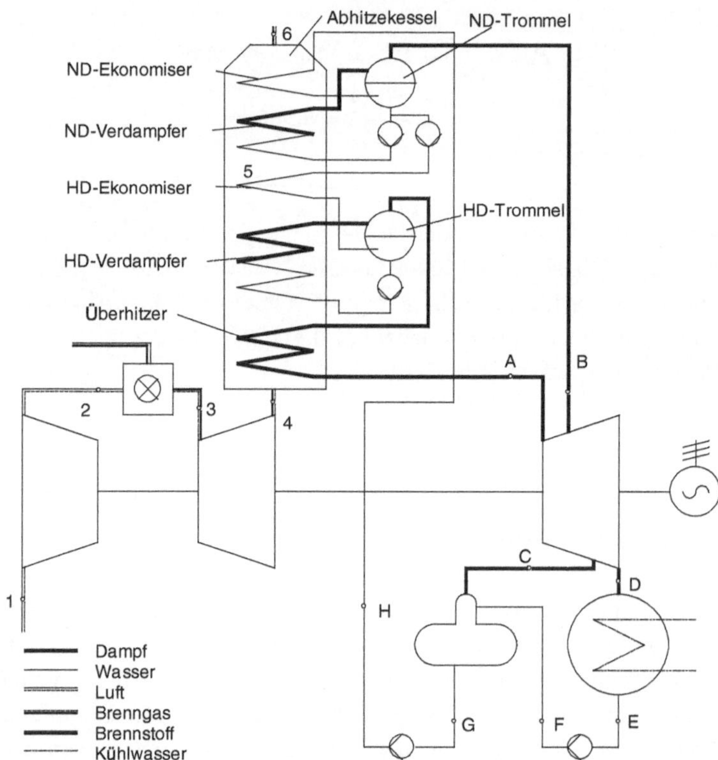

Abb. 7.6 Zweidruckschaltung für schwefelfreie Brennstoffe

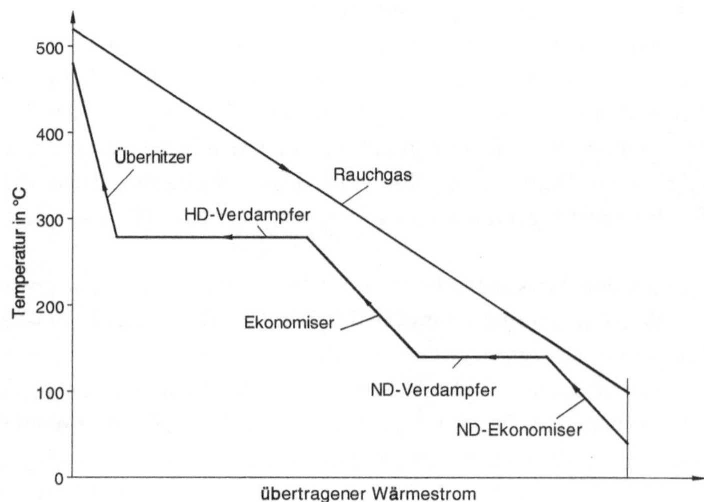

Abb. 7.7 Temperaturverlauf in einer Zweidruckschaltung

Beispiel 7.2: GuD-Anlage mit Zweidruckschaltung

Eine Gasturbinenanlage liefert 205 kg/s Abgas (λ = 3,507, l_{min} = 13, 43085) bei einer Temperatur von 491,65 °C für den Kombiprozess. Die Gasturbine hat eine Leistung von -60,245 MW und die dort zugeführte Wärme beträgt 161,764 MW. DieDampfturbine erhält Frischdampf mit einem Druck von 60 bar und 470 °C Temperatur. Die Vorwärmung erfolgt mit Anzapfdampf aus der Turbine bei 0,2 bar Druck. Der Kondensatordruck beträgt 60 mbar. Das Kondensat wird mit der Hauptkondensatpumpe auf den Druck von 2 bar gebracht. Das Speisewasser aus dem Speisewasserbehälter wird mit der Hauptspeisepumpe auf 4 bar verdichtet. Die Verdampfung im ND-Verdampfer erfolgt bei 3,0 bar. Das Speisewasser aus dem ND-Trommel wird mit einer Pumpe auf 64 bar verdichtet. Die Verdampfung findet bei 42 bar statt. Im ND-Ekonomiser erhöht sich die Temperatur des Hauptkondensats auf 120 °C. Die Austrittstemperatur des Abgases beträgt 100 °C. Im HD-Ekonomiser wird das Speisewasser auf 240 °C aufgeheizt und das Abgas auf 220 °C abgekühlt. Der innere Wirkungsgrad der Dampfturbine ist 0,88 und der der Pumpen 0,85.

Bestimmen Sie den Dampfmassenstrom, die Leistung der Dampfturbine und den thermischen Wirkungsgrad des Kombiprozesses.

Lösung

Schema   Siehe Abb. 7.6

Analyse

Zunächst sind die Dampfdaten zu ermitteln. Die Berechnung erfolgt wie in Kap. 5 beschrieben. Die Werte folgen tabellarisch.

Ort	Druck	Temperatur	Enthalpie	spez. Volumen	h''	h'
	bar	°C	kJ/kg	m^3/kg	kJ/kg	kJ/kg
A	60	470	3351,2			
Bs	3		2642,0			
B	3		2727,1		2724,9	561,45
Cs	0,2		2305,6			
C	0,2		2356,2			
Ds	0,06		2201,5			
D			2220,1			
E	0,06	151,5		0,0010065		
F	2	151,7				
G	0,2	251,4		0,0010605		
H	4	251,9				

Das Abgas hat der Gasturbine folgende Werte: $\vartheta_4 = 491{,}65\,°C$, $\lambda = 3{,}507$, $l_{min} = 13{,}43085$. Damit bekommt man folgende Enthalpien: $h_4 = 528{,}25$ kJ/kg, $h_5 = 103{,}68$ kJ/kg. Aus der Bilanzgleichung des ND-Verdampfers kann der Massenstrom des ND-Dampfes berechnet werden. Vor dem ND-Verdampfer hat das Abgas die Temperatur von $220\,°C$ und damit eine Enthalpie von $h_5 = 230{,}0$ kJ/kg. Zur Ermittlung der Dampfmassenströme müssen Bilanzen um den ND- und HD-Verdampfer gebildet werden. Die Bilanz um den HD-Verdampfer liefert:

$$\dot{m}_A = \dot{m}_{GT} \cdot \frac{h_4 - h_5}{h_A - h'_B} = 21{,}836 \text{ kg/s}$$

Mit der Bilanz um den ND-Verdampfer kann der Dampfmassenstrom zur Turbine (Punkt B) berechnet werden.

$$\dot{m}_B = \frac{\dot{m}_{GT} \cdot (h_5 - h_6) - \dot{m}_A \cdot \left(h'_B - h'_H\right)}{h''_B - h'_B} = 7{,}699 \text{ kg/s}$$

Bei der Berechnung der Turbinenleistung sind die unterschiedlichen Massenströme zu berücksichtigen. Dazu berechnet man den Massenstrom der Anzapfung und die Enthalpie des Dampfes nach der Mischung mit dem Dampf aus dem ND-Verdampfer.

$$\dot{m}_C = (\dot{m}_A + \dot{m}_B) \cdot \frac{h_G - h_F}{h_C - h_F} = 1{,}335 \text{ kg/s}$$

$$h_{Bmix} = \frac{\dot{m}_A \cdot h_B + \dot{m}_B \cdot h''_B}{\dot{m}_A + \dot{m}_B} = 2\,726{,}5 \text{ kJ/kg}$$

Für die Leistung der Dampfturbine erhält man:

$$P_T = \dot{m}_A \cdot (h_B - h_A) + (\dot{m}_A + \dot{m}_B) \cdot (h_C - h_{Bmix}) + (\dot{m}_A + \dot{m}_B - \dot{m}_C) \cdot (h_D - h_C)$$
$$= -28{,}404 \text{ MW}$$

Bei Pumpen werden nur die Leistungen der Pumpen des Hauptkondensats, des Speisewassers und die der Pumpe aus der ND-Trommel zum HD-Verdampfer berücksichtigt.

$$P_P = \left[\begin{array}{c} (\dot{m}_A + \dot{m} \cdot v_B - \dot{m}_C) \cdot (h_F - h_E) + (\dot{m}_A + \dot{m}_B) \cdot (h_H - h_G) + \\ +\dot{m}_A \cdot v'_B \cdot (P_A - P_B) \cdot \eta_{iP}^{-1} \end{array} \right] = 0{,}177 \text{ MW}$$

Die Gesamtleistung der Dampfturbinenanlage ist damit:

$$P_{DT} = P_T + P_P = \mathbf{-28{,}228 \text{ MW}}$$

Die Leistung der Gasturbine beträgt –60,245 MW und die dort zugeführte Wärme 161,764 MW. Damit erhält man für die Gesamtleistung und den thermischen Wirkungsgrad des Kombiprozesses folgende Werte:

$$P_{ges} = P_{GT} + P_{DT} = \mathbf{-88{,}472\ MW}$$

$$\eta_{th} = \frac{|P_{ges}|}{Q_{zu}} = \mathbf{0{,}547}$$

Diskussion

Durch die Zweidruckschaltung lässt sich die Leistung der Anlage im Vergleich zur Eindruckschaltung vergrößern und damit der Wirkungsgrad verbessern. Er erhöht sich von 0,531 auf 0,547, was eine Steigerung von 3 % bedeutet. Der Wirkungsgrad des Dampfturbinenprozesses wurde aber um 10,2 % verbessert. Die zusätzlichen Wärmeübertragerflächen, Trommeln und Pumpen erhöhen die Kosten der Anlage. Die Hersteller der Anlagen versuchen, eine optimale Lösung zu finden, sodass sich die höheren Investitionskosten durch verbesserte Leistung und verbesserten Wirkungsgrad bezahlt machen. Bei optimaler Wahl des Anzapf- und Verdampferdruckes könnten noch etwas bessere Ergebnisse erzielt werden.

Literatur

1. Kehlhofer R et al (1984) Gasturbinenkraftwerke, Kombikraftwerke, Heizkraftwerke und Industriekraftwerke, Handbuchreihe Energie, Bd 7. Technischer Verlag Resch, München; Verlag TÜV Rheinland, Köln

Kreiselpumpen 8

Je nach Bauart können Pumpen Verdränger- oder Strömungsmaschinen sein. Verdrängerpumpen sind meistens kleine Apparate wie z. B. Dosierpumpen, Hydraulikpumpen, Schmierölpumpen etc. Dieses Kapitel beschränkt sich auf die Behandlung radialer Kreiselpumpen, die vor allem in technischen Anlagen eingesetzt werden. Hauptanwendungsgebiete sind:

Wasserwirtschaft:	Wasserversorgungspumpen, Hauswasserpumpen, Bewässerungspumpen, Regenwasserpumpen, Hochwasserpumpen, Entwässerungspumpen
Kraftwerke:	Speisewasserpumpen, Kühlwasserpumpen, Kondensatpumpen, Reaktorpumpen, Rezirkulationspumpen, Heizwasserpumpen, Umwälzpumpen, Ölpumpen
Chemie:	Chemiepumpen, Mischpumpen
Erdölindustrie:	Pipelinepumpen, Bohrlochpumpen
Schiffsbau:	Ladepumpen für flüssiges Ladegut, Lenzpumpen, Ballastpumpen, Dockpumpen
Bauindustrie:	Baggerpumpen, Baugrubenpumpen
Alltag:	Tankstellenpumpen, Feuerlöschpumpen, Spül- und Waschmaschinenpumpen

© Springer-Verlag GmbH Deutschland 2018
P. von Böckh, M. Stripf, *Thermische Energiesysteme*,
https://doi.org/10.1007/978-3-662-55335-0_8

Pumpen unterscheiden sich bezüglich der ihnen gestellten Anforderungen z. B. Förderstrom, Förderdruck, Dichtheit, Korrosionsverhalten, Wartungsintervalle und Antriebsmöglichkeiten.

Diese Anforderungen sind die Grundlagen für die Wahl des Pumpentyps und des Pumpenmaterials. Das äußere Gehäuse der Pumpen ist häufig Guss und kann aus kohlenstoffhaltigem Stahl, legiertem rostfreien Stahl, Bronze oder Messing sein, die Rotoren bestehen aus ähnlichen Materialien.

Für korrosive Fluide werden Pumpen, die nicht allzu große Drücke aushalten müssen, aus Kunststoffen gefertigt.

Für hohe Dichtigkeitsanforderungen stehen hermetische Pumpen mit Motor innerhalb des Gehäuses oder mit magnetisch gekoppelten Antrieben zu Verfügung.

8.1   Allgemeine Grundlagen

Kreiselpumpen [1] können eine oder mehrere Stufen haben. Eine Stufe besteht aus einem Laufrad, auch Rotor genannt, und einem Gehäuse, das den Förderstrom dem Laufrad zuführt und von dort zum Austritt oder zur nächsten Stufe führt. Das Laufrad ist mit gekrümmten Leiteinrichtungen (Schaufeln) versehen, in denen die Flüssigkeit durch die Umdrehung des Laufrades beschleunigt wird. Das Gehäuse hat Leitschaufeln oder ist spiralförmig, sodass sich die Geschwindigkeit durch Abbremsen in Druck umwandelt. Bei mehrstufigen Pumpen wird der Druck von Stufe zu Stufe erhöht. Der Massenstrom in den Stufen ist gleich groß. Abb. 8.1 zeigt eine einstufige, Abb. 8.2 eine vierstufige Kreiselpumpe.

Die Flüssigkeit gelangt durch den Eintrittsstutzen (2), der auch Saugstutzen genannt wird, in die Pumpe. Die Flüssigkeit wird im Laufrad (3) beschleunigt und in Rotation versetzt. Die Höhe der Strömungskanäle nimmt im Laufrad nach außen hin ab, um

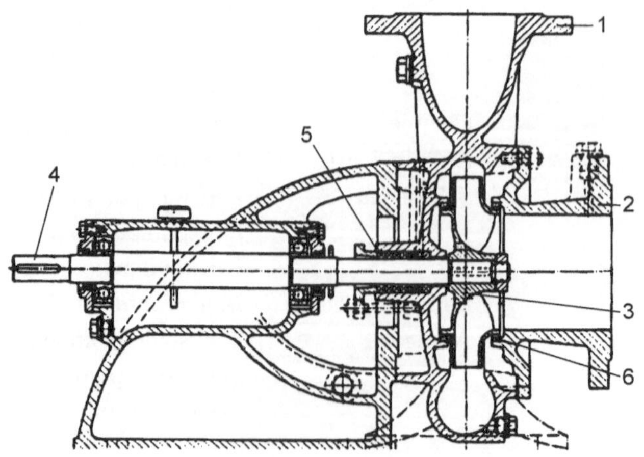

Abb. 8.1 Schnittbild einer einstufigen Kreiselpumpe (Quelle: KSB)

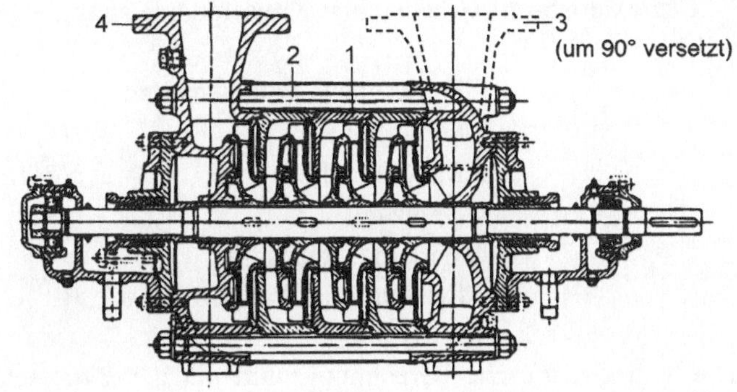

Abb. 8.2 Schnittbild einer vierstufigen Kreiselpumpe (Quelle: KSB)

mit zunehmendem Laufraddurchmesser den Strömungsquerschnitt nicht übermäßig zu vergrößern. Durch die höhere Umlaufgeschwindigkeit des Laufrades am Austritt zum spiralförmigen Gehäuse wird die Flüssigkeit bereits auf einen höheren Druck gebracht. Der Strömungsquerschnitt des spiralförmigen Gehäuses nimmt zum Austrittsstutzen (1), der auch als Druckstutzen bezeichnet wird, zu, um den zunehmenden Massenstrom aufzunehmen und auch, um die Flüssigkeit abzubremsen. Sie verlässt die Pumpe durch den Austrittsstutzen (1). Das Laufrad ist mit der Welle (4), die durch den angeschlossenen Antriebsmotor gedreht wird, fest verbunden. Die Welle wird durch die Stopfbuchsen (5) gegen die Umgebung abgedichtet. Die Stopfbuchse besteht aus Packungsschnüren, die mit der Stopfbuchsenbrille zusammengedrückt werden. Um eine Rückströmung vom Druck- zum Saugraum zu verhindern bzw. zu minimieren, sind im Gehäuse an der Stirnfläche des Laufrades Dichtringe (6) installiert.

Mehrstufige Kreiselpumpen bestehen in der Regel aus dem Saug- (3) und Druckgehäuse (4), zwischen denen identische Stufen (1) installiert und durch Zuganker (2) zusammengehalten werden.

Die Übergänge zwischen den Stufen sind mit Leitschaufeln versehen, die die austretende Flüssigkeit abbremsen und sie dem Laufrad der nächsten Stufe zuführen.

8.2 Charakteristische Kenndaten

Zur Beschreibung einer Kreiselpumpe werden Kenndaten verwendet, mit denen die Pumpe bezüglich ihrer Anwendung definiert werden kann. Für die vollständige Festlegung fehlen dann nur noch die verwendeten Materialien, Dichtigkeits- und Sicherheitsanforderungen. Auf diese Größen wird hier nicht eingegangen.

Charakteristische Größen einer Kreiselpumpe sind:

Förder- bzw. Volumenstrom	$\dot{V}$	m³/s
Förderhöhe	H	m
Haltedruckhöhe	$NPSH$	m
Drehzahl	n	Hz
Wirkungsgrad	η	-
Leistung	P	W

Die hydrodynamische Berechnung wird mit der *Euler*'schen Hauptgleichung für Strömungsmaschinen durchgeführt.

8.2.1 Energieumsetzung in der Pumpe

Abb. 8.3 zeigt die typische Form eines Laufrades der Kreiselpumpe.

Die Flüssigkeit strömt vom Strömungskanal (Saugmund) in der Mitte des Laufrades in dessen gekrümmte Kanäle. Von einem äußeren Beobachter aus gesehen strömt sie mit der Geschwindigkeit c_1 senkrecht zur Drehgeschwindigkeit u_1 des Laufrades. Die von einem mitbewegten Beobachter gesehene relative Geschwindigkeit w_1 erhält man aus der Vektoraddition der Geschwindigkeiten c_1 und u_1. Der Winkel der Geschwindigkeit w_1 zur Umfangsgeschwindigkeit u_1 ist β_1. Am Austritt hat die relative Geschwindigkeit durch die gekrümmte Strömungsbahn einen veränderten Austrittswinkel β_2. Die von außen beobachtete Geschwindigkeit c_2 erhält man aus der Vektoraddition der Geschwindigkeiten w_2 und u_2.

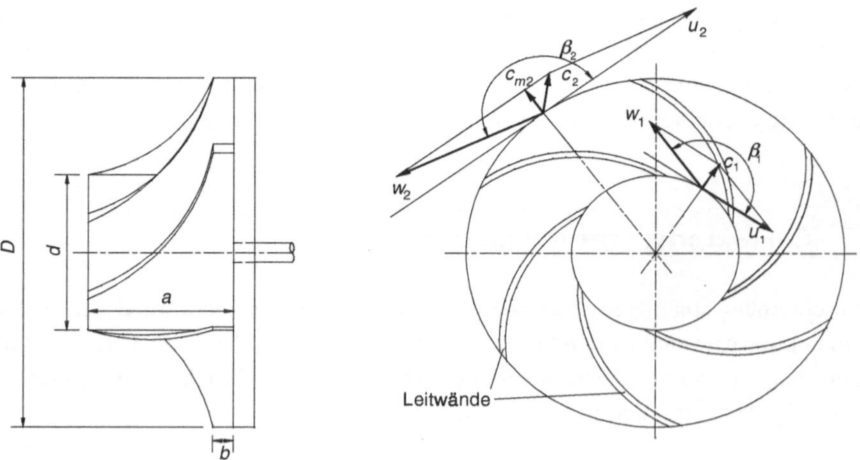

Abb. 8.3 Geschwindigkeiten in der Beschaufelung des Laufrades

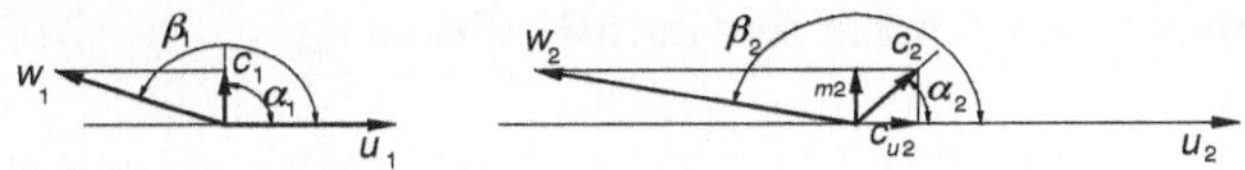

Abb. 8.4 Geschwindigkeitsdreiecke am Ein- und Austritt des Laufrades

Die *Euler*'sche Hauptgleichung [2] für Strömungsmaschinen gibt die spezifische Förderarbeit der Pumpe an.

$$Y = u_2 \cdot c_{u2} - u_1 \cdot c_{u1} \tag{8.1}$$

Die Geschwindigkeiten werden ähnlich wie bei den Turbinen bestimmt. Am Ein- und Austritt des Laufrades erhält man folgende Umfangsgeschwindigkeiten:

$$u_1 = n \cdot \pi \cdot d \quad u_2 = n \cdot \pi \cdot D \tag{8.2}$$

Die Umfangskomponenten der Geschwindigkeiten c_1 und c_2 können aus den Geschwindigkeitsdreiecken in Abb. 8.4 berechnet werden.
Die Geschwindigkeit c_{u1} ist:

$$c_{u1} = c_1 \cdot \cos \alpha_1 \tag{8.3}$$

In der Regel werden Pumpen so ausgelegt, dass der Winkel $\alpha_1 = 90°$ beträgt und die Umfangsgeschwindigkeit somit den Wert $c_{u1} = 0$ hat. Dies wird erreicht, indem der Winkel β_1 der Strömungsbahn passend zur Geschwindigkeit c_1 und u_1 gestaltet wird.

Ist der Winkel von 90° abweichend, kann aus dem Förderstrom die Geschwindigkeitskomponente c_{m1} senkrecht zur Umlaufrichtung berechnet werden.

$$c_{m1} = \frac{\dot{V}}{\pi \cdot d \cdot a \cdot \tau} = \frac{\dot{m}}{\pi \cdot d \cdot a \cdot \tau \cdot \rho} \tag{8.4}$$

Dabei ist τ ein Faktor, der die Versperrung des Strömungsquerschnitts durch die Leitwände berücksichtigt. Um die Umfangskomponente der Geschwindigkeit c_2 zu bestimmen, muss zunächst die Meridiankomponente c_{m2} berechnet werden, die man analog zu c_{m1} erhält.

$$c_{m2} = \frac{\dot{V}}{\pi \cdot D \cdot b \cdot \tau} = \frac{\dot{m}}{\pi \cdot D \cdot b \cdot \tau \cdot \rho} \tag{8.5}$$

Der Winkel β_2 entspricht dem Austrittswinkel des Strömungskanals. Für die Meridiankomponenten der Geschwindigkeiten gilt:

$$w_{m1} = c_{m1} \qquad w_{m2} = c_{m2} \tag{8.6}$$

Damit ist die Umfangskomponente der Geschwindigkeit c_{u2}:

$$c_{u2} = u_2 + w_{u2} = u_2 + \frac{w_{m2}}{\tan \beta_2} = u_2 + \frac{c_{m2}}{\tan \beta_2} = u_2 + \frac{\dot{V}}{\pi \cdot D \cdot b \cdot \tau \cdot \tan \beta_2} \tag{8.7}$$

Die spezifische Förderarbeit berücksichtigt nicht die folgenden Energien:

- Dissipation in der Flüssigkeit
- mechanische Verluste in den Lagern und im Antriebsmotor.

Mit der spezifischen Stutzenarbeit Y berechnet man die ideale Leistung P_s, die notwendig ist, um die Pumpe anzutreiben.

$$P_s = \dot{m} \cdot Y = \dot{m} \cdot [u_2 \cdot c_{u2} - u_1 \cdot c_{u1}] \tag{8.8}$$

Die Dissipation in der Flüssigkeit kann durch den inneren Wirkungsgrad η_i, der auch als hydraulischer Wirkungsgrad η_h bezeichnet wird und die Energieströme mit dem ersten Hauptsatz der Thermodynamik berücksichtigt werden.

$$P = \dot{m} \cdot \left[h_2 - h_1 + 0,5 \cdot \left(c_2^2 - c_1^2 \right) + g \cdot (z_2 - z_1) \right] \tag{8.9}$$

Die Indizes beziehen sich jetzt auf die Zustände an den Ein- und Austrittsstutzen der Pumpe. Der Höhenunterschied der Stutzen kann bei fast allen Pumpen vernachlässigt werden. Die Enthalpieänderung ist durch eine andere Form des ersten Hauptsatzes ersetzbar.

$$h_2 - h_1 = \int_1^2 v \cdot dp + \delta j = \frac{v \cdot (p_2 - p_1)}{\eta_i} \tag{8.10}$$

Gl. (8.10) in Gl. (8.9) eingesetzt, ergibt die Leistung, die an das Laufrad abgegeben werden muss:

$$P_{Laufrad} = \dot{m} \cdot \left[\frac{v \cdot (p_2 - p_1)}{\eta_h} + \frac{c_2^2 - c_1^2}{2} \right] = \dot{m} \cdot \left[\frac{Y}{\eta_h} + \frac{c_2^2 - c_1^2}{2} \right] \tag{8.11}$$

Die erforderliche Leistung an der Welle erhöht sich um die mechanischen Verluste und ist:

$$P_{welle} = \frac{\dot{m}}{\eta_m} \cdot \left[\frac{v \cdot (p_2 - p_1)}{\eta_h} + \frac{c_2^2 - c_1^2}{2} \right] \tag{8.12}$$

Diese Leistung muss vom Antriebsmotor an die Welle der Pumpe abgegeben werden.

8.2.2 Förderhöhe

Die Förderhöhe gibt die Druckdifferenz an, die die Pumpe zwischen den Saug- und Druckstutzen aufbringen kann. Sie ist die Höhe H der Säule der zu fördernden Flüssigkeit.

Die theoretisch erreichbare Förderhöhe kann aus Gl. (8.11) berechnet werden.

$$H_{th} = \frac{(p_2 - p_1)}{g \cdot \rho} = \frac{Y}{g} \qquad (8.13)$$

Die theoretische Förderhöhe ist von den Stoffwerten des geförderten Mediums unabhängig und neben den geometrischen Daten der Pumpe nur eine Funktion der Geschwindigkeit u_2.

Die ideale Pumpe hat bei einer bestimmten Drehzahl für alle geförderten Fluide die gleiche Förderhöhe.

Dies bedeutet, dass eine bestimmte Pumpe mit der Förderhöhe von 100 m bei Wasser, Luft oder irgendwelchen anderen Fluiden immer die Förderhöhe von 100 m hat. Die Druckdifferenz ist von der Dichte des geförderten Fluids abhängig: Je größer die Fluiddichte, desto größer die Druckdifferenz.

Bei der Berechnung der spezifischen Arbeit wird von einer uniformen Geschwindigkeit am Ein- und Austritt aus dem Strömungskanal des Laufrades ausgegangen. Die wirklichen Geschwindigkeiten sind nicht uniform. In der Praxis kann die mit Gl. (8.13) berechnete Förderhöhe nicht erreicht werden. Sie verringert sich um den hydraulischen Wirkungsgrad der Pumpe.

$$H = H_{th} \cdot \eta_{th} \cdot \mu \qquad (8.14)$$

Dabei ist η_h der hydraulische Wirkungsgrad und μ ein Korrekturfaktor für die Minderleistung des Laufrades. Beide Größen sind von der Geometrie und Oberflächenbeschaffenheit des Laufrades, von den Geschwindigkeiten im Laufrad und der Viskosität des Fluids abhängig. Nach DIN 24 255 wird für die Normpumpen etwa $\eta_h \cdot \mu = 0,54$ angegeben.

Da die Geschwindigkeitskomponente c_{u1} meist null oder zumindest sehr nahe an null ist, gilt:

$$H_{th} = \frac{(p_2 - p_1)}{g \cdot \rho} = \frac{Y}{g} = \frac{u_2 \cdot c_{u2}}{g} = \frac{u_2}{g} \cdot \left[u_2 - \frac{\dot{V}}{\pi \cdot D \cdot b \cdot \tau \cdot \tan \beta_2} \right] \qquad (8.15)$$

Gl. (8.15) zeigt, dass die theoretische Förderhöhe proportional zum Quadrat der Umfangsgeschwindigkeit u_2 ist. Sie nimmt mit ansteigendem Austrittswinkel β_2 zu und mit zunehmendem Volumenstrom ab.

Abb. 8.5 Förderhöhe in
Abhängigkeit der
Umfangsgeschwindigkeit

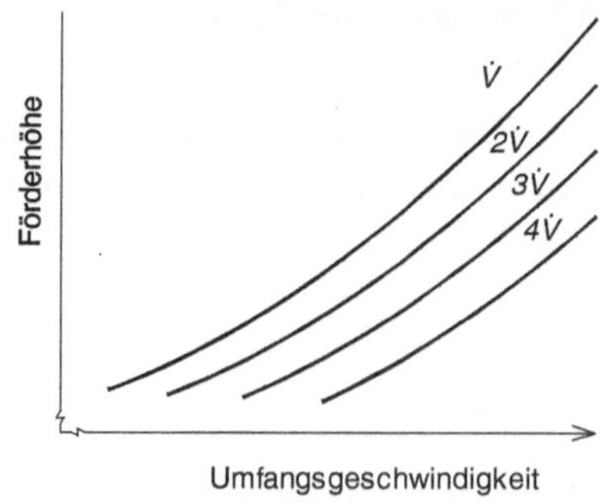

Abb. 8.6 Förderhöhe als
Funktion des
Abströmwinkels β_2

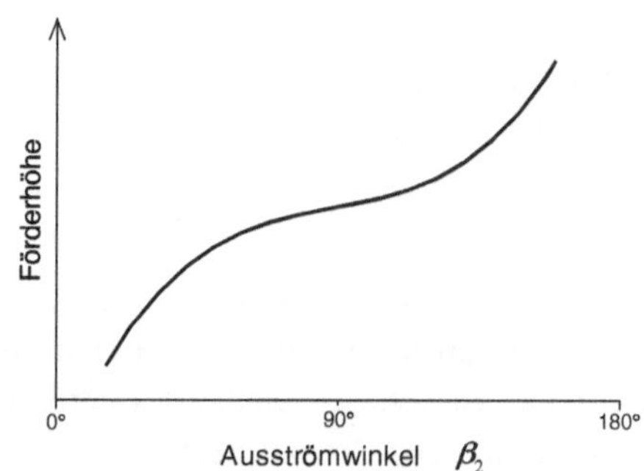

Abb. 8.5 zeigt die Förderhöhe in Abhängigkeit von der Umfangsgeschwindigkeit, Abb. 8.6 vom Abströmwinkel.

Das Diagramm in Abb. 8.6 könnte zu dem Schluss führen, dass durch Vergrößerung des Austrittswinkels die Förderhöhe eines Laufrades einfach gesteigert werden kann. Bei sehr großen Förderhöhen ist die Steigerung aber wesentlich geringer als das Diagramm zeigt.

Die Vergrößerung des Austrittswinkels bewirkt eine Erhöhung der Austrittsgeschwindigkeit c_2. Sie erhöht sich bei dem in Abb. 8.6 dargestellten Beispiel in gleichem Maße wie die Förderhöhe, d. h. von 3 m/s auf über 40 m/s. Im Spiralgehäuse darf die Geschwindigkeit von 6 m/s nicht überschritten werden.

Für die Änderung der Förderhöhe durch den Förderstrom gilt:

$\beta_2 = 90°$ radial endende Schaufel, Förderhöhe unabhängig vom Förderstrom

$\beta_2 > 90°$ vorwärts gekrümmte Schaufel, Förderhöhe nimmt mit dem Förderstrom zu

$\beta_2 < 90°$ rückwärts gekrümmte Schaufel, Förderhöhe nimmt mit dem Förderstrom ab.

Um die hohen Austrittsgeschwindigkeiten zu vermeiden, haben Kreiselpumpen Austrittswinkel von

$$\beta_2 = 15° \text{ bis } 30° \,(\text{maximal } 50°)$$

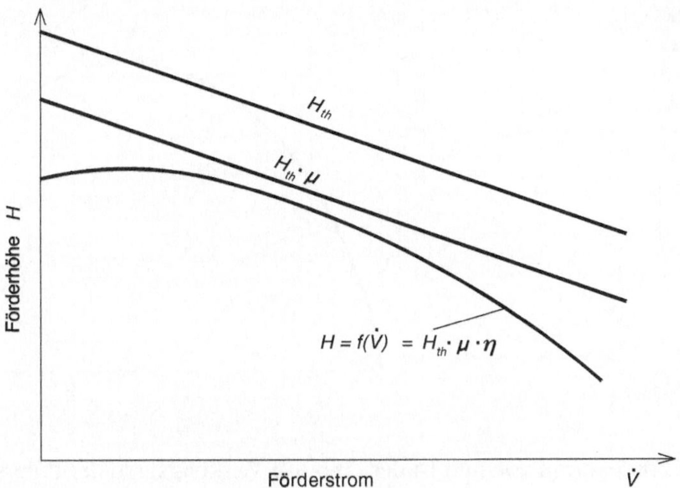

Abb. 8.7 Förderhöhe in Abhängigkeit des Förderstroms

Mit diesen Werten können optimale Verhältnisse bezüglich Förderhöhe, Pumpenabmessungen und Wirkungsgrad erreicht werden.

Der hydraulische Wirkungsgrad ist vom Förderstrom abhängig. Er nimmt mit dem Förderstrom zunächst zu und dann ab. Für Radialpumpen mit rückwärts gekrümmten Schaufeln zeigt Abb. 8.7 den Verlauf der Förderhöhe in Abhängigkeit des Förderstroms.

Die Förderhöhe der Kreiselpumpe ist proportional zum Quadrat der Umfangsgeschwindigkeit u_2.

$$H \propto u_2^2 \propto D^2 \cdot n^2 \tag{8.16}$$

Die Erfahrung zeigt, dass Umfangsgeschwindigkeiten über 35 m/s zu vermeiden sind.

8.2.3   Leistung und Wirkungsgrad

Die effektive Leistung P_e, die an die Pumpe abgegeben werden muss, ist die ideale Leistung P_s nach Gl. 8.8, geteilt durch den hydraulischen Wirkungsgrad η_h der Pumpe.

$$P_e = \frac{P_s}{\eta_e} = \frac{\dot{V} \cdot H \cdot}{\eta_e} = \frac{\dot{V} \cdot H_{th} \cdot \eta_h \cdot \mu}{\eta_e} \tag{8.17}$$

Abb. 8.8 zeigt den typischen Verlauf des effektiven Wirkungsgrades einer Pumpe.

Abb. 8.8 Effektiver Wirkungsgrad der Kreiselpumpe

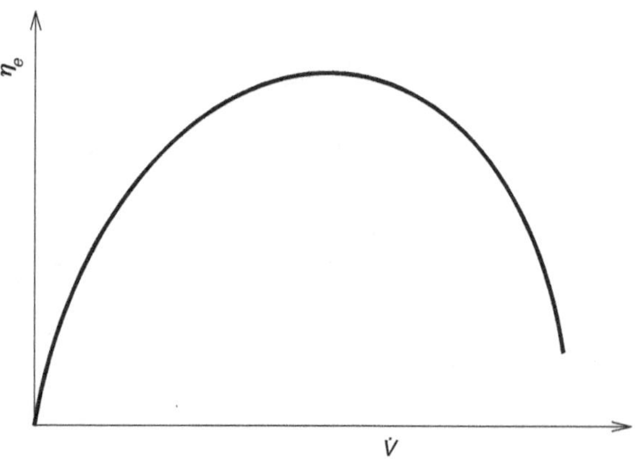

Bei einem Förderstrom von null ist der effektive Wirkungsgrad der Pumpe auch gleich null. Eine Pumpe wird so ausgelegt, dass sie beim gewünschten Förderstrom den optimalen Wirkungsgrad hat. Bei diesem Förderstrom und bei der erforderlichen Förderhöhe (Druckdifferenz) hat die Pumpe die besten Ein- und Abströmwinkel.

Im Prüfstand stellt man die ausgelegte Förderhöhe mit einem Ventil ein. Durch Öffnen des Ventils erhöht sich der Förderstrom, dabei sinkt die Förderhöhe. Beim Schließen des Ventils wird der Förderstrom gedrosselt, die Förderhöhe steigt an. Ist das Ventil ganz geschlossen, wird vom Laufrad die Flüssigkeit „gerührt" und die gesamte zugeführte Leistung in Dissipation umgewandelt, d. h., der Welle wird effektive Leistung zugeführt, der Förderstrom ist aber null. Bei Teillasten ändern sich Ein- und Abströmwinkel, was zu einer Abnahme des effektiven Wirkungsgrades führt.

8.2.4 Förderstrom

Der Förderstrom der Pumpe gibt an, welchen Volumenstrom sie fördert. Er wird je nach Größe des Volumenstroms in m^3/s, m^3/h, l/s, l/h angegeben. Für die Berechnungen wird immer m^3/s verwendet. Ähnlich wie bei der Förderhöhe ist der Förderstrom unabhängig von den Stoffgrößen.

> Ein ideales Laufrad fördert bei einer bestimmten Drehzahl für alle Fluide den gleichen Volumenstrom.

Für das reale Laufrad gelten die Einschränkungen wie bei der Förderhöhe.

Der Förderstrom hängt von der Drehzahl, der Anzahl der Stufen und den Abmessungen des Lauftrades ab. Die Ermittlung des Förderstroms in Abhängigkeit von Drehzahl und Laufraddurchmesser basiert auf Ähnlichkeitsgesetzen.

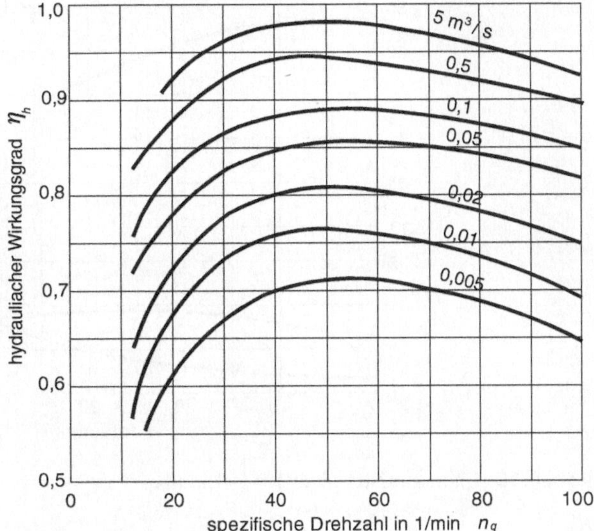

Abb. 8.9 Hydraulischer Wirkungsgrad für die Anhaltswerte bei der Auslegung

Die Pumpe wird mit einer einstufigen Kreiselpumpe (Vergleichspumpe) mit einem Förderstrom von $= 1\ \mathrm{m^3/s}$ und einer Förderhöhe von $H_q = 1$ m verglichen. Die Vergleichsgröße ist die spezifische Drehzahl n_q. Sie ist definiert als:

$$n_q = n \cdot \frac{\sqrt{\dot{V}/\dot{V}_q}}{\left(H/H_q\right)^{3/4}} \tag{8.18}$$

Dabei ist n die Drehzahl der Pumpe. Die Auslegungswerte für Volumenstrom und Förderhöhe werden möglichst so gewählt, dass sie in der Nähe des optimalen Wirkungsgrades liegen. Abb. 8.9 zeigt den effektiven Wirkungsgrad einer Pumpenstufe in Abhängigkeit von der spezifischen Drehzahl und vom Förderstrom.

Die im Diagramm angegebenen Zahlen sind Anhaltswerte für die Auslegung. Pumpenhersteller haben eigene, auf Messungen basierende, genauere Diagramme und Tabellen. Aus dem Diagramm ist ersichtlich, dass bei Kreiselpumpen mit spezifischen Drehzahlen von 25 bis 60 $\mathrm{min^{-1}}$ je nach Förderstrom gute Wirkungsgrade erreicht werden können.

Mit dem Diagramm kann die zu wählende Drehzahl und Anzahl der Stufen ermittelt werden. Das nachstehende Beispiel demonstriert die Auswahl. Zu bemerken ist, dass man auf die Abmessungen des Laufrades achten muss.

8.2.5 Haltedruckhöhe NPSH

Die Haltedruckhöhe NPSH (Net Positive Suction Head) gibt an, bis zu welchem Druck am Saugstutzen der Pumpe ein kavitationsfreier Betrieb möglich ist. Die Haltedruckhöhe ist wie die Förderhöhe eine Flüssigkeitssäulenhöhe. Der Druck am Saugstutzen der Pumpe muss höher sein als der Sättigungsdruck der Flüssigkeit plus der von der Flüssigkeitssäule

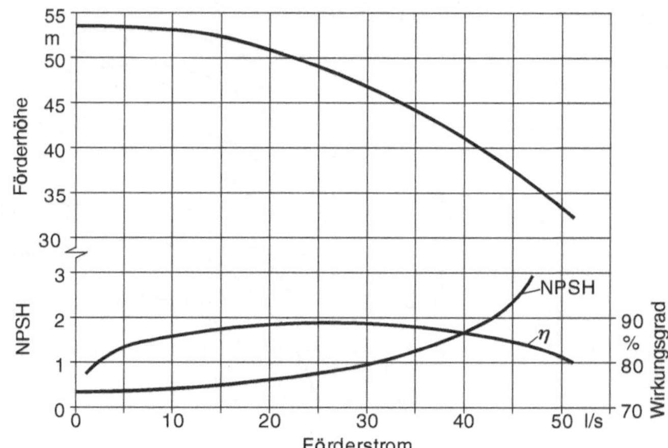

Abb. 8.10 Charakteristik einer Kreiselpumpe

erzeugte Druck. Der mindesterforderliche Saugdruck berechnet sich als:

$$P_{saug} > P_s(\vartheta) + NPSH \cdot g \cdot \rho \tag{8.19}$$

8.2.6 Pumpenkennlinien

Pumpen werden mit Diagrammen, in denen die Förderhöhe, die Haltedruckhöhe und der Wirkungsgrad angegeben sind, charakterisiert. Abb. 8.10 zeigt ein solches Diagramm.

Kreiselpumpen mit Drehzahlregelung haben für jede Drehzahl eine eigene Charakteristik. Die Förderhöhen werden in den entsprechenden Diagrammen für die jeweiligen Drehzahlen angegeben. Die Wirkungsgrade für die Drehzahlen gibt man als das Verhältnis zum optimalen Wirkungsgrad an. Für die NPSH genügt eine Kurve bei der höchsten Drehzahl, da dort die Begrenzung des Betriebes stattfindet, d. h., die Saugleitung bzw. Saughöhe müssen entsprechend ausgelegt werden. Abb. 8.11 zeigt das Diagramm einer drehzahlgeregelten Kreiselpumpe.

Beispiel 8.1: Auswahl der Stufenzahl und Auslegung des Laufrades
Bei einer Drehzahl von 2900 U/min sollen mittels Kreiselpumpe ein Förderstrom von 0,1 m³/s und die Förderhöhe von 140 m erreicht werden.
Bestimmen Sie

a) die Anzahl der Stufen
b) die Abmessungen des Laufrades und den notwendigen Abströmwinkel β_2, damit die entsprechende Förderhöhe erreicht wird. Die Meridiankomponente der Strömungsgeschwindigkeit ist 3 m/s und der Versperrungsfaktor $\tau = 0,9$.

Lösung

Schema   Siehe Abb. 8.3 und 8.9

Annahmen

- Der hydraulische Wirkungsgrad wird Abb. 8.9 entnommen.
- Wie bei Gl. (8.14) angegeben, gilt für den Korrekturfaktor: $\eta_h \cdot \mu = 0,54$

Analyse

a) Die Anzahl der Stufen bestimmt deren Förderhöhe. Die spezifische Drehzahl wird mit Gl. (8.18) berechnet. Aus dem Diagramm in Abb. 8.9 entnimmt man den effektiven Wirkungsgrad. Die Förderhöhe wird jeweils durch die Anzahl der Stufen z geteilt.

$$n_q = n \cdot \frac{\sqrt{\dot{V}/\dot{V}_q}}{\left(\frac{H}{z \cdot H_q}\right)^{3/4}}$$

Für die Auswahl werden die spezifischen Drehzahlen, Wirkungsgrade, Geschwindigkeit u_2 und der Durchmesser des Laufrades bestimmt. Die Geschwindigkeit u_2 ermittelt man mit den Gl. (8.14) und (8.15).

$$u_2 \approx \sqrt{\frac{H \cdot g}{z \cdot \eta_h \cdot \mu}} = \sqrt{\frac{H \cdot g}{z \cdot 0,54}} = \frac{50,42}{\sqrt{z}}\,\text{m/s}$$

Anzahl Stufen	n_q	η_h	u_2	D
-	min^{-1}	-	m/s	mm
1	22,5	0,83	50,42	332
2	37,9	0,88	35,65	234
3	51,4	0,89	29,11	192
4	63,7	0,88	25,21	166

Müsste man über den Wirkungsgrad entscheiden, wählte man eine dreistufige Pumpe. Da die Umfangsgeschwindigkeit den Wert von 35 m/s nicht

überschreiten sollte, kämen nur drei oder vier Stufen in Frage. Aus finanziellen Gründen wählt man eine dreistufige Pumpe.

b) Für den Außendurchmesser des Laufrades erhält man einen Abströmwinkel von fast 90°. Um auf kleinere Winkel zu kommen, muss ein größerer Durchmesser gewählt werden. Für die weiteren Berechnungen werden ein Außendurchmesser von 220 mm und der Innendurchmesser von 100 mm angenommen. Die Höhe am Innendurchmesser ist durch die vorgegebene Geschwindigkeit bestimmbar.

$$a = \frac{\dot{V}}{\pi \cdot d \cdot c_{m1}} = \frac{0,1 \cdot \mathrm{m^3/s}}{\pi \cdot 0,1 \cdot \mathrm{m} \cdot 3 \cdot \mathrm{m/s}} = 106 \ \mathrm{mm}$$

Die Bestimmung der Laufradhöhe am Außendurchmesser erfolgt analog:

$$b = \frac{\dot{V}}{\pi \cdot \mathrm{D} \cdot c_{m1}} = \frac{0,1 \cdot \mathrm{m^3/s}}{\pi \cdot 0,22 \cdot \mathrm{m} \cdot 3 \cdot \mathrm{m/s}} = 48 \ \mathrm{mm}$$

Der Abströmwinkel wird mit Gl. (8.15) berechnet. Dazu müssen zunächst die theoretische Förderhöhe mit Gl. (8.14) und die Umfangsgeschwindigkeit u_2 bestimmt werden:

$$u_2 = \pi \cdot n \cdot D = 33,4 \ \mathrm{m/s}$$

$$\mathrm{H}_{th} = H / (z \cdot \eta_h \cdot \mu) = H / (3 \cdot 0,54) = 86,42 \ \mathrm{m}$$

$$\tan \beta_2 = \frac{\dot{V} \cdot u_2}{\pi \cdot D \cdot b \cdot \tau \cdot \left(u_2^2 - H_{th} \cdot g\right)} = 0,415$$

Daraus erhält man einen Abströmwinkel von **22,5°**.

Diskussion
Mit den spezifischen Drehzahlen ermittelt man die Stufenzahl, mit der ein optimaler Wirkungsgrad erreicht wird. Dabei sind aber Umfangsgeschwindigkeit und Durchmesser des Laufrades zu beachten. Durch den etwas geänderten Wert des Laufradaußendurchmessers erhält man einen Abströmwinkel, der im Bereich von 20° bis 50° liegt.

8.2.7 Zusammenhang zwischen Pumpen- und Systemkennlinie

Die Förderhöhe der Kreiselpumpe hängt vom Volumenstrom ab. Die Förderhöhe entspricht der Druckdifferenz über der Pumpe, geteilt durch die Fluiddichte und Erdbeschleunigung. Die Druckdifferenz besteht aus einer statischen Druckdifferenz, die vom Fördervolumen unabhängig ist und dem volumenstromabhängigen Reibungsdruckverlust des durchströmten Systems. Die Reibungsdruckverluste in Rohrleitungselementen sind in der Regel nur vom dynamischen Druck und in geraden Rohrleitungen zusätzlich von der *Reynolds*zahl abhängig. Den volumenstromabhängigen Verlauf des Druckverlustes, dargestellt

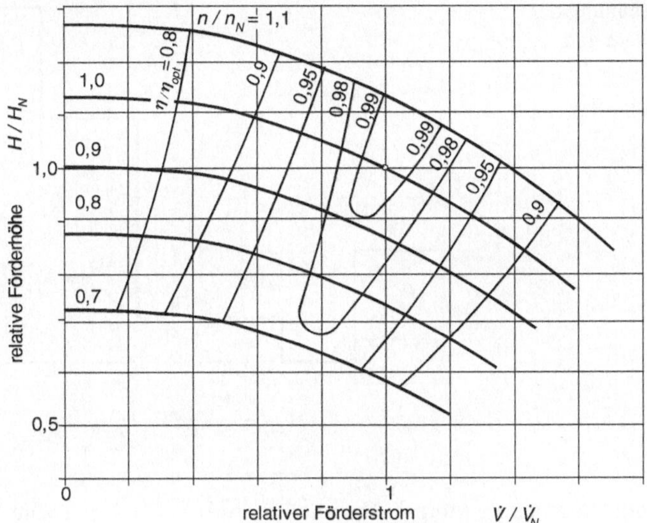

Abb. 8.11 Kennlinien einer drehzahlgeregelten Kreiselpumpe

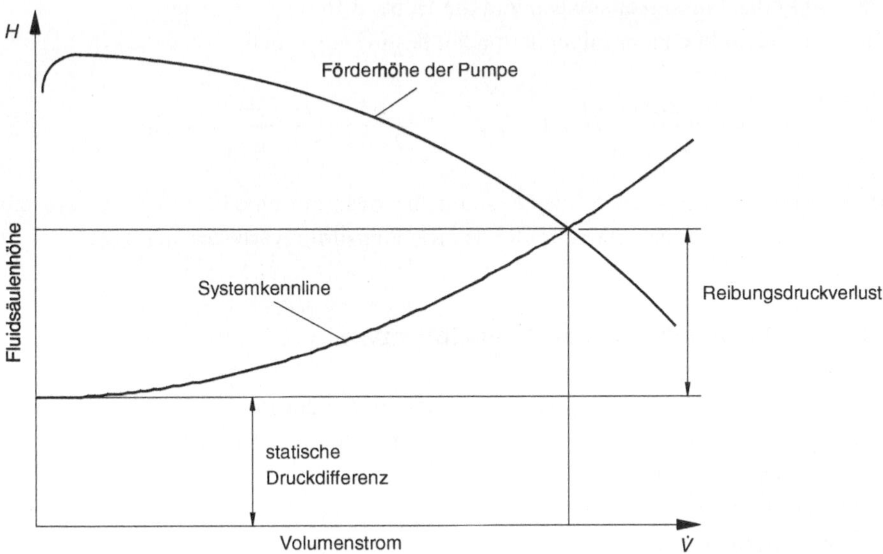

Abb. 8.12 Pumpen- und Systemkennlinie

als Fluidsäulenhöhe H, nennt man *Systemkennlinie*. Der Förderstrom der Pumpe liegt im Schnittpunkt der System- und Pumpenkennlinie (Abb. 8.12).

Die statische Druckdifferenz entspricht der Druckdifferenz über der Pumpe bei null Förderstrom. Sie ist die Druckdifferenz zwischen Saug- und Druckbehälter und der durch

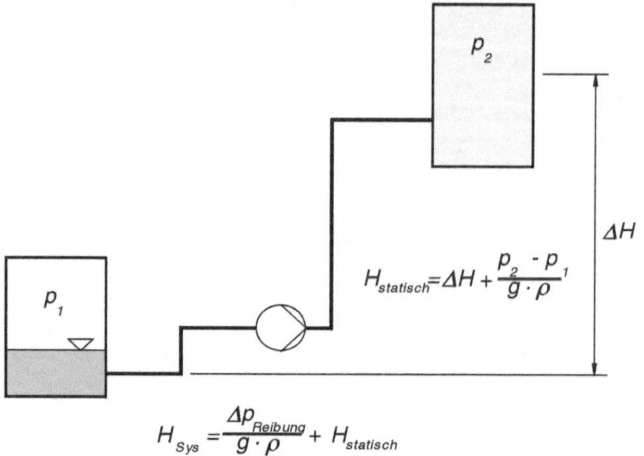

Abb. 8.13 Bestimmung der statischen Fluidsäule und Systemkennlinie

deren Höhendifferenz erzeugte Fluidsäulendruck (s. Abb. 8.13). Er ist vom Volumenstrom unabhängig, kann sich aber durch Änderung der Behälterdrücke und Höhe der Fluidsäule verändern. Pumpt man z. B. eine Flüssigkeit in einen Behälter mit einem Gaspolster, erhöht sich der Gegendruck beim Füllen des Behälters. Beim Ansaugen aus einem offenen Behälter sinkt das Flüssigkeitsniveau und die Höhendifferenz steigt an.

Die Systemkennline kann folgendermaßen bestimmt werden:

$$H_{sys} = \frac{\Delta p_{Reibung}}{g \cdot \rho} + H_{statisch} = \zeta \cdot \frac{\dot{V}}{2 \cdot A^2 \cdot g} + \frac{p_2 - p_1}{g \cdot \rho} + \Delta H \qquad (8.20)$$

Dabei ist ζ der Reibungsbeiwert des Systems, bezogen auf eine bestimmte Querschnittsfläche A der Strömung. Zur Berechnung des Reibungsdruckverlustes siehe [2].

8.2.8   Parallelschaltung von Kreiselpumpen

Wegen der Sicherheit und Verfügbarkeit werden zwei oder mehrere Kreiselpumpen parallelgeschaltet. Je nach Systemanforderung wählt man die Schaltung aus. Bei Systemen, in denen ein kurzzeitiger Ausfall der Strömung keine Rolle spielt, kann man neben der Hauptpumpe eine Stand-by-Pumpe installieren, die beim Ausfall schon nach einigen Sekunden in Betrieb genommen wird. Bei Systemen, in denen ein vollständiger Ausfall der Strömung unbedingt vermieden werden muss, aber eine gewisse Abnahme der Strömung jedoch erlaubt ist, genügen zwei parallel geschaltete 50 %-Pumpen. Fällt die eine Pumpe aus, sinkt der Volumenstrom und damit die Druckdifferenz des Systems. Dadurch verringert sich der Volumenstrom nicht auf 50 %, sondern auf Werte, die zwischen 65 und 80 % liegen. Abb. 8.14 zeigt die Änderung des Volumenstromes.

Die Pumpenkennlinie parallel geschalteter Pumpen bildet man, indem man bei jeder Förderhöhe die Volumenströme der einzelnen Pumpen addiert. Bei den zwei gleichen Pumpen im Beispiel (Abb. 8.14) verdoppelt sich der Volumenstrom. Fällt eine Pumpe

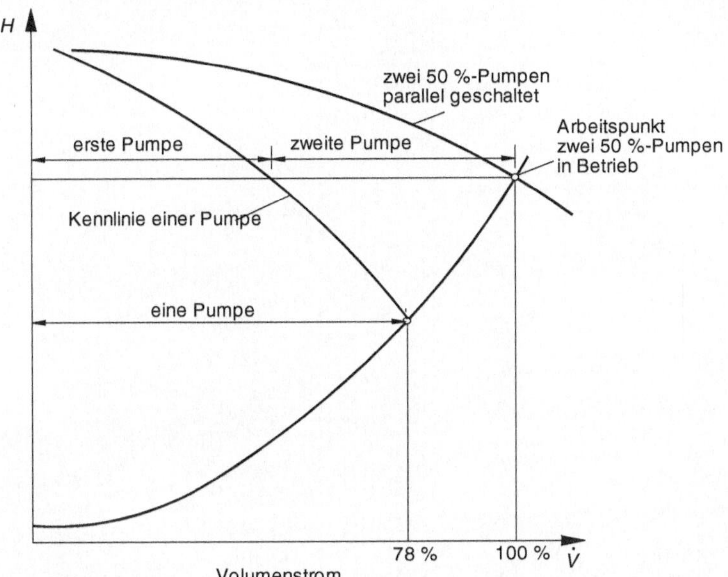

Abb. 8.14 Kennlinien und Arbeitspunkte zweier parallel geschalteter 50 %-Pumpen

aus, sinkt der Volumenstrom und entsprechend der Systemkennlinie auch die notwendige Förderhöhe. Damit verringert sich der Volumenstrom nicht um 50 %, sondern entsprechend der Systemkennlinie. Je steiler die Systemkennlinie, desto weniger nimmt der Volumenstrom ab. Bei Anlagen mit hohen Verfügbarkeitsanforderungen werden beispielsweise drei 50 %- oder vier 33 %-Pumpen geplant. Damit hat man neben den für 100 % Volumenstrom notwendigen Pumpen eine Reservepumpe, die in sehr kurzer Zeit in Betrieb genommen werden kann. Fällt eine Pumpe aus, sinkt der Volumenstrom kurzzeitig geringfügig ab und kann durch Zuschalten der Reservepumpe wieder auf 100 % gebracht werden.

Literatur

1. (1989) KSB Kreiselpumpenlexikon, 3. Aufl.
2. von Böckh P Saumweber Chr (2013), Fluidmechanik, 3. Aufl. Springer Vieweg, Berlin

Wärmepumpen

Wärmepumpen und Kältemaschinen sind thermodynamisch betrachtet identische Apparate, nur die Nutzung und damit verbundenen Konstruktionsdetails sind unterschiedlich. Ein Kühlschrank ist eine Kältemaschine. Stellte man ihn aber so auf, dass er bei offener Tür die Umgebung kühlt, kann man mit dem hinten angeordneten Kondensator die Wohnung damit heizen, er würde also als Wärmepumpe arbeiten. Von seiner Konstruktion her ist er aber für diesen Betrieb kaum geeignet. Es existieren allerdings Anlagen, die im Sommer als Klimaanlagen und im Winter als Heizungen arbeiten.

Der Wärmepumpen- und Kältemaschinenprozess ist ein linksläufiger Kreisprozess (vgl. [1]).

9.1 Arten der Wärmepumpen

Die Arten der Wärmepumpen werden je nach ihren Wärmequellen und Wärmesenken eingeteilt (siehe Tabelle. 9.1). Als Wärmequelle aus der Umgebung stehen die Luft, das

Tab. 9.1 Arten der Wärmepumpen

	Quelle	Senke
Luft/Luft-Wärmepumpe	Atmosphäre	Raumluft
Luft/Wasser-Wärmepumpe	Atmosphäre	Heizwasser
Wasser/Wasser-Wärmepumpe	See, Bach, Teich	Heizwasser
Wasser/Luft-Wärmepumpe	See, Bach, Teich	Raumluft
Erdreich/Wasser-Wärmepumpe	Sole, Wärmerohr, direkt	Heizwasser
Erdreich/Luft-Wärmepumpe	Sole, Wärmerohr, direkt	Raumluft

© Springer-Verlag GmbH Deutschland 2018
P. von Böckh, M. Stripf, *Thermische Energiesysteme*,
https://doi.org/10.1007/978-3-662-55335-0_9

Wasser oder das Erdreich zur Verfügung. Die Wärmesenke ist entweder das Heizwasser oder die Raumluft.

Leider kann man in Deutschland bis heute durch Wärmepumpenheizungen den CO_2-Ausstoß nur geringfügig dezimieren. Sehr gute Luft-Wasser-Wärmepumpen mit tiefen Heizwassertemperaturen (kleiner als 27 °C) können Jahresarbeitszahlen von 3,5 erreichen. Damit kann man mit 1 kW Strom 3,5 kW Heizleistung erzielen. Der Strom wird bis heute noch zu 50 % mit fossil befeuerten Kraftwerken, die im Schnitt höchstens 35 % Wirkungsgrade haben, erzeugt. Für 1 kW elektrische Leistung benötigt man 2,86 kW Wärme.

Wasser/Wasser- oder Erdreich-Wasser-Wärmepumpen haben höheren Arbeitszahlen als Luft/Wasser- oder Luft/Luft Wärmepumpen. Bei Wasser/Wasser-Wärmepumpen muss ein See, Bach oder Fluss vorhanden sein. Beim Erdreich ist die für die Installation notwendige Energie recht groß und kostenintensiv, sodass diese Lösung meistens weder ökologisch noch ökonomisch ist.

Die Funktion und Grundlagen für die Behandlung der Wärmepumpen werden hier kurz besprochen.

9.2   Allgemeine Grundlagen

Die Prozesse der Wärmepumpen und Kälteanlagen werden je nach verwendetem Kältemittel betitelt, nämlich als: Kaltdampf-, Kaltgas- (auch Kaltluft genannt), Adsorptions- oder Absorptions-Prozess. Die gebräuchlichsten Maschinen arbeiten nach dem Kaltdampfprozess. Bei diesem Prozess wird der kalte Dampf mit einem Verdichter komprimiert, anschließend kondensiert, entspannt und verdampft. Bei der Kondensation und Verdampfung werden die Verdampfungsenthalpien der Kältemittel bei konstantem Druck zur Heizung und Kühlung verwendet. Die Wahl und Eigenschaften der Kältemittel können aus Büchern der Thermodynamik entnommen werden.

Der Kreisprozess ist linksläufig, der Idealprozess ist der *Carnot*prozess Abb. 9.1.

Abb. 9.1 Linksläufiger Wärmepumpenprozess im T,s-Diagramm

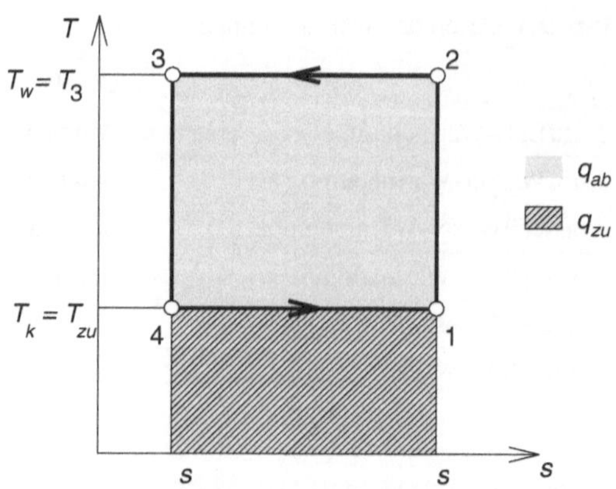

Beim *Carnot*prozess wird die Wärme ohne eine Temperaturdifferenz transferiert. Die zugeführte spezifische Wärme vom verdampfenden Kältemittel ist:

$$q_{zu} = T_{zu}(s_1 - s_4) \tag{9.1}$$

Die bei der Kondensation abgeführte Wärme erhält man als:

$$q_{ab} = T_{ab}(s_4 - s_1) \tag{9.2}$$

Beim *Carnot*prozess erfolgen die Verdichtung und Expansion isentrop. Die Kreisprozessarbeit des *Carnot*prozesses ist:

$$w_{KP} = -q_{ab} - q_{zu} = (T_{ab} - T_{zu}) \cdot (s_1 - s_4) \tag{9.3}$$

Bei mit Dampf oder Gas betriebenen Anlagen ist es maßgebend, wie groß der transferierte Wärmestrom im Vergleich zur Leistung des Kompressors ist. Bei Wärmepumpen ist der von der Anlage abgegebene Wärmestrom relevant Die Leistungszahl der Wärmepumpe ist:

$$\varepsilon_{WP} = \frac{|q_{ab}|}{w_{KP}} = \frac{T_{ab} \cdot |s_4 - s_1|}{(T_{ab} - T_{zu}) \cdot (s_1 - s_4)} = \frac{T_{ab}}{T_{ab} - T_{zu}} \tag{9.4}$$

Bei der Kälteanlage ist der zur Anlage zugeführte Wärmestrom die interessierende Größe. Die Leistungszahl der Kälteanlage beträgt:

$$\varepsilon_{KA} = \frac{q_{zu}}{w_{KP}} = \frac{T_{zu} \cdot |s_1 - s_4|}{(T_{ab} - T_{zu}) \cdot (s_1 - s_4)} = \frac{T_{zu}}{T_{ab} - T_{zu}} \tag{9.5}$$

Bei realen Anlagen benötigt man eine Temperaturdifferenz beim Wärmetransfer, d. h., das Heizmedium muss kälter als die Kondensationstemperatur und die Temperatur der Wärmequelle wärmer als die Verdampfungstemperatur sein. Durch diese Temperaturdifferenzen verringern sich die Arbeitszahlen.

Weiterhin müssen beim realen Prozess die Druckverluste, die nicht isentrope Verdichtung und Expansion berücksichtigt werden.

9.3 Kaltdampf-Wärmepumpenprozess

Zur Verwirklichung des Kaltdampfprozesses einer Luft/Wasser-Wärmepumpe benötigt man folgende Komponenten: Verdichter, Kondensator, Expansionsventil, Verdampfer, Ventilator und Anschlüsse ans Strom- und Heizungswassersystem (Abb. 9.2).

Die Expansion erfolgt bei den meisten Kaltdampf-Wärmepumpen isenthalp über ein Drosselventil. Natürlich könnte man dort eine kleine Turbine einbauen und sich so der isentropen Expansion annähern. Dies würde sich nur bei ganz großen Anlagen rentieren.

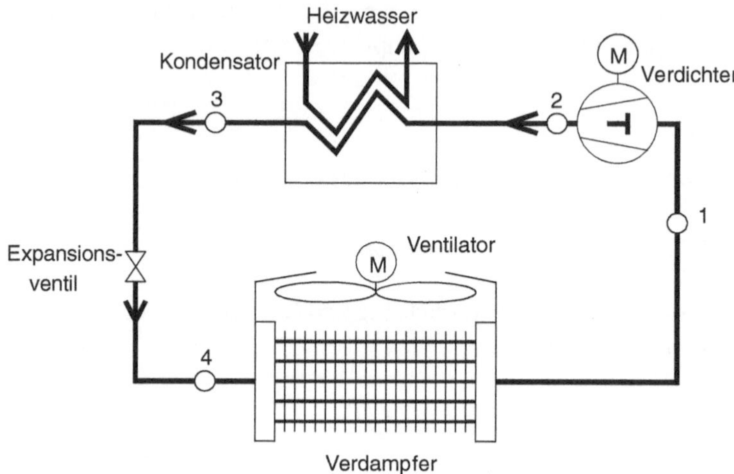

Abb. 9.2 Schema einer Luft/Wasser-Kaltdampf-Wärmepumpe

Die Verdichtung erfolgt meist mit Hubkolbenkompressoren. Bei sehr großen Wärmepumpen werden auch Schrauben- oder Turboverdichter verwendet. Bei der Èicole Polytechnique Federale de Lausanne, (EPFL) [2] entwickelte man kleine Turboverdichter für kleinere Wärmepumpen (Einfamilienhaus). Der Rotor des Verdichters hat einen Durchmesser von 20 mm, ein Verdichtungsverhältnis von 3,2 und eine Leistung von 1,7 kW bei einer Drehzahl von 210 000 1/min.

Es werden natürlich Motoren mit entsprechend hohen Drehzahlen benötigt. Die mit diesem Turboverdichter betriebene Wärmepumpe könnte eine mittlere Heizleistung von 6 kW bringen. Allerdings reicht das Verdichtungsverhältnis nicht aus, um bei $-15\,°C$ Lufttemperatur $30\,°C$ Kondensationstemperatur zu erreichen, also müsste man in Serie zweistufig verdichten.

Der Verdampfer ist ein Rippenrohr-Wärmeübertrager und benötigt einen Ventilator, der den entsprechenden Luftmassenstrom fördert.

Der Kondensator ist ein Oberflächenwärmeübertrager. Hier stehen viele verschiedene Bauarten zur Verfügung.

Zum Betrieb der Anlage stehen verschiedene Kältemittel zur Verfügung. Sehr häufig wird Frigen R134a verwendet. Im Abb. 9.3 ist das log p,h-Diagramm von R134a mit dem in Abb. 9.2 dargestellten Prozess eingetragen.

Das Diagramm zeigt, dass der Dampf isentrop von 2 bar auf 10 bar verdichtet wird. Anschließend findet eine isobare Kondensation statt, gefolgt von der isenthalpen Expansion auf 2 bar. Nachfolgend wird das Kondensat verdampft und wieder verdichtet. Aus dem Diagramm kann die Enthalpie einzelner Zustandspunkte abgelesen werden. Die Enthalpie des Kaltdampfes vor dem Verdichter ist $h_1 = 392,5$ kJ/kg. Nach der isentropen Verdich-

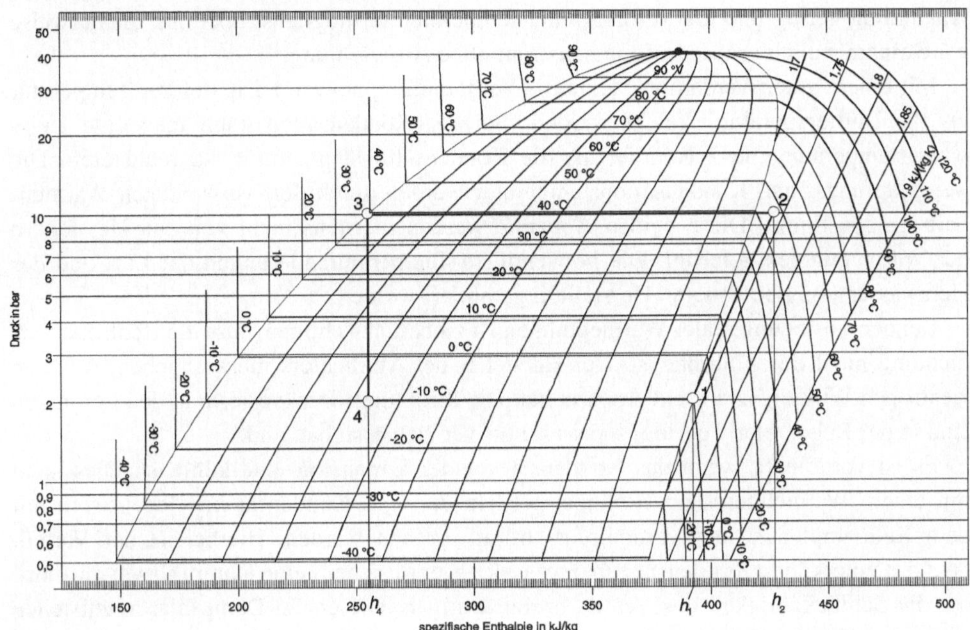

Abb. 9.3 Idealer Kaltdampfprozess im log p,h-Diagramm

tung erhöht sich die Enthalpie auf $h_2 = 427$ kJ/kg. Nach der Kondensation ist die Enthalpie $h_3 = 255$ kJ/kg, sie bleibt nach der Expansion gleich groß $h_4 = 255$ kJ/kg. Mit den Daten aus dem Diagramm können die spezifischen Werte der Arbeit des Verdichters und die zu- bzw. abgeführte Wärme bestimmt werden.

$$w_{12} = h_2 - h_1 = (427 - 392,5) \cdot \text{kJ/kg} = 34,5 \,\text{kJ/kg} \tag{9.6}$$

$$q_{ab} = q_{23} = h_3 - h_2 = (255 - 427) \cdot \text{kJ/kg} = -172 \,\text{kJ/kg} \tag{9.7}$$

$$q_{zu} = q_{41} = h_1 - h_4 = (392,5 - 255) \cdot \text{kJ/kg} = 137,5 \,\text{kJ/kg} \tag{9.8}$$

Damit errechnet sich die Leistungszahl der Wärmepumpe zu:

$$\eta_{WP} = |q_{ab}|/w_{12} = 5 \tag{9.9}$$

9.4 Auslegung Luft/Wasser-Wärmepumpen

Der ideale Prozess ist ähnlich wie bei allen technischen Apparaten nicht realisierbar. Beim idealen Prozess geht man davon aus, dass die Wärme ohne eine Temperaturdifferenz übertragen werden kann. In der Wirklichkeit benötigt man eine Temperaturdifferenz. Im Verdampfer ist die Verdampfungstemperatur konstant, die Luft aber wird abgekühlt. Man wird versuchen, möglichst große Luftmassen durch den Verdampfer zu blasen, damit die

Abkühlung gering und die Verdampfungstemperatur so möglichst hoch ist. Idealerweise wäre ein unendlich großer Luftmassenstrom ohne Aufwärmung.

Mit einem guten Verdampfer kann die Verdampfung bei etwa 5 K tieferer Temperatur als die Lufttemperatur erreicht werden. Bei der Kondensation kann man eine Heizwassertemperatur, die 2 K tiefer als die Kondensationstemperatur ist, realisieren. Die Verdampfungs- und Kondensationstemperatur werden durch dort verwendeten Wärmeübertrager bestimmt. Diese beiden Apparate werden meistens nicht von den Herstellern der Wärmepumpen gefertigt. Die notwendigen Temperaturänderungen der Luft und des Heizwassers müssen von den Herstellern garantiert werden.

Bei der Auslegung realer Wärmepumpen ist zu berücksichtigen, dass die isentrope Verdichtung nicht durchführbar ist. Der Hersteller des Verdichters muss angeben, welchen isentropen Wirkungsgrad sein Apparat hat. Die Strömungsdruckverluste in den Leitungen sind in der Regel relativ gering, sodass sie oft vernachlässigbar sind.

Es ist vorteilhaft, wenn das Kondensat vor der Expansion unterkühlt ist. Dies kann mit einem Wärmeübertrager (Rekuperator), in dem das Kondensat im Gegenstrom mit dem Kaltdampf aus dem Verdampfer strömt, erreicht werden. Hierbei ist der Vorteil, dass das unterkühlte Kondensat zum Expansionsventil sicher keine Dampfblasen mitführt, die die Schluckfähigkeit des Ventils beeinträchtigen. Die ersten Dampfblasen entstehen durch die Abkühlung sicher erst nach der engsten Stelle des Expansionsventils. Im Kaltdampf werden noch nicht verdampfte Tröpfchen verdampft und können dadurch nicht zum Verdichter gelangen. Das Schema dieser Anlage zeigt Abb. 9.4.

9.4.1 Auslegung der Wärmepumpe

Für eine zuvor beschriebene Wärmepumpe muss man zunächst klimatischen Bedingungen berücksichtigen. Dazu müssen für den Aufstellungsort der Wärmepumpe die

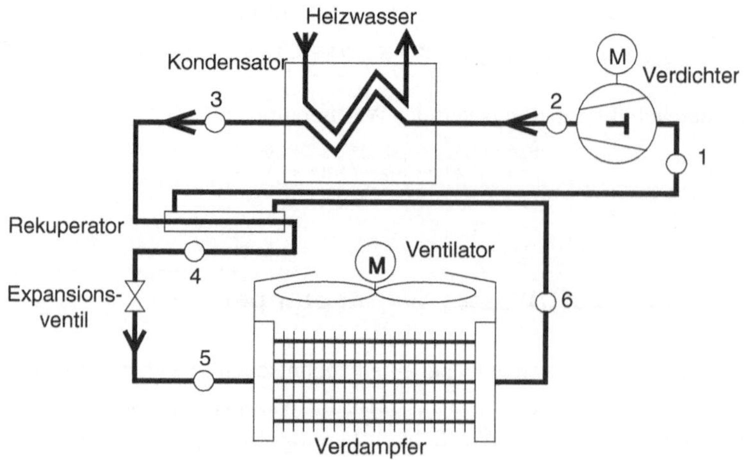

Abb. 9.4 Kaltdampfprozess mit Rekuperator

Temperaturverläufe der letzten 10 Jahre eruiert werden. Für die Auslegung sind die tiefsten Temperaturen wichtig, weil die Wärmepumpe dann die erforderliche höchste Heiztemperatur liefern muss. Es ist durchaus ökonomisch, wenn es gesetzlich erlaubt ist, die Installation einer elektrischen Zusatzheizung für nur einige wenige sehr kalte Tage vorzusehen. Nicht so wichtig, aber von vielen Kunden erwünscht oder als Verkaufsargument angeführt, kann man mit dem Tagestemperaturverlauf in der Heizperiode die Jahresarbeitszahl der Wärmepumpe angeben.

Der Architekt bzw. der Heizungslieferant hat darzulegen, wie hoch die Heizwassertemperatur bei der tiefsten Außentemperatur und wie groß die Heizleistung der Wärmepumpe sein muss. Mit diesen Daten kann man ein Pflichtenheft für den Verdampfer, Kondensator und Verdichter erstellen.

Im Pflichtenheft des Verdampfers ist anzugeben, welcher Wärmestrom zugeführt werden muss, wie groß die kälteste Lufteintrittstemperatur und die gewünschte Verdampfungstemperatur ist.

Beim Kondensator benötigt der Lieferant die Ein- und Austrittstemperatur des Heizwassers, die Kondensationstemperatur und den notwendigen Wärmestrom.

Beispiel 9.1: Auslegung einer Luft/Wasser-Wärmepumpe
Für ein Einfamilienhaus soll eine Wärmepumpe mit folgenden Daten ausgelegt werden: Tiefste Lufttemperatur $-15\,°C$, höchste Heizwassertemperatur $28\,°C$, die notwendige Heizleistung bei diesen Temperaturen ist 4 kW. Der Verdichter hat einen isentropen Wirkungsgrad von 0,85. Die Verdampfungstemperatur ist 5 K tiefer als die Lufttemperatur und die Kondensationstemperatur 2 K höher als die Heizwassertemperatur. Die Wärmepumpe hat einen Rekuperator, in dem das Kondensat um 5 K abgekühlt wird. Der Ventilator benötigt eine Leistung von 500 W.

Berechnen Sie den Massenstrom des Kältemittels und die Leistungszahl der Wärmepumpe.

Annahme

- Die Druckverluste des Kältemittels werden vernachlässigt.

Schema   s. Abb. 9.3

Analyse
Zunächst wird der Prozess in das $\log p,h$-Diagramm eingetragen. Dazu muss die Enthalpieänderung des Kondensats im Rekuperator im Diagramm ermittelt und als die gleiche Enthalpieänderung des Kaltdampfes berücksichtigt werden.

Zunächst werden im Diagramm die Linien der Drücke eingezeichnet. Die Sättigungstemperatur des Dampfes ist $-20\,°C$. Der dazu gehörende Sättigungsdruck beträgt 1,33 bar. Die Sättigungstemperatur des Kondensates ist $30\,°C$ und der entsprechende Sättigungsdruck 7,7 bar.

Aus dem Diagramm können folgende Daten abgelesen und zur Berechnung der Enthalpie nach der Verdichtung und dem Rekuperator verwendet werden.

Zunächst werden im Diagramm die Linien der Drücke eingezeichnet. Die Sättigungstemperatur des Dampfes ist $-20\,°C$. Der dazu gehörende Sättigungsdruck beträgt 1,33 bar. Die Sättigungstemperatur des Kondensates ist $30\,°C$ und der entsprechende Sättigungsdruck 7,7 bar.

Aus dem Diagramm können folgende Daten abgelesen und zur Berechnung der Enthalpie nach der Verdichtung und dem Rekuperator verwendet werden.

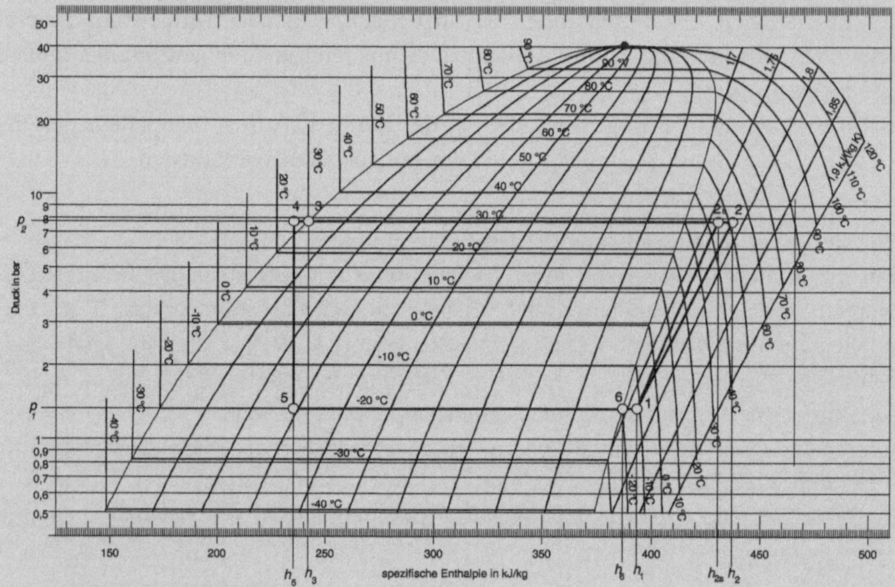

Wir erhalten folgende Ergebnisse:

Ort		p	ϑ		h
		bar	°C		kJ/kg
1	Eintritt Verdichter	1,33	$-8,0$	$h_1 = h_6 + (h_3 - h_4)$	393,4
2s	Austritt Verdichter	7,70	43,0		430,3
2	Austritt Verdichter	7,70	52,0	$h_2 = h_1 + (h_{2s} - h_1)/0,85$	436,8
3	Austritt Kondensator	7,70	30,0		242,0
4	Austritt Rekuperator	7,70	25,0		235,2
5	Austritt Ventil	1,33	$-20,0$		235,2
6	Eintritt Verdampfer	1,33	$-20,0$		393,4

Die Sättigungsenthalpie des Kondensats ist $h_3 = 242{,}0$ kJ/kg. Da die Temperatur des Kondensats im Rekuperator um 5 K erhöht wird, steigt sie auf 35 °C, die Enthalpie auf $h_4 = 235{,}2$ kJ/kg. Jetzt kann die Enthalpie h_1 ermittelt werden. Die Sättigungsenthalpie des Kaltdampfes ist $h_6 = 386{,}7$ kJ/kg. Im Rekuperator wird die Enthalpie des Dampfes um den gleichen Betrag erhöht, wie sich die des Kondensats verringert. Die Sättigungsenthalpie des Kaltdampfes beträgt $h_6 = 393{,}4$ kJ/kg, die des Dampfes nach dem Rekuperator ist:

$$h_1 = h_6 + (h_3 - h_4) = 393{,}4 \cdot \text{kJ/kg} + (242{,}0 - 235{,}2) \cdot \text{kJ/kg} = 393{,}4\,\text{kJ/kg}$$

Die isentrope Zustandsänderung kann man ins Diagramm einzeichnen, der Zustandspunkt nach der Verdichtung ist $2s$. Mit dem gegebenen Wirkungsgrad des Verdichters kann der Zustandspunkt 2 berechnet werden.

$$h_2 = h_1 + \frac{h_{2s} - h_1}{\eta_{is}} = 393{,}4 \cdot \frac{\text{kJ}}{\text{kg}} \cdot \frac{(430{,}3 - 393{,}4)}{0{,}85} \cdot \frac{\text{kJ}}{\text{kg}} = 436{,}8\frac{\text{kJ}}{\text{kg}}$$

Die an das Heizwasser abgeführte spezifische Wärme ist mit Gl. (9.8) zu berechnen.

$$q_{ab} = q_{23} = h_3 - h_2 = -194{,}8\,\text{kJ/kg}$$

Den Massenstrom des Kältemittels erhält man, wenn man den gegebenen Wärmestrom durch die spezifische Wärme teilt.

$$\dot{m}_{134a} = \frac{\dot{Q}}{q_{ab}} = \frac{-4 \cdot \text{kW}}{-194{,}8 \cdot \text{kJ/kg}} = 0{,}0205\frac{\text{kg}}{\text{s}}$$

Die notwendige Motorleistung des Verdichters ist:

$$P_{Verdichter} = \dot{m}_{134a} \cdot (h_2 - h_1) = 891\,\text{W}$$

Bei der Ermittlung der Leistungszahl muss die Leistung des Ventilators berücksichtigt werden. Für den Betrieb der Wärmepumpe benötigt man insgesamt 1,391 kW elektrische Leistung. Die Leistungszahl ist damit:

$$\eta_{WP} = \frac{\dot{Q}_{ab}}{P_{Verdichter} + P_{Ventilator}} = 2{,}876$$

Diskussion
Dieses Beispiel zeigt, dass man alle Komponenten der Wärmepumpe berücksichtigen muss. Da man möglichst wenig Luftaufwärmung haben will, muss der Ventilator

eine entsprechende Leistung bringen. Bei einem nicht geregelten Ventilator ist dessen Listung bei höheren Außentemperaturen größer als die des Verdichters. Ganz exakt müsste man die Leistung der Wärmepumpensteuerung auch berücksichtigen, die aber sehr gering ist und daher vernachlässigt werden kann.

9.4.2 Reduktion des CO_2-Austoßes mit Wärmepumpen

Wie schon erwähnt, ist in Deutschland das Potenzial für die Reduktion des CO_2-Austoßes durch Wärmepumpen eher gering. Es gibt einige Gebiete, in denen mehr Strom mit regenerierbaren Energien erzeugt als verbraucht wird. Hier könnten Wärmepumpen statt fossil befeuerter Heizungen eingesetzt werden. Sind in den zu beheizenden Räumen Heizungssysteme, die mit bis zu 60 °C Heizwassertemperatur arbeiten, sinkt die Leistungszahl der Wärmepumpe auf Werte von unter 2. Hier möchten wir ein Wärmepumpensystem vorstellen, mit dem sowohl Heiz- als auch warmes Brauchwasser mit guten Arbeitszahlen geliefert wird.

Auf dem Markt werden fast nur Luft/Wasser-Wärmepumpen angeboten, deren Verdichter und Ventilatoren mit konstanter Drehzahl arbeiten. Will man eine Wärmepumpe, die bei −15 °C Außentemperatur Heizwasser mit 60 °C liefern soll, muss man das Kältemittel R134a von 1,3 bar auf 20 bar verdichten. Wie in Kap. 3 gezeigt wurde, sinken die Liefergrade der Verdichter mit steigendem Druckverhältnis stark ab. Damit man bei −15 °C arbeiten kann, müssen Verdichter mit recht großen Hubräumen eingesetzt werden. Bei so großen Verdichtungsverhältnissen empfiehlt es sich, zweistufige Kompressoren zu verwenden. Eine weitere Möglichkeit zur Senkung des Hubvolumens und eine Verringerung der Masse des Verdichters ist es, drehzahlgeregelte zweistufige Verdichter zu verwenden, die schon auf dem Markt sind. Deren Drehzahl sich von 20 bis 120 Hz regeln lässt. Die

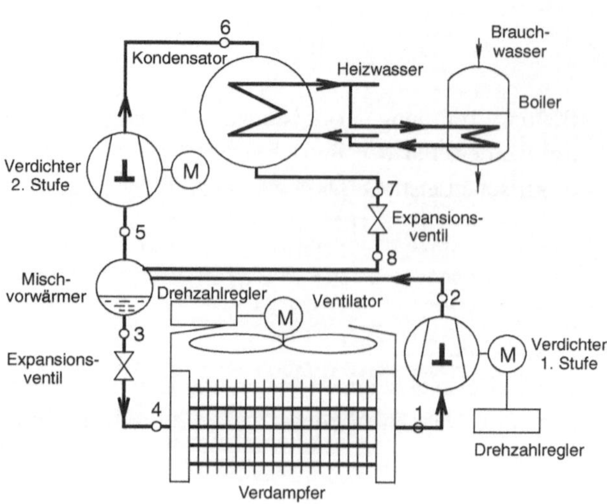

Abb. 9.5 Schema einer zweistufigen Wärmepumpe mit Zwischenkühlung

Abb. 9.6 Wärmepumpe mit zweistufiger Verdichtung und Mischvorwärmer

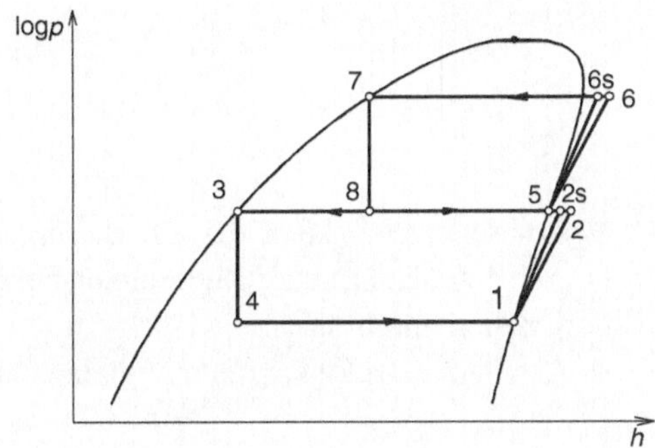

Leistungsaufnahme des Kompressors lässt sich senken, wenn nach der ersten Stufe das Gas in einem Mischvorwärmer zunächst abgekühlt und erst danach weiter verdichtet wird. Abb. 9.5 zeigt das Schema und Abb. 9.6 das $\log p,h$-Diagramm einer solchen Anlage.

Der Vorteil dieser Anlage ist, dass durch die zweistufige Verdichtung mit Zwischenkühlung der Leistungsbedarf des Verdichters wesentlich verringert wird. Durch die Drehzahlregelung kann man die Heizleistung dem Heizbedarf in einem großen Bereich anpassen und damit über längere Zeit ohne Abschaltung arbeiten.

Beispiel 9.2: Auslegung einer Wärmepumpe mit zweistufiger Verdichtung
In einem Einfamilienhaus soll mit einer zweistufigen Wärmepumpenanlage der vorhandene Ölheizkessel ersetzt werden. Die Heizkörper sind so ausgelegt, dass bei −15 °C Außentemperatur eine Heizwassertemperatur von 60 °C benötigt wird. Die Heizleistung der Anlage soll bei dieser Außentemperatur 6,5 kW sein. Der Kondensator hat bei 60 °C Heizwasseraustrittstemperatur eine Kondensationstemperatur von 62 °C. Der Wirkungsgrad des Verdichters beträgt 0,80. Die Verdampfungstemperatur im Verdampfer ist −20 °C. Die Wärmepumpe soll für diese Bedingungen ausgelegt werden.

Untersuchen Sie, ob die Anlage mit Zwischenkühlung in einem Mischkondensator günstig ist.

Annahmen

- Die Druckverluste des Kältemittels werden nicht berücksichtigt.
- Der Strombedarf des Drehzahlreglers wird nicht berücksichtigt.

Analyse
Der Sättigungsdruck der Kondensation bei 62 °C beträgt 17,626 bar und bei der Verdampfung mit −20 °C 1,327 bar. Das Verdichtungsverhältnis wird damit 13,28. Wie in Kap. 2 beschrieben, ist der energetisch günstigste mittlere Druck:

$$p_m = p_2 = p_1 \cdot \sqrt{\frac{p_6}{p_1}} = 4,84\,\text{bar}$$

Mit diesen Daten kann der Prozess ins $\log p,h$-Diagramm eingezeichnet werden (s. Abb. 9.6). Die Enthalpiänderungen beim Verdichten muss man wie in Beispiel 9.1 besprochen durchführen.

Aus dem $\log p,h$-Diagramm und den Tabellen erhalten wir folgende Daten:

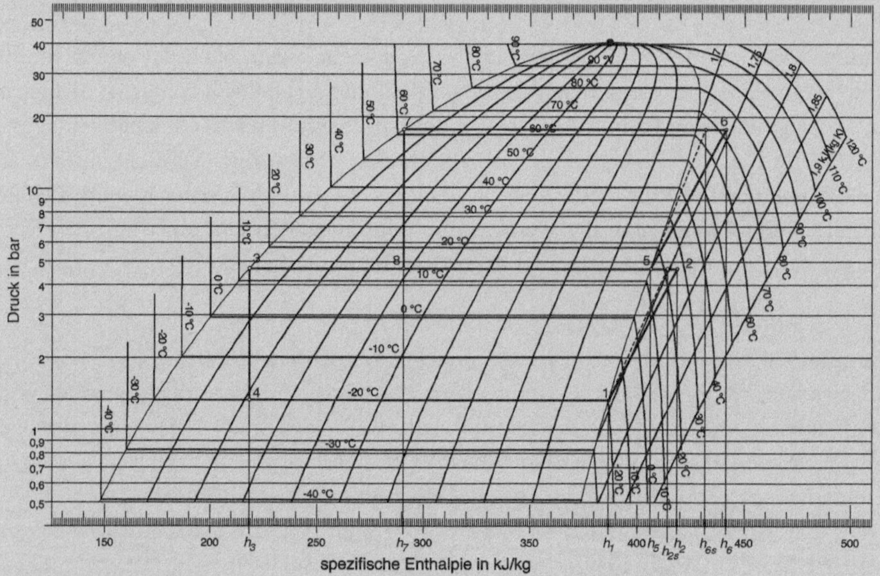

Ort		ϑ	p	h
		°C	bar	kJ/kg
1	Eintritt 1. Stufe	−20	1,327	387
2s	Austritt 1. Stufe isentrop	21	4,837	412
2	Austritt 1. Stufe	26	4,837	418
3	Austritt Mischvorwärmer	13	4,837	218
4	Eintritt Verdampfer	−25	1,327	218
5	Eintritt 2. Stufe	44	4,837	407
6s	Austritt 2. Stufe isentrop	66	17,626	433
6	Austritt 2. Stufe	71	17,626	439,5
7	Austritt Kondensator	62	17,626	291
8	Austritt Drosselventil	14	4,837	291

Den Massenstrom des Dampfes zum Kondensator bestimmen die Heizleistung und Enthalpieänderung im Verdampfer. Die zugeführte spezifische Wärme ist:

$$q_{ab} = h_7 - h_6 = -148,5 \text{ kJ/kg}$$

Der Massenstrom aus der zweiten Stufe des Kältemittels zum Kondensator errechnet man als:

$$\dot{m}_5 = \frac{\dot{Q}_{ab}}{q_{ab}} = \frac{-6 \cdot \text{kW}}{-148,5 \cdot \text{kJ/kg}} = 0,0404 \frac{\text{kg}}{\text{s}}$$

Bei der Entspannung des Kondensats auf den mittleren Druck im Mischvorwärmer wird der verdichtete Dampf abgekühlt und ein Teil des Kondensats verdampft. Den Massenstrom aus dem Verdampfer können wir mit der Energiebilanz bestimmen.

$$\dot{m}_2 \cdot h_2 + m_8 \cdot h_8 - m_3 \cdot h_3 - m_5 \cdot h_5 = 0$$

Für die Massenströme können folgende Zusammenhänge angegeben werden:

$$\dot{m}_1 = \dot{m}_2 = \dot{m}_3 \qquad \dot{m}_8 = m_5$$

Für den Massenstrom $\dot{m}_8$ erhalten wir:

$$\dot{m}_8 = m_1 \cdot \frac{h_5 - h_8}{h_2 - h_3} = m_1 \cdot \frac{407 - 291}{418 - 218} = m_1 \cdot 0,58$$

Der Massenstrom zur zweiten Stufe ist 58 % des Massenstromes aus der 1. Stufe. Damit errechnet sich der Massenstrom der 1. Stufe zu 0,0697 kg/s.

Mit diesen Angaben kann die Leistung des Verdichters bestimmt werden.

$$P = P_{1.Stufe} + P_{2.Stufe} = \dot{m}_1 \cdot (h_2 - h_1) + \dot{m}_8 \cdot (h_6 - h_5) = 3,211$$

Hätte man einstufig verdichtet, verringerte sich der Massenstrom zu dem in der 2. Stufe und die erforderliche Leistung betrüge 2,68 kW. Damit ist der Einsatz des Mischvorwärmers für diese Anlage unwirtschaftlich. Bei einer Kälteanlage ist der Einsatz des Mischvorwärmers sehr günstig, weil sich die Enthalpieänderung im Verdampfer von 96 kJ/kg auf 170 kJ/kg erhöht.

Diese Untersuchung zeigt, dass der Einsatz des Mischvorwärmers bei einer Wärmepumpe unrentabel ist, weil die Wärmeabgabe nicht erhöht und wegen des größeren Massenstromes in der 1. Stufe die Verdichterleistung größer wird, was in einem kleineren Leistungsgrad resultiert.

Das nachstehende log$p$,h-Diagramm zeigt den Prozess ohne den Mischvorwärmer.

Folgende Enthalpien können abgelesen werden:

$$h_{3s} = 447 \text{ kJ/kg} \quad h_3 = 454 \text{ kJ/kg} \quad h_4 = h_5 = 291 \text{ kJ/kg}$$

Der Massenstrom in der 1. und 2. Stufe ist gleich und berechnet sich als:

$$\dot{m}_1 = \frac{\dot{Q}_{ab}}{h_4 - h_3} = \frac{-6 \cdot \text{kW}}{(291 - 454) \cdot \text{kJ/kg}} = 0,0368 \; \frac{\text{kg}}{\text{s}}$$

Die Leistung des Verdichters wird:

$$P = \dot{m}_1 \cdot (h_2 - h_1 + h_3 - h_2) = \dot{m}_1 \cdot (h_3 - h_1) = 2,46 \, \text{kW}$$

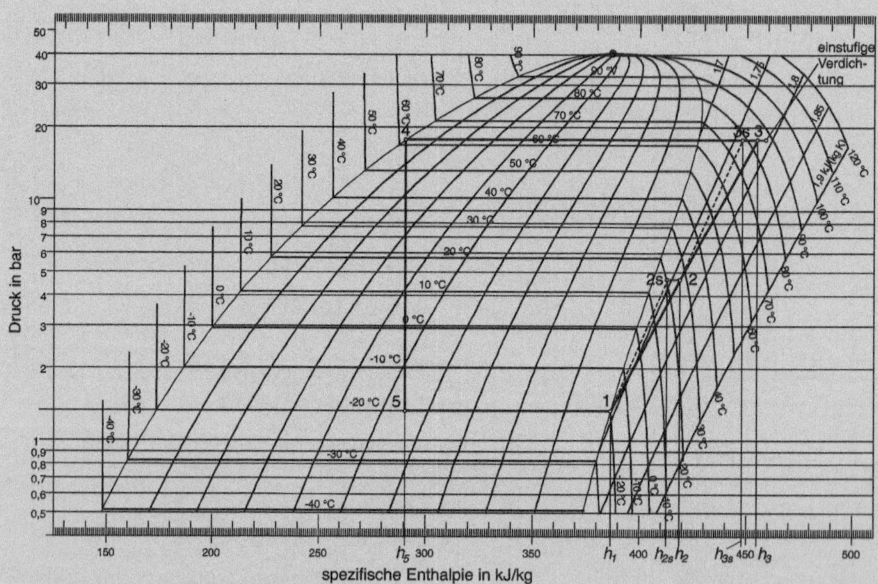

Der Leistungsgrad der Wärmepumpe ist:

$$\eta_{WP} = \left| \dot{Q}_{ab} \right| / P = 2,44$$

Bei einer einstufigen Verdichtung wäre die Austrittsenthalpie etwas größer und betrüge 458 kJ/kg. Die erforderliche Verdichterleistung wäre damit 2,76 kW.

Diskussion

Es konnte gezeigt werden, dass die zweistufige Verdichtung mit einem Mischvorwärmer für Kälteanlagen sehr günstig, für Wärmepumpen aber nicht zu empfehlen ist. Die zweistufige Verdichtung ohne Mischvorwärmer benötigt weniger Verdichterleistung als eine Wärmepumpe mit nur einstufiger Verdichtung. Als weiterer Vorteil erweist sich der bessere Liefergrad des Verdichters, was zu einem bis zu 45 % kleineren Hubraum führt. Eine weitere wesentliche Verringerung der Größe des Verdichters bringt eine Drehzahlregelung, mit der statt der konstanten Drehzahl von 50 Hz eine wesentlich höhere Drehzahl mit 120 Hz verwendet werden kann.

Die heute schon oft angebotenen Wäschetrockner mit Wärmepumpe bringen einen großen Beitrag zur Verminderung des Stromverbrauchs und die damit verbundene Reduktion des CO_2-Ausstoßes der fossil beheizten Kraftwerke. Bei der Auslegung der Wärmepumpentrockner ist anzustreben, dass mit möglichst tiefen Temperaturen getrocknet wird. Der Leistungsgrad der Wärmepumpe ist desto höher, je tiefer die Trocknungstemperatur ist.

Beispiel 9.3: Wäschetrockner mit Wärmepumpe
Hier soll die Abhängigkeit des Stromverbrauchs eines Wäschetrockners mit Wärmepumpe von der Trocknungstemperatur untersucht werden. Dafür wird der Energieverbrauch der zum Verdunsten von 1 kg/h Wasser notwendig ist. Vergleichen Sie den Stromverbrauch mit einer elektrischen Heizung.

Annahmen

- Die Aufwärmung der Wäsche bleibt unberücksichtigt.
- Die Druckverluste des Kältemittels sind vernachlässigbar.
- Der Ventilator hat bei einer Trocknungszeit von 1 Stunde und 60 °C Trocknungstemperatur einen Verbrauch von 15 W und steigt quadratisch mit dem Luftmassenstrom.

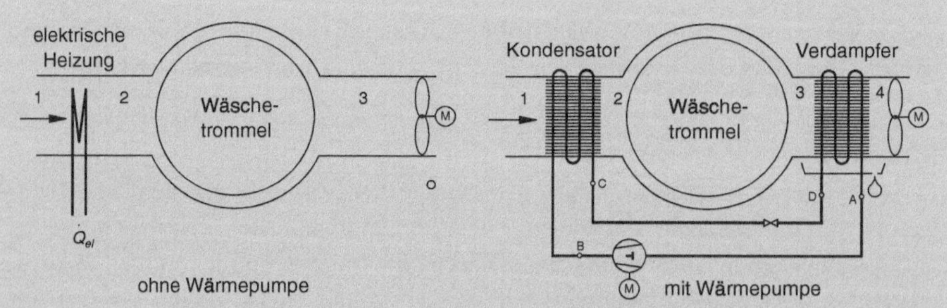

Schema   Siehe Skizze

Analyse

Bei der Untersuchung gehen wir davon aus, dass der Trockner aus der Umgebung Luft mit 20 °C und 60 % relativer Feuchte ansaugt. Der Trocknungsvorgang ist beendet, wenn die relative Feuchte der Abluft vor dem Verdampfer 60 % beträgt. Der zum Verdunsten des Wassers benötigte Luftmassenstrom hängt von der Temperatur am Austritt des Kondensators und der Trocknungszeit ab. Für die Untersuchung werden die Austrittstemperaturen zwischen 35 °C bis 60 °C untersucht.

Im h,x-Diagramm kann der Trocknungsprozess eingetragen werden. Bei 20 °C Lufttemperatur und 60 % relativer Feuchte beträgt die absolute Feuchte 9 g/kg. Die Aufwärmung der Luft erfolgt bei konstanter absoluter Feuchte. Je nach Trocknungstemperatur kann die Luft unterschiedliche Massen von Wasserdampf aufnehmen. Im Diagramm sind die entsprechenden absoluten Feuchten bei 60 % relativer Feuchte abzulesen. Die für die Aufheizung der Luft von 20 °C auf die Trocknungstemperatur benötigte spezifische Wärme q_{12} ist:

$$q_{12} = (h_{1+x})_2 - (h_{1+x})_1$$

Die Enthalpie der feuchten Luft im nicht gesättigten Gebiet wird definiert als:

$$h_{1+x} = [1,004 \cdot \vartheta + x \cdot (2501 + 1,86 \cdot \vartheta)] \cdot \text{kJ/kg}$$

Die Masse der Luft, die für die Aufnahme von 1 kg Wasserdampf benötigt wird, beträgt:

$$m = \frac{1 \cdot \text{kg}}{(x_2 - x_1)}$$

Der für die Verdunstung von 1 kg Wasser in einer Stunde benötigte Massenstrom von Luft ist:

$$\dot{m}_L = \frac{1 \cdot \text{kg}}{(x_2 - x_1) \cdot 1 \cdot \text{h}}$$

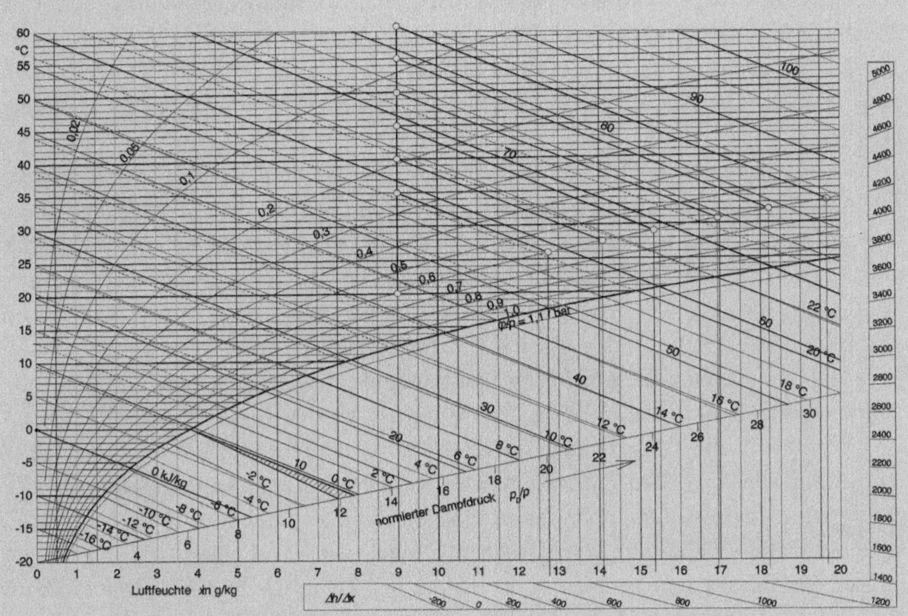

Nachstehend die aus dem Diagramm abgelesenen und damit berechneten Werte:

ϑ_2	x_2	Δx	$\dot{m}_L$	$h_2 - h_1$	$\dot{Q}$
°C	g/kg	g/kg	kg/h	kJ/kg	kW
35	12,75	3,75	266,7	15,3	1,134
40	14,15	5,15	194,2	20,4	1,101
45	15,30	6,30	158,7	25,5	1,124
50	16,90	7,90	126,6	30,6	1,076
55	18,20	9,20	108,7	35,7	1,078
60	19,70	10,70	93,5	40,8	1,060

Den für die Trocknung notwendigen Wärmestrom erhält man als:

$$\dot{Q}_{Trocknung} = \dot{m}_L \cdot (h_2 - h_1) = \frac{h_2 - h_1}{x_2 - x_1} \cdot 1 \cdot \text{kg/h}$$

Wie zu erwarten war, steigt die Luftmasse, die zur Aufnahme von 1 kg Dampf pro Stunde benötigt wird, mit abnehmender Trocknungstemperatur.

Um bei 60 °C Trocknungstemperatur 1 kg Dampf aufzunehmen, benötigt man 94,3 kg Luft. Will man die Verdunstung in der Trocknungszeit von einer Stunde erreichen, benötigt man einen Luftmassenstrom von 94,3 kg/h, was einem Volumenstrom von 78,5 m³/h = 0,0218 m³/s entspricht. Bei einem Einströmquerschnitt der Luft von 0,01 m^2 müsste der Ventilator eine Strömungsgeschwindigkeit von 2,2 m/s liefern. Bei dieser Geschwindigkeit ist die benötigte Leistung des Ventilators 15 W. Mit zunehmender Luftgeschwindigkeit steigt die notwendige Ventilatorleistung quadratisch. Bei 35 °C Trocknungstemperatur ist die notwendige Leistung 204 W.

Der Wärmestrom, der für die Aufnahme von 1 kg Dampf benötigt wird, müsste für alle Trocknungstemperaturen gleich groß sein. Wegen der Ablesegenauigkeit der absoluten Feuchte bei der Beendigung der Trocknung ergeben sich etwas unterschiedliche Wärmeströme. Der Mittelwert der errechneten Wärmeströme beträgt 1,096 KW. Für die Berechnung der Wärmepumpe wird ein vom Kondensator abzuführender Wärmestrom von 1,1 kW verwendet.

Jetzt muss noch die entsprechende Wärmepumpe ausgelegt werden. Die Eintrittstemperatur der Luft in den Kondensator beträgt 20 °C. Die Kondensationstemperatur ist 5 K höher als die Trocknungstemperatur. Im Verdampfer herrscht die Sättigungstemperatur von 5 °C. Die Zuströmung des Kältemittels zum Verdampfer wird mit einem Druckhalter so geregelt, dass die Verdampfungstemperatur nicht unter 0 °C sinkt und dadurch Eisbildung verursachen könnte.

Der Druck, die Temperatur und Enthalpie des Dampfes am Verdampferaustritt sind für alle Trocknungstemperaturen konstant $p_A = 3,497$ bar, $\vartheta_A = 5\,°C$ und $h_A = 401,5$ kJ/kg. Die Enthalpien nach der isentropen Verdichtung können im logp,h-Diagramm eingetragen und daraus die Enthalpie nach der Verdichtung berechnet werden. Mit der in Kap. 10 beschriebenen Software kann man die Enthalpie bei der isentropen Verdichtung bestimmen.

Die nachstehende Tabelle zeigt alle berechneten Werte:

ϑ_C	p_B	h_D	h_{Bis}	h_B	h_C	P_{Verd}	P_{Venti}	P
°C	bar	kJ/kg	kJ/kg	kJ/kg	kJ/kg	W	W	W
40	10,17	256,4	423,7	429,2	172,8	176	204	380
45	11,60	263,9	426,4	432,6	168,7	203	109	318
50	13,18	271,6	429,0	435,9	164,3	230	72	302
55	14,92	279,5	431,6	439,1	159,6	259	46	305
60	16,82	287,5	434,0	442,2	154,7	289	35	324
65	18,90	295,8	436,4	445,1	149,3	321	25	356

Die gesamte elektrische Leistung für den Verdichter und Ventilator ist bei 45 °C Trocknungstemperatur am geringsten. Eine weitere Verbesserung kann erzielt werden, wenn die Luft zum Verdampfer noch zur Kühlung des Verdichters verwendet wird und so eine Erhöhung der Eintrittstemperatur bewirkt. Vergrößerte man die Trocknungszeit, könnte die Luftgeschwindigkeit sinken und eine weitere Stromeinsparung wäre erreicht.

Mit einer elektrischen Heizung müsste man 1,1 kW Leistung aufbringen. Es können so über 70 % Strom gespart werden, was einer Verringerung des CO_2-Ausstoßes entspricht, weil das fossil betriebene Kraftwerk weniger Strom liefern muss. Viele der auf dem Markt vorhandenen Trockner mit Wärmepumpen haben zu hohe Trocknungstemperaturen und dementsprechend geringere Stromersparnis.

Diskussion
Der Einbau einer Wärmepumpe in einen Wäschetrockner ist immer ökologisch sinnvoll.

In dem Beispiel blieben Verluste durch Wärmeabgabe an die Umgebung und der Wärmeverbrauch zum Aufwärmen der kalten Wäsche zu Beginn der Trocknung unberücksichtigt. Ein an der „Fachhochschule beider Basel" entwickelter Wäschetrockner erzielte eine Stromersparnis von 70 % bei 45 °C Trocknungstemperatur.

Literatur

1. von Böckh P, Stripf M (2015) Grundlagen der technischen Thermodynamik, 2. Aufl. Springer Vieweg, Berlin
2. Jürg Schiffmann (2014) Small-scale and oil-free turbocompressor for refrigeration applications, International Compressor Engineering Conference. Paper 2354

Windkraftanlagen

Anlagen zur Erzeugung von mechanischer Arbeit mit Hilfe der Windkraft werden seit über 3000 Jahren genutzt. Große Anwendung fanden sie zwischen dem Mittelalter und im 19. Jahrhundert als Windmühlen, die Antriebskraft für Mahlwerke und andere mechanische Geräte waren. Im 19. Jahrhundert kam in den USA eine große Anzahl von sogenannten Westernräder dazu, die zum Pumpen des Grundwassers für die Bewässerung landwirtschaftlicher Flächen und für den Haushalt verwendet wurden. Mit Aufkommen der elektrischen Motoren verschwanden diese Windräder. Windräder mit aerodynamisch geformten Blättern, die in der Lage sind elektrischen Strom zu produzieren, wurden erst in den 30er Jahren des 20. Jahrhunderts entwickelt. Mit diesen Windrädern war zunächst das Laden von Batterien und später auch die Einspeisung von elektrischer Energie in das öffentliche Netz möglich.

In den letzten Jahrzehnten wurden Windräder sehr hoher Leistung entwickelt. Die größten Anlagen haben heute eine Leistung von 8 MW und Rotordurchmesser von über 180 m. In Deutschland sind große Windparks in Küstennähe, Hochebenen und Gebirgen installiert.

10.1 Auslegungsgrundlagen

Die kinetische Leistung des Windes ist mit der dritten Potenz abhängig von der Windgeschwindigkeit

$$P_0 = \frac{1}{2} \cdot \dot{m} \cdot u^2 = \frac{1}{2} \cdot \rho \cdot A \cdot u_1^3. \tag{10.1}$$

D. h. bei einer leichten Brise mit einer Windgeschwindigkeit von 2,5 m/s (Windstärke 2) hat der Wind eine Leistungsdichte von $0,5 \cdot 1,2\,\text{kg/m}^3 \cdot 2,5^3\,\text{m}^3/\text{s}^3 = 9,375\,\text{W/m}^2$. Bei

© Springer-Verlag GmbH Deutschland 2018
P. von Böckh, M. Stripf, *Thermische Energiesysteme*,
https://doi.org/10.1007/978-3-662-55335-0_10

einem orkanartigen Sturm mit Windgeschwindigkeiten von 30 m/s sind es dagegen bereits $16,2\,\mathrm{kW/m^2}$.

In einer Windkraftanlage wird die Luftgeschwindigkeit und damit die kinetische Energie der Luft verringert. Die Differenz der kinetischen Energie wird auf das Windrad übertragen. Da die Luft wieder aus der Anlage austreten muss, kann die Geschwindigkeit nicht auf null reduziert werden, so dass sich nur ein Teil der Windenergie nutzen lässt. Die nutzbare Leistung ist dann

$$P_{\mathrm{N}} = c_P \cdot P_0 \tag{10.2}$$

mit dem Leistungsbeiwert $c_P < 1$. Der maximal mögliche Wert für c_p lässt sich unter der idealisierten Annahme herleiten, dass die Strömung durch die Windkraftanlage rein axial, ohne Drall verläuft und die Dichte der Luft konstant bleibt. Die Windkraftanlage wird als unendlich dünne Scheibe modelliert, über die der Druck durch die Leistungsentnahme sprunghaft absinkt. Abb. 10.1 zeigt den Verlauf einer Stromröhre durch die Windkraftanlage und die zugehörigen Geschwindigkeits- und Druckverläufe. Die Windgeschwindigkeit nimmt bei Annäherung und beim Durchtritt durch die Windkraftanlage ab, erreicht stromab der Anlage ein Minimum u_2 und steigt dann allmählich wieder auf den Wert in der ungestörten Anströmung u_1 an.

Nach dem Froudeschen Theorem ist die Geschwindigkeit in der Rotorebene $u_R = \frac{1}{2}(u_1 + u_2)$. Der Massenstrom durch die Stromröhre ist konstant:

$$\dot{m} = \rho \cdot A_1 \cdot u_1 = \rho \cdot A_2 \cdot u_2 = \frac{1}{2} \cdot \rho \cdot A_R \cdot (u_1 + u_2) \tag{10.3}$$

Damit lässt sich die von der Windkraftanlage nutzbare Leistung berechnen

$$P_{\mathrm{N}} = \frac{1}{2} \cdot \dot{m} \cdot \left(u_1^2 - u_2^2\right) = \frac{1}{4} \cdot \rho \cdot A_R \cdot (u_1 + u_2) \cdot \left(u_1^2 - u_2^2\right) \tag{10.4}$$

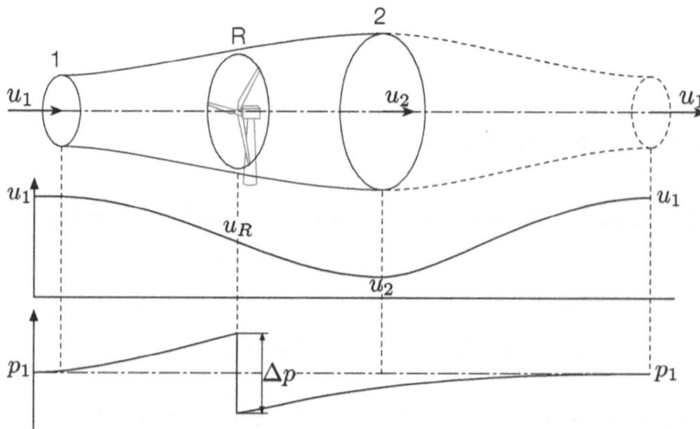

Abb. 10.1 Stromröhre, Geschwindigkeits- und Druckverlauf bei rein axialer Durchströmung einer Windkraftanlage

Abb. 10.2 Idealer Leistungsbeiwert c_p als
Funktion des Geschwindigkeitsverhältnisses

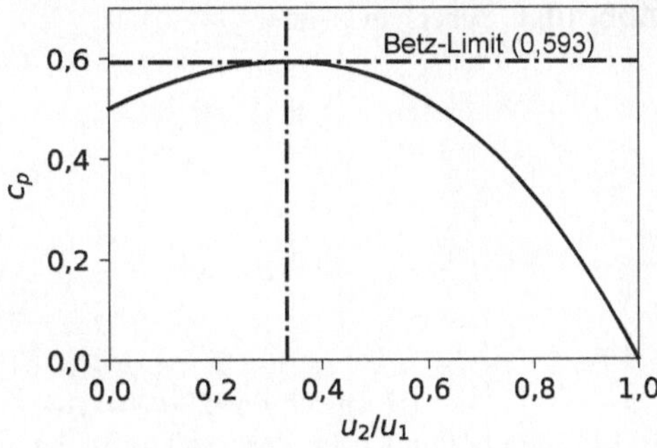

und durch Bezug auf die Gesamtleistung des Windes auch der Leistungsbeiwert:

$$c_\mathrm{p} = \frac{P_\mathrm{N}}{P_0} = \frac{(u_1 + u_2) \cdot \left(u_1^2 - u_2^2\right)}{2 \cdot u_1^3} = \frac{1}{2}\left(1 + \frac{u_2}{u_1}\right)\left(1 - \frac{u_2^2}{u_1^2}\right) \tag{10.5}$$

Der Leistungsbeiwert ist also nur vom Geschwindigkeitsverhältnis u_2/u_1 abhängig (vgl. Abb. 10.2).

Das Maximum für c_p erhält man bei

$$\left.\frac{u_2}{u_1}\right|_{c_\mathrm{P,max}} = \frac{1}{3} \tag{10.6}$$

d. h. wenn die Windgeschwindigkeit durch die Windkraftanlage auf 1/3 der Anströmgeschwindigkeit abgebremst wird. An der Windkraftanlage selbst beträgt die Windgeschwindigkeit dann

$$u_\mathrm{R} = \frac{2}{3} \cdot u_1 \tag{10.7}$$

Durch Einsetzen von Gl. (10.6) in Gl. (10.5) erhält man den maximal möglichen Leistungsbeiwert

$$c_\mathrm{p} = \frac{16}{27} \tag{10.8}$$

der auch als *Betz*-Limit bekannt ist (siehe auch [1]).

10.2 Widerstandsläufer

Das älteste Prinzip zur Windenergiegewinnung nutzt die aufgrund des Luftwiderstands auf einen Körper wirkende Kraft. Bekannte Beispiele sind Schalenanemometer zur Bestimmung der Windgeschwindigkeit oder Spinnaker-Segel, die zum Segeln auf Vorwindkurs verwendet werden.

Abb. 10.3 Widerstandsläufer

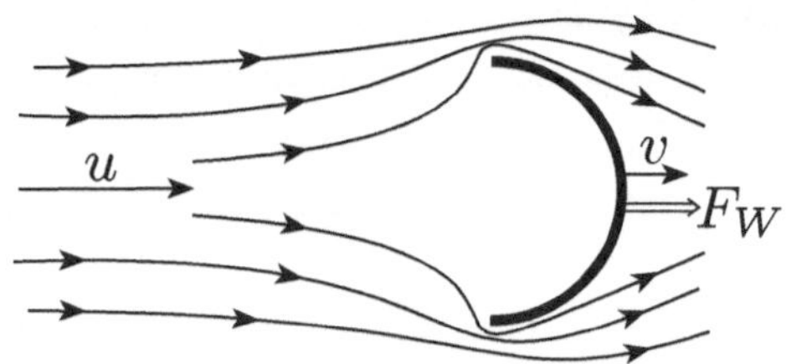

In Abb. 10.3 ist ein halbkugelförmiger Körper gezeigt, der bei einer Anströmung von links einen hohen Luftwiderstand aufweist und sich mit der Geschwindigkeit v nach rechts bewegt. Die damit entnehmbare Windleistung ist

$$P_\mathrm{N} = F_W \cdot v = \frac{1}{2} \cdot \rho \cdot c_\mathrm{W} \cdot (u - v)^2 \cdot A \cdot v \tag{10.9}$$

und der Leistungsbeiwert ergibt sich zu:

$$c_\mathrm{p} = \frac{P_N}{P_0} = c_\mathrm{w} \cdot \frac{(u - v)^2 \cdot v}{u^3} \tag{10.10}$$

Das Maximum des Leistungsbeiwertes wird erreicht, wenn sich der Körper mit 1/3 der Windgeschwindigkeit bewegt:

$$v = \frac{1}{3} \cdot u \tag{10.11}$$

Der Leistungsbeiwert nimmt dann den Wert

$$c_\mathrm{P} = \frac{4}{27} \cdot c_\mathrm{w} \tag{10.12}$$

an. Da c_w kaum Werte größer als 1,3 annehmen kann (eine Halbschale wie in Abb. 10.3 hat im relevanten Reynoldszahlbereich einen c_w-Wert von etwa 1,33), ist der Leistungsbeiwert auf Werte um 0,2 begrenzt. Dies ist deutlich geringer, als das zuvor hergleitete Betz-Limit. Eine bessere Windnutzung lässt sich durch sog. Auftriebsläufer erzielen, die in den folgenden Kapiteln behandelt werden.

10.3 Auftriebsläufer

Durch die Nutzung der Auftriebskräfte an einem umströmten Tragflügelprofil lässt sich ein deutlich besserer Wirkungsgrad erreichen. Abb. 10.4 zeigt ein solches Profil, das sich in positive x-Richtung mit der Geschwindigkeit v bewegt. Bei Windstille ($u = 0$) würde das Profil mit dem Fahrtwind v aus der entgegengesetzten Richtung angeströmt.

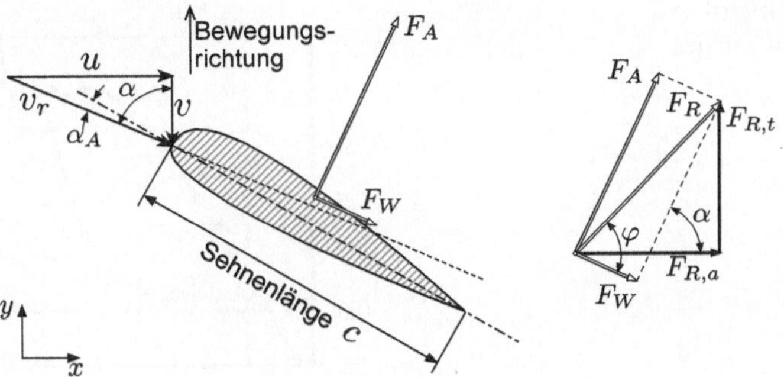

Abb. 10.4 Kräfte am umströmten Tragflügelprofil

Bei Überlagerung des Fahrtwinds mit der Windgeschwindigkeit u ergibt sich dann die resultierende Anströmgeschwindigkeit v_r, die mit der Profilsehne den Anstellwinkel α_A einschließt.

Je nach Anströmwinkel bilden sich auf dem Schaufelprofil unterschiedliche Druck- und Schubspannungsverteilungen aus, aus denen entsprechende Auftriebs- und Widerstandskräfte F_A bzw. F_W resultieren. Für die Konstruktion einer Windkraftanlage stehen heute eine Vielzahl von Profilen zur Auswahl, die speziell für Windkraftanlagen entwickelt und ausführlich im Windkanal vermessen wurden. Üblicherweise werden an der Nabe, im Mittelschnitt und an der Schaufelspitze unterschiedliche Profilgeometrien verwendet. Zwischen den Profilen wird interpoliert. Eine Sammlung von Profilen ist beispielsweise beim National Renewable Energy Laboratory (NREL) des amerikanischen Energieministeriums öffentlich zugänglich (Profile der S-Serie).

Die Charakteristik eines Flügelprofils wird üblicherweise durch den Auftriebsbeiwert c_a und den Widerstandsbeiwert c_w beschrieben, die beide vom Anströmwinkel α abhängen:

$$c_a(\alpha_A) = \frac{F_A\,(\alpha_A)}{\frac{1}{2} \cdot \rho \cdot v_r^2 \cdot c \cdot b} \qquad (10.13)$$

$$c_w(\alpha_A) = \frac{F_W\,(\alpha_A)}{\frac{1}{2} \cdot \rho \cdot v_r^2 \cdot c \cdot b} \qquad (10.14)$$

Hierin ist das Produkt aus Sehnenlänge c und Breite b die projizierte Fläche des Tragflügelements. Abb. 10.5 zeigt die Verläufe der Auftriebs- und Widerstandsbeiwerte für das Profil S809.

Bei kleinen negativen Anstellwinkeln ist durch die Krümmung des Profils zunächst noch Auftrieb vorhanden, der bei größeren negativen Winkeln in Abtrieb übergeht. Bei steigenden Anstellwinkeln steigt die Auftriebskraft zunächst fast linear an. Mit dem Auftreten erster lokaler Ablöseblasen ist dieser Anstieg zu Ende und bricht ab einem bestimmten Winkel völlig zusammen, wenn die Grenzschicht ganz ablöst und die Strömung nicht mehr der Profilgeometrie folgt.

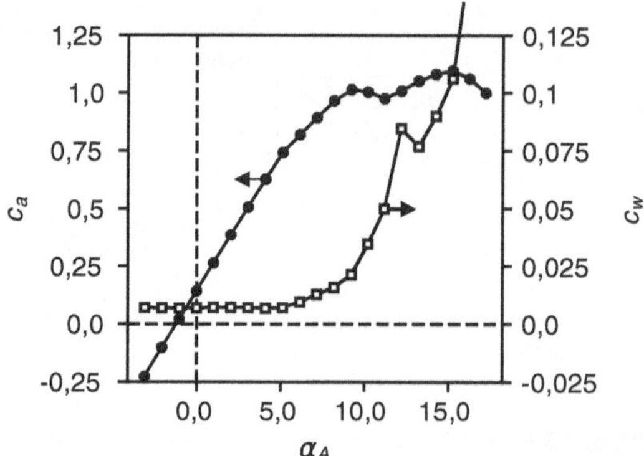

Abb. 10.5 Auftriebs- und Widerstandsbeiwerte des Profils S809

Ein gutes Maß für die Güte eines Profils ist die maximale *Gleitzahl*, die als Verhältnis von Auftriebskraft und Widerstandskraft definiert ist:

$$\epsilon(\alpha_A) = \frac{c_a(\alpha_A)}{c_w(\alpha_A)} \tag{10.15}$$

Für das Profil S809 ergibt sich bei einem Anstellwinkel $\alpha_A = 5,1°$ die maximale Gleitzahl von $\epsilon_{max} = 104,5$, was ein sehr guter Wert gemessen an heutigen Flügelprofilen ist. Im Auslegungspunkt sollte der Anströmwinkel so gewählt werden, dass die Gleitzahl möglichst groß ist und die Widerstandskraft damit möglichst klein ist.

10.4 Dreidimensionale Form des Rotorblatts

Die bisher an einem zweidimensionalen Schnitt eines Tragflügelprofils gewonnenen Erkenntnisse sollen nun so ergänzt werden, dass damit die aerodynamische Auslegung des gesamten Rotorblatts möglich wird. Das Rotorblatt soll so ausgelegt werden, dass dem Wind innerhalb der vom Rotor überstrichenen Kreisfläche A gerade die durch das Betz-Limit festgelegte Leistung

$$P_B = \frac{16}{27} \cdot P_0 = \frac{16}{27} \cdot \frac{1}{2} \cdot \rho \cdot A \cdot u_1^3 \tag{10.16}$$

entzogen wird. Hierzu wird die vom Rotor überstrichene Fläche, wie in Abb. 10.6 dargestellt, in Ringflächen $dA = 2 \cdot \pi \cdot r \cdot dr$ aufgeteilt. Jede Ringfläche soll dabei den Beitrag

$$dP_B = \frac{16}{27} \cdot \frac{1}{2} \cdot \rho \cdot u_1^3 \cdot 2 \cdot \pi \cdot r \cdot dr \tag{10.17}$$

zur Gesamtleistung liefern.

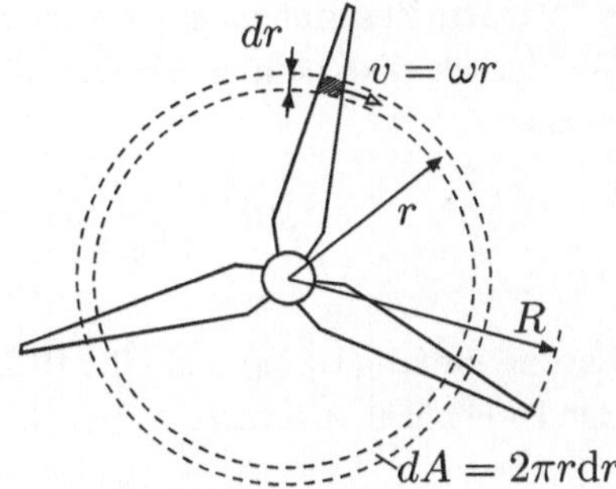

Abb. 10.6 Ringfläche zur Herleitung der idealen Tragflügelform

Die dem Wind pro Ringfläche entzogene Leistung lässt sich auch anders ausdrücken, wenn man die an einem Rotorblatt angreifenden Kräfte in Umfangsrichtung zugrunde legt. Die z Rotorblätter (bei den meisten Windkraftanlagen ist $z = 3$) liefern auf der Ringfläche die Leistung

$$dP_B = z \cdot dF_{R,t} \cdot \omega \cdot r \tag{10.18}$$

Die am Rotorblatt angreifende Tangentialkraft berechnet sich unter Zuhilfenahme der aus Abb. 10.4 ersichtlichen Winkelbeziehungen und der resultierenden Kraft auf das Profil:

$$dF_{R,t} = dF_R \cdot \sin(\varphi - (90° - \alpha)) \tag{10.19}$$

darin ist $\varphi = \arctan \frac{c_a}{c_w}$ und α der Anströmwinkel, zwischen Rotorebene und resultierender Anströmgeschwindigkeit v_R.

Es ist üblich die sog. *Schnelllaufzahl* λ einzuführen, die als Verhältnis von Umfangsgeschwindigkeit an der Blattspitze zur Windgeschwindigkeit in der ungestörten Anströmung definiert ist:

$$\lambda = \frac{\omega \cdot R}{u_1} = \frac{2}{3}\frac{\omega \cdot R}{u} \tag{10.20}$$

Der Ausdruck nach dem zweiten Gleichheitszeichen ergibt sich durch Anwendung der Gl. (10.7) mit der Windgeschwindigkeit u am Ort der Windkraftanlage. Damit lässt sich nun der Anströmwinkel α ausdrücken:

$$\tan \alpha(r) = \frac{u}{v} = \frac{u}{\omega \cdot r} = \frac{2}{3}\frac{R}{\lambda \cdot r} \tag{10.21}$$

Die resultierende Kraft auf das Profilelement berechnet sich aus der vektoriellen Addition von Auftriebs- und Widerstandskraft oder unter Verwendung des Winkels φ zu

$$dF_R = \frac{dF_A}{\sin \varphi} = \frac{c_a\,(\alpha_A) \cdot \frac{1}{2} \cdot \rho \cdot v_r^2 \cdot c\,(r) \cdot dr}{\sin \varphi} \tag{10.22}$$

Mit dem Zusammenhang zwischen der resultierenden Anströmgeschwindigkeit und der Windgeschwindigkeit in der ungestörten Anströmung (vgl. Abb. 10.4 und Gl. (10.7)) wird daraus:

$$dF_R = \frac{c_a(\alpha_A)\frac{1}{2} \cdot \rho \cdot c(r) \cdot dr}{\sin\varphi} \cdot \left(\frac{\omega \cdot r}{\cos\alpha}\right)^2 \tag{10.23}$$

Setzen wir Gl. (10.23) und Gl. (10.20) in Gl. (10.19) und Gl. (10.18) ein, so erhalten wir den länglichen Ausdruck:

$$dP_B = z \cdot \frac{c_a(\alpha_A)\frac{1}{2} \cdot \rho \cdot c(r) \cdot dr}{\sin\varphi} \cdot \left(\frac{\lambda \cdot u_1 \cdot r}{R \cdot \cos\alpha}\right)^2 \cdot \sin(\varphi - (90° - \alpha)) \cdot \frac{r}{R} \cdot \lambda \cdot u_1 \tag{10.24}$$

Gleichsetzen von Gl. (10.24) mit Gl. (10.17) und Auflösen nach der Profilsehnenlänge ergibt:

$$c(r) = \frac{16}{27} \cdot 2 \cdot \pi \cdot \frac{R^3 \cdot \sin\varphi}{z \cdot c_a(\alpha_A) \cdot \lambda^3 \cdot r^2} \frac{\cos^2\alpha(r)}{\sin[\varphi - (90° - \alpha(r))]} \tag{10.25}$$

wobei der Winkel $\alpha(r)$ durch Gl. (10.21) definiert ist.

Unter der Annahme, dass der Anstellwinkel des Profils so gewählt wird, dass sich eine möglichst hohe Gleitzahl ergibt, kann die Gl. (10.25) wesentlich vereinfacht werden, da der Widerstandsbeiwert etwa zwei Größenordnungen kleiner ist, als der Auftriebsbeiwert. Dadurch wird der Winkel $\varphi \approx 90°$ und Gl. (10.25) wird bei Einsetzen von Gl. (10.21) zu:

$$c(r) = 2 \cdot \pi \cdot R \cdot \frac{8}{9} \cdot \frac{1}{z \cdot c_a(\alpha_A)} \cdot \frac{1}{\lambda \cdot \sqrt{\frac{4}{9} + \lambda^2 \frac{r^2}{R^2}}} \tag{10.26}$$

Aus dieser Gleichung können bereits einige Erkenntnisse über die Blattgeometrie gewonnen werden. Abb. 10.7 zeigt den Verlauf der Sehnenlängen c in Abhängigkeit des Radius, der Schnelllaufzahl und der Anzahl der Rotorblätter. Es wird unmittelbar deutlich, dass die Blätter um so schmaler werden, je größer die Schnelllaufzahl und je größer die Anzahl der Rotorblätter ist.

In der Abbildung sind die aus der genauen Gl. (10.25) (gestrichelt) und der vereinfachten Gl. (10.26), welche die Reibungskräfte am Profil vernachlässigt, gegenübergestellt. Es wird deutlich, dass die Abweichungen unter realistischen Bedingungen sehr klein sind.

Im nächsten Kapitel werden nun noch die Verluste berücksichtigt, welche eine Auswirkung auf die Blattform haben können.

10.4.1 Berücksichtigung der Verluste

Neben den Reibungsverlusten an den Schaufelprofilen, die, wie wir bereits gesehen haben, keinen wesentlichen Einfluss auf die Rotorblattauslegung haben, treten vor allem

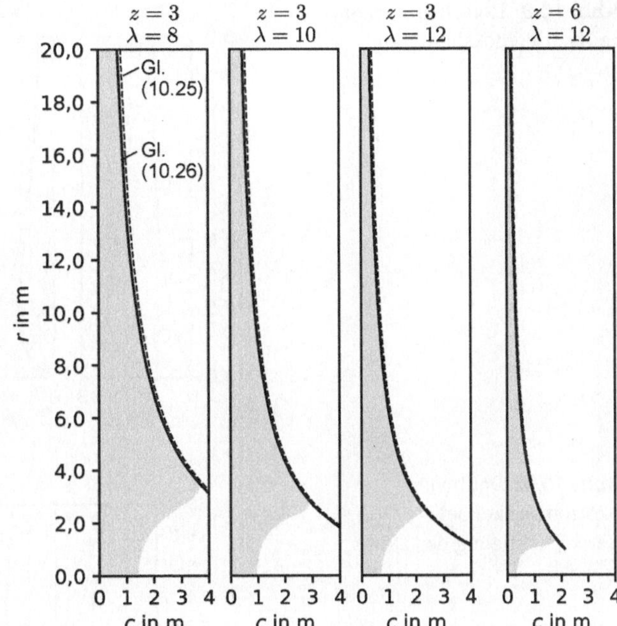

Abb. 10.7 Rotorblattformen ohne Berücksichtigung von Verlusten in Abhängigkeit der Schnelllaufzahl und der Blattanzahl

sog. *Drallverluste* auf. Diese entstehen dadurch, dass dem Wind Leistung über das auf den Rotor wirkende Drehmoment entnommen wird. Gemäß der Drehimpulserhaltung wird hierdurch der abströmenden Luft ein Drehmoment aufgeprägt, so dass diese mit einem Drall abströmt.

Der Geschwindigkeitsvektor in der Abströmung setzt sich dann aus der Axialkomponente, die bereits in der obigen Auslegung nach Betz berücksichtigt wurde, und der Drallkomponente zusammen und ist damit größer als bei der rein axialen Betrachtung.

Gerade bei langsam drehenden Rotoren (kleine *Schnelllaufzahlen*) ist das Drehmoment hoch und die Drallverluste sind nicht mehr zu vernachlässigen. Sie haben dann auch einen signifikanten Einfluss auf die Form der Rotorblätter.

Unter Berücksichtigung des Dralls ändert sich die Gl. (10.26) in (eine detaillierte Herleitung findet sich z. B. [2]):

$$c(r) = 2 \cdot \pi \cdot 8 \cdot \frac{1}{z \cdot c_a\left(\alpha_A\right)} \cdot r \cdot \sin^2\left[\frac{1}{3} \cdot \arctan \frac{R}{\lambda \cdot r}\right] \qquad (10.27)$$

Wie aus Abb. 10.8 ersichtlich ist, unterscheiden sich die berechneten Sehnenlängenverläufe mit Drallberücksichtigung vor allem für kleine Schnelllaufzahlen wesentlich von den Verläufen ohne Berücksichtigung des Dralls. Bei sehr kleinen Schnelllaufzahlen, die typisch sind für alte Windmühlen, verjüngen sich die Rotorblätter zur Nabe hin und nehmen insgesamt eine eher rechteckige Form an.

Auch bei der optimalen Anströmrichtung der Profile $\alpha(r)$, aus der die Schaufelverwindung resultiert, hat die Berücksichtigung des Dralls eine große Auswirkung, wenn

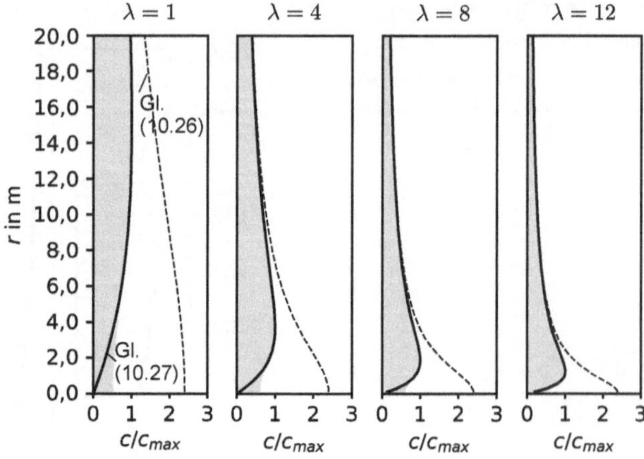

Abb. 10.8 Rotorblattformen bei Drallberücksichtigung ($z = 3$)

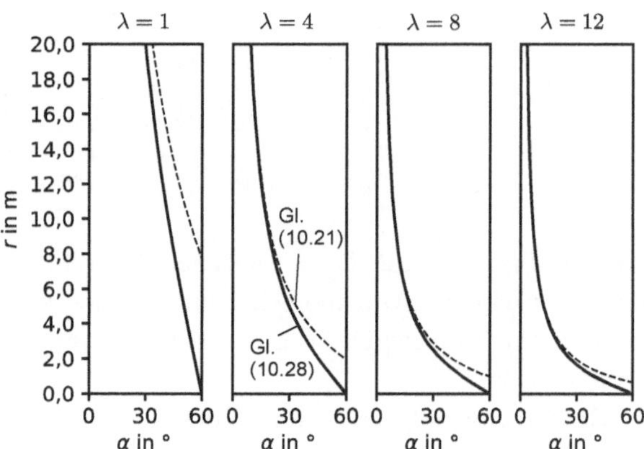

Abb. 10.9 Optimaler Anströmwinkel bei Berücksichtigung des Dralls ($z = 3$)

die Schnelllaufzahl klein ist. Es ergibt sich dann für den optimalen Anströmwinkel (vgl. Abb. 10.9, Herleitung siehe z. B. [2]):

$$\alpha(r) = \frac{2}{3} \cdot \arctan \frac{R}{\lambda \cdot r} \tag{10.28}$$

Um die richtige Einbaulage der Profile, also den Winkel zwischen der Rotorebene und der Profilsehne zu finden, muss vom Anströmwinkel noch der Anstellwinkel abgezogen werden (vgl. Abb. 10.4):

$$\alpha_{Einbau}(r) = \alpha(r) - \alpha_A \tag{10.29}$$

Mit den bisher vorgestellten Gleichungen lässt sich der Rotor einer Windkraftanlage aus aerodynamischen Gesichtspunkten vollständig auslegen, wenn die Auslegungswindgeschwindigkeit und die Drehzahl bekannt ist. Natürlich muss zusätzlich die Festigkeit des Rotors getrennt betrachtet werden. Evtl. sind dann an der Nabe dickere Profile zu verwenden, um die Festigkeit zu gewährleisten.

Bei großen Windkraftanlagen im MW-Bereich kommen weitere Zusatzbedingungen hinzu, die bisher nicht berücksichtigt wurden. So ist die maximale Blattbreite z. B. aus Transportgesichtspunkten eingeschränkt.

10.5 Abschätzung der Leistungskennlinien der Windkraftanlage

Im Auslegungspunkt ergibt sich die Leistung nach Gl. (10.16), wenn Verluste nicht berücksichtigt werden. Berücksichtigt man die Drallverluste wie im vorhergegangenen Kapitel, so folgt für die Nutzleistung gemäß Herleitung in [2]:

$$P_{\mathrm{N,Drall}} = P_0 \cdot \int_0^1 4 \cdot \lambda \cdot \left(\frac{r}{R}\right)^2 \cdot \frac{\sin^3\left[\frac{2}{3} \cdot \arctan \frac{R}{\lambda \cdot r}\right]}{\sin^2 \arctan \frac{R}{\lambda \cdot r}} \mathrm{d}\frac{r}{R} \tag{10.30}$$

und analog für den Leistungsbeiwert mit Drall:

$$c_{\mathrm{P,Drall}} = \int_0^1 4 \cdot \lambda \cdot \left(\frac{r}{R}\right)^2 \cdot \frac{\sin^3\left[\frac{2}{3} \cdot \arctan \frac{R}{\lambda \cdot r}\right]}{\sin^2 \arctan \frac{R}{\lambda \cdot r}} \mathrm{d}\frac{r}{R} \tag{10.31}$$

Weitere Verluste ergeben sich durch die am Rotorprofil angreifenden Reibungskräfte, die wir bisher vernachlässigt haben und die Ausgleichsströmung von der Druck- zur Saugseite an der Schaufelspitze.

10.5.1 Reibungsverluste

Wie in Abschn. 10.3.1 gezeigt wurde, hat die Berücksichtigung der Reibungskräfte kaum einen Einfluss auf die Rotorform. Bei der Berechnung der Leistung dürfen sie jedoch nicht vernachlässigt werden werden. Eine einfache Abschätzung für den Reibungseinfluss erhält man, indem man die am Profil angreifende tatsächliche Tangentialkraft (Gl. 10.19) auf die reine Tangentialkomponente der Auftriebskraft bezieht:

$$\eta_{\mathrm{Profil}} = \frac{\mathrm{d}P_{\mathrm{mit\ Reibung}}}{\mathrm{d}P_{\mathrm{ohne\ Reibung}}} = \frac{\mathrm{d}F_{\mathrm{R,t}}}{\mathrm{d}F_{\mathrm{A,t}}} = \frac{\mathrm{d}F_{\mathrm{R}} \cdot \sin[\varphi - (90° - \alpha)]}{\mathrm{d}F_{\mathrm{R}} \cdot \sin\alpha \cdot \cos\varphi} \tag{10.32}$$

Mit der Definition für φ und α:

$$\varphi = \arctan \frac{c_{\mathrm{a}}}{c_{\mathrm{w}}} \quad \text{und} \quad \tan\alpha = \frac{2}{3} \frac{R}{\lambda \cdot r}$$

folgt

$$\eta_{\text{Profil}} = 1 - \frac{c_{\text{w}}(\alpha_{\text{A}})}{c_{\text{a}}(\alpha_{\text{A}})} \frac{1}{\tan\alpha} = 1 - \frac{3}{2} \frac{1}{\epsilon(\alpha_{\text{A}})} \frac{\lambda \cdot r}{R} \tag{10.33}$$

Gl. (10.23) beschreibt bisher nur die Reibungseinflüsse am Profilschnitt. Aus der Gleichung wird aber bereits deutlich, dass die Reibungseinflüsse vor allem im Außenbereich des Rotorblatts (große r) und bei großen Schnelllaufzahlen von Bedeutung sind. Dort müssen schmale Profile eingesetzt werden, die hohe Gleitzahlen aufweisen.

Um eine Abschätzung des Reibungseinflusses auf den ganzen Rotor zu erhalten, muss über den gesamten Querschnitt integriert werden:

$$\eta_{\text{Reibung}} = \frac{P_{\text{mit Reibung}}}{P_{\text{ohne Reibung}}} = \frac{1}{A} \int\limits_{0}^{R} \eta_{\text{Profil}}(r) \cdot 2 \cdot \pi \cdot r \cdot \mathrm{d}r = 1 - \frac{\lambda}{\varepsilon} \tag{10.34}$$

10.5.2 Schaufelspitzen-Verluste

Durch die Ausgleichsströmung von der Druck- zur Saugseite an der Schaufelspitze entstehen Verluste, die insbesondere bei kurzen breiten Rotorblättern mit kleinen Schnelllaufzahlen ins Gewicht fallen. Eine grobe Abschätzung für die Schaufelspitzenverluste (engl. tip losses) erhält man nach Betz [1]:

$$\eta_{\text{tip}} = \frac{P_{\text{mit Tip - Verlusten}}}{P_{\text{ohne Tip - Verluste}}} = \left(1 - \frac{0,92}{z \cdot \sqrt{\lambda^2 + \frac{4}{9}}}\right)^2 \tag{10.35}$$

10.5.3 Einflüsse auf den Leistungsbeiwert im Auslegungspunkt

Der Leistungsbeiwert unter Berücksichtigung der Drall-, Reibungs- und Schaufelspitzenverluste ergibt sich aus den Gl. (10.31–10.35) zu:

$$c_{\text{P,mit Verlusten}} = c_{\text{P,Drall}}(\lambda) \cdot \eta_{\text{Reibung}}(\lambda, \varepsilon) \cdot \eta_{\text{Tip}}(\lambda, z) \tag{10.36}$$

In Abb. 10.10 ist der Leistungsbeiwert mit den einzelnen Verlusten über der Schnelllaufzahl aufgetragen. Es wird deutlich, dass die Drall- und Schaufelspitzenverluste mit der Schnelllaufzahl ab- und die Reibungsverluste zunehmen.

10.5.4 Rotorleistung bei Abweichung vom Auslegungspunkt

Ändert sich die Windgeschwindigkeit im Vergleich zum Auslegungspunkt, so ändert sich bei konstanter Drehzahl auch die Schnelllaufzahl. Da die Geometrie des Rotors, d. h. die Form und Verwindung der Rotorblätter ($c(r)$ und $\alpha_{\text{Einbau}}(r)$), auf eine

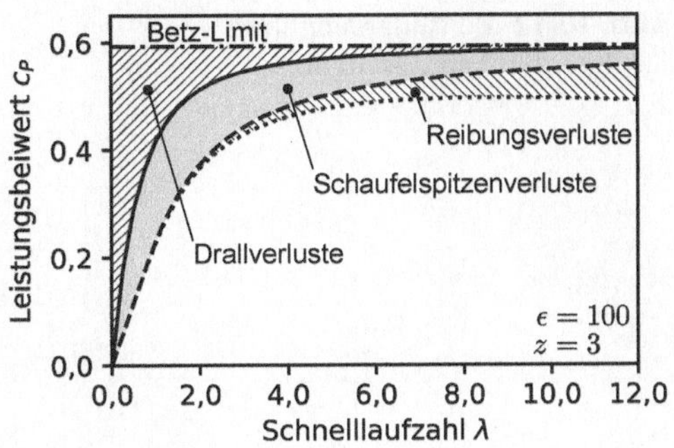

Abb. 10.10 Leistungsbeiwert in Abhängigkeit der Schnelllaufzahl mit Berücksichtigung der Verluste für $\epsilon = 100$ und $z = 3$

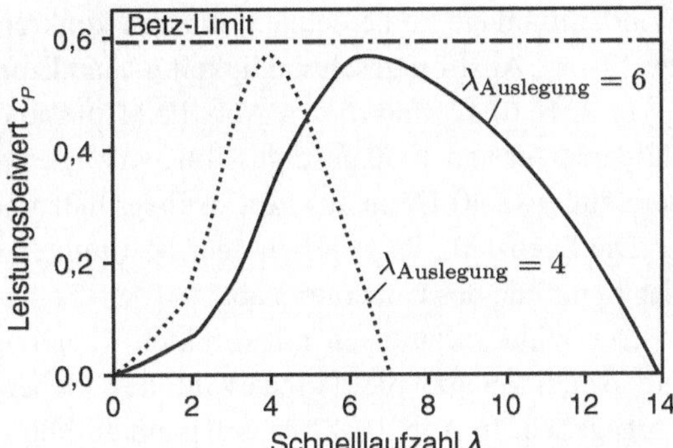

Abb. 10.11 Leistungsbeiwert bei Abweichung vom Auslegungspunkt

Auslegungsschnelllaufzahl optimiert wurden, ändert sich nun der Anströmwinkel α im Vergleich zur Auslegung und damit auch die Anstellwinkel sowie Auftriebs- und Widerstandsbeiwerte in jedem Profilschnitt.

Einen ersten Eindruck des Leistungsverhaltens außerhalb der Auslegungsschnelllaufzahl erhält man durch Einsetzen der Werte α, α_A und φ im abweichenden Betriebspunkt in Gl. (10.24) und Aufsummieren der Teilleistungen in jedem Ringquerschnitt.

Abb. 10.11 zeigt den Verlauf des Leistungsbeiwerts bei Abweichung vom Auslegungspunkt für einen Rotor, der ohne Berücksichtigung der Verluste nach Abschn. 10.3.1 für eine Schnelllaufzahl von $\lambda = 6$ und eine Blattzahl $z = 3$ ausgelegt wurde. Als gepunktete Linie ist eine alternative Auslegung mit einer Schnelllaufzahl von $\lambda = 4$ gezeigt. In beiden Fällen wurde das Profil S809 mit den in Abb. 10.5 gezeigten Verläufen der Auftriebs- und Widerstandsbeiwerte mit einem Auslegungsanstellwinkel von $\alpha_A = 5,13°$ verwendet.

Aus der Abbildung wird deutlich, dass die Leistungsausbeute bei von der Auslegung abweichenden Bedingungen rasch einbricht. Große Windkraftanlagen verfügen deshalb sowohl über eine variable Drehzahlregelung mit der die Schnelllaufzahl über einen größeren Bereich von Anströmwindgeschwindigkeiten konstant gehalten werden kann als auch über eine Blattverstellung, mit der die Einbauwinkel und damit die Anstellwinkel ebenfalls beeinflusst werden können. Zur Realisierung variabler Drehzahlen muss der Generator mithilfe eines Gleichstromzwischenkreises von den 50 Hz des Stromnetztes getrennt werden.

Abb. 10.12 Leistungskennlinien
für Rotordurchmesser 40 m

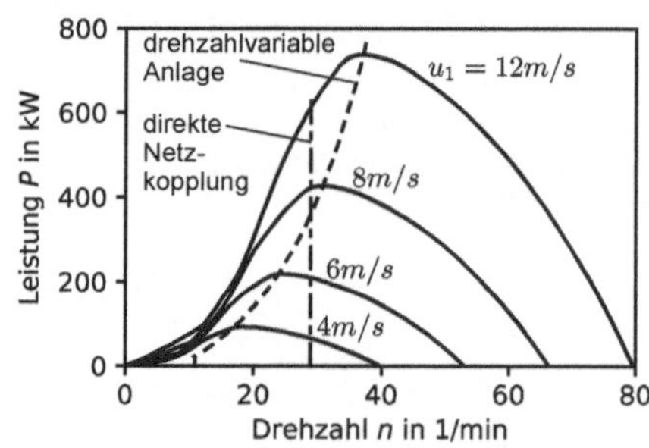

Um aus dem dimensionslosen Verlauf des Leistungsbeiwerts das Kennfeld einer realen Windkraftanlage zu berechnen, müssen konkrete Werte für Rotorradius R, Drehzahl $n = \varpi/(2 \cdot \pi)$, Anströmgeschwindigkeit u_1 und Luftdichte ρ vorgegeben werden.

In Abb. 10.12 sind die zu Abb. 10.11 passenden Leistungskennlinien für einen Rotordurchmesser von 40 m gezeigt. Üblicherweise ist die Drehzahl bei diesen Rotordurchmessern auf etwa 40 1/min aus Festigkeitsgründen begrenzt.

Die Drehzahl, die sich bei einer bestimmten Windgeschwindigkeit einstellt hängt von der Kennlinie des Generators ab.

Bei Windkraftanlagen mit direkter Kopplung ans Stromnetz ist die Drehzahl durch die Netzfrequenz, die Polpaarzahl des Generators und die Getriebeübersetzung fest vorgegeben. In Abb. 10.12 ist beispielhaft eine solche Kennlinie als vertikale strichpunktierte Gerade eingezeichnet. Es ist deutlich erkennbar, dass nur bei einer bestimmten Windgeschwindigkeit das Leistungsmaximum erreicht wird.

Alle größeren modernen Anlagen verfügen heute über einen Gleichstromzwischenkreis, der eine von der Netzfrequenz unabhängige Einstellung der Drehzahl gestattet. In Abb. 10.12 ist dieser Fall als gestrichelte Linie eingezeichnet. Es kann damit über einen weiten Bereich von Windgeschwindigkeiten eine maximale Leistungsausbeute erreicht werden.

Ab einer maximalen Drehzahl muss die Anlage abgeregelt werden, da sonst der Generator und/oder der Rotor zerstört würde. Dies geschieht überlicherweise durch eine Blattverstellung, die den Anstellwinkel des Profils so verstellt, dass geringere Auftriebsbeiwerte und damit geringere Leistungen auftreten. Die Drehzahl bleibt dann ab dieser kritischen Windgeschwindigkeit näherungsweise konstant.

Steigt die Windgeschwindigkeit weiter an, wird die Rotorachse aus dem Wind gedreht, die Rotorblätter in Fahnenstellung gestellt, so dass sie keinen Auftrieb mehr bewirken und die Bremse aktiviert.

10.5.5 Drehmomentenverlauf des Rotors

Zur Dimensionierung des mit der Rotorachse verbundenen Generators ist der Drehmomentenverlauf des Rotors von Bedeutung. Dieser lässt sich in dimensionsloser Darstellung in Form des Momentenbeiwerts c_M beschreiben. Nach üblicher Konvention bei Windkraftanlagen wird das Drehmoment auf das Bezugsmoment $M_{d0} = \frac{1}{2}\rho\pi R^3 u_1^2$

bezogen. Mit $P = M_\mathrm{d} \cdot \varpi$ und der Gl. (10.20) folgt:

$$c_\mathrm{M} = \frac{M_\mathrm{d}}{M_\mathrm{d0}} = \frac{c_\mathrm{P} \cdot P_0 \cdot \dfrac{1}{\omega}}{\dfrac{1}{2} \cdot \rho \cdot \pi \cdot R^3 \cdot u_1^2} = \frac{c_\mathrm{P} \cdot \dfrac{1}{2} \cdot \rho \cdot \pi \cdot R^2 \cdot u_1^3 \cdot \dfrac{R}{u_1 \cdot \lambda}}{\dfrac{1}{2} \cdot \rho \cdot \pi \cdot R^3 \cdot u_1^2} = c_\mathrm{P} \cdot \frac{1}{\lambda} \qquad (10.36)$$

Der Verlauf des Momentenbeiwerts lässt sich also direkt aus dem Verlauf des Leistungsbeiwerts berechnen. Abb. 10.13 zeigt die zu Abb. 10.11 passende Kurve.

Der Schnittpunkt der Kurven bei $\lambda = 0$ entspricht dem Anlauf-Drehmomentenbeiwert, der wichtig für das Anlaufverhalten der Windkraftanlage ist. Bei den heute üblichen schnelllaufenden Anlagen mit Auslegungsschnelllaufzahlen von größer 6, resultiert aus den schmalen Rotorblattformen ein sehr kleines Drehmoment, das meist nicht ausreicht, um ein Anlaufen des Rotors bei kleineren Windgeschwindigkeiten zu bewirken. Abhilfe wird hier häufig durch eine Blattverstellung geschaffen, die für größere Auftriebskräfte bei kleinen Anströmgeschwindigkeiten sorgt.

Der Momentenbeiwert wird etwa bei der doppelten Auslegungsschnelllaufzahl zu Null (Schnittpunkt mit der x-Achse). Diese Schnelllaufzahl bzw. Drehzahl stellt sich im Leerlauf ein, wenn durch den Generator keine Leistung mehr abgegriffen wird. Dieser Fall kann beispielsweise eintreten, wenn die Anlage plötzlich vom Stromnetz getrennt werden muss oder eine Störung im elektrischen Teil der Anlage auftritt.

Insbesondere bei Anlagen mit Asynchrongenerator, der ohne Gleichstromzwischenkreis direkt an das Stromnetz gekoppelt wird, ist das maximale Drehmoment, das der Generator aufnehmen kann begrenzt. Bei überschreiten dieses Drehmoments dreht der Generator „durch" und kann kein Moment mehr aufnehmen. Auch hier stellt sich die Leerlaufdrehzahl ein.

Bei allen modernen Anlagen würde die bei größeren Windgeschwindigkeiten auftretende Leerlaufdrehzahl zu einer Zerstörung der Anlage führen. Für die bereits beschriebenen Störfälle muss deshalb eine Notfallbremse vorgesehen werden. Diese ist so zu dimensionieren, dass sie das maximal auftretende Drehmoment auffangen kann.

Um aus den dimensionslosen Kurven des Momentenbeiwerts den tatsächlichen Momentenverlauf zu bekommen, müssen wieder konkrete Werte für Rotorradius R, Drehzahl $n = \varpi/(2\pi)$, Anströmgeschwindigkeit u_1 und Luftdichte ρ vorgegeben werden und der Momentenbeiwert mit dem Bezugsmoment $M_0 = \frac{1}{2}\rho\pi R^3 u_1^2$ multipliziert werden.

Abb. 10.13 Momentenbeiwert bei Abweichung vom Auslegungspunkt

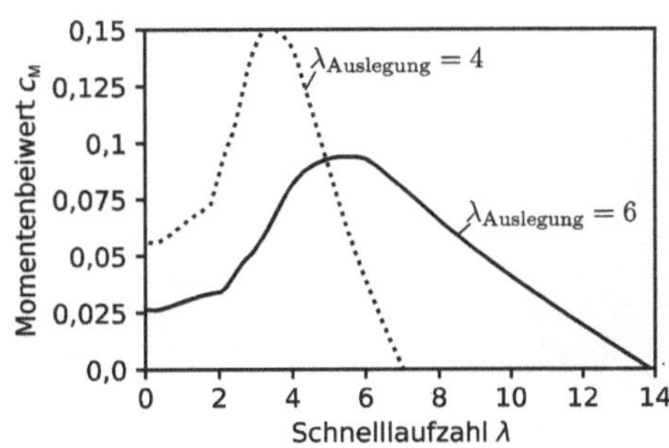

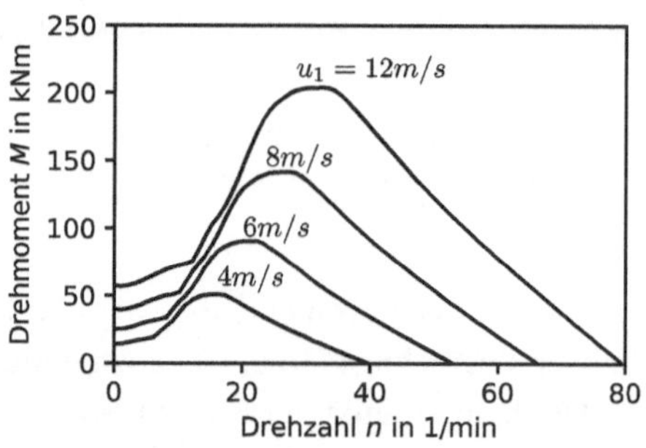

Abb. 10.14 Verlauf des Drehmoments in Abhängigkeit der Drehzahl und der Windgeschwindigkeit

Abb. 10.14 zeigt den resultierenden Drehmomentenverlauf über der Drehzahl bei unterschiedlichen Windgeschwindigkeiten.

10.6   Abschließende Bemerkungen

Mit der vorgestellten Auslegungsmethodik können vor allem kleinere Windkraftanlagen recht gut ausgelegt werden. Bei größeren Anlagen ist die Auslegung zu erweitern. So werden grundsätzlich mehrere unterschiedliche Flügelprofile zwischen Rotornabe und Blattspitze verwendet. Die Auftriebs- und Widerstandsbeiwerte sind zudem von der Anströmgeschwindigkeit (Reynoldszahl) abhängig, was ebenfalls berücksichtigt werden muss. Um Verluste z. B. durch die Umströmung der Blattspitze zu minimieren können sog. Winglets angebracht werden. Meist werden deshalb nach der Grundauslegung durch die vorgestellte Methodik 3D-CFD-Verfahren eingesetzt, um die Rotorgeometrie weiter zu verfeinern und detaillierte Kennfelder der Anlage zu erstellen.

Weiterhin zu berücksichtigen sind dynamische Kräfte, die beispielsweise durch instationäre Ablösungen an den Rotorblättern oder das Passieren des Rotors am Turm hervorgerufen werden. Bei großen Blattspitzengeschwindigkeiten (große Rotordurchmesser bzw. Drehzahlen) ist auch die Erosion der Rotorblätter durch Regentropfen oder die durch Ablagerungen von Partikeln (Fliegen, etc.) hervorgerufene Rauigkeit an der Profilvorderkante bei der Auslegung zu beachten.

Für eine weiterführende Betrachtung dieser Effekte wird auf das umfassende Buch der Herausgeber Gasch und Twele [2] verwiesen.

Literatur

1. Albert Betz (2926) Wind-Energie und ihre Ausnutzung durch Windmühlen. Aus Naturwissenschaft und Technik (2). Vandenhoeck & Ruprecht, Göttingen
2. Robert Gasch und Jochen Twele (Hrsg.) (2016) Windkraftanlagen – Grundlagen, Entwurf, Planung und Betrieb, 9. Aufl. Springer Vieweg, Berlin

Berechnung von Stoffeigenschaften 11

Für die Berechnung von Beispielen oder Prozessen benötigt man die Stoffwerte, die sich während eines Prozesses verändern können. Das Finden und die Interpolation der Werte ist sehr zeitaufwändig, deshalb benötigt man Programme zur Bestimmung der Stoffwerte.

Hier werden Berechnungsverfahren zur Bestimmung thermodynamischer Stoffeigenschaften angegeben. Die Formeln können in Excel, Mathcad oder anderen Programmen verwendet werden. Außerdem wird die Benutzung des Stoffwertprogrammes „CoolProp" besprochen. Das Programm „TESKap11.xmcd" für Mathcad 15 und „TESKap11.mcdx" für Prime 3.0 können im Internet unter www.thermischeenergiesysteme.deabgerufen werden.

11.1 Zustandsgrößen idealer Gase

Die Berechnung der Zustandsgrößen idealer Gase, die in der Luft enthalten sind oder bei einer Verbrennung entstehen inklusive der dissoziierten Rauchgase wird im VDI 4670 2003 beschrieben. Diese Gase sind dabei als ideale Gase angenommen, deren spezifische Wärmekapazitäten und Enthalpien vom Druck unabhängig sind. Die hier behandelten Gase sind Stickstoff, Sauerstoff, Kohlenmonoxid, Kohlendioxid, Wasserdampf, Schwefeldioxid, Argon, Neon und Luft.

Die Indizes zeigen die Zuordnung der Gase an:

1 Stickstoff
2 Sauerstoff
3 Kohlenmonoxid
4 Kohlendioxid
5 Wasserdampf

© Springer-Verlag GmbH Deutschland 2018
P. von Böckh, M. Stripf, *Thermische Energiesysteme*,
https://doi.org/10.1007/978-3-662-55335-0_11

6 Schwefeldioxid
7 Argon
8 Neon

11.1.1 Spezifisches Volumen

Zur Bestimmung des spezifischen Volumens benötigt man die Gaskonstanten der Gase, die in der Tabelle unter 11.1.2 angegeben sind.

$$v_i\,(T,p,i) = \frac{R_i \cdot T}{p} \tag{11.1}$$

11.1.2 Kalorische Zustandsgrößen

Kalorische Zustandsgrößen werden mit den isobaren spezifischen Wärmekapazitäten bestimmt. Diese sind als Polynome angegeben. Die Koeffizienten und Exponenten der Polynome nach VDI 4670 2003 folgen in nachstehender Tabelle:

Gültigkeitsbereich: $200\ \mathrm{K} < T < 3300\ \mathrm{K}$

	Argon $i = 1$	Neon $i = 2$	N_2 $i = 3$	O_2 $i = 4$	Exponent b_k	
a_1	2,5	2,5	297773,6104000	77073,3555300	b_1	0,00
a_2	0	0	−3385,9514960	−192,4279790	b_2	−1,50
a_3	0	0	13427,2044700	1200,8942070	b_3	−1,25
a_4	0	0	−97993,5248700	−15405,3491800	b_4	−0,75
a_5	0	0	262809,2806000	50353,1571900	b_5	−0,50
a_6	0	0	−358174,4343000	−80824,6489300	b_6	−0,25
a_7	0	0	−157317,0252000	−45703,1691500	b_7	0,25
a_8	0	0	51788,5983600	16581,8322700	b_8	0,5
a_9	0	0	−9720,7646330	−3375,9860940	b_9	0,75
a_{10}	0	0	796,5082105	295,8628157	b_{10}	1,00
R	0,20813	0,41202	0,2968	0,25984	kJ/(kg K)	
M	39,948	20,1797	28,0134	31,9988	kg/kmol	
s^0	6,8643	6,8091	6,8399	6,4108	kJ/(kg K)	

	CO $i= 5$	CO_2 $i= 6$	H_2O $i= 7$	SO_2 $i = 8$	
a_1	321217,7186960	132743,8651550	−571026,2820100	−249763,7461500	
a_2	−3266,1483900	−1641,8323497	5772,9694550	3114,5348170	
a_3	13187,9572400	6443,8306413	−23231,6490330	−12177,8441000	
a_4	−99868,3484000	−45896,6470030	175685,0392900	86137,3272100	
a_5	272923,3550800	121348,6947818	−481097,9893850	−227285,0013800	
a_6	−379081,8835000	−162720,9445170	670663,1350700	304892,5242640	
a_7	−172966,6255000	−68576,9297918	309158,3322400	130235,8283240	
a_8	58029,3424770	21991,9332580	−104282,2806000	−42388,6918020	
a_9	−11098,1485150	−4004,6057330	20042,5161100	7880,2788307	
a_{10}	926,2825320	316,9614050	−1679,7634530	−640,5259163	
R	0,29684	0,18892	0,46152	0,12978	kJ/(kg K)
M	28,01	44,01	18,0153	64,065	kg/kmol
s^0	7,0573	4,8566	10,4814	3,8745	J/(kg K)

Referenz Nullpunkt:	$T_0 = 273, 15$ K
	$\vartheta_0 = 0\,°\mathrm{C}$
	$p_0 = 101\ 325$ Pa $= 1,01325$ bar
Reduzierte Temperatur:	$T_R(\vartheta) = (\vartheta + 273, 15\ \mathrm{K})/273, 15\ \mathrm{K}$

Die Stoffwerte bei der Berechnung sind mit dem Index „x" versehen, um Konflikte bei der Berechnung mit dem Programm CoolProp zu vermeiden.

Die spezifische isobare Wärmekapazität berechnet sich als:

$$c_{px}(\vartheta, i) = \frac{1}{M_i \cdot \mathrm{Mol}} \sum_{k=1}^{10} a_{k,i} \cdot T_R(\vartheta \cdot)^{b_k}\ \frac{\mathrm{kJ}}{\mathrm{kg} \cdot \mathrm{K}} \tag{11.2}$$

Bei der Berechnung der Enthalpie und Entropie sollten nicht die in der VDI-Richtlinie 4670 aus dem Jahr 2003 vorgeschlagenen Polynome verwendet werden, weil diese von den mit den spezifischen Wärmekapazitäten berechneten Werten abweichen (die Koeffizienten der Polynome wurden zu früh gerundet). Die Enthalpie der Gase erhält man als:

$$h_x(\vartheta, i) = h_0(i) + \int_{0\,°\mathrm{C}}^{\vartheta} c_p(\vartheta) \cdot \mathrm{d}\vartheta = h_0(i) + T_0 \cdot R_i \cdot \sum_{k=1}^{1} \frac{a_{i,k}}{b_k + 1} \cdot \left(T_R^{b_k+1} - 1 \right) \tag{11.3}$$

$$h_0(i) = \left|\begin{array}{ll} 0\,\mathrm{kJ/kg} & \text{wenn } i \neq 5 \\ 2500, 91\,\mathrm{kJ/kg} & \text{wenn } i = 5\ (\mathrm{H_2O}) \end{array}\right.$$

Beim Wasserdampf ist die Enthalpie bei $0\,°\mathrm{C}$ nicht gleich null. sondern 2500,91 kJ/kg.

Die mittlere isobare Wärmekapazität kann, bezogen auf 0 °C oder in einem Temperatur-
bereich zwischen den Temperaturen ϑ_1 und ϑ_2 bestimmt werden.

$$c_{pmx}(\vartheta, i) = \left|\begin{array}{ll} \frac{h(\vartheta)-h(0\,°C)}{\vartheta-0\,°C} & \text{wenn } \vartheta \neq 0\,°C \\ c_p(0\,°C) & \text{wenn } \vartheta = 0\,°C \end{array}\right. \tag{11.4}$$

$$c_{pmx}\big|_{\vartheta_1}^{\vartheta_2} = \frac{c_{pm}(\vartheta_2)\cdot(\vartheta_2-\vartheta_0)-c_{pm}(\vartheta_1-\vartheta_0)\cdot\vartheta_1}{\vartheta_2-\vartheta_1} = \frac{h(\vartheta_2)-h(\vartheta_1)}{\vartheta_2-\vartheta_1} \tag{11.5}$$

Die Entropie idealer Gase ist im Gegensatz zur Wärmekapazität und Enthalpie auch
noch vom Druck abhängig.

$$ss(\vartheta, p, i) = s_{00} + \int_{0\,°C}^{\vartheta} \frac{c_p(\vartheta, i)}{T}\cdot d\vartheta - R_i\cdot\ln\left(\frac{p}{p_0}\right) =$$

$$= s_{00} + R_i\cdot\left(a_{1,i}\cdot\ln(T_R) + \sum_{k=2}^{10}\frac{a_{k,i}}{b_k}\cdot\left(T_R^{b_k}-1\right)\right) - R_i\cdot\ln\left(\frac{p}{p_0}\right) \tag{11.6}$$

$$s_{00}(i) = \left|\begin{array}{ll} 0\,\text{kJ/kg} & \text{wenn } i \neq 5 \\ 6,79691\,\text{kJ/kg} & \text{wenn } i = 5\ (H_2O) \end{array}\right.$$

Die für Brenngase auf 25 °C und 1 bar bezogene absolute Entropie ist gegeben als:

$$s_{abs}(\vartheta, p, i) = s(\vartheta, p, i) + s^0(i) - s(25\ °C, 1\,\text{bar}, i) \tag{11.7}$$

Ein weiteres wichtiges ideales Gas ist die Luft. Für die meisten thermodynamischen
Prozesse genügt es, wenn die nach ISO 2533 gegebene sehr vereinfachte Zusammenset-
zung der Luft verwendet wird. Die Luft wird bei ISO 2533 als ein Gas, bestehend aus
Sticktoff, Sauerstoff und Argon definiert. Die Gewichtsanteile der Komponenten sind:

$$\xi_{N_2} = 0,755577 \quad \xi_{O_2} = 0,231535 \quad \xi_{Ar} = 0,01288$$

Das spezifische Volumen, die Wärmekapazität, Enthalpie und Entropie berechnen sich
als:

$$v_L(T, p) = \xi_{N_2}\cdot v(T, p, 1) + \xi_{O_2}\cdot v(T, p, 2) + \xi_{Ar}\cdot v(T, p, 7) \tag{11.8}$$

$$c_{pL}(\vartheta) = \xi_{N_2}\cdot c_p(\vartheta, 1) + \xi_{O_2}\cdot c_p(\vartheta, 2) + \xi_{Ar}\cdot c_p(\vartheta, 7) \tag{11.9}$$

$$h_L(\vartheta) = \xi_{N_2}\cdot h(\vartheta, 1) + \xi_{O_2}\cdot h(\vartheta, 2) + \xi_{Ar}\cdot h(\vartheta, 7) \tag{11.10}$$

$$s_L(\vartheta, p) = \xi_{N_2}\cdot ss(\vartheta, p, 1) + \xi_{O_2}\cdot ss(\vartheta, p, 2) + \xi_{Ar}\cdot ss(\vartheta, p, 7) \tag{11.11}$$

Das Gemisch aus Stickstoff und Argon wird als Luftstickstoff N_{2*} bezeichnet und hat
folgende Zusammensetzung:

$$\xi_{N_{2*}} = 0,9832290605 \quad \xi_{Ar} = 0,0167709395$$

Die Berechnung der Zustandsgrößen erfolgt wie bei der Luft.

11.1.3 Dissoziation der Verbrennungsgase

Bei höheren Temperaturen entstehen während der Verbrennung nicht nur Wasserdampf, Kohlen- und Schwefeldioxid, sondern auch folgende Gase: CO, OH, H, O und NO.

Die Berechnung des Einflusses der Dissoziation auf die energetischen Zustandsgrößen erfolgt mit den Molanteilen der Abgaskomponenten N_2, O_2, H_2O, CO_2 und Argon, die sich bei vollständiger Verbrennung ergeben. Sie müssen deshalb aus der Zusammensetzung des Brennstoffes und dem Luftverhältnis bestimmt werden.

Das hier angegebene Berechnungsverfahren gilt nur für Luftverhältnisse, die größer als 1,05 sind. Für die Berechnung benötigt man folgende Koeffizienten:

j	Bildung von	A_j	B_j	C_j	D_j	E_j
1	CO	20413,2000	−121,12942	-2,3453083	−50,636299	15286,520900
2	H2	1075,5000	−110,86692	-7,8417487	133,415642	11730,467100
3	OH	165,9500	−71,48746	-2,2490905	25,186055	5055,207350
4	H	1491,7500	−100,63335	-0,4329800	173,044050	9391,465870
5	O	3235,3400	−112,78711	-2,6219344	66,047347	12346,247600
6	NO	4,5542	−40,17426	-0,6735244	7,133113	1602,320628

Gültigkeitsbereich: $y_{O2} > 0,01$ (ca. $\lambda > 1,05$) und $\vartheta > 700\,°C$

$$T_R(\vartheta) = \frac{(\vartheta + 273,15\ \text{K})}{273,15\ \text{K}}$$

$$U_1 = A_1 \cdot \frac{y_{CO_2}}{\sqrt{y_{O_2}}} \cdot \sqrt{\frac{p_0}{p}} \cdot \exp\left(\frac{B_1}{T_R(\vartheta)}\right)$$

$$U_2 = A_2 \cdot \frac{y_{H_2O}}{\sqrt{y_{O_2}}} \cdot \sqrt{\frac{p_0}{p}} \cdot \exp\left(\frac{B_2}{T_R(\vartheta)}\right)$$

$$U_3 = A_3 \cdot \sqrt{y_{H_2O}} \cdot \sqrt[4]{y_{O_2}\frac{p_0}{p}} \cdot \exp\left(\frac{B_3}{T_R(\vartheta)}\right)$$

$$U_4 = A_4 \cdot \sqrt{U_2} \cdot \sqrt{\frac{p_0}{p}} \cdot \exp\left(\frac{B_4}{T_R(\vartheta)}\right)$$

$$U_5 = A_5 \cdot \sqrt{y_{O_2}} \cdot \sqrt{\frac{p_0}{p}} \cdot \exp\left(\frac{B_5}{T_R(\vartheta)}\right)$$

$$U_6 = A_6 \cdot \sqrt{y_{O_2} \cdot y_{N_2}} \cdot \exp\left(\frac{B_6}{T_R(\vartheta)}\right)$$

$$U_{ges}(\vartheta, p) = 1 + \sum_{j=1}^{6} U_j(\vartheta, p)$$

$$V_j(\vartheta) = C_j + D_j/T_R(\vartheta) + E_j/T_R(\vartheta)^2$$

$$c_p(\vartheta, p) = c_{p,mix}(\vartheta) + \frac{R_{mix}}{U_{ges}(\vartheta, p)} \cdot \sum_{j=1}^{6} U_j(\vartheta, p) \cdot V_j(\vartheta)$$

$$h(\vartheta, p) = h_{mix}^{id}(\vartheta) - \frac{T_R(\vartheta)^2 \cdot T_0 \cdot R_{mix}}{U_{ges}(\vartheta, p)} \cdot \sum_{j=1}^{6} \frac{U_j(\vartheta, p) \cdot V_j(\vartheta)}{B_j}$$

$$s(\vartheta, p) = s_{mix}(\vartheta, p) - \frac{T_R(\vartheta) \cdot R_{mix}}{U_{ges}(\vartheta, p)} \cdot \sum_{j=1}^{6} \frac{U_j(\vartheta, p) \cdot V_j(\vartheta)}{B_j}$$

11.2   Stoffwertprogramm CoolProp

Das Programm CoolProp ist im Internet unter www.coolprop.com kostenlos herunterladbar, es kann in Mathcad 15, Prime 3.0, Microsoft Excel, Maple und in viele andere mathematische Programme eingebunden werden. Diese Einbindungen in mathematische Programme sowie die Berechnungsmöglichkeiten sind gut beschrieben.

Hier wird nur die Anwendung von CoolProp mit Mathcad 15 und Prime 3.0 besprochen.

Für Mathcad ist „CoolPropMathcadWrapper.dll" und „CoolPropFluidProperties.xmcd" herunterzuladen. Ersteres ist für Mathcad 15 in den Ordner „Mathcad 15\userefi" zu installieren. Nach dem Öffnen des Programms mit Mathcad 15 kann „CoolPropFluidProperties.xmcd" abgerufen werden. Dort findet man die Anweisungen zur Benutzung des Programms. Bei Prime 3.0 wird „CoolPropMathcadWrapper.dll" in „Mathcad Prime 3.0\Custom Functions" gespeichert. Nach dem Öffnen von Prime 3.0 muss man zunächst „CoolPropFluidProperties.xmcd" in „CoolPropFluidProperties.mcdx" konvertieren und dann öffnen.

In den von uns im Internet gespeicherten und herunterladbaren Programmen „Kapitel11.xmcd" und „Kapitel11.mcdx" sind vereinfachte Abruffunktionen der Stoffwerte mit Hilfe von CoolProp programmiert. Beim Öffnen dieser Programme erscheint auf dem Bildschirm:

Programm zur Zuweisung eines der 114 Fluide

A := „Water"

Programm zur Erstellung der vereinfachten Aufrufe der Fluide

Der obere versteckte Bereich ist für die Liste der Fluide und die CoolProp Stoffwertabrufe, der untere für die Berechnung der von uns programmierten vereinfachten Abruffunktionen. Für diese erfolgt die Auswahl des Fluids durch Zuweisung des Fluidnamens zu A, z. B. A:=„Water" zwischen den beiden versteckten Bereichen. Der Abruf eines Stoffwertes kann unterhalb des unteren versteckten Bereichs erfolgen. Will man ein anderes Fluid berechnen, kann man zunächst den Namen z. B. mit A:=„R134a" eingeben und darunter den unteren versteckten Bereich kopieren.

Der Abruf der Dichte des Wassers ist in CoolProp folgendermaßen gegeben:

$$\text{FluidProp}\left(\text{„D", „T", }\frac{\vartheta + 273,15 \cdot \text{K}}{\text{K}}, \text{„P", }\frac{p}{\text{kPa}}, \text{„Water"}\right)$$

Mit unseren Mathcad-Programmen verwendet man für die Dichte den vereinfachten Abruf:

$$\rho\,(\vartheta,\,p)$$

Die Temperatur muss in °C und der Druck in bar eingegeben werden. In der CoolProp-Version der Abrufe kann man auch direkt die Zahlenwerte ohne Einheit eingeben, dann muss jedoch die Temperatur in K und der Druck als Absolutdruck in kPa eingegeben werden. In unserer vereinfachten Version werden die Parameter mit den Einheiten eingegeben und die gesuchte Größe erscheint mit der entsprechenden Einheit.

Das Programm CoolProp verwendet für Dezimalzahlen einen Punkt und kein Komma. Dies ist bei der Eingabe und beim Resultat zu beachten.

Hier einige Beispiele für Wasser:

$$\rho(20 \cdot \text{°C, } 1 \cdot \text{bar}) = 998.21\,\frac{\text{kg}}{\text{m}^3}$$

$$\rho(200 \cdot \text{°C, } 1 \cdot \text{bar}) = 0{,}4603 \cdot \frac{\text{kg}}{\text{m}^3}$$

Bei den Stoffeigenschaften auf der Sättigungslinie haben die Symbole den Index s. Beim Abruf müssen die Temperatur und der Dampfgehalt eingegeben werden. Für eine gesättigte Flüssigkeit ist der Dampfgehalt 0 und für den gesättigten Dampf 1. Wählt man Werte zwischen 0 und 1, ergeben sich die Stoffwerte des Zweiphasengemisches. Die Berechnungen im Zweiphasengebiet sind nicht für alle Stoffwerte möglich. Für die Sättigungstemperatur, den Sättigungsdruck und die Verdampfungsenthalpie benötigt man nur die Eingabe der Temperatur.

$$\vartheta_2(2 \cdot \text{bar}) = 120.21\text{°C} \quad p_s(100 \cdot \text{°C}) = 1.0142\,\text{bar}$$

$$\rho_s(100 \cdot \text{°C, } 1) = 958.349 \cdot \frac{\text{kg}}{\text{m}^3}$$

$$\rho_s(100 \cdot \text{°C, } 0) = 0.5982 \cdot \frac{\text{kg}}{\text{m}^3}$$

Die vereinfachten Abrufe wurden allerdings nicht für alle möglichen Stoffgrößen programmiert. Für die Stoffeigenschaften, die bei der Wärmeübertragung und Thermodynamik wichtig sind, programmierten wir die folgenden Abrufe:

	ungesättigte Fluide	gesättigtes Kondensat	gesättigter Dampf
Dichte	$\rho(\vartheta,p)$	$\rho_s(\vartheta,0)$	$\rho_s(\vartheta,1)$
Wärmeleitfähigkeit	$\lambda(\vartheta,p)$	$\lambda_s(\vartheta,0)$	$\lambda_s(\vartheta,1)$
dynamische Viskosität	$\eta(\vartheta,p)$	$\eta_s(\vartheta,0)$	$\eta_s(\vartheta,1)$
kinematische Viskosität	$v(\vartheta,p)$	$v_s(\vartheta,0)$	$v_s(\vartheta,1)$
spezifische Wärmekapazität	$c_p(\vartheta,p)$	$c_{ps}(\vartheta,0)$	$c_{ps}(\vartheta,1)$
Prandtlzahl	$Pr(\vartheta,p)$	$Pr_s(\vartheta,0)$	$Pr_s(\vartheta,1)$
spezifische Enthalpie	$h(\vartheta,p)$	$h_s(\vartheta,0)$	$h_s(\vartheta,1)$
Enthalpie nach isentroper Expansion	$h_{is}(s,p)$	$h_{is}(s,p)$	
Temperatur nach einer Expansion	$\vartheta(h,p)$	$\vartheta(h,p)$	
spezifische Entropie	$ss(\vartheta,p)$	$s_s(\vartheta,0)$	$s_s(\vartheta,1)$
Schallgeschwindigkeit	$a(\vartheta,p)$		
Sättigungstemperatur			$\vartheta_s(p)$
Sättigungsdruck			$p_s(\vartheta)$
Verdampfungsenthalpie			$r_s(\vartheta)$

Wird eine andere Abrufart oder Stoffwertgröße benötigt, kann man den ausgeblendeten Bereich öffnen und eine entsprechende Programmierung vornehmen. Dazu muss zuvor das Programm „CoolPropFluidProp.xmcd" aufgerufen werden. Dort sind alle Möglichkeiten zur Stoffwertbestimmung beschrieben.

Nachstehend die Liste der verfügbaren Fluide:

Water	R123	CarbonylSulfide	MD3M
R134a	R11	n-Decane	D6
Helium	R236EA	HydrogenSulfide	MM
Oxygen	R227EA	Isopentane	MD4M
Hydrogen	R365MFC	Neopentane	D4
ParaHydrogen	R161	Isohexane	D5
OrthoHydrogen	HFE143m	Krypton	1-Butene
Argon	Benzene	n-Nonane	IsoButene
CarbonDioxide	n-Undecane	n-Nonane	cis-2-Butene
Nitrogen	R125	Toluene	trans-2-Butene
n-Propane	CycloPropane	Xenon	MethylPalmitate
Ammonia	Neon	R116	MethylStearate
R1234yf	R124	Acetone	MethylOleate
R1234ze(E)	Propyne	NitrousOxide	MethylLinoleate
R32	Fluorine	SulfurDioxide	MethylLinolenate
R22	Methanol	R141b	o-Xylene
SES36	RC318	R142b	m-Xylene
Ethylene	R21	R218	p-Xylene
SulfurHexafluoride	R114	Methane	EthylBenzene
Ethanol	R13	Ethane	Deuterium
DimethylEther	R14	n-Butane	ParaDeuterium
DimethylCarbonate	R12	IsoButane	OrthoDeuterium
R143a	R113	n-Pentane	Air
R23	R1234ze(Z)	n-Hexane	R404A
n-Dodecane	R1233zd(E)	n-Heptane	R410A
Propylene	AceticAcid	n-Octane	R407C
Cyclopentane	R245fa	CycloHexane	R507A
R236FA	R41	MDM	R407F
R152A	CarbonMonoxide	MD2M	

11.3   Programme, Diagramme und Tabellen im Internet

Unter www.thermischeenergiesysteme.de kann man Programme, Diagramme und Tabellen aus dem Internet herunterladen.

11.3.1 Programme der Beispiele im Buch

Die Programme der im Buch behandelten Beispiele haben in Mathcad 15 den Namen „TESKap01.xmcd" bis „TESKap11.xmcd". Mit der Endung .xmcdx sind die Programme in Prime 3.0.

Die Programme „TESKap10.xmcd" und „TESKap10.mcdx" können zum Abrufen von Stoffwerten genutzt werden.

11.3.2 Mathcad Programme

Alle diese Programme in Mathcad 15 sind auch für Prime 3.0 mit der Endung .mcdx verfügbar.

- Rauchgas fester und flüssiger Brennstoffe mit und ohne Dissoziation.xmcd
- Rauchgas von Benzin.xmcd
- Rauchgas von Braunkohle.xmcd
- Rauchgas von Diesel.xmcd
- Rauchgas von Erdgas L.xmcd
- Rauchgas von Fettkohle.xmcd
- Rauchgas von Flammkohle.xmcd
- CoolPropFluidProperties.xmcd

11.3.3 Diagramme

Die Diagramme sind im pdf-Format mit dem Namen des Fluids versehen.

- hs-Diagramm. H2O.pdf
- hx-Diaramm 60°C.pdf
- hx-Diagramm 100°.pdf
- logp,h-Diagramm Propan.pdf
- logp,h-Diagramm NH3.pdf
- logp,h-Diagramm R134a.pdf
- logp,h-Diagramm R123ryf.pdf

11.3.4 Tabellen

Die Tabellen sind im pdf-Format verfügbar.

- Naturkonstanten, Umrechnungen, kritische Größen.pdf
- Eigenschaften des Wassers.pdf
- Eigenschaften des gesättigten Ammoniaks.pdf
- Eigenschaften des gesättigten Iso-Butans.pdf
- Eigenschaften des gesättigten Propans.pdf
- Eigenschaften des gesättigten R134a.pdf
- Berechnete energetische Stoffwerte idealer Gase.pdf
- Eigenschaften der trockenen realen Luft.pdf
- Eigenschaften ausgewählter Brennstoffe und Rauchgase.pdf
- Zustandsgrößen stöchiometrischer Rauchgase

© Springer-Verlag GmbH Deutschland 2018
P. von Böckh, M. Stripf, *Thermische Energiesysteme*,
https://doi.org/10.1007/978-3-662-55335-0